电机工程经典书系

永磁电机设计与应用

（原书第 3 版）

[美] 杰克·F. 吉拉斯（Jacek F. Gieras） 著

周 羽 杨小宝 徐 伟 译

机 械 工 业 出 版 社

自本书第 2 版出版以来，永磁电机技术的重要性及其对机电驱动的影响呈指数级增长。永磁无刷电机市场的增长速度远远快于整个运动控制市场。这种快速增长促进电气、机电工程师和学生必须及时了解现代电机和驱动器的最新发展，包括其控制、仿真和计算机辅助设计。

本书第 3 版展示了永磁电机的构造，并为电机设计和应用提供了现成的解决方案，反映了机电驱动用永磁电机的开发与创新。第 3 版为确定和评估系统性能、效率、可靠性和成本提供了基本方程和计算方法；探索了永磁电机现代计算机辅助设计，包括有限元方法，并阐述了如何依据电气驱动中的特定需求选择适当的永磁电机。每章都提供了大量案例、模型和图表，从而有助于读者清晰地理解电机的运行和特性。

全球节能趋势的日益增长使得永磁电机驱动时代加速到来。本书将为工程师、研究人员和研究生提供开发突破所需要的全面理解，并将这项激动人心的技术推向最前沿。

译 者 序

随着永磁材料和电力电子器件的不断发展成熟，永磁电机的功率密度高、效率高、体积小、重量轻、结构简单、控制精度高等优势愈发明显，各类永磁电机也在未来市场之中占据越来越重要的角色。目前，永磁电机及其控制系统已广泛地应用于国防军事、机械自动化、医用器械等领域之中，大至吨级船舰推进器，小至医用微型机器人，都活跃着永磁电机的身影。因此，在过去的 20 年里，永磁电机的研究、开发、设计与应用一直是业界和科技工作者的关注热点。然而永磁电机的种类十分多样，现有国内外著作多集中于某一类或某几类永磁电机的介绍、分析与研究，覆盖性和全面性仍显得不足。相关从业人员迫切需要一本能够系统性地介绍永磁电机技术的专业书籍。

本书作者 Jacek F. Gieras 教授拥有波兰波兹南科技大学的电气工程（电气机械）工学博士和理学博士学位，现任 IEEE 会士，UTC 航空航天系统会士（美国），国际电气工程学院的正式成员，以及众多国际会议的指导委员会成员。他长期致力于电机、驱动器、电磁学、电力系统、飞机电气系统和铁路工程等领域的研究工作，参与编写 12 本著作，发表 250 多篇科技论文，拥有 70 多项美国专利和 20 多项欧洲专利，在国际电机研究与应用领域均享有盛名。

本书延续了 Jacek F. Gieras 教授《永磁电机设计与应用》前两版的优势与特色，内容深入浅出，理论翔实，分析透彻且强调应用，各章通过大量的模型、案例和图表，系统性地呈现给读者永磁电机技术的专业知识，帮助读者清晰地理解各类永磁电机的运行和特性。全书共分为 14 章，涵盖永磁材料与磁路基础知识、电磁场理论与有限元计算基础知识、永磁直流电机、永磁同步电机、永磁直流无刷电机、特种永磁电机、永磁电机优化与维护等主要内容。

本书由四川大学周羽副教授统稿，并负责 1~5 章的翻译工作；四川大学杨小宝博士负责 6~10 章的翻译工作；华中科技大学徐伟教授负责 11~14 章的翻译工作。杨小宝博士及课题组研究生协助整理了全文文稿。

本书译者均在永磁电机及其驱动控制等相关领域长期从事研究，十分关注国内外永磁电机技术的前沿技术及最新动向，也一直期望将国外优秀研究成果系统地呈现给国内科研及技术人员。译者十分感谢机械工业出版社提供的翻译国外高水平系统性专业著作的机会，使得我们在开展翻译工作的同时，对各类永磁电机的原理、计算与应用有了更加全面深刻的认识。我们真切地希望本书能给相关人员提供有益帮助，共同促进我国永磁电机领域的不断发展。

　　限于译者的学识与能力，本书可能存在一些翻译不当之处，敬请大家批评指正。

译者　谨识

2022 年 12 月

原 书 前 言

自 1996 年第 1 版和 2002 年第 2 版出版以来，永磁电机技术的重要性及其对机电驱动的影响显著增加。2005～2008 年间，永磁无刷电机市场增长了 165%，而同期整体运动控制市场增长了 29%。

预计未来几年，以永磁电机和相关电力电子技术为主的电机发展将得到更广泛的应用，例如：①计算机硬件，②住宅和公共应用，③陆地、海上和空中运输，④可再生能源发电[124]。然而永磁电机的发展并不局限于这 4 个主要应用领域，因为永磁电机是现代社会所有部门需要的重要设备，例如工业、服务、贸易、基础设施、医疗保健、国防和家庭生活。例如，全球对手机用永磁振动电机的需求每年至少增长 8%，全球采用永磁无刷电机的硬盘驱动器的出货量每年增长约 24%。

在过去的 20 年中，高转矩密度永磁电机、高速永磁电机、集成式永磁电机驱动器和特种永磁电机的新拓扑结构已经成熟。截至 2010 年，世界上最大的永磁无刷电机由 DRS Technologies 公司于 2006 年在美国新泽西州帕西帕尼建造，它的额定功率和转速分别为 36.5MW 和 127r/min。

与 2002 年第 2 版相比，作者对第 3 版进行了彻底的修订和更新，编写了关于高速电机和微电机的新章节，并增加了更多的数字示例和说明性材料。作者十分欢迎广大读者就本书内容提出批评性意见、更正和改进建议，相关文件可直接发送到作者邮箱 jgieras@ieee.org。

Jacek F. Gieras 教授
IEEE Fellow

目　　录

第1章

绪　　论

1.1　电励磁与永磁励磁的区别

在电机中使用永磁体（PM）有以下优势：

1）励磁系统不吸收电能，无励磁损耗，效率大幅提高；

2）与电励磁电机相比，功率密度和/或转矩密度更高；

3）相比于电励磁电机，其动态性能更好（气隙中的磁通密度更高）；

4）简化了电机结构，减少了维护量；

5）降低某些类型电机的成本。

早在 19 世纪，J. Henry（1831）、H. Pixii（1832）、W. Ritchie（1833）、F. Watkins（1835）、T. Davenport（1837）、M. H. Jacobi（1839）等人将永磁体励磁系统应用于电机[35]。但是受限于材料的发展，当时使用的都是质量极差的硬磁材料（钢或钨钢），这阻碍了永磁励磁系统的应用。直到 1932 年，Alnico（铝镍钴）材料的发明才使永磁励磁系统重新焕发生机；然而，其应用也仅限于小型和小功率的永磁有刷直流电机。如今，大多数带有开槽型转子的永磁有刷直流电机均使用铁氧体永磁体。在可预见的未来，在道路车辆、玩具和家用设备中仍将使用定子上安装钡或锶铁氧体永磁体的成本效益高且简单的永磁有刷直流电机。

笼型感应电机是 20 世纪最流行的电机。近年来，随着电力电子技术和控制技术的不断发展，其在电力传动中的应用日益增多。其额定输出功率从 70W 到 500kW 不等，其中 75% 以 1500r/min 的转速运行。笼型感应电机的主要优点是结构简单、维护简单、无换向器或集电环、价格低廉、可靠性适中；缺点是气隙小，堵塞和反转时可能导致发热点处的转子条破裂，且效率和功率因数低于永磁同步电机。

使用永磁无刷电机已成为比感应电机更具吸引力的选择。稀土永磁同步电机不仅可以提高电机的稳态性能，而且可以提高功率密度（输出功率质量比）、动态性能。随着稀土永磁体的价格下降，稀土永磁同步电机变得更受欢迎。半导体驱动器领域的发展意味着永磁无刷电机的控制变得更容易、更具成本效益，使得电机可以在很大的速度范围内运行，同时保持良好的效率。

近年来，伺服电机技术已从传统直流或两相交流电机驱动转变为新型免维护无刷三相矢量控制交流驱动，其适用于需要快速响应、重量轻、大连续转矩和峰值转矩的电机。

永磁无刷电机的永磁体安装在转子上，电枢绕组安装在定子上。因此，电枢电流不会通过换向器或集电环和电刷传输，而这些滑动接触部件是有刷电机内需要维护的主要部件。90%的电机维护与滑动接触有关。在有刷直流电机中，功率损耗主要发生在转子中，转子散热条件差，进而限制了电枢绕组的电流密度。在永磁无刷电机中，功率损耗几乎都在定子中，热量可以通过机壳轻松传递，或者在较大电机中采用水冷系统进行冷却[9,24,223]。由于转子具有较低的转动惯量、较高的气隙磁通密度，并且没有速度相关的电流限制，因此永磁无刷电机驱动系统的动态性能得到了显著改善。

与感应电机或磁阻电机相比，永磁无刷电机已经成为容量 10～15kW 电机更合适的选择。有人尝试并成功制造了额定功率超过 1MW 的永磁无刷电机（德国和美国）[9,23,24,124,223,276]。高性能的稀土永磁体已成功取代铁氧体和铝镍钴永磁体，应用于需要高功率密度、改善动态性能或提高效率的应用领域。以这些参数作为关键指标的典型应用案例有计算机外围步进电机和机床或机器人伺服电机。

1.2　永磁电机的驱动方式

一般来说，所有的电机驱动方式都可分为恒速驱动、伺服驱动和变速驱动。

恒速驱动通常单独使用同步电机，当对速度变化范围的限制较小时，无需电子变换器和反馈或任何其他电机就可保持速度恒定。

伺服系统是由多个设备组成的系统，这些设备持续监测实际信息（速度、位置），并将这些值与期望值进行比较，进而进行必要的校正以将误差降至最低。伺服电机驱动是一种带有速度或位置反馈的驱动方式，用于精确控制，其中电机遵循速度和位置命令的响应时间和精度是非常重要的。

在变速驱动（VSD）中，电机跟随速度指令的精度和响应时间就没有那么重要，但需要其能够在大范围内改变速度。

在所有控制速度和位置的电机驱动方式中，都需要变流器作为中间渠道连接电源和电机。有三种类型的永磁电机驱动方式：

1）永磁有刷直流电机驱动；

2）永磁无刷电机驱动（直流和交流同步）；

3）步进电机驱动。

永磁无刷电机驱动分为正弦波激励电机驱动和方波激励（梯形激励）电机驱动两大类。正弦激励电机驱动由三相正弦波供电（见图 1.1a），并根据旋转磁场的原理运行。它们可以被简称为正弦波永磁电机或永磁同步电机，其所有的三相绕组同时通电。方波激励电机驱动也由三相波形供电，三相波形彼此相差120°，但这些波形为矩形或梯形（见图 1.1b）。当电枢电流（MMF）与转子瞬时位置和频率（速度）精确同步时，就会产生这种波形。三相绕组中只有两相绕组同时导电。这种控制方案或电子换向在功能上等同于直流电机中的机械换向，所以方波励磁电机被称为永磁无刷直流电机。提供所需转子位置信息最直接和最常用的方法是使用安装在转子轴上的绝对角位置传感器。使用电力电子技术进行运动控制的另一种说法是自控同步[166]。

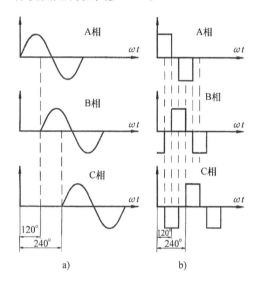

图 1.1 三相永磁无刷电机的三相电枢波形：a）正弦激励；b）方波激励

虽然步进电机驱动也可视作一种同步电机驱动，但由于其控制策略和电力电子电路的不同，本书中将对其进行单独讨论。

1.2.1 永磁有刷直流电机驱动

工作在无需维护、条件恶劣的工况下或需要同步操作多组电机时，有刷直流电机或直流电刷电机仍然是变速驱动系统简单且低成本的选择方案[167]。由于机械换向器的作用，直流电机驱动控制相对简单，相同的基本控制系统可以满足大多数应用场合的要求。因此，尽管有刷直流电机本身的成本很高，但其驱动系统往往却是最便宜的。在搅拌器、挤压机、捏合机、印刷机、涂布机、某些类型的纺织机械、风扇、鼓风机、简易机床等工业应用中，电机只需要平滑起动，并沿单方向驱动电机，而无需制动或反向运行。这种驱动方式仅在转速－转矩特性的第一象限内运行，并且只需要一个受控变流器（处于整流器模式），如图1.2a所示。若以增加转矩脉动和电源谐波为代价，则可使用高达约100kW的半控桥去代替全控桥。如果电机需要向前和向后驱动，并应用再生制动，则仍然可以使用一个全控变流器，但存在电枢电流反转的可能性（见图1.2a）。

轧钢机、起重机和矿井提升机等电机驱动装置的速度或负载会发生快速变化。类似地，在需要快速控制张力的纺织、造纸或塑料机械中，频繁的小范围转速调整可能要求转矩方向快速反转。此类情况下，可以使用由两个反并联的半导体桥组成的四象限双变流器进行控制，如图1.2b所示[167]。当电枢电流要求为正时，第一个电桥导通；当电枢电流要求为负时，第二个电桥导通。

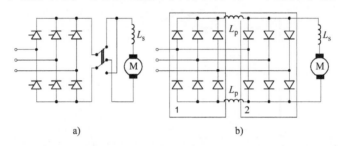

图1.2   永磁有刷直流电机驱动：a）单象限，全控，单变流器驱动；b）四象限，全控，双变流器驱动。L_p 是限制整流桥和逆变桥之间循环电流的电抗器；L_s 是电枢电路电感

当连续相电压的瞬时值相等且相互交叉时，连续导电功率半导体开关之间发生自然换向或线换向。电压降低的相被关闭，而电压升高的相导通。在电枢电感非常小的情况下，可能无法控制小型直流电机实现自然换向。正常的相位控制会导致极大的转矩波动，而不能保持驱动的平滑性，进而损害电机的响应[167]。功率晶体管、GTO晶闸管或IGBT可以通过适当的栅极控制信号关断，但传统晶闸管需要短暂反向偏置才能成功关断，这可以通过强制换向电路来实现，该电路通常由电容、电感和辅助晶闸管组成。强制换向主要用于通过变频器对交流电机进行频率控制，以及对直流电机进行斩波控制。

图1.3a为用于控制永磁有刷直流电机或他励直流电机的单向斩波电路的主要部件。晶闸管必须配有某种形式的关断电路，或者用GTO晶闸管或IGBT代替。当斩波器输出电压的平均值降低到低于电枢电动势时，电枢电流的方向不能反转，除非添加 T_2 和 D_2。晶闸管 T_2 在 T_1 关断后开启，反之亦然。现在，反向电枢电流流经 T_2，并在 T_1 关断时增加。T_1 开启时，电枢电流通过 D_2 流回电源。这样就可以实现再生制动[167]。

使用图1.3b所示的桥式斩波器可实现四象限运行。晶体管或GTO晶闸管允许斩波器在低电感电机所需的更高开关频率下工作。通过改变开关的通断时间，可以在任意方向上控制平均电枢电压和速度。其典型的应用是机床，通常每个轴都有一个电机和斩波器，且全部由一个公共直流电源供电[167]。

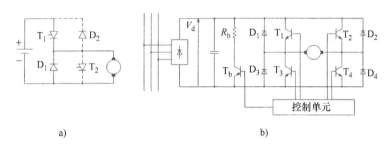

a)   b)

图 1.3　斩波器控制的永磁有刷直流电机驱动：a) 带有再生制动的单向
驱动电路；b) 四象限斩波器控制器[167]

1.2.2　永磁同步电机驱动

在背靠背变换器中，在网侧和电机侧变换器之间插入一个直流链路（见图 1.4）。对于小功率永磁同步电机（kW 级功率之内），使用简单的二极管桥式整流器作为网侧变换器（见图 1.4a）。最广泛使用的允许电子关断的小功率半导体开关是功率晶体管或 IGBT。

如果负载（例如永磁同步电机）可以为变换器提供必要的无功功率，则电机侧变换器（逆变器）具有负载换向的功能。图 1.4b 为负载换向电流源晶闸管变换器的基本功率电路。中间电路的能量储存在电感中。逆变器是由一个简单的三相晶闸管桥式电路组成。通过永磁同步电机的过励磁确保负载换向，使其运行在超前功率因数（超前角约为 30°）的工况下[132]。尽管这导致了输出功率的下降，但去除强制换向意味着更少的组件、更简单的架构，从而降低变换器的体积、质量和损耗。无需任何额外的电源电路，即可实现四象限运行。在静止和非常低的速度（小于全速的 10%）下，逆变器负载换向所需的电机相电动势（EMF）不可用时，网侧变换器进入逆变模式，使直流环节电流为零，从而使负载逆变器的晶闸管关断[222]。

负载换向电流源逆变器（CSI）的最大输出频率受换向时间的限制，而换向时间又由负载决定。因此，CSI 适用于低阻抗负载。

电压源逆变器（VSI）适用于高阻抗负载。在 VSI 中，中间电路的能量储存在电容中。带 GTO 晶闸管和反并联二极管的 PWM VSI（见图 1.4c）允许同步电机以单位功率因数运行。然后可以使用具有高起始瞬变电感的同步电机。四象限运行可以通过一个适当的功率再生网侧变换器来实现。用 GTO 晶闸管或 IGBT 替

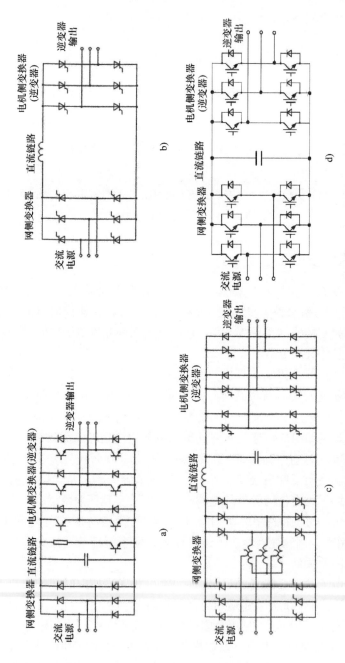

图 1.4 永磁同步电机直流链路变换器的基本功率电路：a) PWM 晶体管逆变器；b) 负载换向晶闸管 CSI；c) 强制换向 GTO 晶闸管 VSI（四象限工作）；d) IGBT VSI

换晶闸管，消除了逆变器换向电路，提高了脉冲频率。

即使采用快速晶闸管，负载换向 CSI 的最大输出频率也被限制在 400Hz 左右。使用带有反并联二极管的 IGBT 的 VSI 可以实现更高的输出频率。图 1.4d 为典型的带三相 PWM IGBT 逆变器的永磁无刷直流电机驱动电路。在无刷直流电机中，只有通过适当的导通和关断逆变器的 IGBT 对三相绕组中的两个进行励磁才能够产生理想的矩形电流波形。在一个周期内有 6 种定子绕组励磁组合，每个组合的相周期为 60°。对应的两个有源固态开关在每个周期内可以执行 PWM 来调节电机电流。为了减少电流波动，通常有一个固态开关做 PWM，同时保持另一个开关导通。

交 - 交变频器是一种单级（交流到交流）线换向变频器（见图 1.5）。因为电源可以在网侧和负载之间双向流动，所以其可以在四个象限运行。交 - 交变频器的输出频率范围很窄，仅为输入频率的 0% ~ 50%。因此，交 - 交变频器通常用于提供大功率、低速永磁同步电机的无齿轮驱动中。例如，用于船舶推进的永磁同步电动机主要由柴油交流发电机通过交 - 交变频器供电[278]。交 - 交变频器具有相对高频的低转矩谐波的优点；缺点包括需要大量的固态开关、复杂的控制和较低的功率因数，但可以通过采用强制补偿来提高功率因数。

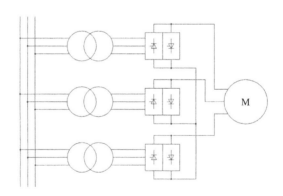

图 1.5 交 - 交变频器永磁同步电机驱动系统

1.2.3 永磁无刷直流电机驱动

在永磁无刷直流电机中，方形电流波形与转子位置角同步。永磁无刷直流电机驱动的基本器件有：永磁无刷直流电机、输出变换器（逆变器）、网侧变换器（整流器）、位置传感器（编码器、解析器、霍尔元件）、门信号发生器、电流检测器和控制器，例如，微处理器或带 DSP 板的计算机。简化的框图如图 1.6 所示。

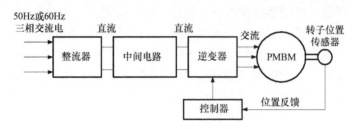

图 1.6   永磁无刷直流电机驱动系统

1.2.4   步进电机驱动

典型的步进电机驱动系统（见图 1.7）由输入控制器、逻辑定序器和功率驱动器组成。输入控制器是一个产生所需脉冲序列的逻辑电路，它可以通过微处理器或微型计算机产生一个脉冲序列来驱动转子加速或减速。逻辑定序器负责响应步进指令脉冲，并顺序地控制绕组的激励[174]。逻辑定序器的输出信号传输到功率驱动器的输入端，然后功率驱动器控制步进电机绕组的导通和关断。步进电机将电脉冲转换成离散的角位移信号。步进电机驱动器和开关磁阻电机（SRM）驱动器之间的根本区别是，步进电机为开环控制，没有转子位置反馈。

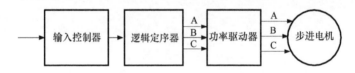

图 1.7   步进电机驱动系统

1.3   提高电机效率

当代世界目前面临的问题可能导致无法预见的后果，即：

1）对未来几十年主要不可再生能源枯竭的恐惧；

2）能源消耗增加；

3）地球环境污染。

世界石油消费量约为每天 8400 万桶（1 桶 = 159L）或每年 310 亿桶（约 5 × 10^{12}L）。如果目前的法律和政策在整个预测期内保持不变，世界市场能源消费预计将在 2005 ~ 2030 年期间增长 50%[158]。

大约 30% 的一次能源用于发电。世界净发电量将从 2005 年的 17300TWh（17.3 万亿 kWh）增加到 2015 年的 24400TWh 和 2030 年的 33300TWh（见图 1.8）。非经合组织国家的总发电量平均每年增长 4.0%，相比之下，经合组织国家 2005 ~ 2030 年的预计平均年增长率为 1.3%[158]。

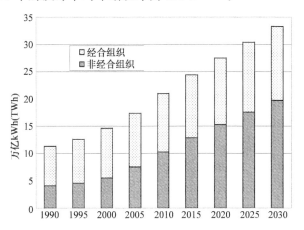

图 1.8 1990 ~ 2030 年世界净发电量[158]

世界燃料能源的发电情况如图 1.9 所示。全球燃煤发电的预计年增长率为 3.1%，仅次于天然气发电 3.7% 的预计年增长率[158]。

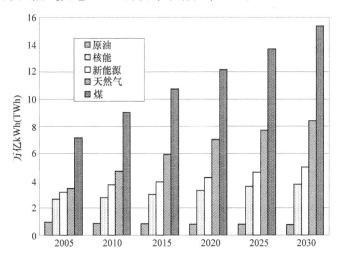

图 1.9 2005 ~ 2030 年世界燃料能源的发电情况[158]

在发达国家，工业部门使用了 30% 以上的电能。其中，超过 65% 的电能由电机驱动系统消耗。已安装的电机数量可以根据其现有产量进行估计。

日益增长的电能需求引起了人们对环境污染的极大关注（见图 1.10）。使用化石燃料、核燃料的发电厂和使用内燃机的道路车辆是造成空气污染、酸雨和温室效应的主要原因。毫无疑问，电力推进和节能措施可以大大改善这些副作用。

例如，日本的人口大约是美国的 50%。然而，碳排放仅为美国的四分之一（2005 年，日本的碳排放量为 4 亿吨，而美国的碳排放量超过了 15.5 亿吨）。日本以现代电气通勤和长途列车网络为基础的大众公共交通对减少碳排放起着重要作用。据估计，在发达的工业化国家，通过对电机驱动采用更高效的控制策略，大约可以节省 10% 的电能。这意味着电机对降低能源消耗有着巨大的影响。可以通过以下方式来节省电机耗能[212]：

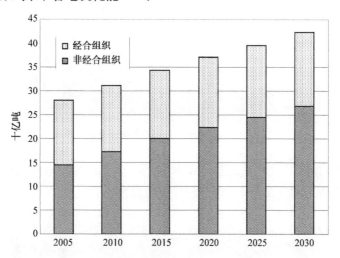

图 1.10　2005 ~ 2030 年由于能源消耗导致的二氧化碳排放情况[158]

1）采用性能良好的家电设备自动管理装置；
2）使用变速驱动器；
3）提高电机的效率。

性能良好的家电设备自动管理装置是低廉、快速且容易实现的。节省电能成本最简单的方法是关闭空转电机。电机可以手动或自动关闭。可运用设备检测电机的输入电流或限位开关来检测空转电机。当大型电机起停时，电机的大起动电流可能会导致电源干扰和联轴器、齿轮箱、皮带等磨损的机械问题，这些问题会因反复起动而恶化。可以通过使用电子固态变换器来避免这些机械问题。

50% 以上的工业电机用于风机和泵的驱动。大多数风机和泵都采用某种形式的流量控制，试图使供应与需求相匹配。传统上，使用机械手段来限制流量，如风扇上的阻尼器或泵上的节流阀。但是这种通过增加流动阻力的方法会使风机或泵远离其效率最高的点，从而导致能源的浪费。一个更好的方法是使用变速驱动器（VSD）来改变电机的速度。离心风机的输入功率与转速的三次方成正比，而流量则与转速成正比。因此，将最高速度（流量）降低到 80%，就有可能降低 50% 的能耗[212]。

应用永磁同步电机可以消除电励磁损耗,提高电机的效率。在相同的主要尺寸下,气隙磁通密度增大,意味着输出功率增大。

电机效率提高3%就可以节省2%的能源[212]。大多数电能是由额定功率低于10kW的三相异步电机消耗的,例如小型三相四极、1.5kW、50Hz的笼型感应电机。这种电机的满负荷效率通常为78%。如果用稀土永磁无刷电机代替该电机,效率可提高到89%。这意味着三相永磁无刷电机从市电仅吸取1685W,而三相笼型感应电机吸取1923W,每台电机可节省238W。如果在一个国家安装一百万台这样的电机,电能消耗将减少238MW,相当于从电力系统中断开一个大型的涡轮发电机。如果电能由火力发电厂产生,则排放到大气中的二氧化碳和氮氧化物也会减少。

1.4 永磁电机的分类

一般来说,用于连续运行的旋转永磁电机分为:

1)永磁有刷直流电机;

2)永磁无刷直流电机;

3)永磁同步电机。

永磁有刷直流电机的结构类似于直流电机,其电励磁系统被永磁体取代。永磁无刷直流电机和交流同步电机的设计实际上是相同的:由多相定子和装配永磁体的转子组成。唯一的区别在于励磁电压的控制和形状上:交流同步电机输入三相正弦波形,进而产生一个旋转磁场。永磁无刷直流电机电枢电流为方形(梯形)波形的形状,只有两个相绕组(星形联结)同时通电,且开关模式与转子角位置同步(电子换向)。

永磁无刷电机的第一个优点是电枢电流不是通过电刷传输的,而电刷容易磨损并且经常需要维护。其另一个优点是,损耗发生在传热条件很好的定子侧,因此,永磁无刷电机的功率密度比有刷直流电机更高。此外,由于气隙磁通密度高,转子具有较低的惯性,且不存在与速度相关的电流限制,所以显著提高了其动态性能。

综上所述,永磁无刷电机在体积减少40%~50%的情况下,仍可以保持与永磁有刷电机相同的额定功率[75](见图1.11)。

已有的永磁有刷直流电机的结构如下:

1)转子开槽型永磁直流电机。

2)转子无槽型永磁直流电机。

3)动圈式永磁直流电机:

① 外磁场式转子:

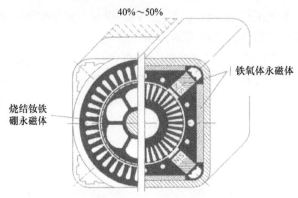

图 1.11 永磁无刷直流电机与永磁有刷直流电机的比较

a）圆柱形；
b）绕线转子；
c）印制电路转子。
② 内磁场式圆柱转子：
a）蜂窝绕组；
b）菱形绕组；
c）钟形绕组；
d）球形绕组。
永磁交流同步电机和无刷直流电机（动磁转子）的设计如下：
1）传统开槽型定子电机。
2）无槽（表面缠绕）型定子电机。
3）圆柱形电机：
a）表贴式永磁转子（均匀厚度永磁体、面包式永磁体）；
b）嵌入式永磁转子；
c）内置式永磁转子（单层永磁体、双层永磁体）；
d）对称埋入式永磁转子；
e）非对称埋入式永磁转子。
4）盘式电机：
① 单边。
② 双边：
a）内转子；
b）内定子。
永磁无刷电机的定子（电枢）绕组可以由分布式线圈、集中式非重叠线圈或无槽线圈组成。

1.5 永磁电机及其驱动器的发展趋势

电机驱动市场分析表明，有刷直流电机驱动系统的销售额每年仅略有增长，而对交流电机驱动的需求大幅增长[288]。在永磁有刷直流电机驱动和永磁无刷电机驱动中也可以看到类似的趋势。

计算机硬件、汽车、办公设备、医疗设备、测量和控制仪器、机器人和处理系统的制造商尤其需要小型永磁电机。2002 年全球永磁电机产量为 46.8 亿台，总价值 389 亿美元。其中有刷电机占 74.8%（35 亿台），无刷电机占 11.5%（5.4 亿台），步进电机占 13.7%（6.4 亿台）。目前，日本、中国、韩国、美国和欧洲仍将是最大的消费市场。

电子技术和永磁体品质的进步超过了相关机械传动系统的改进，使得滚珠丝杠和齿轮传动成为机械传动控制的限制因素。对于小型电机业务，电机部件的高度集成将越来越有助于在未来弥合这个差距[211]。然而，其始终存在成本问题，这是特定客户需求的最终关键因素。

1.6 永磁电机的应用

永磁电机的功率范围很广，从毫瓦级到数百千瓦级。也有人试图将永磁体应用于额定功率超过 1MW 的大型电机。因此，永磁电机涵盖了广泛的应用领域，从手表的步进电机，到机床的工业驱动器，再到船舶推进的大型永磁同步电机（海军护卫舰、游轮、中型货船和破冰船）[109,124,278]。永磁电机的应用包括：

1）工业（见图 1.12、图 1.13、图 1.14 和图 1.15）：

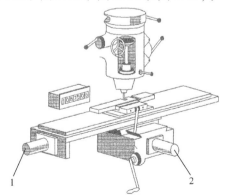

图 1.12 用于在棒材上铣槽的机床（由美国加利福尼亚州罗纳特公园
的 Parker Hannifin 公司提供）
1—用于横向定位的永磁无刷伺服电机 2—用于控制轧机行程的步进电机

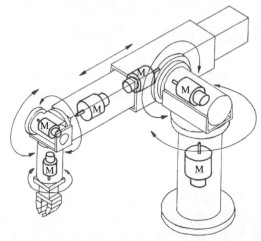

图 1.13　一种工业机器人（M 为电动机）

①工业驱动装置，例如泵、风扇、鼓风机、压缩机（见图 1.14）、离心机、磨机、起重机、搬运系统等；

②机床；

③伺服驱动器；

④自动化过程；

⑤内部运输系统；

⑥机器人。

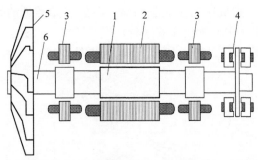

图 1.14　带有高速永磁无刷电机和磁性轴承的离心式制冷压缩机
1—带表贴式永磁体和非导磁圆筒的转子　2—定子　3—径向磁性轴承
4—轴向磁性轴承　5—叶轮　6—轴

2）公共生活：

①供暖、通风和空调（HVAC）系统；

②餐饮设备；

③投币洗衣机；

④银行自动取款机；

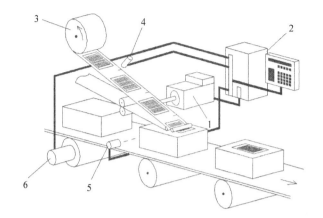

图 1.15　带有永磁无刷电机的自动标签系统（由美国加利福尼亚州罗纳特
公园的 Parker Hannifin 公司提供）

1—永磁无刷电机伺服驱动器　2—控制器　3—自粘标签卷轴　4—定位标记传感器
5—盒子位置传感器　6—输送机速度编码器

⑤ 自动售货机；

⑥ 货币兑换机；

⑦ 售票机；

⑧ 超市条形码扫描器（见图 1.16）；

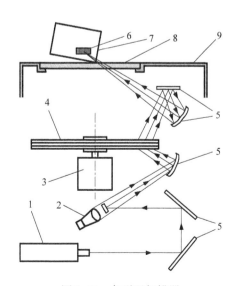

图 1.16　条形码扫描器

1—激光器　2—将激光束转换为电信号的光电编码器　3—永磁无刷电机　4—全息三层磁盘
5—反射镜　6—条形码　7—扫描对象　8—扫描窗口　9—外壳

⑨ 环境控制系统；

⑩ 钟表；

⑪ 游乐园设备。

3）家庭生活（见图 1.17、图 1.18 和图 1.19）：

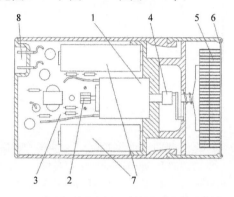

图 1.17 带有永磁无刷电机的电动剃须刀

1—永磁无刷电机　2—位置传感器　3—印制电路板　4—凸轮轴　5—推刀头
6—镀铂的剃须箔　7—可充电电池　8—输入端子 110/220V

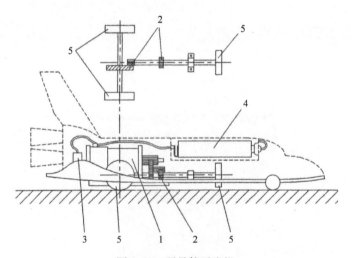

图 1.18 玩具航天飞机

1—永磁有刷直流电机　2—变速箱　3—升天　4—1.5V 电池　5—驱动轮

① 厨房设备（冰箱、微波炉、水槽垃圾处理器、洗碗机、搅拌机、烤架等）；

② 浴室设备（剃须刀、吹风机、电动牙刷、按摩设备）；

③ 洗衣机和烘干机；

④ 空调系统、加湿器和除湿器；

⑤ 吸尘器；

⑥ 割草机；

⑦ 水泵（水井、游泳池、按摩浴缸）；

⑧ 玩具；

⑨ 视觉和音响设备；

⑩ 照相机；

⑪ 手机；

⑫ 安全系统（自动车库门、自动门）。

4）信息和办公设备（见图 1.20 和图 1.21）：

① 计算机[161,163]；

② 打印机；

③ 绘图机；

④ 扫描器；

⑤ 传真机；

⑥ 复印机；

⑦ 视听设备。

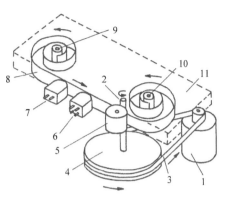

图 1.19　盒式磁带组

1—永磁电机　2—绞盘　3—皮带　4—飞轮
5—压辊　6—记录/播放头　7—擦除头
8—磁带　9—供带盘台　10—卷取盘台
11—盒式磁带

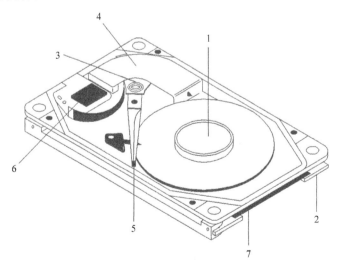

图 1.20　带有永磁无刷电机的计算机硬盘驱动器（HDD）

1—安装在 2.5in（6.35cm）磁盘中的轮毂永磁无刷电机　2—集成接口/驱动控制器　3—平衡动圈旋转致动器
4—永磁致动器　5—读/写磁头　6—读/写前置放大器　7—44 针连接器

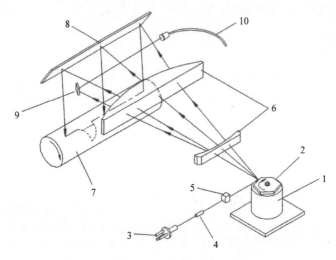

图 1.21　激光束打印机

1—步进电机　2—扫描镜　3—半导体激光器　4—准直器透镜　5—柱面透镜
6—聚焦透镜　7—感光鼓　8—反射镜　9—光束检测镜　10—光纤

5）内燃机汽车（见图 1.22）。

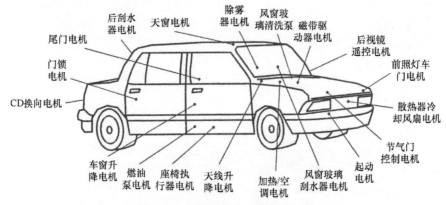

图 1.22　安装在汽车上的永磁电机

6）交通运输（见图 1.23、图 1.24、图 1.25 和图 1.27）：

① 电梯和自动扶梯；

② 公共汽车；

③ 轻轨和有轨电车（电车）；

④ 电动汽车；

⑤ 飞机飞行控制表面驱动；

⑥ 电动船；

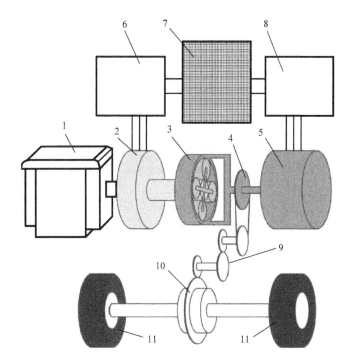

图 1.23　丰田普锐斯混合动力电动汽车（HEV）的动力系统

1—汽油发动机　2—永磁无刷发电机/起动机（GS）　3—功率分配装置（PSD）
4—无声链条　5—永磁无刷电动机/发电机（MG）　6—GS 固态变换器　7—电池
8—MG 固态变换器　9—减速齿轮　10—差速器　11—前轮

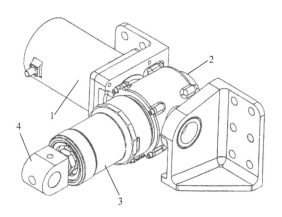

图 1.24　飞行控制表面的机电致动器

1—无刷电机　2—齿轮箱　3—滚珠丝杠　4—U 形夹或球形接头端

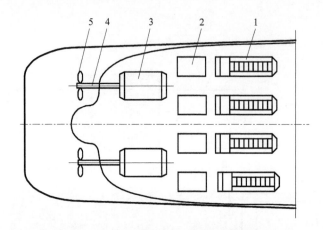

图 1.25　配备永磁无刷电机的船舶推进系统

1—柴油机和同步发电机　2—变流器　3—大型永磁无刷电机　4—螺旋桨轴　5—螺旋桨

⑦ 电动艇；

⑧ 电动飞机（见图 1.27）。

7）国防军事（见图 1.26）：

① 坦克；

② 导弹；

③ 雷达系统；

④ 潜艇；

⑤ 鱼雷。

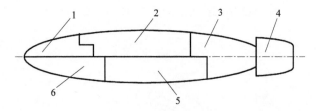

图 1.26　隐形鱼雷

1—制导系统　2—共形声学阵列　3—先进的可充电电池　4—集成式永磁无刷电机推进器

5—主动和被动噪声控制单元　6—协同减阻

8）航空航天：

① 火箭；

② 宇宙空间站；

③ 卫星。

9）医疗和保健设备：

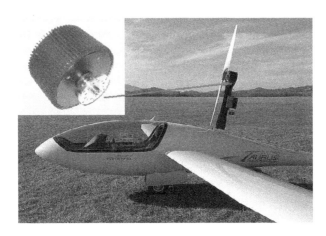

图 1.27 金牛座电动双座自动发射滑翔机，配备 30kW、1800r/min、15.8kg 永磁无刷电机（照片由斯洛文尼亚 Ajdovscina 的 Pipistrel 提供）

① 牙科手机（牙钻机）；

② 电动轮椅车；

③ 空气压缩机；

④（平板筛浆机）隔膜支脚；

⑤ 康复设备；

⑥ 人工心脏马达。

10）电动工具（见图 1.28）：

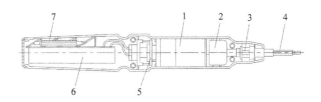

图 1.28 无绳电动螺钉旋具

1—永磁有刷直流电机（3.6V/240mA） 2—减速器 3—手动螺钉锁
4—螺钉刀头 5—正反转开关 6—可充电镍镉电池 7—位隔间

① 钻头；

② 锤子；

③ 螺钉旋具；

④ 螺纹磨床；

⑤ 磨光机；

⑥ 锯床；

⑦ 磨砂机；

⑧ 剪羊毛机头[256]。

11）可再生能源系统（见图 1.29）。

12）研究和勘探设备（见图 1.30）。

汽车行业是永磁有刷直流电机的最大消费行业。辅助用的永磁有刷直流电机数量根据汽车种类会有所不同，从廉价汽车中的几台到豪华汽车中的约百台[175]。

小型永磁无刷电机大量应用于计算机硬盘驱动器（HDD）和冷却风扇。2002 年全球计算机产量约为 2 亿台，硬盘产量约为 2.5 亿台。

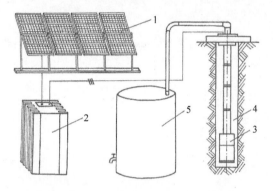

图 1.29　偏远人口中心用的抽水系统
1—太阳能电池板　2—逆变器　3—潜水用永磁无刷电机–泵机组　4—水井　5—储水箱

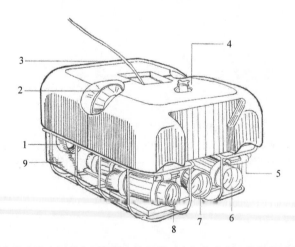

图 1.30　用于远程检查水力发电厂的水下机器人航行器（由日本东京三井海洋开发工程有限公司提供）
1—两个正向和反向推进器组（200W 直流无刷电机）　2—两个横向和垂直推进器组（200W 直流无刷电机）
3—浮力材料　4—应答器　5—泛光灯　6—静止摄像头　7—摄像机　8—电闪光灯　9—盖子

额定功率为 50～100kW 的永磁无刷电机是纯电动汽车和混合动力电动汽车的最佳推进电机。

以下是永磁电机在工业、制造工艺、工厂自动化系统、家庭生活、计算机、运输和临床工程中的一些典型应用：

1）工业机器人和 x、y 轴坐标传动系统：永磁无刷电机；

2）分度转台：永磁步进电机；

3）$X-Y$ 工作台，例如用于在钢筋上铣槽：永磁无刷伺服电机；

4）带滚珠或滚柱螺钉的线性致动器：永磁无刷电机和步进电机；

5）钻孔用转移机：带永磁无刷电机的滚珠丝杠传动；

6）单丝尼龙卷绕机：作为转矩电机的永磁有刷直流电机和作为横向电机的永磁无刷电机（滚珠丝杠驱动）；

7）移动电话：永磁有刷直流电机或永磁无刷振动电机；

8）浴室设备：永磁有刷直流电机或永磁无刷电机；

9）玩具：永磁有刷直流电机；

10）计算机硬盘驱动器（HDD）：永磁无刷电机；

11）计算机打印机：永磁步进电机；

12）计算机和仪器的冷却风扇：永磁无刷电机；

13）汽车辅助电机：永磁有刷直流电机和永磁无刷电机；

14）无齿轮电梯：永磁无刷电机；

15）纯电动汽车和混合动力电动汽车：圆柱形或盘式永磁无刷电机；

16）船舶推进：大型永磁无刷电机或横向磁通电机（1MW 以上）；

17）潜艇潜望镜驱动器：直驱式永磁无刷直流电机；

18）多电飞机（MEE）：永磁无刷电机；

19）牙科和外科钻头：无槽永磁无刷电机；

20）植入式血泵：与叶轮集成的永磁无刷电机。

1.7 机电一体化技术

20 世纪 70 年代末出现了一种名为机电一体化的新技术。机电一体化是产品设计和制造中机械工程与微电子和计算机控制的智能集成，以此提高系统的性能和节约成本。机电一体化技术在航空航天和国防工业、工业机器人等智能机器、自动导航车辆、计算机控制的制造机器以及计算机硬盘驱动器（HDD）、盒式磁带播放机和录像机、相机、CD 播放机和石英表等消费产品中都有应用。

新型机电一体化应用的典型案例是多轴运动的控制。传统上使用的齿轮系的性能，即速度、转矩和旋转方向由电机和齿轮额定参数决定，如图 1.31a 所示。

这只适用于每个轴都是恒定速度的情况，但如果需要变速，则每个传动比需要一组不同的齿轮。在机电一体化解决方案（见图 1.31b）中，每个轴由电子控制电机驱动，例如带有反馈的永磁无刷电机，该电机具有比机械齿轮系更大的灵活性。通过添加微处理器或微型计算机，该装置任何所需的运动都可以通过软件编程。这类控制系统的通用术语是机电一体化控制系统或机电一体化控制器。"电子变速箱"比机械变速箱更灵活、更通用、更可靠。它还可以降低噪声，且无需维护。

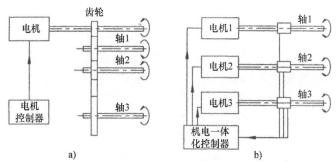

图 1.31   齿轮系设计：a）常规系统；b）机电系统

1.8   电机的机械基础

1.8.1   转矩与功率

轴转矩 T 以机械功率 P 的函数表示为

$$T = F \frac{D}{2} = \frac{P}{\Omega} = \frac{P}{2\pi n} \tag{1.1}$$

式中，Ω 是角速度，$\Omega = 2\pi n$；n 是转速（r/s）。

直线运动和旋转运动的基本公式见表 1.1。

表 1.1   直线运动和旋转运动的基本公式

直线运动			旋转运动		
参数	公式	单位	参数	公式	单位
线位移	$s = \theta_r$	m	角位移	θ	rad
线速度	$v = \mathrm{d}s/\mathrm{d}t$ $v = \Omega r$	m/s	角速度	$\Omega = \mathrm{d}\theta/\mathrm{d}t$	rad/s
线加速度	$a = \mathrm{d}v/\mathrm{d}t$ $a_t = \alpha r$ $a_r = \Omega^2 r$	m/s^2	角加速度	$\alpha = \mathrm{d}\Omega/\mathrm{d}t$	rad/s^2

（续）

直线运动			旋转运动		
参数	公式	单位	参数	公式	单位
质量	m	kg	转动惯量	J	kg·m²
推力	$F = m\mathrm{d}v/\mathrm{d}t = ma$	N	转矩	$T = J\mathrm{d}\Omega/\mathrm{d}t = J\alpha$	N·m
摩擦力	$D\mathrm{d}s/\mathrm{d}t = Dv$	N	摩擦力矩	$D\mathrm{d}\theta/\mathrm{d}t = D\Omega$	N·m
弹簧力	Ks	N	弹簧转矩	$K\theta$	N·m
功	$\mathrm{d}W = F\mathrm{d}s$	N·m	功	$\mathrm{d}W = T\mathrm{d}\theta$	N·m
动能	$E_k = 0.5mv^2$	J 或 N·m	动能	$E_k = 0.5J\Omega^2$	J
功率	$P = \mathrm{d}W/\mathrm{d}t = Fv$	W	功率	$P = \mathrm{d}W/\mathrm{d}t = T\Omega$	W

1.8.2 齿轮组

在图 1.32 所示的简单齿轮组中，假设 1 和 2 的速度为 n_1 和 n_2，1 和 2 上的齿数为 z_1 和 z_2，1 和 2 的直径为 D_1 和 D_2。

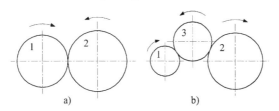

图 1.32 简单的齿轮组

1）根据图 1.32a 的齿轮组

$$\gamma = \frac{n_1}{n_2} = -\frac{z_2}{z_1} = -\frac{D_2}{D_1} \tag{1.2}$$

2）根据图 1.32b 的齿轮组

$$\gamma = \frac{n_1}{n_2} = \frac{z_2}{z_1} = \frac{D_2}{D_1} \tag{1.3}$$

负号表示 1 和 2 朝相反方向旋转。图 1.32b 中的惰轮 3 不影响 1 与 2 的速度比，但决定 2 的方向。比值 $\gamma = z_2/z_1$ 称为传动比。

1.8.3 齿轮组的效率

考虑到摩擦，齿轮组的效率为

$$\eta = \frac{输出功率}{输入功率} = \frac{P_2}{P_1} \tag{1.4}$$

因此

$$\eta = \frac{P_2}{P_1} = \frac{T_2(2\pi n_2)}{T_1(2\pi n_1)} = \frac{T_2 n_2}{T_1 n_1} \tag{1.5}$$

根据式（1.2），$n_2/n_1 = |z_1/z_2|$，式（1.5）可变为

$$\frac{T_2 n_2}{T_1 n_1} = \frac{T_2 z_1}{T_1 z_2}$$

1 号轮上的转矩为

$$T_1 = T_2 \frac{z_1}{z_2} \frac{1}{\eta} \tag{1.6}$$

1.8.4 等效转动惯量

在图 1.32a 所示的简单齿轮组中，设 1 和 2 的转动惯量为 J_1 和 J_2，1 和 2 的角速度为 Ω_1 和 Ω_2，1 和 2 的直径为 D_1 和 D_2，1 和 2 的动能为 $0.5J_1\Omega_1^2$ 和 $0.5J_2\Omega_2^2$。

单位时间内供给系统的净能量等于其动能 E_k 的变化率（见表 1.1），即

$$P = \frac{dE_k}{dt} = T\Omega_1$$

$$T\Omega_1 = \frac{d}{dt}\left[0.5J_1\Omega_1^2 + 0.5J_2\Omega_2^2\right] = 0.5\left(J_1 + \frac{\Omega_2^2}{\Omega_1^2}J_2\right) \times \frac{d}{dt}\Omega_1^2 \tag{1.7}$$

$$= 0.5\left(J_1 + \frac{\Omega_2^2}{\Omega_1^2}J_2\right) \times 2\Omega_1 \frac{d\Omega_1}{dt} \tag{1.8}$$

$J_1 + (\Omega_2/\Omega_1)^2 J_2$ 可视为折算到 1 号轮上的齿轮组等效转动惯量。各种齿轮的转动惯量可等效至电机轴上的等效转动惯量，即

$$T = \left(J_1 + \frac{\Omega_2^2}{\Omega_1^2}J_2\right)\frac{d\Omega_1}{dt} = \left(J_1 + \frac{z_1^2}{z_2^2}J_1\right)\frac{d\Omega_1}{dt} \tag{1.9}$$

等效转动惯量等于齿轮组中每个齿轮的转动惯量乘以其相对于基准齿轮的传动比的二次方。

1.8.5 转子动力学

即使在没有外部负载的情况下，旋转轴在旋转过程中也会发生偏转。图 1.33 为具有两个质量 m_1 和 m_2 的旋转轴。质量 m_1 可以表示电机的圆柱形转子，而质量 m_2 可以表示负载。轴的质量为 m_{sh}。转子、负载和轴的合成质量会导致轴发生偏转，从而在特定速度下产生共振，这个速度称为临界转速。轴达到临界转速时的频率可以通过计算横向振动发生的频率来确定。第 i 个转子质量的临界转速（以 r/s 为单位）为[258]

$$n_{\text{cri}} = \frac{1}{2\pi}\sqrt{\frac{K_i}{m_i}} = \frac{1}{2\pi}\sqrt{\frac{g}{\sigma_i}} \qquad (1.10)$$

式中，K_i 是第 i 个转子的刚度（N/m）；m_i 是第 i 个转子的质量（kg）；g 是由于重力引起的加速度，$g = 9.81\text{m/s}^2$；σ_i 是仅由于第 i 个转子引起的第 i 个转子位置的静态挠度，即

$$\sigma_i = \frac{m_i g a_i^2 (L - a_i)^2}{3 E_i I_i L} \qquad (1.11)$$

式中，E_i 是弹性模量（对于钢，$E = 200 \times 10^9\,\text{Pa}$）；$I_i$ 是横截面积的截面惯性矩；L 是轴的长度；a_i 是第 i 个转子距轴左端的位置（见图 1.33）。截面惯性矩可以如下所示：

$$I_i = \frac{\pi D_i^4}{64} \qquad (1.12)$$

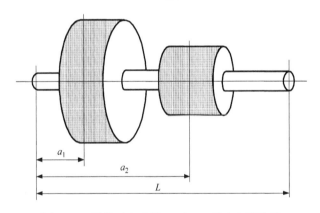

图 1.33 承载两个质量 m_1 和 m_2 的实心圆柱轴

在邓克利方程[88]的基础上，可以找到加载 i 个转子（$\Omega_{\text{cri}} = 2\pi n_{\text{cri}}$）的轴的合成角临界转速 $\Omega_{\text{cr}} = 2\pi n_{\text{cr}}$，如下所示：

$$\frac{1}{\Omega_{\text{cr}}^2} = \sum_i \frac{1}{\Omega_{\text{cri}}^2} \qquad (1.13)$$

或者瑞利方程[258]

$$\Omega_{\text{cr}} = \sqrt{\frac{g \sum_i (m_i \sigma_i)}{\sum_i (m_i \sigma_i^2)}} \qquad (1.14)$$

轴也被视为集中在 $0.5L$ 处质量为 m_{sh} 的转子，其中 L 是轴的长度（轴承到轴承）。

邓克利经验方法使用每个单独荷载单独作用时每个单独荷载产生的频率，然后将它们结合起来，给出整个系统的近似值[88]。因此，式（1.13）近似于系统

的第一固有振动频率，假设该频率几乎等于临界转速。瑞利法基于"在自由振动下，保守系统的最大动能必须等于最大势能"这一事实[258]。

1.8.6　机械特性

一般来说，由电机驱动的机器机械特性 $T = f(\Omega)$ 可以用下式来描述：

$$T = T_r \left(\frac{\Omega}{\Omega_r} \right)^{\beta} \tag{1.15}$$

式中，T_r 是机器在额定转速 Ω_r 下的阻力转矩。对于起重机、带式输送机、旋转机器和车辆（恒定转矩机器），$\beta = 0$；对于磨机、呼吸机、造纸机和纺织机，$\beta = 1$；对于旋转泵、风机、涡轮压缩机和鼓风机，$\beta = 2$。

1.9　转矩平衡方程

机电系统可以简单地用以下转矩平衡方程来描述：

$$J \frac{d^2 \theta}{dt^2} + D \frac{d\theta}{dt} + K\theta = \pm T_d \mp T_{sh} \tag{1.16}$$

式中，J 是系统转动惯量（$kg \cdot m^2$），假设为常数（$dJ/dt = 0$）；D 是阻尼系数（$N \cdot m \cdot s/rad$）；K 是刚度系数或弹簧常数（$N \cdot m/rad$）；T_d 是电机产生的瞬时电磁转矩；T_{sh} 是瞬时外部（轴）负载转矩；θ 是转子角位移。$T_d > T_{sh}$ 是加速，$T_d < T_{sh}$ 是减速。假设 $D = 0$ 和 $K = 0$，转矩平衡方程（1.16）变为

$$J \frac{d^2 \theta}{dt^2} \approx \pm T_d \mp T_{sh} \tag{1.17}$$

1.10　永磁电机的成本评估

电机的成本是许多变量的函数。成本只能大致估算，因为它取决于：

1）每年制造的同类型电机数量；

2）制造设备（设备现代化程度、自动化水平、年生产能力、必要的投资等）；

3）生产过程的组织（工程人员与行政和支持人员的比例、技术管理的资格和经验、间接成本、员工生产力、小公司或大公司、公司文化等）；

4）劳动力成本（第三世界国家低，北美、欧洲和日本高）；

5）材料质量（优质材料成本更高）和许多其他方面。

在一般的成本数学模型中，不可能考虑所有这些因素。逻辑方法是选择总成本中最重要的影响因素，并将其表示为电机尺寸的函数[186]。

电机主要制造成本可以用以下近似公式表示：

$$C = k_N (C_w + C_c + C_{PM} + C_{sh} + C_0) \tag{1.18}$$

式中，k_N 是取决于每年制造的电机数量的系数，$k_N \leqslant 1$；C_w 是绕组成本；C_c 是取决于铁心尺寸（框架、端盘、轴承等）的铁心部分的成本；C_{PM} 是永磁体的成本；C_{sh} 是轴的成本；C_0 是独立于电机本身其他所有部件的成本，例如铭牌、编码器、端子板、端子引线、有刷直流电机中的换向器等。

绕组成本为[186]

$$C_w = k_{sp} k_{ii} k_{sr} \rho_{Cu} c_{Cu} V_{sp} \tag{1.19}$$

式中，k_{sp} 是填充（槽空间）系数，$k_{sp} < 1$；k_{ii} 是线圈制造成本的系数，包括将线组装、绝缘、浸渍等，$k_{ii} > 1$；k_{sr} 是转子绕组成本的系数（如果存在转子绕组，例如阻尼绕组），$k_{sr} \geqslant 1$；ρ_{Cu} 是导体材料（铜）的质量密度（kg/m^3）；c_{Cu} 是每千克导体的成本；V_{sp} 是绕组和绝缘设计的空间（m^3）。

铁心的成本包括叠片式铁心 C_{cl} 和其他材料零件的成本，例如粉末烧结零件 C_{csp}，即

$$C_c = k_p (C_{cl} + C_{csp}) \tag{1.20}$$

式中，k_p 是根据定子铁心（机架、端板、轴承等）尺寸计算得到的所有机器零件的成本 $\sum C_{ci}$ 系数，$k_p > 1$，表示为

$$k_p = 1 + \frac{\sum C_{ci}}{C_c} \tag{1.21}$$

叠片式铁心的成本

$$C_{cl} = k_u k_i k_{ss} \rho_{Fe} c_{Fe} \frac{\pi D_{out}^2}{4} \sum L \tag{1.22}$$

式中，k_u 是电工钢片或钢带的利用系数，$k_u > 1$；k_i 是叠压（绝缘）系数，$k_i < 1$；k_{ss} 是说明冲压、堆叠和其他操作成本的系数，$k_{ss} > 1$；ρ_{Fe} 是电工钢的质量密度；c_{Fe} 是每千克电工钢片的成本；D_{out} 是铁心的外径；$\sum L$ 是叠片层的总长度（叠片层可分为段）。

粉末烧结零件的成本

$$C_{csp} = k_{sh} \rho_{sp} c_{sp} V_{sp} \tag{1.23}$$

式中，k_{sh} 是说明粉末烧结零件成本增加的系数，取决于其形状的复杂性，$k_{sh} > 1$；ρ_{sp} 是粉末烧结零件的质量密度；c_{sp} 是每千克粉末烧结零件的成本；V_{sp} 是粉末烧结零件的体积。实心钢的成本可以用类似的方法计算。

永磁体的成本

$$C_{PM} = k_{shPM} k_{magn} \rho_{PM} c_{PM} V_M \tag{1.24}$$

式中，k_{shPM} 是由于永磁体形状复杂性导致永磁体成本增加的系数，$k_{shPM} > 1$；k_{magn} 是考虑永磁体磁化成本的系数，$k_{magn} > 1$；ρ_{PM} 是永磁体材料的质量密度；

c_{PM} 是每千克永磁体材料的成本；V_M 是永磁体的体积。

转轴的成本

$$C_{sh} = k_{ush} k_m \rho_{steel} c_{steel} V_{sh} \qquad (1.25)$$

式中，k_{ush} 是圆钢筋的利用系数（圆钢筋的总体积与轴的体积之比），$k_{ush} > 1$；k_m 是说明加工成本的系数，$k_m > 1$；ρ_{steel} 是钢的质量密度；c_{steel} 是每千克钢筋的成本；V_{sh} 是轴的体积。

案例

例 1.1

求出如图 1.34 所示的电动轧钢机的稳态转矩、输出功率和转动惯量。电机的转速 $n = 730 r/min$。飞轮和滚轮由质量密度 $\rho = 7800 kg/m^3$ 的钢制成。

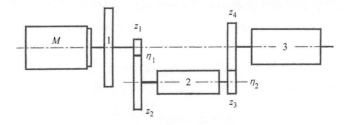

图 1.34　电动轧钢机（例 1.1）

实心钢飞轮 1：直径 $D_1 = 1.5m$，厚度 $l_1 = 0.2m$。

第一个滚柱 2：直径 $D_2 = 0.4m$，长度 $l_2 = 0.8m$，切向力 $F_2 = 20kN$，第一个齿轮的齿数 $z_1 = 15$，$z_2 = 35$，第一个齿轮的效率 $\eta_1 = 0.87$。

第二个滚柱 3：直径 $D_3 = 0.5m$，长度 $l_3 = 1.2m$，切向力 $F_3 = 14kN$，第二个齿轮的齿数 $z_3 = 20$，$z_4 = 45$，第二个齿轮的效率 $\eta_2 = 0.9$。

解：

根据式（1.6），其轴（负载）转矩为

$$T_{sh} = F_2 \frac{D_2}{2} \frac{z_1}{z_2} \frac{1}{\eta_1} + F_3 \frac{D_3}{2} \frac{z_1}{z_2} \frac{z_3}{z_4} \frac{1}{\eta_1} \frac{1}{\eta_2} = 2.82 kN \cdot m$$

式中，传动比为 $\gamma = z_2/z_1$。

电机的输出功率为

$$P_{out} = 2\pi n T_{sh} = 2\pi \times (730/60) \times 2820 = 216 kW$$

飞轮的质量为

$$m_1 = \rho \frac{\pi D_1^2}{4} l_1 = 2757 kg$$

第一个滚柱的质量为

$$m_2 = \rho \frac{\pi D_2^2}{4} l_2 = 785 \text{kg}$$

第二个滚柱的质量为

$$m_3 = \rho \frac{\pi D_3^2}{4} l_3 = 1840 \text{kg}$$

飞轮的转动惯量为

$$J_1 = m_1 \frac{D_1^2}{8} = 776 \text{kg} \cdot \text{m}^2$$

第一个滚柱的转动惯量为

$$J_2 = m_2 \frac{D_2^2}{8} = 15.7 \text{kg} \cdot \text{m}^2$$

第二个滚柱的转动惯量为

$$J_3 = m_3 \frac{D_3^2}{8} = 57.5 \text{kg} \cdot \text{m}^2$$

根据式（1.9），系统相对于电机轴的总等效转动惯量为

$$J = J_1 + J_2 \left(\frac{z_1}{z_2}\right)^2 + J_3 \left(\frac{z_1 z_3}{z_2 z_4}\right)^2 = 781 \text{kg} \cdot \text{m}^2$$

例1.2

根据图 1.35 中给出的 12kW、1000r/min 电机转矩曲线，其几乎以恒定的速度运行。过载能力系数 $k_{\text{ocf}} = T_{\text{max}}/T_{\text{shr}} = 2$。求出电机的热利用系数。

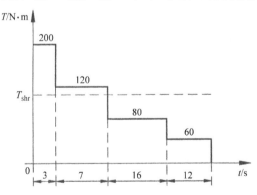

图 1.35　电机的转矩曲线（例 1.2）

解：

所需的额定转轴转矩为

$$T_{\text{shr}} = \frac{P_{\text{out}}}{2\pi n} = \frac{12000}{2\pi \times (1000/60)} = 114.6 \text{N} \cdot \text{m}$$

基于给定占空比的方均根转矩为

$$T_{rms}^2(t_1 + t_2 + \cdots + t_n) = T_1^2 t_1 + T_2^2 t_2 + \cdots + T_n^2 t_n \quad 或 \quad T_{rms}^2 \sum t_i = \sum T_i^2 t_i$$

因此

$$T_{rms} = \sqrt{\frac{\sum T_i^2 t_i}{\sum t_i}} = \sqrt{\frac{200^2 \times 3 + 120^2 \times 7 + 80^2 \times 16 + 60^2 \times 12}{3 + 7 + 16 + 12}}$$

$$= 95.5 N \cdot m$$

注意，在电路中，方均根或有效电流为

$$I_{rms} = \sqrt{\frac{1}{T} \int_0^T i^2 dt}$$

因为输送到电阻的平均功率为 $P = RI_{rms}^2$。

图 1.35 中的最大转矩不能超过额定轴转矩乘以过载能力系数 $k_{ocf} \times T_{shr}$。此外，所需的 T_{shr} 应大于或等于 T_{rms}。

电机的热利用系数为

$$\frac{T_{rms}}{T_{sh}} \times 100\% = \frac{95.5}{114.6} \times 100\% = 83.3\%$$

例 1.3

图 1.36 给出了伺服驱动器所需的转矩和速度曲线。在恒定转速 2500r/min 时，负载转矩 $T_{sh} = 1.5 N \cdot m$。电机轴承受的负载转动惯量 $J_L = 0.004 kg \cdot m^2$。假设伺服电机的转动惯量 $J_M = 0.5 J_L$，则需要选择一个什么样的永磁无刷电机？

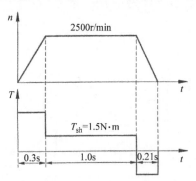

图 1.36 伺服驱动器的转矩和速度曲线（例 1.3）

解：

根据式（1.17）的机械平衡方程表示为

$$2\pi J \frac{\Delta n}{\Delta t} = T_d \pm T_{sh}$$

式中，T_d 是电机电磁转矩；"-"符号表示加速，"+"符号表示减速。

加速所需的电机转矩为

$$T_d = 2\pi(J_M + J_L)\frac{\Delta n}{\Delta t} + T_{sh} = \frac{2\pi}{60}(0.004 + 0.002) \times \frac{2500 - 0}{0.3 - 0} + 1.5 \approx 6.74\text{N} \cdot \text{m}$$

制动所需的电机转矩为

$$T_d = 2\pi(J_M + J_L)\frac{\Delta n}{\Delta t} - T_{sh} = \frac{2\pi}{60}(0.004 + 0.002) \times \frac{2500}{0.21} - 1.5 \approx 5.98\text{N} \cdot \text{m}$$

转矩有效值为

$$T_{rms} = \sqrt{\frac{6.74^2 \times 0.3 + 1.5^2 \times 1.0 + 5.98^2 \times 0.21}{0.3 + 1.0 + 0.21}} = 3.93\text{N} \cdot \text{m}$$

根据转矩有效值计算的输出功率为

$$P_{out} = T_{rms}(2\pi n) = 3.93 \times 2\pi \times \frac{2500}{60} = 1030\text{W}$$

$T_{dmax} = 6.74\text{N} \cdot \text{m}$ 的过载容量系数为

$$\frac{T_{dmax}}{T_{rms}} = \frac{6.74}{3.93} = 1.715$$

建议使用额定功率为 1.1kW、过载容量系数最小为 1.8 的永磁无刷电机。

例 1.4

10kW、1450r/min 的电机用于驱动以下机器:1)起重机($\beta = 0$),2)磨机($\beta = 1$)和 3)风扇($\beta = 2$)。每种情况下的负载转矩都为 60N·m。如果转速降至 $n = 1200\text{r/min}$,则找出机械功率下降的原因。

解:

电机在阻力转矩 $T_r = 60\text{N} \cdot \text{m}$ 和 $n_r = 1450\text{r/min}$ 时提供的输出功率为

$$P_{outr} = T_r \Omega_r = T_r(2\pi n_r) = 60\left(2\pi\frac{1450}{60}\right) = 9111\text{kW}$$

当转速降至 $n = 1200\text{r/min}$ 时,负载转矩会根据式(1.15)发生变化,即

1)起重机

$$T = 60 \times \left(\frac{1200}{1450}\right)^0 = 60\text{N} \cdot \text{m}$$

$$P_{out} = T(2\pi n) = 60 \times \left(2\pi\frac{1200}{60}\right) = 7540\text{W}$$

2)磨机

$$T = 60 \times \left(\frac{1200}{1450}\right)^1 = 49.7\text{N} \cdot \text{m}$$

$$P_{out} = T(2\pi n) = 49.7 \times \left(2\pi\frac{1200}{60}\right) = 6245\text{W}$$

3)风扇

$$T = 60 \times \left(\frac{1200}{1450}\right)^2 = 41.1\text{N} \cdot \text{m}$$

$$P_{\text{out}} = T(2\pi n) = 41.1 \times \left(2\pi \frac{1200}{60}\right) = 5165\text{W}$$

减速时的机械功率指的是额定功率，即

1）起重机

$$\frac{7540}{9111} \times 10\% = 82.7\%$$

2）磨机

$$\frac{6245}{9111} \times 10\% = 68.5\%$$

3）风扇

$$\frac{5165}{9111} \times 10\% = 56.7\%$$

例1.5

一个25kg重的圆盘由销支撑在其中心。圆盘的半径为 $r = 0.2\text{m}$。圆盘受到恒定力 $F = 20\text{N}$ 的作用，该力施加在缠绕在圆盘周围的绳索上。求出从静止开始获得25rad/s角速度所需的转数。忽略绳子的质量。

解：

根据表1.1，动能 $E_k = 0.5J\Omega^2$，其中转动惯量为 $J = 0.5mr^2$。最初，圆盘处于静止状态（$\Omega_1 = 0$），因此

$$E_{k1} = 0$$

$\Omega_2 = 25\text{rad/s}$ 时的动能为

$$E_{k2} = \frac{1}{2}J\Omega_2^2 = \frac{1}{4}mr^2\Omega_2^2 = \frac{1}{4} \times 25 \times 0.2^2 \times 25^2 = 156.25\text{J}$$

当绳索向下移动时，恒力 F 产生正功 $W = Fs$，其中 $s = \theta r$（见表1.1）。因此，功和能量原理可以写为

$$E_{k1} + Fs = E_{k2} \quad \text{或} \quad E_{k1} + Fr\theta = E_{k2}$$

因此

$$\theta = \frac{E_{k2} - E_{k1}}{Fr} = \frac{156.25 - 0}{20 \times 0.2} = 39.06\text{rad}$$

转数为

$$39.06\text{rad}\left(\frac{1\text{r}}{2\pi\ \text{rad}}\right) = 6.22\text{rad}$$

例1.6

求出由圆柱形转子（带永磁体的叠片式转子）、钢轴和从动轮组成的系统的临界转速。弹性模量、质量密度、直径和宽度（长度）如下：

1）对于转子，$E_1 = 200 \times 10^9\text{Pa}$，$\rho_1 = 7600\text{kg/m}^3$，$D_1 = 0.24\text{m}$，$w_1 = 0.24\text{m}$；

2）对于从动轮，$E_2 = 200 \times 10^9 Pa$，$\rho_2 = 7650 kg/m^3$，$D_2 = 0.4m$，$w_2 = 0.15m$；

3）对于轴，$E_{sh} = 210 \times 10^9 Pa$，$\rho_{sh} = 7700 kg/m^3$，$D_{sh} = 0.0508m$，$L = 0.76m$。

转子与轴左端的距离为 $a_1 = 0.28m$，从动轮与轴同一端的距离为 $a_2 = 0.6m$（见图1.33）。重力加速度为 $9.81 m/s^2$。

解：

转子质量为

$$m_1 = \rho_1 \frac{\pi D_1^2}{4} w_1 = 7600 \times \frac{\pi 0.24^2}{4} \times 0.24 = 82.52 kg$$

从动轮质量为

$$m_2 = \rho_2 \frac{\pi D_2^2}{4} w_2 = 7650 \times \frac{\pi 0.4^2}{4} \times 0.15 = 144.2 kg$$

轴的质量为

$$m_{sh} = \rho_{sh} \frac{\pi D_{sh}^2}{4} L = 7700 \times \frac{\pi 0.0508^2}{4} \times 0.76 = 11.86 kg$$

根据式（1.12）得到转子的截面惯性矩为

$$I_1 = \frac{\pi 0.24^4}{64} = 1.629 \times 10^{-4} m^4$$

根据式（1.12）得到从动轮的截面惯性矩为

$$I_2 = \frac{\pi 0.4^4}{64} = 12.57 \times 10^{-4} m^4$$

根据式（1.12）得到轴的截面惯性矩为

$$I_{sh} = \frac{\pi 0.0508^4}{64} = 3.269 \times 10^{-7} m^4$$

仅由式（1.11）给出的转子引起的转子位置轴的静态挠度为

$$\sigma_1 = \frac{82.52 \times 9.81 \times 0.28^2 \times (0.76 - 0.28)^2}{3 \times 200 \times 10^9 \times 1.629 \times 10^{-4} \times 0.76} = 1.969 \times 10^{-7} m$$

仅由式（1.11）给出的从动轮引起的从动轮位置轴的静态挠度为

$$\sigma_2 = \frac{144.2 \times 9.81 \times 0.6^2 \times (0.76 - 0.6)^2}{3 \times 200 \times 10^9 \times 12.57 \times 10^{-4} \times 0.76} = 2.275 \times 10^{-8} m$$

仅由式（1.11）给出的轴引起的轴静态挠度为

$$\sigma_{sh} = \frac{11.86 \times 9.81 \times 0.38^2 \times (0.76 - 0.38)^2}{3 \times 210 \times 10^9 \times 3.269 \times 10^{-7} \times 0.76} = 1.55 \times 10^{-5} m$$

其中，轴的中点为 $0.5L = 0.5 \times 0.76 = 0.38m$。因此，根据式（1.10）计算的临界转速为：

转子的临界转速为

$$n_{cr1} = \frac{1}{2\pi}\sqrt{\frac{9.81}{1.969 \times 10^{-7}}} = 1123.4\text{r/s} = 67405.2\text{r/min}$$

从动轮的临界转速为

$$n_{cr2} = \frac{1}{2\pi}\sqrt{\frac{9.81}{2.275 \times 10^{-8}}} = 3304.9\text{r/s} = 198292.5\text{r/min}$$

轴的临界转速为

$$n_{crsh} = \frac{1}{2\pi}\sqrt{\frac{9.81}{1.55 \times 10^{-5}}} = 126.6\text{r/s} = 7596.8\text{r/min}$$

转子的临界角速度为 $\Omega_{cr1} = 2\pi \times 1123.4 = 7058.7\text{rad/s}$，从动轮的临界角速度为 $\Omega_{cr2} = 2\pi \times 3304.9 = 20765.1\text{rad/s}$，轴的临界角速度为 $\Omega_{crsh} = 2\pi \times 126.6 = 795.5\text{rad/s}$。根据邓克利方程

$$x = \frac{1}{\Omega_{cr1}^2} + \frac{1}{\Omega_{cr2}^2} + \frac{1}{\Omega_{crsh}^2} = \frac{1}{7058.7^2} + \frac{1}{20765.1^2} + \frac{1}{795.5^2} = 1.602 \times 10^{-6}\text{s}^2/\text{rad}^2$$

根据式（1.13）给出的系统临界角速度为

$$\Omega_{cr} = \frac{1}{\sqrt{x}} = \frac{1}{\sqrt{1.602 \times 10^{-6}}} = 790\text{rad/s}$$

根据邓克利方程，系统的临界转速为

$$n_{cr} = \frac{\Omega_{cr}}{2\pi} = \frac{790}{2\pi} = 125.7\text{r/s} = 7543.6\text{r/min}$$

根据瑞利方程（1.14）的系统临界转速为

$$n_{cr} = \frac{1}{2\pi}\sqrt{\frac{9.81 \times (82.52 \times 1.969 \times 10^{-7} + 144.2 \times 2.275 \times 10^{-8} + 11.86 \times 1.55 \times 10^{-5})}{82.52 \times (1.969 \times 10^{-7})^2 + 144.2 \times (2.275 \times 10^{-8})^2 + 11.86 \times (1.55 \times 10^{-5})^2}}$$

$$= 133.1\text{r/s} = 7985.5\text{r/min}$$

根据邓克利方程[88]和瑞利方程[258]得出的结果不一样。

例 1.7

估算一台三相 7.5kW 永磁无刷伺服电机的成本。

该电机采用烧结钕铁硼永磁材料及叠层定子和转子铁心。定子铜导线的质量 m_{Cu} 为 7.8kg，硅钢片的质量 m_{Fe} 为 28.5kg（定子和转子），永磁体的质量 m_{PM} 为 2.10kg，轴的质量 m_{sh} 为 6.2kg。每千克材料的成本为：铜导体 $c_{Cu} = 5.55$ 美元，钢叠片 $c_{Fe} = 2.75$ 美元，钕铁硼永磁体 $c_{PM} = 54.50$ 美元，轴钢 $c_{steel} = 0.65$ 美元。独立于电机几何结构（铭牌、编码器、端子引线、端子板）的组件成本为 $C_0 = 146.72$ 美元。

考虑永磁无刷电机的制造、利用率复杂性和经济因素的系数，如下所示：

1）取决于每年制造的电机数量的系数，$k_N = 0.85$（每年制造 10000 台电

机）；

2）考虑框架、端承和轴承成本的系数，$k_p = 1.62$；

3）线圈制造成本系数（绝缘、组装、浸渍），$k_{ii} = 2.00$；

4）考虑转子绕组成本的系数，$k_{sr} = 1.0$（无转子绕组）；

5）电工钢的利用系数，$k_u = 1.3$；

6）堆叠（绝缘）系数，$k_i = 0.96$；

7）系数包括冲压、堆放和其他操作的成本，$k_{ss} = 1.4$；

8）由于形状复杂，永磁体成本增加的系数，$k_{shPM} = 1.15$；

9）包括永磁体磁化成本的系数，$k_{magn} = 1.1$；

10）钢筋总体积与轴体积之比，$k_{ush} = 1.94$；

11）考虑轴加工成本的系数，$k_m = 3.15$。

成本分析假设每年生产 10000 台电机。

解：

带框架（外壳）、端盖和轴承的层压式硅钢片的成本为

$$C_{cl} = k_p k_u k_i k_{ss} m_{Fe} c_{Fe} = 1.62 \times 1.3 \times 0.96 \times 1.4 \times 28.5 \times 2.75 = 221.84 \text{ 美元}$$

绕组的成本为

$$C_w = k_{ii} k_{sr} m_{Cu} c_{Cu} = 2.00 \times 1.0 \times 7.8 \times 5.55 = 86.58 \text{ 美元}$$

永磁体的成本为

$$C_{PM} = k_{shPM} k_{magn} m_{PM} c_{PM} = 1.15 \times 1.1 \times 2.10 \times 54.50 = 144.78 \text{ 美元}$$

轴的成本为

$$C_{sh} = k_{ush} k_m m_{sh} c_{steel} = 1.94 \times 3.15 \times 6.2 \times 0.65 = 24.63 \text{ 美元}$$

电机的总成本为

$$C = k_N (C_{cl} + C_w + C_{PM} + C_{sh} + C_0)$$

$$= 0.85 \times (221.84 + 86.58 + 144.78 + 24.63 + 146.72) = 530.87 \text{ 美元}$$

10000 台电机（年产量）的评估成本为 $10000 \times 530.87 = 5308700$ 美元

第 2 章

永磁材料与磁路

永磁体（PM）能够直接在气隙中产生磁场，既无需励磁绕组，也没有电能损耗。外部能量只涉及改变磁场的能量，而不涉及维持磁场的能量。与其他铁磁材料一样，永磁体可以用其 $B-H$ 磁滞回线来描述。永磁体是具有宽磁滞回线的铁磁材料，也被称为硬磁材料。

2.1 退磁曲线与磁性参数

评估永磁体性能的依据是其位于第二象限的磁滞回线部分，称为退磁曲线（见图 2.1）。如果将退磁磁场强度施加于已磁化的永磁体，则磁通密度会下降到由 K 点确定的量级。当移除退磁磁场强度后，磁通密度会根据较小的磁滞回线返回到点 L，即施加退磁磁场强度将降低剩余磁通密度。若再施加退磁磁场强度将再次降低磁通密度，通过使磁心恢复到与之前 K 点相同的磁通密度值，完成较小的磁滞回环。由于该回线的上升曲线与下降曲线很接近，则该回线可以近似用一条称为回复线的直线代替。这条直线的斜率，叫做回复磁导率 μ_{rec}。

只要外加退磁磁场强度不超过 K 点相对应的最大值，则可将永磁体视为永久不变的。然而，如果施加更大的退磁磁场强度 H，则磁通密度将降低到低于 K 点的值。移除 H 后，将建立一条新的、更低的回复线。

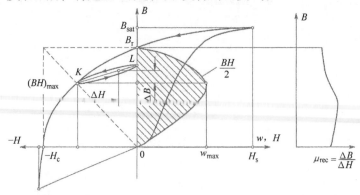

图 2.1 退磁曲线、回复线、永磁体的能量和回复磁导率

由于铁磁材料的存在，磁通密度 B、内禀磁通密度 B_i 和磁场强度 H 之间的一般关系可表示为[208,236]

$$B = \mu_0 H + B_i = \mu_0(H + M) = \mu_0(1 + \chi)H = \mu_0 \mu_r H \tag{2.1}$$

式中，B、H、B_i 和 $M = B_i/\mu_0$ 是平行或反平行向量，因此式（2.1）可以用标量形式书写。真空磁导率 $\mu_0 = 0.4\pi \times 10^{-6} H/m$。铁磁材料的相对磁导率 $\mu_r = 1 + \chi \gg 1$。磁化矢量 M 与材料的磁化率 χ 成正比，即 $M = \chi H$。如果铁心不在适当位置，磁通密度 $\mu_0 H$ 将出现在环形内。内禀磁通密度 B_i 由铁心决定。

永磁体本质上不同于电磁铁。如果对永磁体施加外部磁场 H_a（为了获得如图 2.1 所示磁滞回线），则合成的磁场强度为

$$H = H_a + H_d \tag{2.2}$$

式中，H_d 是存在于两极之间的磁场强度，方向与 B_i 成 180° 反向的关系，大小与内禀磁通密度 B_i 成正比。在闭合磁路（例如环形）中，由内禀磁通密度产生的磁场强度 $H_d = 0$。如果永磁体已从磁路中移除，则

$$H_d = -\frac{M_b B_i}{\mu_0} \tag{2.3}$$

式中，M_b 是取决于永磁体几何形状的退磁系数。通常 $M_b < 1$，见第 2.6.3 节。将 $B_i = B_d - \mu_0 H_d$ 代入式（2.3）得到磁通密度 B_d 和退磁磁场强度 H_d 与永磁体几何形状相关的方程为[236]

$$\frac{B_d}{\mu_0 H_d} = 1 - \frac{1}{M_b} \tag{2.4}$$

系数 $(1 - 1/M_b)$ 与外部磁路的磁导成正比。

永磁体的特性由以下参数表示：

饱和磁通密度 B_{sat} 和相应的饱和磁场强度 H_{sat}。此时，磁畴的所有磁矩都沿外加磁场的方向排列。

剩余磁通密度 B_r（简称剩磁密度），是对应于零磁场强度的磁通密度。高剩余磁通密度意味着永磁体可以在磁路的气隙中提供更高的磁通密度。

磁通密度矫顽力 H_c（简称矫顽力），是使先前磁化的材料（在对称循环磁化条件下）的磁通密度为零所需的退磁磁场强度值。高矫顽力意味着可以使用更薄的磁铁来承受退磁磁场。

内禀退磁曲线（见图 2.2）是位于第二象限的 $B_i = f(H)$ 磁滞回线部分，其中 $B_i = B - \mu_0 H$ 符合式（2.1）。对于 $H = 0$，内禀磁通密度 $B_i = B_r$。

内禀矫顽力 H_{ci} 是使 $B_i = f(H)$ 曲线所描述的磁性材料的内禀磁通密度 B_i 为零所需的磁场强度。对于永磁体材料，$H_{ci} > H_c$。

回复磁导率 μ_{rec} 是退磁曲线上任意点的磁通密度与磁场强度之比，即

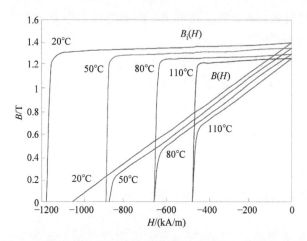

图 2.2　烧结 N48M 钕铁硼永磁体的 $B-H$ 和 B_i-H 退磁曲线及
其随温度变化的关系比较（由日本 ShinEtsu 提供）

$$\mu_{rec} = \mu_0\mu_{rrec} = \frac{\Delta B}{\Delta H} \qquad (2.5)$$

式中，相对回复磁导率 $\mu_{rrec} = 1 \sim 3.5$。

外部空间中永磁体产生的每单位最大磁能（J/m^3）等于每体积的最大磁能
密度，即

$$w_{max} = \frac{(BH)_{max}}{2} \qquad (2.6)$$

式中，乘积 $(BH)_{max}$ 对应于退磁曲线上坐标为 B_{max} 和 H_{max} 的最大能量密度点。

退磁曲线的形状因子表示退磁曲线的凹陷程度，即

$$\gamma = \frac{(BH)_{max}}{B_r H_c} = \frac{B_{max} H_{max}}{B_r H_c} \qquad (2.7)$$

对于方形退磁曲线，$\gamma = 1$；对于直线（稀土永磁体），$\gamma = 0.25$。

由于漏磁通的存在，电机中使用的永磁体会发生不均匀退磁。因此，永磁体
整个体积的退磁曲线不同。为了简化计算，通常假设永磁体整体的退磁曲线由一
条 B_r 和 H_c 比均匀磁化的退磁曲线低 5% ~ 10% 的退磁曲线来描述。

漏磁通导致磁通沿永磁体高度 $2h_M$ 不均匀分布。因此，永磁体产生的磁动势
不是恒定的。中性横截面的磁通较高，端部的磁通较低，但磁动势分布正好相反
（见图 2.3）。

永磁体表面不是等磁势的。表面上每个点的磁势是到中性区距离的函数。为
了简化计算，将磁通（沿每极高度 h_M 的磁动势分布函数）替换为等效磁通。该
等效磁通从中性横截面穿过整个极高度 h_M，并从极点表面流出。为了求出永磁

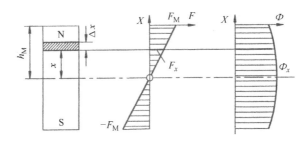

图 2.3 沿矩形永磁体高度 h_M 的磁动势和磁通分布

体的等效漏磁通和总磁通,必须求出等效磁场强度,即

$$H = \frac{1}{h_M}\int_0^{h_M} H_x \mathrm{d}x = \frac{F_M}{h_M} \tag{2.8}$$

式中,H_x 是距离中性横截面 x 处的磁场强度;F_M 是每极永磁体的磁动势(每对极磁动势为 $2F_M$)。

根据式(2.8)所示等效磁场强度可以得到永磁体的等效漏磁通,即

$$\Phi_{1M} = \Phi_M - \Phi_g \tag{2.9}$$

式中,Φ_M 是永磁体的等效磁通;Φ_g 是气隙磁通。永磁体的漏磁系数为

$$\sigma_{1M} = \frac{\Phi_M}{\Phi_g} = 1 + \frac{\Phi_{1M}}{\Phi_g} > 1 \tag{2.10}$$

气隙磁通表示为 $\Phi_g = \Phi_M / \sigma_{1M}$。

在磁通 Φ – 磁动势坐标系中表示的漏磁导对应于永磁体的等效漏磁通

$$G_{1M} = \frac{\Phi_{1M}}{F_M} \tag{2.11}$$

准确估计漏磁导 G_{1M} 是计算含永磁体的磁路时最困难的部分。当然,精度问题只存在于磁路方法中,如果使用场方法,例如有限元法(FEM),可以十分准确地找到漏磁导。

平均等效磁通和等效磁动势意味着在整个永磁材料体积内,磁通密度和磁场强度是相同的。外部空间中永磁体产生的能量 W(J)为

$$W = \frac{BH}{2} V_M \tag{2.12}$$

式中,V_M 是永磁体或永磁体系统的体积。

对于具有线性退磁曲线的永磁体,即钕铁硼永磁体,室温下的矫顽力可根据 B_r 和 μ_{rrec} 简单计算,如下所示:

$$H_c = \frac{B_r}{\mu_0 \mu_{rrec}} \tag{2.13}$$

具有线性退磁曲线的永磁体（每极高度为 h_M，放置于由气隙 g 和无穷大磁导率材料组成的磁路之中）在气隙 g 中产生的磁通密度大约为

$$B_g \approx \frac{B_r}{1 + \mu_{rrec} g / h_M} \tag{2.14}$$

式（2.14）是在假设 $H_c h_M \approx H_M h_M + H_g g$ 的情况下推导出来的，忽略磁路软磁钢部分的磁压降（MVD），其中 H_c 是根据式（2.13）得到的，$H_M = B_g/(\mu_0 \mu_{rrec})$ 和 $H_g = B_g/\mu_0$。更多解释见第 8.8.5 节。

具有矩形横截面的简单永磁体磁路，由一个永磁体（每极高度为 h_M、宽度为 w_M、长度为 l_M）、两个软钢轭（平均长度为 $2l_{Fe}$）和厚度为 g 的气隙组成，安培环路定律可以写成

$$2H_M h_M = H_g g + 2H_{Fe} l_{Fe} = H_g g \left(1 + \frac{2H_{Fe} l_{Fe}}{H_g g} \right) \tag{2.15}$$

式中，H_g、H_{Fe} 和 H_M 分别是气隙、软钢轭和永磁体中的磁场强度。由于 $\Phi_g \sigma_{1M} = \Phi_M$ 或 $B_g S_g = B_M S_M/\sigma_{1M}$，其中 B_g 是气隙磁通密度，B_M 是永磁体磁通密度，S_g 是气隙的横截面积，$S_M = w_M l_M$ 是永磁体的横截面积，磁通平衡方程为

$$\frac{V_M}{2h_M} \frac{1}{\sigma_{1M}} B_M = \mu_0 H_g \frac{V_g}{g} \tag{2.16}$$

式中，V_g 是气隙的体积，$V_g = S_g g$；V_M 是永磁体的体积，$V_M = 2h_M S_M$。此处忽略了气隙中的边缘磁通。通过式（2.15）乘以磁压降和式（2.16）乘以磁通，气隙磁场强度为

$$H_g = \sqrt{\frac{1}{\mu_0} \frac{1}{\sigma_{1M}} \left(1 + \frac{2H_{Fe} l_{Fe}}{H_g g} \right)^{-1} \frac{V_M}{V_g} B_M H_M} \approx \sqrt{\frac{1}{\mu_0} \frac{V_M}{V_g} B_M H_M} \tag{2.17}$$

对于永磁体电路，给定气隙体积 V_g 中的磁场强度 H_g 与磁能积（$B_M H_M$）的二次方根和永磁体体积 $V_M = 2h_M w_M l_M$ 成正比。

随着体积越来越小、质量越来越轻、效率越来越高的趋势，永磁体领域的材料研究重点是寻找最大磁能积（BH）$_{max}$ 值较高的材料。

2.2 永磁材料的发展史

早在公元前 600 年左右，希腊哲学家米利都学派的 Thales 就提到了一种叫做 loadstone（磁石）的硬磁材料[236]。这是一种天然磁性矿物，由磁性 Fe_3O_4 组成。由于其是在塞萨利的 Magniza 地区发现的，因此磁石被命名为 magnes。

第一批人造磁铁是通过接触磁石磁化的铁针。人类对磁力的第一次实际应用可能是指南针。大约在公元 1200 年，Guyot de Provins 所写的一首法国诗歌中提到了一根被漂浮的稻草支撑的触针[236]。其他参考文献表明，公元 500 年左右，

中国就有了优质的磁钢。

关于磁铁的最早系统报告见于 William Gilbert 在 1600 年发表的科学工作汇报中[125]。Gilbert 描述了如何用软铁杆尖支撑磁石，以增加接触时的吸引力，以及如何磁化铁或钢件[236]。1825 年，J. Henry 和 W. Sturgeon 发明了电磁铁，这是磁学的又一重大进步。

1867 年，德国手册记载，铁磁性合金可以由非铁磁性材料和铁磁性材料（主要是铁）的非铁磁性合金制成。例如，1901 年报告的 Heusler 合金（Cu_2MnAl），该合金与以前的磁铁相比具有优异的性能。典型 Heusler 合金的组成成分为 10% ~ 30% 的锰和 15% ~ 19% 的铝，其余为铜。

1917 年，日本发现了钴 - 钢合金，1931 年发现了铝镍钴合金（铝、镍、钴、铁）。1938 年，同样在日本，Kato 和 Takei 开发了由粉末氧化物制成的磁铁，这是现代铁氧体的先驱。

2.3 永磁材料的特性

目前用于电机的永磁体有三类：

1）铝镍钴（Alnico）磁体（铝、镍、钴、铁）；

2）陶瓷（铁氧体）永磁体，例如钡铁氧体 $BaO \times 6Fe_2O_3$ 和锶铁氧体 $SrO \times 6Fe_2O_3$；

3）稀土材料永磁体，即钐钴（SmCo）永磁体和钕铁硼（NdFeB）永磁体。

图 2.4 给出了上述永磁体材料的退磁曲线。退磁曲线随温度变化的关系如图 2.2 所示，B_r 和 H_c 均随永磁体温度的升高而降低，即

$$B_r = B_{r20}\left[1 + \frac{\alpha_B}{100}(\vartheta_{PM} - 20)\right] \qquad (2.18)$$

$$H_c = H_{c20}\left[1 + \frac{\alpha_H}{100}(\vartheta_{PM} - 20)\right] \qquad (2.19)$$

式中，ϑ_{PM} 是永磁体的温度；B_{r20} 和 H_{c20} 是 20℃ 时的剩余磁通密度和矫顽力；α_B 和 α_H 分别是 B_r 和 H_c 的温度系数（%/℃），$\alpha_B < 0$ 和 $\alpha_H < 0$，见表 2.1。

表 2.1 常见永磁材料的温度系数和居里温度（美国纽约州罗切斯特 Arnold Magnetic Technologies 提供）

材　　料	B_r 可逆温度系数/ （%/℃）	H_c 可逆温度系数/ （%/℃）	居里温度/ ℃
Alnico 5	− 0.02	− 0.01	900
Alnico 8	− 0.02	− 0.01	860
Sm_2Co_{17}	− 0.03	− 0.20	800

（续）

材　　料	B_r 可逆温度系数/（%/℃）	H_c 可逆温度系数/（%/℃）	居里温度/℃
SmCo$_5$	−0.045	−0.40	700
粘结钕铁硼 MQP − C（15% 钴）	−0.07	−0.40	470
烧结钕铁硼 40 MGOe（0% 钴）	−0.10	−0.60	310
Ferrite 8	−0.20	+0.27	450
塑性 2401 铁氧体 − Neo 混合材料	−0.14	−0.04	—

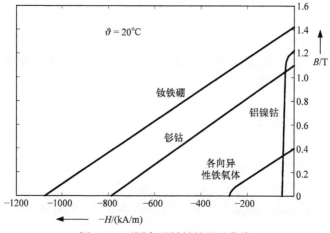

图 2.4　不同永磁材料的退磁曲线

2.3.1　铝镍钴永磁材料

铝镍钴的主要优点是其高剩余磁通密度和低温度系数；B_r 的温度系数为 −0.02%/℃，最高工作温度为 520℃。这些优点使得其在高温下能够保持高气隙磁通密度。然而，其矫顽力很低，退磁曲线非线性化严重。因此，铝镍钴永磁材料不仅很容易磁化，而且很容易退磁。铝镍钴永磁材料已用于具有较大气隙的盘式永磁有刷直流电机。较大的机械气隙使得作用在永磁体上的电枢反应磁通可以忽略不计。有时，为了避免退磁，人们会使用额外的软钢极靴保护铝镍钴永磁体免受电枢磁通的影响。在 20 世纪 40 年代中期，铝镍钴永磁材料主导了功率从几瓦到 150kW 不等的永磁电机市场，直到 60 年代末，铁氧体永磁材料逐渐发展成为当时使用最广泛的材料[236]。

2.3.2　铁氧体永磁材料

钡和锶铁氧体是在 20 世纪 50 年代发明的。铁氧体永磁材料具有比铝镍钴永磁材料更高的矫顽力，但同时具有更低的剩余磁通密度；温度系数相对较高，B_r 的温度系数为 $-0.20\%/℃$，H_c 的温度系数为 $-0.27\%/℃$；最高工作温度为 400℃。铁氧体的主要优点是成本低、电阻高，即永磁体中没有涡流损耗。铁氧体磁体是小功率电机最经济的选择，与使用铝镍钴永磁材料相比，其节能量可高达 7.5kW。钡铁氧体永磁体（见图 2.5）通常用于汽车（鼓风机、风扇、风窗玻璃刮水器、泵等）和电动玩具的小型有刷直流电机。

铁氧体永磁材料是用粉末冶金法生产的。其化学式可表示为 $MO \times 6$ (Fe_2O_3)，其中 M 为 Ba、Sr 或 Pb。锶铁氧体具有比钡铁氧体更高的矫顽力。从环保的角度来看，铅铁氧体的生产对环境是不利的。铁氧体永磁体有各向同性和各向异性两种类型。

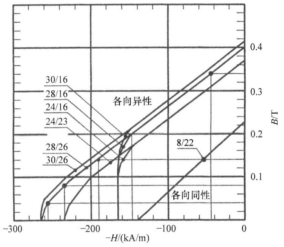

图 2.5   德国施兰贝格的 Magnetfabrik Schramberg GmbH & Co.
制造的钡铁氧体永磁体的退磁曲线

2.3.3 稀土永磁材料

在过去 30 年中，随着稀土永磁体的发展，在最大磁能积 $(BH)_{max}$ 方面取得了巨大进展。稀土元素并不稀有，但其天然矿物却是各种元素混合的化合物。为了生产某一种特殊的稀土金属，必须对其他几种没有商业应用的稀土金属进行精炼，这限制了这些金属的可用性。20 世纪 60 年代发明的基于成分 $SmCo_5$ 的第一代新合金自 20 世纪 70 年代初开始商业化生产。今天，它是一种公认的硬磁材料。Sm_2Co_{17} 具有高剩余磁通密度、高矫顽力、高磁能积、线性退磁曲线和低温度系数的优点（见表 2.2）。B_r 的温度系数为 $-0.02 \sim -0.045\%/℃$，H_c 的温度

系数为 $-0.14 \sim -0.40\%/℃$。最高工作温度为 $300 \sim 350℃$。它非常适合制造体积小、功率密度高、绝缘等级为 F 或 H 的电机，其成本是唯一的缺点。由于供应限制，钐和钴都相对昂贵。

表 2.2　德国哈瑞的 Vacuumschmelze GmbH 制造的真空烧结型
Sm$_2$Co$_{17}$永磁材料在室温 20℃下的物理性能

性能指标	Vacomax 240HR	Vacomax 225HR	Vacomax 240
剩余磁通密度 B_r/T	$1.05 \sim 1.12$	$1.03 \sim 1.10$	$0.98 \sim 1.05$
矫顽力 H_c/(kA/m)	$600 \sim 730$	$720 \sim 820$	$580 \sim 720$
内禀矫顽力 H_{ci}/(kA/m)	$640 \sim 800$	$1590 \sim 2070$	$640 \sim 800$
$(BH)_{max}$/(kJ/m^3)	$200 \sim 240$	$190 \sim 225$	$180 \sim 210$
回复磁导率	$1.22 \sim 1.39$	$1.06 \sim 1.34$	$1.16 \sim 1.34$
20 ~ 100℃ 时 B_r 的温度系数 α_B/(%/℃)	-0.030		
20 ~ 100℃ 时 H_{ci} 的温度系数 α_{iH}/(%/℃)	-0.15	-0.18	-0.15
20 ~ 150℃ 时 B_r 的温度系数 α_B/(%/℃)	-0.035		
20 ~ 150℃ 时 H_{ci} 的温度系数 α_{iH}/(%/℃)	-0.16	-0.19	-0.16
居里温度/℃	大约 800		
最高连续工作温度/℃	300	350	300
导热系数/[W/(m·℃)]	大约 12		
比质量密度 ρ_{PM}/(kg/m^3)	8400		
电导率/(×10^6 S/m)	$1.18 \sim 1.33$		
20 ~ 100℃时的热膨胀系数/(×10^6/℃)	10		
杨氏模量/(×10^6 MPa)	0.150		
弯曲应力/MPa	$90 \sim 150$		
维氏硬度	大约 640		

通常，钐钴永磁体在加工后不需要任何涂层或镀层。如果存在清洁度问题，偶尔需要酚醛树脂等高级涂层。这种情况下，涂层的作用很像密封剂。有时，钐钴磁铁会镀有镍。

近年来，在廉价钕（Nd）的基础上发现了第二代稀土永磁体，在降低原材料成本方面取得了显著进展。1983 年，日本住友特殊金属公司在美国宾夕法尼亚州匹兹堡举行的第 29 届磁学和磁性材料年会上宣布了新一代稀土永磁体。钕是一种比钐丰富得多的稀土元素。钕铁硼永磁体的产量正在不断增加，其磁性比钐钴永磁体更好，但遗憾的是，仅在室温下才能体现磁性能优势。其退磁曲线，尤其是矫顽力，强烈依赖于温度。B_r 的温度系数为 $-0.09 \sim -0.15\%/℃$，H_c 的

温度系数为 $-0.40 \sim -0.80\%/\text{℃}$。最高工作温度为 250℃，居里温度为 350℃。钕铁硼永磁体也容易被腐蚀。钕铁硼永磁体可以显著提高性能成本比，在许多应用中具有极大的潜力。因此，它们将对未来永磁体设备的开发和应用产生重大影响。

最新等级的钕铁硼永磁体具有更高的剩余磁通密度和更好的热稳定性（见表 2.3）。其采用金属或树脂涂层来提高耐腐蚀性。

表 2.3　德国哈瑙的 Vacuumschmelze GmbH 制造的真空烧结型钕铁硼
永磁材料在室温 20℃下的物理性能

性能指标	Vacodym 633HR	Vacodym 362TP	Vacodym 633AP
剩余磁通密度 B_r/T	1.29 ~ 1.35	1.25 ~ 1.30	1.22 ~ 1.26
矫顽力 H_c/(kA/m)	980 ~ 1040	950 ~ 1005	915 ~ 965
内禀矫顽力 H_{ci}/(kA/m)	1275 ~ 1430	1195 ~ 1355	1355 ~ 1510
$(BH)_{max}$/(kJ/m³)	315 ~ 350	295 ~ 325	280 ~ 305
回复磁导率	1.03 ~ 1.05		1.04 ~ 1.06
20~100℃时 B_r 的温度系数 α_B/(%/℃)	-0.095	-0.115	-0.095
20~100℃时 H_{ci} 的温度系数 α_{iH}/(%/℃)	-0.65	-0.72	-0.64
20~150℃时 B_r 的温度系数 α_B/(%/℃)	-0.105	-0.130	-0.105
20~150℃时 H_{ci} 的温度系数 α_{iH}/(%/℃)	-0.55	-0.61	-0.54
居里温度/℃	大约 330		
最高连续工作温度/℃	110	100	120
导热系数/[W/(m·℃)]	大约 9		
比质量密度 ρ_{PM}/(kg/m³)	7700	7600	7700
电导率/(×10⁶ S/m)	0.62 ~ 0.83		
20~100℃时的热膨胀系数/(×10⁶/℃)	5		
杨氏模量/(×10⁶ MPa)	0.150		
弯曲应力/MPa	270		
维氏硬度	大约 570		

目前，稀土永磁体的工业生产主要采用粉末冶金方法[236]。忽略某些材料特定参数时，该处理技术通常适用于所有稀土磁性材料[75]。这些合金是通过真空感应熔炼或氧化物的钙热还原生产的。然后通过粉碎和研磨将材料粒度减小为粒径小于 $10\mu\text{m}$ 的单晶粉末。

为了获得具有最大磁能积 $(BH)_{max}$ 的各向异性永磁体，先将粉末在外部磁场中对齐，然后通过烧结压密至接近理论密度。大规模生产简单形状永磁体

（如质量为几克至100g的块、环或弧段）最经济的方法是将粉末模压成近似的最终形状。较大或较少数量的永磁体可以通过切割和切片的方式从大块磁体中生产出来。

烧结和随后的热处理是在真空或惰性气体环境下进行的。根据永磁体材料的不同，烧结温度在1000~1200℃之间，烧结时间在30~60min之间。在烧结后退火期间，材料的微观结构得到优化，从而显著提高了磁体的内禀矫顽力H_{ci}。加工以获得尺寸公差后，制造过程的最后一步是磁化。达到完全饱和的磁场范围为1000~4000kA/m，具体取决于材料成分。

美国密歇根州通用汽车公司的研究人员开发了一种基于最初为生产非晶态金属合金而发明的熔融纺丝铸造系统的制造方法。在该技术中，NdFeCoB材料的熔融流首先通过快速淬火形成30~50μm厚的带状物，然后冷压、挤压和热压成块状物。热压和热加工在保持细粒度的同时进行，以提供接近100%的高密度，从而消除内部腐蚀的可能性。标准电沉积环氧树脂涂层具有优异的耐腐蚀性。表2.4给出了Daido Steel有限公司生产的钕基粉末永磁材料的参数。这些永磁体材料适用于制造大直径（200mm以上）径向取向的环形磁铁。

表2.4 **Daido Steel有限公司生产的钕基粉末永磁材料在室温20℃下的物理性能**

性能指标	ND-31HR	ND-31SHR	ND-35R
剩余磁通密度 B_r/T	1.14~1.24	1.08~1.18	1.22~1.32
矫顽力 H_c/(kA/m)	828~907	820~899	875~955
内禀矫顽力 H_{ci}/(kA/m)	1114~1432	1592~1989	1035~1353
$(BH)_{max}$/(kJ/m³)	239~279	231~163	179~318
回复磁导率	1.05		
B_r的温度系数 α_B/(%/℃)	-0.10		
H_c的温度系数 α_H/(%/℃)	-0.50		
居里温度/℃	360		
导热系数/[W/(m·℃)]	4.756		
比质量密度 ρ_{PM}/(kg/m³)	7600	7700	7600
电导率/(×10⁶ S/m)	1.35		
20~100℃时的热膨胀系数/(×10⁶/℃)	径向 1~2 轴向 -1~0		
杨氏模量/(×10⁶ MPa)	0.152		
弯曲应力/MPa	196.2		
维氏硬度	大约750		

钕铁硼永磁体的机械强度非常强，不像钐钴那么脆；需要进行表面处理（镍、铬酸铝或聚合物涂层）。

2.3.4 腐蚀与化学反应

与钐钴永磁体相比，钕铁硼永磁体的耐蚀性较低。它们的化学反应性类似于镁等碱土金属。在正常条件下，钕铁硼化学反应缓慢。但在较高温度和湿度下，化学反应会加快。大多数永磁体使用粘合剂进行组装。不得使用含酸的粘合剂，因为它们会导致永磁体材料快速分解。钕铁硼永磁体不能在以下条件下使用：

1) 在酸性、碱性或有机溶剂中（除非密封在罐内）；

2) 在水中或油中（除非密封）；

3) 在导电液体中，如含有水的电解质中；

4) 在含氢大气中，尤其是在高温下，因为氢化会导致磁性材料分解（见表2.5）；

5) 在腐蚀性气体中，如 Cl、NH_3、NO_x 等；

6) 在存在放射性射线的情况下（钕铁硼永磁体可能会被辐射损坏，主要是 γ 射线）。

用于船舶推进的电机暴露在含盐的大气中，空气湿度可超过90%。未受保护的热钕铁硼永磁体极易受到盐雾的影响，几天后，腐蚀穿透达到 0.1mm[280]。与 ±0.05mm 的磨削公差和 ±0.1mm 的块切割公差进行比较，浸渍在树脂中的玻璃纤维绷带无法保护钕铁硼永磁体[280]。金属（锡或镍）或有机（电镀）是防腐蚀的最佳方法。风干清漆是唯一具有成本效益的涂层，一定程度上能够有效地保护永磁体免受腐蚀。

表 2.5 在 30MPa 压力和 250℃温度下对稀土永磁体进行氢暴露试验
（由日本武生的 Shin – Etsu 化学有限公司提供）

稀土永磁体	测试前	测试后		
		1 天后	3 天后	7 天后
钕铁硼 20μm 镍涂层				
Sm_2Co_{17}				

2.3.5 市场问题

如今，大规模生产的钕铁硼永磁体的价格取决于等级，约为每千克55美元，为钐钴永磁体成本的60%~70%。假设原材料价格不变，预计随着产量的增加，制造成本随之显著降低，价格也会持续下降。

图2.6给出了稀土永磁体销售应用领域划分的明细。稀土永磁体最重要的应用领域是音圈电机（VCM）和计算机硬盘驱动器（HDD），占销售额的40%~45%。其他主要应用领域包括磁共振成像（MRI）、电机、光学仪器、汽车、声学设备和磁性机械设备（夹持设备、联轴器、磁力分离器、磁性轴承）。永磁电机的功率范围很广，从几毫瓦到兆瓦以上，其涵盖了从手表步进电机到机床工业伺服驱动器（15kW以上）到大型同步电机的各种应用。高性能稀土永磁体已经成功地取代了铝镍钴和铁氧体永磁体，应用于所有需要高功率密度、改善动态性能或提高效率的应用领域。

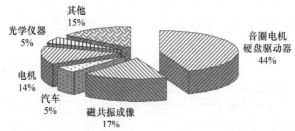

图2.6　根据日本武生的Shin – Etsu化学有限公司所提供的稀土永磁体的应用领域

图2.7中不同类型伺服电机的转矩质量比和旋转加速度的比较表明，使用稀土永磁体的伺服电机的转矩和加速度可以增加一倍以上[75]。

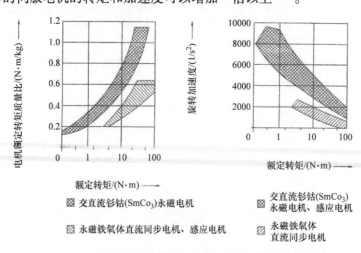

图2.7　不同类型伺服电机的转矩质量比和旋转加速度

2.4　退磁曲线与回复线的相似性

退磁曲线最常用的近似方法是使用双曲线进行近似，即

$$B = B_r \frac{H_c - H}{H_c - a_0 H} \tag{2.20}$$

式中，B 和 H 是坐标；a_0 是常数系数，可通过下式计算[20]：

$$a_0 = \frac{B_r}{B_{sat}} = \frac{2\sqrt{\gamma} - 1}{\gamma} \tag{2.21}$$

或根据退磁曲线

$$a_0 = \frac{1}{n} \sum_{i=1}^{n} \left(\frac{H_c}{H_i} + \frac{B_r}{B_i} - \frac{H_c}{H_i} \frac{B_r}{B_i} \right) \tag{2.22}$$

式中，(B_i, H_i) 是退磁曲线上任意选择的 $i = 1, 2, \cdots, n$ 的坐标值；n 是退磁曲线上的点数。

假设回复磁导率为常数[233]

$$\mu_{rec} = \frac{B_r}{H_c}(1 - a_0) \tag{2.23}$$

式（2.23）能够准确地计算和测量磁能较低的铝镍钴永磁体和各向同性铁氧体永磁体的退磁曲线。但是对于具有高矫顽力的各向异性铁氧体永磁体在某些情况下会产生较大的误差。

对于在室温 20℃ 下的稀土永磁体，由于其退磁曲线具有较高的线性关系，因此近似简单，即

$$B = B_r \left(1 - \frac{H}{H_c} \right) \tag{2.24}$$

这意味着式（2.20）中 $a_0 = 0$ 或者式（2.21）中 $\gamma = 0.25$，从而可以将式（2.20）改写为式（2.24）的表达式。式（2.24）不能用于温度高于 20℃ 的钕铁硼永磁体，因为它们的退磁曲线是非线性的。

2.5　永磁体工作图

2.5.1　永磁体工作图的组成

只有当外部磁路的磁阻大于零时，外部空间中才存在永磁体的能量。如果将磁化好的永磁体放置在闭合的理想铁磁路（即环形）内，则该永磁体不会在外部空间显示任何磁性，尽管永磁体内存在与剩余磁通密度 B_r 相对应的磁通 Φ_r。

如图 2.8a 所示，磁化好的永磁体单独放置在开放空间中会产生磁场。为了维持外部开放空间中的磁通，需要由磁铁产生磁动势。永磁体的状态以退磁曲线上的 K 点为特征（见图 2.9）。K 点的位置位于退磁曲线与代表外部磁路（开放空间）磁导的直线的交点处：

$$G_{ext} = \frac{\Phi_K}{F_K}, \quad \tan\alpha_{ext} = \frac{\Phi_K / \Phi_r}{F_K / F_c} = G_{ext}\frac{F_c}{\Phi_r} \tag{2.25}$$

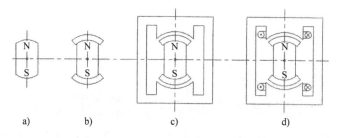

图 2.8　永磁体的稳定性：a）单独的永磁体；b）带有极靴的永磁体；
c）外部磁路内的永磁体；d）带有完整外部电枢系统的永磁体

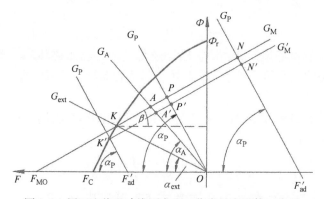

图 2.9　用于查找反冲线原点和工作点的永磁体工作图

磁导 G_{ext} 对应于磁通 Φ – MMF 坐标系，在永磁体端部称为磁动势。外部空间中永磁体产生的单位磁能为 $w_K = B_K H_K / 2$。该能量与坐标系和垂直于 Φ 和 F 坐标的直线所限制的矩形成正比，Φ 和 F 坐标从 K 点投影而来。很明显，最大磁能为 $D_K = B_{max}$ 和 $H_K = H_{max}$。

如果磁极配有极靴（见图 2.8b），则外部空间的磁导会增加。图 2.9 中表征永磁体新状态的点沿回复线从 K 点移动到 A 点。回复线中的 KG_M 与永磁体的内部磁导相同，即

$$G_M = \mu_{rec}\frac{w_M l_M}{h_M} = \mu_{rec}\frac{S_M}{h_M} \tag{2.26}$$

A 点是回复线 KG_M 和代表永磁体与极靴漏磁导的直线 OG_A 的交点，即

$$G_A = \frac{\Phi_A}{F_A}, \ \tan\alpha_A = G_A \frac{F_c}{\Phi_r} \tag{2.27}$$

与前一种情况相比，外部空间中永磁体产生的能量减少，即 $w_A = B_A H_A / 2$。

下一情况是将永磁体置于外部磁路中，如图 2.8c 所示。该系统的合成磁导为

$$G_P = \frac{\Phi_P}{F_P}, \ \tan\alpha_P = G_P \frac{F_c}{\Phi_r} \tag{2.28}$$

满足条件 $G_P > G_A > G_{ext}$。对于没有任何电路承载电枢电流的外部磁路，永磁体的磁性以 P 点（见图 2.9）为特征，即回复线 KG_M 和磁导线 OG_P 的交点。

当外部磁路配备电枢绕组时，当该绕组通入产生磁动势磁化永磁体的电流时（见图 2.8d），永磁体中的磁通增加至 Φ_N。直接作用于永磁体的外部（电枢）磁场的 d 轴磁动势 F'_{ad} 对应于 Φ_N。永磁体的磁性状态由位于坐标系原点右侧回复线上的 N 点描述。要获得该点，需要减小 OF'_{ad} 的距离和画一条从 F'_{ad} 点出发与 F 轴倾斜角度 α_P 的线 G_P。回复线和磁导线 G_P 的交点为 N 点。如果外部电枢绕组中的励磁电流进一步增加，则 N 点将沿回复线进一步向右移动，直至永磁体饱和。

当励磁电流反向时，外部电枢磁场将使永磁体退磁。在这种情况下，需要缩短坐标系原点向左的距离 OF'_{ad}（见图 2.9）。从 F'_{ad} 点绘制的斜率为 α_P 的线 G_P 在 K' 处与退磁曲线相交。该点可以高于或低于 K 点（仅针对开放空间中的永磁体）。K' 点是新回复线 $K'G'_M$ 的原点，如果电枢励磁电流减小，工作点将沿着新的回复线 $K'G'_M$ 向右移动。如果电枢电流降至零，则工作点位于位置 P'（新回复线 $K'G'_M$ 与从坐标系原点绘制的磁导线 G_P 的交点）。

根据图 2.9，能量 $w_{P'} = B_{P'} H_{P'} / 2$，$w_P = B_P H_P / 2$，$w_{P'} < w_P$。回复线原点的位置以及工作点的位置决定了永磁体产生能量的利用水平。永磁体的特性与直流电磁铁不同；如果外部电枢的磁导和励磁电流发生变化，则永磁体的能量不是恒定的。

回复线原点位置由外部磁路的磁导的最小值或外部磁场的退磁反应确定。

为了提高永磁体的性能，应维持永磁体稳定，不受外场的影响。"稳定"是指在安装永磁体的系统运行期间，永磁体退磁略高于最危险退磁磁场的值。在具有稳定永磁体的磁路中，描述永磁体状态的工作点位于回复线上。

2.5.2 空载工作点

假设永磁体在没有电枢的情况下被磁化，然后置于电枢系统中，例如具有气隙的电机之中。回复线的起点由单独位于开放空间中的永磁体的漏磁导 G_{ext} 确定

（见图 2.10）。为了获得 K 点，需要求解磁通 Φ – MMF 坐标系中的方程组 (2.20) 和 (2.25)，可以得到以下二阶方程：

$$a_0 G_{\text{ext}} F_{\text{K}}^2 - (G_{\text{ext}} F_{\text{c}} + \Phi_{\text{r}}) F_{\text{K}} + \Phi_{\text{r}} F_{\text{c}} = 0$$

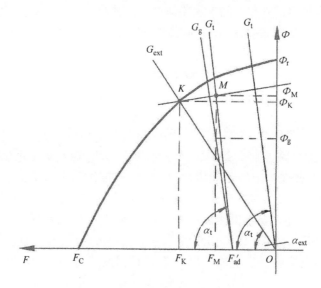

图 2.10　无电枢磁化工作点的位置

如果 $a_0 > 0$，则与 K 点对应的磁动势为

$$F_{\text{K}} = \frac{F_{\text{c}}}{2a_0} + \frac{\Phi_{\text{r}}}{2a_0 G_{\text{ext}}} \pm \sqrt{\left(\frac{F_{\text{c}}}{2a_0} + \frac{\Phi_{\text{r}}}{2a_0 G_{\text{ext}}}\right)^2 - \frac{\Phi_{\text{r}} F_{\text{c}}}{a_0 G_{\text{ext}}}}$$

$$= b_0 \pm \sqrt{b_0^2 - c_0} \tag{2.29}$$

式中

$$b_0 = \frac{F_{\text{c}}}{2a_0} + \frac{\Phi_{\text{r}}}{2a_0 G_{\text{ext}}} \quad 和 \quad c_0 = \frac{\Phi_{\text{r}} F_{\text{c}}}{a_0 G_{\text{ext}}}$$

如果 $a_0 = 0$（对于稀土永磁体），磁动势 F_{K} 为

$$F_{\text{K}} = \frac{\Phi_{\text{r}}}{G_{\text{ext}} + \Phi_{\text{r}}/F_{\text{c}}} \tag{2.30}$$

根据式 (2.25) 可以求出磁通 Φ_{K}。

$a_0 > 0$ 时的回复线万程为：

1）在 B – H 坐标系中

$$B = B_{\text{K}} + (H_{\text{K}} - H)\mu_{\text{rec}} \tag{2.31}$$

2）在磁通 Φ – MMF 坐标系中

$$\Phi = \Phi_{\text{K}} + (F_{\text{K}} - F)\mu_{\text{rec}}\frac{S_{\text{M}}}{h_{\text{M}}} \tag{2.32}$$

对于 $a_0 = 0$ 的稀土永磁体, 回复磁导率 $\mu_{rec} = (h_M/S_M)(\Phi_r - \Phi_K)/F_K = \Phi_r h_M/(F_c S_M)$, 回复线方程与退磁曲线方程相同, 即

$$\Phi = \Phi_r \left(1 - \frac{F}{F_c}\right) \tag{2.33}$$

d 轴电枢磁动势 F'_{ad} 直接作用于永磁体通常会使永磁体退磁, 因此合成磁导为

$$G_t = \frac{\Phi_M}{F_M - F'_{ad}} \tag{2.34}$$

与 K 点和磁通轴之间的回复线相交。求解式 (2.32), 其中 $\Phi = \Phi_M$, $F = F_M$, 式 (2.34) 永磁体的磁动势由下式给出:

$$F_M = \frac{\Phi_K + F_K \mu_{rec}(S_M/h_M) + G_t F'_{ad}}{G_t + \mu_{rec}(S_M/h_M)} \tag{2.35}$$

对于稀土永磁体, 求解式 (2.33) 和式 (2.34) 可以得到永磁体的磁动势

$$F_M = \frac{\Phi_r + G_t F'_{ad}}{G_t + \Phi_r/F_c} \tag{2.36}$$

永磁体中的磁通 $\Phi_M = G_t(F_M - F'_{ad})$ 符合式 (2.34)。利用漏磁系数 (2.10) 可以得到气隙中的有效磁通密度, 即

$$\begin{aligned}
B_g &= \frac{\Phi_M}{S_g \sigma_{lM}} = \frac{G_t(F_M - F'_{ad})}{S_g \sigma_{lM}} \\
&= \frac{G_t}{S_g \sigma_{lM}} \left[\frac{\Phi_K + F_K \mu_{rec}(S_M/h_M) + G_t F'_{ad}}{G_t + \mu_{rec}(S_M/h_M)} - F'_{ad}\right]
\end{aligned} \tag{2.37}$$

式中, S_g 是气隙表面面积。在忽略边缘效应的情况下, 相应的磁场强度为

$$H_g = H_M = \frac{F_M}{h_M} = \frac{\Phi_K + F_K \mu_{rec}(S_M/h_M) + G_t F'_{ad}}{h_M[G_t + \mu_{rec}(S_M/h_M)]} \tag{2.38}$$

单位体积的外部磁能为

$$\begin{aligned}
w_{ext} &= \frac{B_M H_M}{2} \\
&= \frac{G_t}{V_M} \left[\frac{\Phi_K + F_K \mu_{rec}(S_M/h_M) + G_t F'_{ad}}{G_t + \mu_{rec}(S_M/h_M)} - F'_{ad}\right] \times \\
&\quad \frac{\Phi_K + F_K \mu_{rec}(S_M/h_M) + G_t F'_{ad}}{G_t + \mu_{rec}(S_M/h_M)}
\end{aligned} \tag{2.39}$$

式中, $B_M = B_g \sigma_{lM}$, $V_M = 2h_M S_g$。如果 $G_{ext} < G_t$, 则上述公式是正确的。如果工作点位于退磁曲线上, 永磁体在外部空间产生最大能量, 并且该能量的绝对最大值为 $\tan\alpha_{ext} = G_{ext}(F_c/\Phi_r) \approx 1.0$。

一般情况下, 外磁路的合成磁导 G_t 由气隙的有效磁导 G_g 和永磁体的漏磁导 G_{lM} 组成, 即

$$G_t = G_g + G_{lM} = \sigma_{lM} G_g \tag{2.40}$$

有效磁导 G_g 对应于磁路活动部分的有效磁通。漏磁导 G_{lM} 是单个永磁体或带有电枢的永磁体的参考漏磁导。因此，外部能量 w_{ext} 可分为有效能量 w_g 和漏能量 w_{lM}。外部空间中每体积的有效能量为

$$
\begin{aligned}
w_g &= \frac{B_g H_g}{2} \\
&= \frac{G_g}{V_M} \left[\frac{\Phi_K + F_K \mu_{rec}(S_M/h_M) + G_t F'_{ad}}{G_t + \mu_{rec}(S_M/h_M)} - F'_{ad} \right] \times \\
&\quad \frac{\Phi_K + F_K \mu_{rec}(S_M/h_M) + G_t F'_{ad}}{G_t + \mu_{rec}(S_M/h_M)}
\end{aligned}
\tag{2.41}
$$

漏能量为

$$w_{lM} = w_{ext} - w_g = (\sigma_{lM} - 1) w_g \tag{2.42}$$

2.5.3　负载工作点

如果永磁体放置在外部电枢电路中，然后由电枢磁场磁化或在磁化器中磁化，然后磁化器的磁极连续地被电枢的磁极所取代，则回复线的原点 K 由从 F 点坐标处的 F'_{admax} 点绘制的合成磁导 G_t 确定。磁动势 F'_{admax} 对应于直接作用在磁铁上的最大退磁 d 轴磁场，其可在电机运行期间出现。在图 2.11 中，其退磁曲线和 G_t 线的交点 K：

$$G_t = \frac{\Phi_K}{F_K - F'_{admax}} \tag{2.43}$$

最大电枢退磁磁动势 F'_{admax} 可通过反转或堵转情况确定。

永磁体回复线的起点，回复线由安装在电枢中的永磁体的合成磁导 G_t 确定（见图 2.11）。为了获得 K 点，求解磁通 Φ – MMF 坐标系中的方程组（2.20）和（2.43），即可得到以下二阶方程：

$$a_0 G_t F_K^2 - (G_t F_c + a_0 G_t F'_{admax} + \Phi_r) F_K + (G_t F'_{admax} + \Phi_r) F_c = 0$$

如果 $a_0 > 0$，则与 K 点对应的磁动势为

$$F_K = b_0 \pm \sqrt{b_0^2 - c_0} \tag{2.44}$$

式中

$$b_0 = 0.5 \left(\frac{F_c}{a_0} + F'_{admax} + \frac{\Phi_r}{a_0 G_t} \right) \quad \text{和} \quad c_0 = \frac{(G_t F'_{admax} + \Phi_r) F_c}{a_0 G_t}$$

如果 $a_0 = 0$（对于稀土永磁体），磁动势 F_K 为

$$F_K = \frac{\Phi_r + G_t F'_{admax}}{G_t + \Phi_r / F_c} \tag{2.45}$$

根据式（2.43）可以求出磁通 Φ_K。

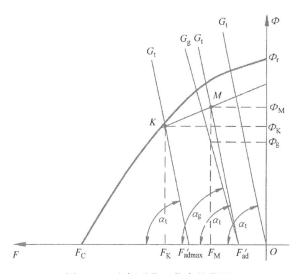

图 2.11　电枢磁化工作点的位置

其余结构类似于图 2.10 所示的电枢绕组退磁作用（M 点）。M 点的坐标用式（2.34）、式（2.35）和式（2.36）表示。

2.5.4　不同退磁曲线下的永磁体

在实际电机中，除了非常小的电机外，励磁磁通由多个永磁体产生。假设所有永磁体具有相同的退磁曲线，即可找到工作点。但由于材料的不均匀性、尺寸的偏差和磁化强度的差异，同一类型的永磁电机可能具有不同的退磁曲线。永磁体制造商给出了相同类型磁铁的最大和最小 B_r 和 H_c（见表 2.2、表 2.3 和表 2.4）或者允许偏差 $\pm \Delta B_r$ 和 $\pm \Delta H_c$。

串联组装的永磁体性能的允许差异取决于外部磁路的磁导。外部磁路的磁导越高，需要的永磁体越均匀[78]。与所有磁铁的 B_r 和 H_c 相同的情况相比，在永磁体退磁曲线不同的情况下，较强的磁铁会磁化较弱的磁铁，且退磁速度更快[78]。

2.6　主磁导与漏磁导

2.6.1　基于磁通路的磁导计算

磁场绘图过程简单，首先，在磁路图上画了几条等势线，然后，以满足以下要求的方式添加连接相反极性表面的磁通线：

1）所有磁通线和等势线必须在每个交点处相互垂直；

2）由两条相邻磁通线和两条相邻等势线连接的每个图形必须是曲线正方形；

3）每个正方形的平均宽度与平均高度之比应等于1。

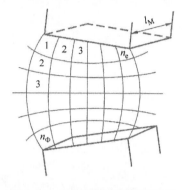

完成完整绘图后，可通过将任意两条相邻等势线之间的曲线方块数（指定为 n_e）除以任意两条相邻磁通线之间的曲线方块数 n_Φ，然后乘以垂直于磁通图平面的磁场长度 l_M 来求出磁导（见图2.12），即

$$G = \mu_0 \frac{n_e}{n_\Phi} l_M \qquad (2.46)$$

表2.6为计算不同形状磁极之间气隙磁导的公式。

图2.12　基于磁通路的磁导计算

表2.6　不同形状磁极间气隙的磁导

系统	磁极形状	磁　　导
1		矩形磁极（忽略边缘磁通路径） $G = \mu_0 \dfrac{w_M l_M}{g}$ 式中，$g/w_M < 0.1$ 且 $g/L_M < 0.1$
2		单矩形磁极 $G = \mu_0 \dfrac{1}{g}\left(w_M + \dfrac{0.614g}{\pi}\right)\left(l_M + \dfrac{0.614g}{\pi}\right)$
3		横向平面上的边缘路径 $G = \mu_0 \dfrac{xw_M}{0.17g + 0.4x}$ 或者 $G = \mu_0 \dfrac{w_M}{\pi}\ln\left[1 + 2\sqrt{\dfrac{x + (x^2 + xg)}{g}}\right]$
4		圆柱磁极（忽略边缘磁通） $G = \mu_0 \dfrac{\pi d_M^2}{4g}$ 当 $g/d_M < 0.2$ 时更精确的计算公式为 $G = \mu_0 d_M\left[\dfrac{\pi d_M}{4g} + \dfrac{0.36 d_M}{2.4 d_M + g} + 0.48\right]$

（续）

系统	磁极形状	磁 导
5	上述形状	横向圆柱面上的边缘路径 $$G = \mu_0 \frac{x d_M}{0.22g + 0.4x}$$
6		倾斜角度为 θ 的侧面之间 $$G = \mu_0 \frac{l_M}{\theta} \int_{R_1}^{R_2} \frac{\mathrm{d}x}{x} = \mu_0 \frac{l_M}{\theta} \ln \frac{R_2}{R_1}$$
7		位于同一平面上且面积相同的两个矩形之间 $$G = \mu_0 \frac{1}{2\pi} \ln\left[2m^2 - 1 + 2m\sqrt{m^2 - 1} \right] l_M$$ 或者 $$G = \mu_0 \frac{1}{\pi} \ln\left(1 + \frac{2w_M}{g} \right) l_M$$
8		同一平面上但面积不同的两个矩形之间 $$G = \mu_0 \frac{1}{\pi} \ln\left[\frac{\Delta^2 - (\epsilon + x)^2}{\Delta(g - x)} - \frac{\epsilon + x}{\Delta} \right] l_M$$ 式中 $$\epsilon = \frac{w_2 - w_1}{2}, \quad 2\Delta = w_1 + w_2 + 2g,$$ $$x = \frac{1}{2\epsilon}\left[\Delta^2 - g^2 - \epsilon^2 - \sqrt{\Delta^2 - g^2 - \epsilon^2 - 4\epsilon^2 g^2} \right]$$
9		凸极电机的单圆柱气隙 $$G = \mu_0 \frac{l_M \theta}{\ln(1 + g/h_M)}$$ 当 $g/h_M \le 0.02$ 时公式可化简为 $$G = \mu_0 \frac{l_M h_M \theta}{g}$$
10		无转子的两个凸极之间的圆柱形空间 $$G = \mu_0 l_M \int_0^\theta \frac{\tan\alpha}{\alpha} \mathrm{d}\alpha$$ 考虑到边缘磁通，磁导 G 应增加 10% ~ 15%

（续）

系统	磁极形状	磁　导
11		平行于具有矩形横截面，$w_M > 4h$ 的凸极与圆柱体之间 $$G = \mu_0 \frac{\pi}{\ln(2n + \sqrt{4n^2 - 1})} l_M$$ 式中，$n = h(2r)$，当 $w_M = (1.25 \cdots 2.5)h$ 时，磁导 G 应乘以校正系数 $0.85 \cdots 0.92$
12		位于两个平行且对称的矩形截面的凸极之间的圆柱 $$G = \mu_0 \frac{(1.25 \cdots 1.40)\pi}{\ln(2n + \sqrt{4n^2 - 1})} l_M$$ 式中 $$n = h/(2r)$$
13		两个不同直径的平行圆柱体之间 $$G = \mu_0 \frac{2\pi}{\ln(u + \sqrt{u^2 - 1})}$$ 式中 $$u = \frac{h^2 - r_1^2 - r_2^2}{2r_1 r_2}$$

2.6.2　简单实体的磁导计算

图 2.13 所示为具有平滑铁心（无槽）和凸极永磁体励磁系统的电机平面模型。电枢采用钢片制成的圆筒组成。永磁体固定在软钢铁磁转子轭上。

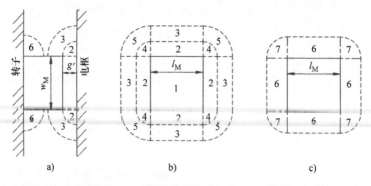

图 2.13　简单永磁电机的平面模型——将磁场占据的空间划分为几种简单的几何形状：a）纵截面；b）气隙磁场；c）漏磁场。永磁体的宽度 w_M 等于其长度 l_M

极距（每极周长）为 τ，每个永磁体的宽度为 w_M，长度为 l_M。假设永磁体的宽度等于其长度，即 $w_M = l_M$。磁极和电枢铁心之间的空间被划分为一个棱柱体（1）、四分之一个圆柱体（2）、四分之一个圆环（3）、四个八分之一球体（4）和四个八分之一壳体（5）。在假定固体的磁导等于其平均横截面积与磁通线平均长度的基础上，找到了磁导计算公式。忽略边缘磁通，每极矩形气隙（见图 2.13 中的棱柱 1）的磁导为

$$G_{g1} = \mu_0 \frac{w_M l_M}{g'} \tag{2.47}$$

等效气隙 g' 仅在无槽且电枢铁心不饱和的情况下才等于非铁磁气隙（机械气隙）g。考虑了槽（如果存在）和铁心饱和的影响，等效气隙 $g' = g k_C k_{sat}$，其中 $k_C > 1$ 是考虑槽的卡特系数 [附录 A，式（A.22）]，$k_{sat} > 1$ 是磁路的饱和系数，为铁心与气隙中每极的磁压降（MVD）总和与两倍气隙磁压降之比，即

$$k_{sat} = \frac{2(V_g + V_{1t} + V_{2t}) + V_{1y} + V_{2y}}{2V_g} \tag{2.48}$$

$$= 1 + \frac{2(V_{1t} + V_{2t}) + V_{1y} + V_{2y}}{2V_g}$$

式中，V_g 是穿过气隙的磁压降；V_{1t} 是沿着电枢齿的磁压降（如果存在）；V_{2t} 是沿着永磁休极靴齿的磁压降（如果有笼型绕组）；V_{1y} 是沿着电枢轭的磁压降；V_{2y} 是沿着励磁系统轭的磁压降。

为了考虑边缘磁通，需要考虑从励磁系统通过气隙到电枢系统的所有磁通路径（见图 2.13），即

$$G_g = G_{g1} + 4(G_{g2} + G_{g3} + G_{g4} + G_{g5}) \tag{2.49}$$

式中，G_{g1} 是气隙磁导 [根据式（2.47）]；$G_{g2} \sim G_{g5}$ 是边缘磁通的气隙磁导。可使用表 2.7 中给出的计算简单固体形状磁导的公式计算磁导 $G_{g2} \sim G_{g5}$。

通过类似的方式，可以得到永磁体漏磁通的合成磁导，即

$$G_{1M} = 4(G_{l6} + G_{l7}) \tag{2.50}$$

式中，G_{l6} 和 G_{l7} 是永磁体和转子轭之间漏磁通的磁导（根据图 2.13c）。

表 2.7　简单固体形状磁导的计算公式

序号	辅助草图（结构）	磁　导
1		矩形棱柱 $$G = \mu_0 \frac{w_M l_M}{g}$$

（续）

序号	辅助草图（结构）	磁　导
2	圆柱	圆柱 $G = \mu_0 \dfrac{\pi d_M^2}{4g}$
3	半圆柱	半圆柱 $G = 0.26\mu_0 l_M$ $g_{av} = 1.22g,\ S_{av} = 0.322 g l_M$
4	四分之一圆柱	四分之一圆柱 $G = 0.52\mu_0 l_M$
5	半圆环	半圆环 $G = \mu_0 \dfrac{2l_M}{\pi\,(g/c+1)}$ 对于 $g < 3c$ $G = \mu_0 \dfrac{l_M}{\pi} \ln\left(1 + \dfrac{2c}{g}\right)$
6	四分之一圆环	四分之一圆环 $G = \mu_0 \dfrac{2l_M}{\pi\,(g/c+0.5)}$ 对于 $g < 3c$ $G = \mu_0 \dfrac{2l_M}{\pi} \ln\left(1 + \dfrac{c}{g}\right)$
7	四分之一球体	四分之一球体 $G = 0.077\mu_0 g$
8	八分之一球体	八分之一球体 $G = 0.308\mu_0 g$

（续）

序号	辅助草图（结构）	磁　　导
9	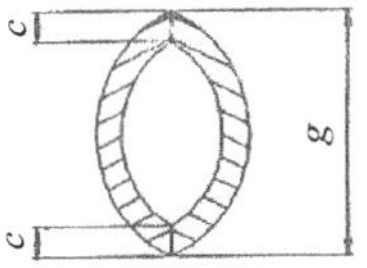	四分之一壳 $G = \mu_0 \dfrac{c}{4}$
10	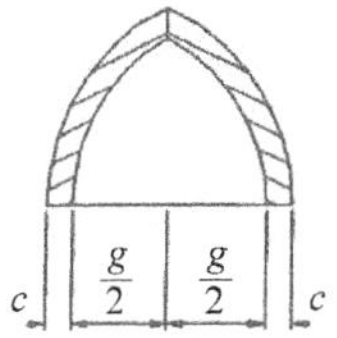	八分之一壳 $G = \mu_0 \dfrac{c}{2}$
11	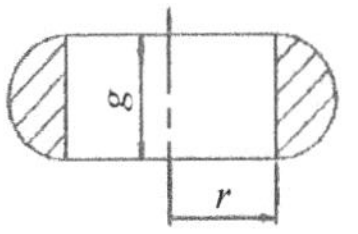	半圆截面环 $G = 1.63\mu_0 \left(r + \dfrac{g}{4} \right)$
12	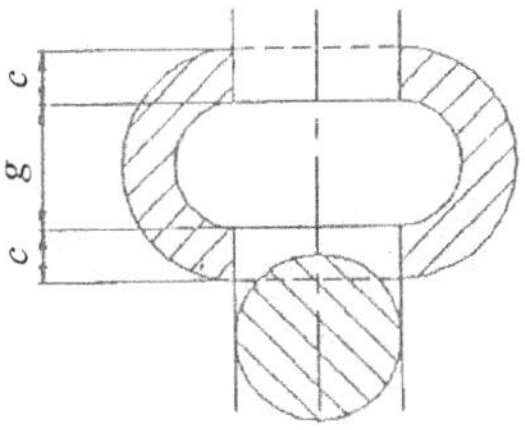	半圆截面空心环 $G = \mu_0 \dfrac{4(r + 0.5g)}{1 + 0.5g}$ 对于 $g < 3c$ $G = \mu_0 (2r + g) \ln \left(1 + \dfrac{2c}{g} \right)$

2.6.3　开放空间中棱柱体和圆柱体的漏磁导计算

对于形状简单的永磁体而言，其永磁体漏磁通的磁导为

$$G_{ext} = \mu_0 \frac{2\pi}{M_b} \frac{S_M}{h_M} \tag{2.51}$$

式中，M_b 是退磁系数，可借助图 2.14 估计该系数[20]。圆柱形永磁体的横截面积为 $S_M = \pi d_M^2 / 4$，其中 d_M 是永磁体直径，对于矩形永磁体，$S_M = w_M l_M$。对于空心圆柱（环），系数 M_b 实际上与实心圆柱的系数相同。

对于小 h_M 和大横截面积 $\pi d_M^2 / 4$ 的圆柱形永磁体（按钮形永磁体），可使用下式计算漏磁通磁导：

$$G_{ext} \approx 0.716\mu_0 \frac{d_M^2}{h_M} \tag{2.52}$$

式（2.51）和式（2.52）可用于计算无电枢磁化的永磁体回复线的原点 K

（见图 2.10）。

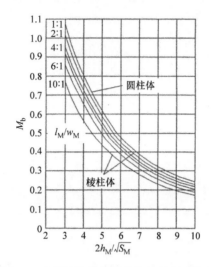

图 2.14 不同 l_M/w_M 比的圆柱体和棱柱体的退磁系数 M_b（实验曲线）

2.7 永磁体等效磁路的计算

图 2.15 展示了带有电枢的永磁体系统的等效磁路。极靴（软钢）和电枢硅钢片（电工镀锌钢）的磁阻比气隙和永磁体的磁阻小得多，因此可以忽略。沿内部磁导 $G_M = 1/R_{\mu M}$ 作用的"开路"磁动势 $F_{M0} = H_{M0}h_M$（见图 2.9）。对于线性退磁曲线，$H_{M0} = H_c$。d 轴电枢反应磁动势为 F_{ad}，永磁体总磁通为 Φ_M，永磁体漏磁通为 Φ_{lM}，有效气隙磁通为 Φ_g，外部电枢系统漏磁通为 Φ_{la}，电枢产生的磁通为 Φ_{ad}（退磁或增磁），永磁体漏磁通的磁阻 $R_{\mu lM} = 1/G_{lM}$，气隙磁阻 $R_{\mu g} = 1/G_g$，外部电枢漏磁阻 $R_{\mu la} = 1/G_{gla}$。根据图 2.15 所示的等效电路，可以写出以下基尔霍夫方程：

$$\Phi_M = \Phi_{lM} + \Phi_g$$

$$\Phi_{la} = \frac{\pm F_{ad}}{R_{\mu la}}$$

$$F_{M0} - \Phi_M R_{\mu M} - \Phi_{lM} R_{\mu lM} = 0$$

$$\Phi_{lM} R_{lM} - \Phi_g R_{\mu g} \mp F_{ad} = 0$$

根据上述方程组可以求解出气隙磁通为

$$\Phi_g = \left[F_{M0} \mp F_{ad} \frac{G_g}{G_g + G_{lM}} \frac{(G_g + G_{lM})(G_M + G_{lM})}{G_g G_M} \right] \frac{G_g G_M}{G_g + G_{lM} + G_M}$$

或者

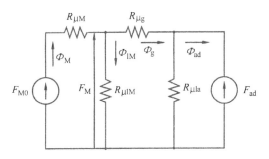

图 2.15 带有电枢的永磁体系统的等效电路

$$\Phi_g = \left[F_{M0} \mp F'_{ad} \frac{G_t (G_M + G_{1M})}{G_g G_M} \right] \frac{G_g G_M}{G_t + G_M} \tag{2.53}$$

式中，永磁体磁通的总合成磁导 G_t 符合式（2.40），直接作用于永磁体的直（d）轴电枢磁动势为

$$F'_{ad} = F_{ad} \frac{G_g}{G_g + G_{1M}} = F_{ad} \left(1 + \frac{G_{1M}}{G_g} \right)^{-1} = \frac{F_{ad}}{\sigma_{1M}} \tag{2.54}$$

式（2.53）中的符号" $-$ "表示退磁电枢磁通；符号" $+$ "表示磁化电枢磁通。

永磁体漏磁系数的一般表达式为

$$\sigma_{1M} = 1 + \frac{\Phi_{1M}}{\Phi_g} = 1 + \frac{G_{1M}}{G_g} \tag{2.55}$$

2.8 Mallinson – Halbach 永磁体阵列与 Halbach 圆柱

1972 年，美国加利福尼亚州红木城 Ampex 公司的 J. C. Mallinson 发现了一种永磁体配置的奇特现象，该配置将磁通集中在阵列的一侧，并将另一侧的磁通抵消到接近零[206]。这种配置的另一个有趣且独特的特性是，由于磁力线的叠加，永磁体阵列比其单个组件（即单个永磁体）更强。20 世纪 70 年代末，美国加利福尼亚州伯克利山劳伦斯伯克利国家实验室的 K. Halbach 再次发现了这种效应，并将其应用于粒子加速器，将其扩展到圆柱形结构上[135,136,137]。阵列中各个永磁体的极性的排列使得磁化矢量沿阵列随距离旋转。

Halbach 圆柱是由稀土永磁体组成的圆柱，其产生的强磁场完全限制在圆柱内部或外部，另一圆柱表面上的磁场为零（见图 2.16）。磁化矢量可以描述为[135,317]

$$\boldsymbol{M} = M_r \cos(p\theta) \boldsymbol{1}_r + M_r \sin(\pm p\theta) \boldsymbol{1}_\theta \tag{2.56}$$

式中，M_r 是剩磁；$\boldsymbol{1}_r$ 和 $\boldsymbol{1}_\theta$ 是径向和切向的单位矢量；r 和 θ 分别是柱坐标；p 是

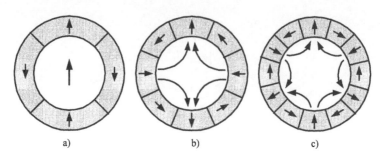

图 2.16　Halbach 圆柱：a) $\lambda = 2\pi$, $2p = 2$；b) $\lambda = \pi$, $2p = 4$；c) $\lambda = 2\pi/3$, $2p = 6$

极对数（波数）；符号"+"表示内磁场，符号"–"表示外磁场。借助波长（阵列的空间周期）λ 表示的极数为

$$p = \frac{2\pi}{\lambda} \tag{2.57}$$

圆柱体内部的均匀磁通密度由下式描述[135]：

$$B = B_r \ln\left(\frac{D_{out}}{D_{in}}\right)\left(\frac{\sin\pi/n_M}{\pi/n_M}\right) \tag{2.58}$$

式中，B_r 是剩余磁通密度；D_{out} 是外径；D_{in} 是内径；n_M 是每个波长 λ 的永磁体片数。对于 $\lambda = 2\pi$，极对数 $p = 2\pi/2\pi = 1$；对于 $\lambda = \pi$，极对数 $p = 2$；对于 $\lambda = 2\pi/3$，极数 $p = 3$（见图 2.16）。如果外径与内径之比大于自然对数 e 的底，则圆柱体内的磁通密度超过永磁体的剩余磁通密度。在室温下，偶数极 Mallinson - Halbach 永磁体的 2mm 间隙中，磁通密度超过 5T[188]。Mallinson - Halbach 阵列具有以下优点：

1) 与传统的永磁体阵列相比，基波场强 1.4 倍，因此电机的功率效率提高一倍；

2) 永磁体阵列不需要背铁，可直接连接到非铁磁支撑结构（铝、塑料）上；

3) 磁场比传统的永磁阵列更加正弦；

4) Mallinson - Halbach 阵列的背部磁场强度非常小。

案例

例 2.1

图 2.17 为一个简单的静止磁路。有两个 Vacodym 362TP 钕铁硼永磁体（见表 2.3），其剩余磁通密度最小值 $B_r = 1.25T$，矫顽力最小值 $H_c = 950\text{kA/m}$，在 $20℃ \leqslant \vartheta_{PM} \leqslant 1500℃$ 范围内，温度系数 $\alpha_B = -0.13\%/℃$，$\alpha_H = -0.61\%/℃$。每极永磁体的高度为 $h_M = 6\text{mm}$，气隙长 $g = 1\text{mm}$。U 形和 I 形（顶部）铁心由叠

压电工钢制成。永磁体和铁心的宽度为 17mm。求气隙磁通密度、气隙磁场强度、永磁体的有用能量和每对极的法向吸引力。其条件是：1）$\vartheta_{PM} = 20℃$ 和 2）$\vartheta_{PM} = 100℃$。叠层铁心中的磁压降、漏磁通和边缘磁通可以忽略不计。

解:

1）永磁体温度 $\vartheta_{PM} = 20℃$

稀土永磁体在室温下，其退磁曲线是线性的，且直线退磁曲线的回复磁导率可根据式（2.5）求解：

$$\mu_{rrec} = \frac{1}{\mu_0} \frac{\Delta B}{\Delta H} = \frac{1}{0.4\pi \times 10^{-6}} \frac{1.25 - 0}{950000 - 0} \approx 1.05$$

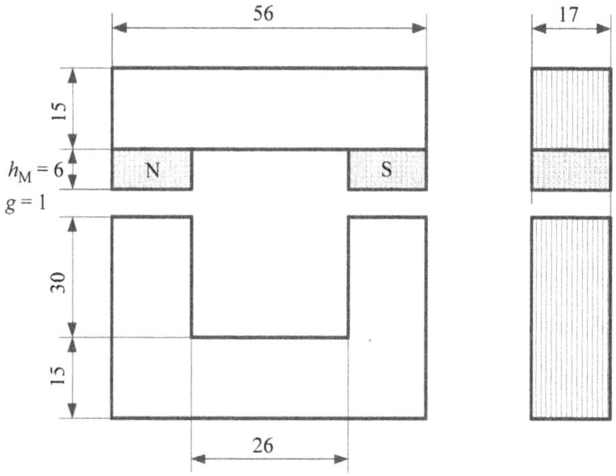

图 2.17　带有永磁体和气隙的简单固定磁路（例 2.1）

根据式（2.14）计算的气隙磁通密度为

$$B_g \approx \frac{1.25}{1 + 1.05 \times 1.0/6.0} = 1.064T$$

根据式（2.24）计算的气隙磁场强度（其中 $H = H_g$，$B = B_g$）为

$$H_g = H_c \left(1 - \frac{B_g}{B_r}\right) = 950 \times 10^3 \left(1 - \frac{1.064}{1.25}\right) = 141.15 \times 10^3 A/m$$

每个永磁体单位体积的有效能量为

$$w_g = \frac{B_g H_g}{2} = \frac{1.064 \times 141150}{2} = 75112.8 J/m^3$$

根据式（2.12），每对极的有效能量为

$$W_g = w_g V_M = 75112.8 (2 \times 6 \times 15 \times 17 \times 10^{-9}) = 0.23J$$

每对极的法向吸引力为

$$F = \frac{B_g^2}{2\mu_0}(2S_M) = \frac{1.064^2}{0.4\pi \times 10^{-6}}(15 \times 17 \times 10^{-6}) = 229.8N$$

2) 永磁体温度 $\vartheta_{PM} = 100℃$

根据式（2.18）和式（2.19），100℃下的剩余磁通密度和矫顽力为

$$B_r = 1.25\left[1 + \frac{-0.13}{100}(100 - 200)\right] = 1.12T$$

$$H_c = 950 \times 10^3\left[1 + \frac{-0.61}{100}(100 - 20)\right] = 486.4 \times 10^3 A/m$$

在 $\vartheta_{PM} = 100℃$ 时，退磁曲线是非线性的。其线性部分仅存在于与20℃时的退磁曲线相平行的0.6T和 B_r 之间。

根据式（2.14）计算的气隙磁通密度为

$$B_g \approx \frac{1.12}{1 + 1.05 \times 1.0/6.0} = 0.954T$$

根据式（2.24）计算的气隙磁场强度（其中 $H = H_g$，$B = B_g$）为

$$H_g = H_c\left(1 - \frac{B_g}{B_r}\right) = 486.4 \times 10^3\left(1 - \frac{0.954}{1.12}\right) = 72.27 \times 10^3 A/m$$

每个永磁体单位体积的有效能量为

$$w_g \approx \frac{0.954 \times 7227}{2} = 34458.2 J/m^3$$

根据式（2.12），每对极的有效能量为

$$W_g = 34458.2(2 \times 6 \times 15 \times 17 \times 10^{-9}) = 0.105J$$

每对极的法向吸引力为

$$F = \frac{0.954^2}{0.4\pi \times 10^{-6}}(15 \times 17 \times 10^{-6}) = 184.5N$$

例2.2

2极永磁电机如图2.18所示。所用的永磁体为各向异性钡铁氧体永磁体28/26（见图2.5）[204]，尺寸为 $h_M = 15mm$，$w_M = 25mm$，$l_M = 20mm$，退磁曲线如图2.5所示，在电枢中组装后已磁化。剩余磁通密度 $B_r = 0.4T$，矫顽力 $H_c = 265000A/m$，回复磁导率 $\mu_{rec} = 1.35 \times 10^{-6}H/m$。电枢磁路的横截面积为 $25 \times 20mm^2$，其平均长度为 $l_{Fe} = 70 + 2 \times 50 + 2 \times 20 = 210mm$。它由冷轧层压钢制成，厚度为0.5mm，堆叠系数 $k_i = 0.96$。单极上的气隙（机械间隙）$g = 0.6mm$。电枢绕组绕有 $N = 1100$ 匝铜线，铜线直径为 $d_a = 0.75mm$（无绝缘）。电机由直流电压源 $V = 24V$ 通过变阻器供电。求当电枢绕组通入电流 $I_a = 1.25A$ 时的气隙磁通密度。

解：

1）电枢绕组分22层，每层50匝。无绝缘时，绕组高度为 $0.75 \times 50 = 37.5mm$，厚度为 $0.75 \times 22 = 16.5mm$。

2）每个电枢线圈的平均长度为

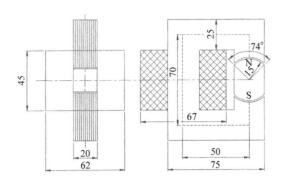

图 2.18 一个 2 极永磁电机（例 2.2）

$$l_{av} \approx 2 \times (46 + 41) = 174 \text{mm}$$

3）导体的横截面积为

$$s_a = 0.25\pi d_a^2 = 0.25\pi \times (0.75 \times 10^{-3})^2 = 0.4418 \times 10^{-6} \text{m}^2$$

4）75℃时绕组的电阻为

$$R_a = \frac{N l_{av}}{\sigma s_a} = \frac{1100 \times 0.174}{47 \times 10^6 \times 0.4418 \times 10^{-6}} = 9.218\Omega$$

5）在外部电阻 $R_{rhe} = 0$ 时的最大电枢电流为

$$I_{amax} = \frac{V}{R_a} = \frac{24.0}{9.218} = 2.6\text{A}$$

6）最大电枢电流对应的电流密度为

$$J_{amax} = \frac{2.6}{0.4418 \times 10^{-6}} = 5.885 \times 10^{-6} \text{A/m}^2$$

绕组可以在短时间内承受此电流密度，而无需强制通风。

7）直接作用于单个永磁体最大电枢退磁磁动势为

$$F'_{admax} \approx F_{admax} = \frac{I_{amax} N}{2p} = \frac{2.6 \times 1100}{2} = 1430\text{A} \approx 1.43\text{kA}$$

8）d 轴最大电枢退磁磁场强度为

$$H'_{admax} = \frac{F'_{admax}}{h_M} = \frac{1430}{0.015} = 95333.3\text{A/m}$$

9）对于矫顽力 $H_c = 265000\text{A/m}$ 硬铁氧体 28/26 的磁动势为

$$F_c = H_c h_M = 265000 \times 0.015 = 3975\text{A} = 3.975\text{kA}$$

10）额定电枢电流 $I_a = 1.25\text{A}$ 时，电流密度仅为 $J_a = 1.25/(0.4418 \times 10^{-6}) = 2.83 \times 10^{-6}\text{A/m}^2$，绕组可承受连续电流 $I_a = 1.25\text{A}$，无需任何强制通风系统。

11）当 $I_a = 1.25\text{A}$ 时，直接作用于永磁体的 d 轴磁动势和磁场强度为

$$F'_{ad} = \frac{1.25 \times 1100}{2} = 687.5\text{A}, \quad H'_{ad} = \frac{687.5}{0.015} = 45833.3\text{A/m}$$

12）根据表 2.6 中的形状 9 所示，其气隙的磁导为

$$G_g = \mu_0 \frac{l_M \theta}{\ln(1 + g/h_M)} = 0.4\pi \times 10^{-6} \frac{0.02 \times 1.2915}{\ln(1 + 0.0006/0.015)}$$

$$= 0.876 \times 10^{-6} H$$

根据图 2.18，角 $\theta = 74° = 1.2915\text{rad}$。

13）漏磁系数 $\sigma_{lM} = 1.15$，总磁导为

$$G_t = \sigma_{lM} G_g = 1.15 \times 0.876 \times 10^{-6} = 1.0074 \times 10^{-6} H$$

14）图 2.5 中所示的硬铁氧体 28/26 的退磁曲线可借助式（2.20）和式（2.22）进行近似。选择坐标为（257000；0.04）、（235000；0.08）、（188000；0.14）、（146000；0.2）和（40000；0.34）的五个点（$n = 5$）来估算系数 a_0，即

$$a_0 = \frac{1}{5}\left(\frac{265000}{257000} + \frac{0.4}{0.04} - \frac{265000}{257000}\frac{0.4}{0.04} + \frac{265000}{235000} + \frac{0.4}{0.08} - \frac{265000}{235000}\frac{0.4}{0.08} + \right.$$

$$\frac{265000}{188000} + \frac{0.4}{0.14} - \frac{265000}{188000}\frac{0.4}{0.14} + \frac{265000}{146000} + \frac{0.4}{0.20} - \frac{265000}{146000}\frac{0.4}{0.20} + $$

$$\left. \frac{265000}{40000} + \frac{0.4}{0.34} - \frac{265000}{40000}\frac{0.4}{0.34}\right)$$

$$= \frac{1}{5}(0.7201 + 0.4896 + 0.2393 + 0.185 + 0.0104) = 0.329$$

根据制造商[204]和式（2.20）的退磁曲线，即

$$B = 0.4 \times \frac{265000 - H}{265000 - 0.329H}$$

如图 2.19 所示。

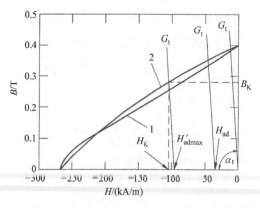

图 2.19　硬铁氧体 28/26 各向异性 barrium 铁氧体的退磁曲线（例 2.2）

1—根据制造商提供的曲线　2—根据式（2.20）计算，$a_0 = 0.329$ 的近似曲线

15）根据式（2.21）的饱和磁通密度为

$$B_{\text{sat}} = \frac{B_r}{a_0} = \frac{0.4}{0.329} = 1.216\text{T}$$

16）与剩余磁通密度相对应的磁通为

$$\Phi_r = B_r w_M l_M = 0.4 \times 0.2 \times 0.025 = 2.0 \times 10^{-4}\text{Wb}$$

17）使用式（2.44）计算图 2.11 中 K 点对应的磁动势为

$$b_0 = 0.5 \left(\frac{F_c}{a_0} + F'_{\text{admax}} + \frac{\Phi_r}{a_0 G_t} \right)$$

$$= 0.5 \times \left(\frac{3975}{0.329} + 1430 + \frac{2.0 \times 10^{-4}}{0.329 \times 1.0074 \times 10^{-6}} \right) = 7057.75\text{A}$$

$$c_0 = \frac{(G_t F'_{\text{admax}} + \Phi_r) F_c}{a_0 G_t}$$

$$= \frac{(1.0074 \times 10^{-6} \times 1430 + 2.0 \times 10^{-4}) \times 3975}{0.329 \times 1.0074 \times 10^{-6}} = 19.675 \times 10^6\text{A}^2$$

$$F_{K1,2} = b_0 \pm \sqrt{b_0^2 - c_0}$$

$$= 7057.75 \pm \sqrt{7057.75^2 - 19.676 \times 10^6} = 1568.14\text{A} \ 或 \ 12547.36\text{A}$$

计算得到两个数值 $F_{K1} = 1568.14\text{A}$ 和 $F_{K2} = 12547.36\text{A}$。由于 $|F_K| < |F_c|$，所以准确的答案是 $F_K = 1568.14\text{A/m}$。

18）K 点的磁场强度为

$$H_K = \frac{F_K}{h_M} = \frac{1568.14}{0.015} = 104542.67\text{A/m}$$

19）可借助式（2.43）计算 K 点的磁通为

$$\Phi_K = G_t (F_K - F'_{\text{admax}})$$

$$= 1.0074 \times 10^{-6}(1568.14 - 1430.00) = 1.3916 \times 10^{-4}\text{Wb}$$

20）K 点的磁通密度为

$$B_K = \frac{\Phi_K}{w_M l_M} = \frac{1.39 \times 10^{-4}}{0.025 \times 0.02} = 0.27832\text{T}$$

或者

$$B_K = 0.4 \times \frac{265000 - H_K}{265000 - 0.329 H_K}$$

$$= 0.4 \times \frac{265000 - 104542}{265000 - 0.329 \times 104542} = 0.27832\text{T}$$

21）Φ 坐标与 G_t 线之间的角度（G_t 斜率）为

$$\alpha_t = \arctan\left(G_t \frac{F_c}{\Phi_r} \right) = \arctan\left(1.0074 \times 10^{-6} \times \frac{3975}{2.0 \times 10^{-4}} \right) = 87.14°$$

22）直接作用于永磁体的 d 轴电枢磁动势和磁场强度为

$$F'_{ad} = \frac{F_{ad}}{\sigma_{1M}} = \frac{687.5}{1.15} = 598A$$

$$H'_{ad} = \frac{F'_{ad}}{h_M} = \frac{598}{0.015} = 39866.7A/m$$

23) 借助式（2.35）计算图2.11中 M 点对应的磁动势为

$$F_M = \frac{1.3916 \times 10^{-4} + 1568.14 \times 1.35 \times 10^{-6} \times (0.025 \times 0.02/0.015)}{1.0074 \times 10^{-6} + 1.35 \times 10^{-6} \times (0.025 \times 0.02/0.015)} +$$

$$\frac{1.0074 \times 10^{-6} \times 598}{1.0074 \times 10^{-6} + 1.35 \times 10^{-6} \times (0.025 \times 0.02/0.015)} = 771.71A$$

24) M 点的磁场强度为

$$H_M = \frac{F_M}{h_M} = \frac{771.71}{0.015} = 51447.3A/m$$

25) 式（2.34）中的磁通是永磁体产生的总磁通，包括漏磁通，即

$$\Phi_M = G_t(F_M - F'_{ad})$$

$$= 1.0074 \times 10^{-6} \times (771.71 - 598.0) = 1.74995 \times 10^{-4}Wb$$

26) 永磁体产生的总磁通密度为

$$B_M = \frac{\Phi_M}{w_M l_M} = \frac{1.74995 \times 10^{-4}}{0.025 \times 0.02} = 0.35T$$

其值小于 $B_r = 0.4T$。

27) 气隙中的有效磁通密度为

$$B_g = \frac{B_M}{\sigma_{1M}} = \frac{0.35}{1.15} = 0.304T$$

28) 铁心中的磁通密度为

$$B_{Fe} = \frac{B_g}{k_i} = \frac{0.304}{0.96} = 0.317T$$

例2.3

Halbach 钕铁硼圆柱体的外径 $D_{out} = 52mm$，内径 $D_{in} = 30mm$。钕铁硼永磁材料的剩余磁通密度 $B_r = 1.26T$。求出每波长（每对极）的永磁材料片数 n_M 是如何影响圆柱体内的均匀磁通密度的。

解：

最大磁通密度是指每个波长的永磁体片数 n_M 趋于无穷大时的值。使用式（2.58）可求

$$\lim_{n_M \to \infty} \left[B_r \ln\left(\frac{D_{out}}{D_{in}}\right)\left(\frac{\sin\pi/n_M}{\pi/n_M}\right) \right] = B_r \ln\left(\frac{D_{out}}{D_{in}}\right)$$

$$= 1.26\ln\left(\frac{52}{30}\right) = 0.693T$$

图 2.20 绘制了磁通密度峰值，该峰值是从式（2.58）中获得的 n_M 的函数。对于 $n_M = 8$，磁通密度实际上与 $n_M \to \infty$ 相同。

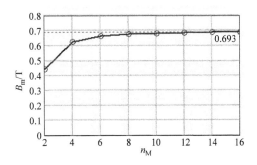

图 2.20　磁通密度峰值是每波长永磁体数 n_M 的函数（例 2.3）

第 3 章

有限元分析

　　有限元法（FEM）已被证明在工频电磁和机电设备的分析和综合应用中具有相当灵活、可靠和有效的性能。当前的 FEM 软件即使对于非专业人士也非常友好，它可以计算电磁场分布和参数，并且无需应用详细的数学知识。

　　FEM 可以分析任何形状和材料的永磁体磁路，无需计算磁阻、漏磁系数或回复线的工作点。将永磁体退磁曲线输入到有限元程序中，可以计算出整个永磁体系统磁通密度的变化。与永磁电机解析方法相比，有限元分析法可以准确计算电枢反应、电感和电磁转矩随转子位置变化（齿槽转矩）的关系。为了更加有效地理解和使用有限元软件，读者需要掌握电磁场理论的基本知识。例如，向量代数、点积和叉积、坐标系以及梯度、散度和旋度的物理意义。

3.1　梯度、散度与旋度

　　为了减少偏微分方程的长度，引入一个称为 del 或 nabla 的运算符 ∇。在直角坐标系中，它被定义为

$$\nabla = \mathbf{1}_x \frac{\partial}{\partial x} + \mathbf{1}_y \frac{\partial}{\partial y} + \mathbf{1}_z \frac{\partial}{\partial z} \tag{3.1}$$

式中，$\mathbf{1}_x$、$\mathbf{1}_y$ 和 $\mathbf{1}_z$ 是单位向量。∇ 运算符是一个向量运算符，它本身没有物理意义，也没有向量方向。以下运算涉及带有标量和向量的 ∇ 运算符：

$$(f \text{ 的梯度}) = \nabla f = \mathbf{1}_x \frac{\partial f}{\partial x} + \mathbf{1}_y \frac{\partial f}{\partial y} + \mathbf{1}_z \frac{\partial f}{\partial z} \tag{3.2}$$

$$(\mathbf{A} \text{ 的散度}) = \nabla \cdot \mathbf{A} = \frac{\partial A_x}{\partial x} + \frac{\partial A_y}{\partial y} + \frac{\partial A_z}{\partial z} \tag{3.3}$$

$(\mathbf{A} \text{ 的旋度}) = \nabla \times \mathbf{A}$

$$= \mathbf{1}_x \left(\frac{\partial A_z}{\partial y} - \frac{\partial A_y}{\partial z} \right) + \mathbf{1}_y \left(\frac{\partial A_x}{\partial z} - \frac{\partial A_z}{\partial x} \right) + \mathbf{1}_z \left(\frac{\partial A_y}{\partial x} - \frac{\partial A_x}{\partial y} \right) \tag{3.4}$$

$$(f \text{ 的拉普拉斯算子}) = \nabla \cdot \nabla f = \nabla^2 f = \frac{\partial^2 f}{\partial x^2} + \frac{\partial^2 f}{\partial y^2} + \frac{\partial^2 f}{\partial z^2} \tag{3.5}$$

　　应该注意的是，一些 ∇ 运算过后会生成标量，而另一些运算生成向量。在最

后一个等式中 $\nabla \cdot \nabla = \nabla^2$ 被称为拉普拉斯算子，也用于对向量进行运算

$$（A 的拉普拉斯算子）= \nabla^2 A = \mathbf{1}_x \, \nabla^2 A_x + \mathbf{1}_y \, \nabla^2 A_y + \mathbf{1}_z \, \nabla^2 A_z \tag{3.6}$$

向量恒等式，例如：

$$div \ curl \ A = 0 \tag{3.7}$$

$$curl \ curl \ A = grad \ div \ A - \nabla^2 A \tag{3.8}$$

可以采用以下更简单的形式：

$$\nabla \cdot \nabla \times A = 0 \tag{3.9}$$

$$\nabla \times (\nabla \times A) = \nabla (\nabla \cdot A) - \nabla^2 A \tag{3.10}$$

使用微分运算符。

3.2 毕奥 – 萨伐尔定律、法拉第定律和高斯定律

麦克斯韦方程组在 1864~1865 年间从早期的毕奥 – 萨伐尔定律（1820 年）、法拉第定律（1831 年）和高斯定律（1840 年）推导而来。

3.2.1 毕奥 – 萨伐尔定律

如图 3.1 所示[208]，毕奥 – 萨伐尔定律给出了 P_2 点处的矢量静磁场强度 $\mathrm{d}H_2$，该磁场强度由 P_1 点处的电流元 $I_1 \mathrm{d}l_1$ 产生，其电流元为线电流与矢量长度的乘积。该定律用矢量形式表示如下：

$$\mathrm{d}H_2 = \frac{I_1 \mathrm{d}l_1 \times \mathbf{1}_{R12}}{4\pi R_{12}^2} \tag{3.11}$$

式中，下标表示数量所指的点；I_1 是 P_1 处的线电流；$\mathrm{d}l_1$ 是 P_1 处电流路径的矢量长度（矢量方向与常规电流相同）；$\mathbf{1}_{R12}$ 是从电流元 $I_1 \mathrm{d}l_1$ 指向 $\mathrm{d}H_2$ 位置的单位矢量，即表示从 P_1 到 P_2；R_{12} 是电流元 $I_1 \mathrm{d}l_1$ 到 $\mathrm{d}H_2$ 位置之间的标量距离，即表示 P_1 和 P_2 之间的距离，其中 $\mathrm{d}H_2$ 是 P_2 处的矢量静磁场强度。

图 3.1 以图形方式显示了当电流元 $I_1 \mathrm{d}l_1$ 从线电流 I_1 的闭合回路中分离出时毕奥 – 萨伐尔定律（3.11）所揭示的物理量之间的关系。$\mathrm{d}H_2$ 的方向由 $\mathrm{d}l_1 \times \mathbf{1}_{R12}$ 确定，因此其与 $\mathrm{d}l_1$ 和 $\mathbf{1}_{R12}$ 相垂直。$\mathrm{d}H_2$ 的方向也由右手定则确定，当握住当前电流元时，$\mathrm{d}H_2$ 的方向即右手手指的方向，而拇指指向为 $\mathrm{d}l_1$ 的方向。毕奥 – 萨伐尔定律与库仑定律相似。

3.2.2 法拉第定律

法拉第定律指出，时变或空间变化的磁场会在与该磁场关联的闭合回路中产生感应电动势

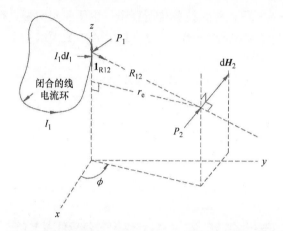

图 3.1　P_1 处电流元 $I_1 \mathrm{d}l_1$ 在 P_2 处产生的矢量静磁场强度 $\mathrm{d}\boldsymbol{H}_2$ 的图形

$$e = -N\frac{\mathrm{d}\Phi(x,t)}{\mathrm{d}t} = -N\left(\frac{\partial\Phi}{\partial t} + \frac{\partial\Phi}{\partial x}\frac{\partial x}{\partial t}\right) \tag{3.12}$$

式中，e 是 N 匝线圈中感应的瞬时电动势；Φ 是磁通（每匝相同）。

3.2.3　高斯定律

通过包含电荷 Q 的任意闭合曲面的总电通量等于 Q（采用国际单位制）。电荷 Q 被闭合曲面包围，称为封闭 Q 或 Q_{en}。因此，总电通量 Ψ_{E} 等于

$$\Psi_{\mathrm{E}} = \oint_S \mathrm{d}\Psi_{\mathrm{E}} = \oint_S \boldsymbol{D}_{\mathrm{S}} \cdot \mathrm{d}\boldsymbol{S} = Q_{\mathrm{en}}$$

式中，$\oint_S$ 表示闭合曲面 S 上的二重积分；$\boldsymbol{D}_{\mathrm{S}}$ 是通过曲面 S 的电通量密度。从上述方程得到数学方程如下：

$$\oint_S \boldsymbol{D}_{\mathrm{S}} \cdot \mathrm{d}\boldsymbol{S} = Q_{\mathrm{en}} \tag{3.13}$$

式（3.13）在 K. F. Gauss 提出之后就被命名为高斯定律。由于电荷体积密度为 ρ_{V} 分布，由闭合曲面 S 包围的 Q_{en} 变为

$$Q_{\mathrm{en}} = \int_V \rho_{\mathrm{V}} \mathrm{d}V \tag{3.14}$$

式中，V 为电荷体积。

3.3　高斯定理

高斯定理也称为散度定理，它将 $\boldsymbol{D}_{\mathrm{S}} \cdot \mathrm{d}\boldsymbol{S}$ 的闭合曲面积分与涉及相同矢量的 $\nabla \cdot \boldsymbol{D} \mathrm{d}V$ 体积积分相联系，即

$$\oint_S \boldsymbol{D}_S \cdot \mathrm{d}\boldsymbol{S} = \int_V \nabla \cdot \boldsymbol{D} \mathrm{d}V \tag{3.15}$$

应注意，闭合曲面 S 包围了电荷体积 V。

3.4　斯托克斯定理

斯托克斯定理将 $\boldsymbol{H} \cdot \mathrm{d}\boldsymbol{l}$ 的闭环积分与 $\nabla \times \boldsymbol{H} \cdot \mathrm{d}\boldsymbol{S}$ 的曲面积分联系起来，即

$$\oint_l \boldsymbol{H} \cdot \mathrm{d}\boldsymbol{l} = \int_S (\nabla \times \boldsymbol{H}) \cdot \mathrm{d}\boldsymbol{S} \tag{3.16}$$

式中，回路 l 包围曲面 S。

3.5　麦克斯韦方程组

3.5.1　麦克斯韦第一方程

麦克斯韦方程引入了所谓的位移电流，其电流密度为 $\partial D/\partial t$，其中 $\boldsymbol{D}$ 是电通量密度（位移）矢量。位移电流和电流密度 $\boldsymbol{J}$ 具有连续性，例如，在带有电容的电路中。麦克斯韦第一方程的微分形式是

$$curl\boldsymbol{H} = \boldsymbol{J} + \frac{\partial \boldsymbol{D}}{\partial t} + curl(\boldsymbol{D} \times \boldsymbol{v}) + \boldsymbol{v}\, div\, \boldsymbol{D} \tag{3.17}$$

或者

$$\nabla \times \boldsymbol{H} = \boldsymbol{J} + \frac{\partial \boldsymbol{D}}{\partial t} + \nabla \times (\boldsymbol{D} \times \boldsymbol{v}) + \boldsymbol{v}\nabla \cdot \boldsymbol{D}$$

式中，$\boldsymbol{J}$ 是电流密度；$\partial D/\partial t$ 是位移电流密度；$curl(\boldsymbol{D} \times \boldsymbol{v})$ 是极化电介质材料运动产生的电流密度；$\boldsymbol{v}\, div\, \boldsymbol{D}$ 是传导电流密度。对于 $\boldsymbol{v} = 0$，有

$$curl\boldsymbol{H} = \boldsymbol{J} + \frac{\partial \boldsymbol{D}}{\partial t} \tag{3.18}$$

根据式（3.4），最后一个方程具有如下标量形式：

$$\frac{\partial H_z}{\partial y} - \frac{\partial H_y}{\partial z} = J_x + \frac{\partial D_x}{\partial t}$$

$$\frac{\partial H_x}{\partial z} - \frac{\partial H_z}{\partial x} = J_y + \frac{\partial D_y}{\partial t}$$

$$\frac{\partial H_y}{\partial x} - \frac{\partial H_x}{\partial y} = J_z + \frac{\partial D_z}{\partial t} \tag{3.19}$$

3.5.2 麦克斯韦第二方程

麦克斯韦第二方程的微分形式为

$$curl\boldsymbol{E} = -\frac{\partial \boldsymbol{B}}{\partial t} - curl(\boldsymbol{B} \times \boldsymbol{v}) \tag{3.20}$$

或者

$$\nabla \times \boldsymbol{E} = -\frac{\partial \boldsymbol{B}}{\partial t} - \nabla \times (\boldsymbol{B} \times \boldsymbol{v})$$

对于 $\boldsymbol{v} = 0$，有

$$curl\boldsymbol{E} = -\frac{\partial \boldsymbol{B}}{\partial t} \tag{3.21}$$

最后一个方程的标量形式为

$$\frac{\partial E_z}{\partial y} - \frac{\partial E_y}{\partial z} = -\frac{\partial B_x}{\partial t}$$
$$\frac{\partial E_x}{\partial z} - \frac{\partial E_z}{\partial x} = -\frac{\partial B_y}{\partial t} \tag{3.22}$$
$$\frac{\partial E_y}{\partial x} - \frac{\partial E_x}{\partial y} = -\frac{\partial B_z}{\partial t}$$

对于磁性呈各向同性的材料，有

$$\boldsymbol{B} = \mu_0 \mu_r \boldsymbol{H} \tag{3.23}$$

式中，μ_0 是真空磁导率，$\mu_0 = 0.4\pi \times 10^{-6}$ H/m；μ_r 是相对磁导率。对于铁磁性材料（铁、钢、镍、钴），$\mu_r \gg 1$；对于顺磁性材料（铝），$\mu_r > 1$；对于抗磁性材料（铜），$\mu_r < 1$。

对于磁性呈各向异性的材料，例如冷轧电工钢板，有

$$\begin{bmatrix} B_x \\ B_y \\ B_z \end{bmatrix} = \begin{bmatrix} u_{11} & u_{12} & u_{13} \\ u_{21} & u_{22} & u_{23} \\ u_{31} & u_{32} & u_{33} \end{bmatrix} \begin{bmatrix} H_x \\ H_y \\ H_z \end{bmatrix}$$

如果坐标系 0、x、y、z 与各向异性坐标轴相同，则

$$\begin{bmatrix} B_x \\ B_y \\ D_z \end{bmatrix} = \begin{bmatrix} \mu_{11} & 0 & 0 \\ 0 & \mu_{22} & 0 \\ 0 & 0 & \mu_{33} \end{bmatrix} \begin{bmatrix} H_x \\ H_y \\ H_z \end{bmatrix}$$

因为 $\mu_{11} = \mu_0 \mu_{rx}$，$\mu_{22} = \mu_0 \mu_{ry}$，$\mu_{33} = \mu_0 \mu_{rz}$，所以

$$B_x = \mu_0 \mu_{rx} H_x,\ B_y = \mu_0 \mu_{ry} H_y,\ B_z = \mu_0 \mu_{rz} H_z \tag{3.24}$$

3.5.3 麦克斯韦第三方程

根据电荷密度 ρ_V 的高斯定律（3.13），并结合高斯定理（3.15），麦克斯韦

第三方程的微分形式为

$$div\ \boldsymbol{D} = \rho_V \qquad (3.25)$$

或者

$$\nabla \cdot \boldsymbol{D} = \rho_V$$

以标量形式表示如下：

$$\frac{\partial D_x}{\partial x} + \frac{\partial D_y}{\partial y} + \frac{\partial D_z}{\partial z} = \rho_V \qquad (3.26)$$

3.5.4　麦克斯韦第四方程

麦克斯韦第四方程为

$$\oint_S \boldsymbol{B} \cdot \mathrm{d}\boldsymbol{S} = 0$$

其物理意义是没有磁荷。利用高斯定理（3.15），可得麦克斯韦第四方程的微分形式为

$$div\ \boldsymbol{B} = 0 \qquad (3.27)$$

或者

$$\nabla \cdot \boldsymbol{B} = 0$$

以标量形式表示如下：

$$\frac{\partial B_x}{\partial x} + \frac{\partial B_y}{\partial y} + \frac{\partial B_z}{\partial z} = 0 \qquad (3.28)$$

3.6　矢量磁位

通过式（3.7）和麦克斯韦第四方程（3.27），可知 $\boldsymbol{B}$ 的散度始终为零，可以写出以下方程：

$$curl\boldsymbol{A} = \boldsymbol{B} \quad \text{或} \quad \nabla \times \boldsymbol{A} = \boldsymbol{B} \qquad (3.29)$$

假设 μ、ϵ、σ 为常数，$\boldsymbol{v} = 0$，$div\boldsymbol{D} = 0$，麦克斯韦第一方程（3.17）可以写成

$$curl\boldsymbol{B} = \mu\sigma\boldsymbol{E} + \mu\epsilon\frac{\partial \boldsymbol{E}}{\partial t}$$

将矢量磁位代入式（3.8）中，上述方程的形式变换如下：

$$grad\ div\ \boldsymbol{A} - \nabla^2 \boldsymbol{A} = \mu\sigma\boldsymbol{E} + \mu\epsilon\frac{\partial \boldsymbol{E}}{\partial t}$$

由于 $div\boldsymbol{A} = 0$，对于 50Hz 或 60Hz 的电源频率有 $\sigma\boldsymbol{E} \gg \mathrm{j}\omega\epsilon\boldsymbol{E}$，正弦磁场的矢量磁位可用泊松方程表示如下：

$$\nabla^2 \boldsymbol{A} = -\mu\boldsymbol{J} \qquad (3.30)$$

以标量形式表示如下：

$$\nabla^2 A_x = -\mu J_x \qquad \nabla^2 A_y = -\mu J_y \qquad \nabla^2 A_z = -\mu J_z \tag{3.31}$$

3.7 能量泛函

有限元法（FEM）以能量守恒为基础。电机的能量守恒定律可以从麦克斯韦方程组推导出来。输入的有功功率为[41,273]

$$P = \int_V \sigma E^2 \mathrm{d}V = \int_V \boldsymbol{E} \cdot \boldsymbol{J} \mathrm{d}V = \iint_{l}\int_{S}(\boldsymbol{J} \cdot \mathrm{d}\boldsymbol{S})\boldsymbol{E} \cdot \mathrm{d}\boldsymbol{l} \tag{3.32}$$

$N=1$ 时法拉第定律（3.12）的电动势为

$$e = \int_l \boldsymbol{E} \cdot \mathrm{d}\boldsymbol{l} = -\frac{\partial}{\partial t}\int_S \boldsymbol{B} \cdot \mathrm{d}\boldsymbol{S} \tag{3.33}$$

由安培环路定律得出所包围的电流为

$$I_{\mathrm{en}} = \int_S \boldsymbol{J} \cdot \mathrm{d}\boldsymbol{S} = \oint_l \boldsymbol{H} \cdot \mathrm{d}\boldsymbol{l} \tag{3.34}$$

将 $\int_l \boldsymbol{E} \cdot \mathrm{d}\boldsymbol{l}$ ［式（3.33）］和 $\int_S \boldsymbol{J} \cdot \mathrm{d}\boldsymbol{S}$ ［式（3.34）］代入式（3.32），可求得输入的有功功率为

$$P = \oint_l \boldsymbol{H} \cdot \mathrm{d}\boldsymbol{l}\Big[-\frac{\partial}{\partial t}\int_S \boldsymbol{B} \cdot \mathrm{d}\boldsymbol{S}\Big] = -\int_V \boldsymbol{H} \cdot \frac{\mathrm{d}\boldsymbol{B}}{\mathrm{d}t}\mathrm{d}V$$

或者

$$\int_V \boldsymbol{E} \cdot \boldsymbol{J}\mathrm{d}V = -\int_V \boldsymbol{H} \cdot \frac{\mathrm{d}\boldsymbol{B}}{\mathrm{d}t}\mathrm{d}V$$

重写等式右侧得

$$P = \int_V \boldsymbol{E} \cdot \boldsymbol{J}\mathrm{d}V = -\frac{\partial}{\partial t}\int_V \Big[\int_0^B \boldsymbol{H} \cdot \mathrm{d}\boldsymbol{B}\Big]\mathrm{d}V \tag{3.35}$$

等式右侧的物理意义是存储磁能的增加率，则存储的磁能 W（J）为

$$W = \int_V \Big[\int_0^B \boldsymbol{H} \cdot \mathrm{d}\boldsymbol{B}\Big]\mathrm{d}V \tag{3.36}$$

输入功率 P 也可以用矢量磁位 A 表示。根据式（3.21）和式（3.29），电场强度 $\boldsymbol{E} = -\partial \boldsymbol{A}/\partial t$，因此，输入电功率（3.32）可以表示为

$$P = -\int_V \boldsymbol{J} \cdot \frac{\partial \boldsymbol{A}}{\partial t}\mathrm{d}V = -\frac{\partial}{\partial t}\int_V \Big[\int_0^A \boldsymbol{J} \cdot \mathrm{d}\boldsymbol{A}\Big]\mathrm{d}V \tag{3.37}$$

然后比较式（3.35）和式（3.37）

$$\int_V \Big[\int_0^B \boldsymbol{H} \cdot \mathrm{d}\boldsymbol{B}\Big]\mathrm{d}V = \int_V \Big[\int_0^A \boldsymbol{J} \cdot \mathrm{d}\boldsymbol{A}\Big]\mathrm{d}V \tag{3.38}$$

式（3.38）表明，不计电磁器件损耗，存储的磁能等于输入的电能。

变分法通过最小化能量泛函 F 来获得场问题的解，该泛函 F 为系统中存储能量和输入（应用）能量之间的差值。因此，对于磁性系统

$$F = \int_V \left[\int_0^B \boldsymbol{H} \cdot \mathrm{d}\boldsymbol{B} - \int_0^A \boldsymbol{J} \cdot \mathrm{d}\boldsymbol{A} \right] \mathrm{d}V \tag{3.39}$$

等式右边第一项为磁储能，第二项为电输入。当

$$\frac{\partial F}{\partial A} = 0 \tag{3.40}$$

有

$$\int_V \left[\frac{\partial}{\partial A} \int_0^B \boldsymbol{H} \cdot \mathrm{d}\boldsymbol{B} - \boldsymbol{J} \right] \mathrm{d}V = 0 \tag{3.41}$$

其中还包括由感应电流引起的损耗 $0.5\mathrm{j}\omega\sigma A^2$，$\omega$ 是角频率，σ 是电导率，将式（3.39）电磁关系线性化得到的泛函 F 变为

$$F = \int_V \left[\frac{B^2}{2\mu} - \boldsymbol{J} \cdot \boldsymbol{A} + \mathrm{j}\omega \frac{1}{2}\sigma A^2 \right] \mathrm{d}V \tag{3.42}$$

式中

$$\int_V \left[\int_0^B \boldsymbol{H} \cdot \mathrm{d}\boldsymbol{B} \right] \mathrm{d}V = \int_V \frac{B^2}{2\mu} \mathrm{d}V = \frac{1}{2\mu}(B_x^2 + B_y^2) \tag{3.43}$$

对于二维（平面）问题

$$F = \int_S \left[\frac{B^2}{2\mu} - \boldsymbol{J} \cdot \boldsymbol{A} + \mathrm{j}\omega \frac{1}{2}\sigma A^2 \right] \mathrm{d}S \tag{3.44}$$

如果式（2.1）中包含额外的磁化矢量 $\boldsymbol{B}_\mathrm{r}$，则式（3.39）将进一步变换，以模拟硬铁磁材料，则考虑永磁体有

$$\boldsymbol{B} = \mu_0\boldsymbol{H} + \mu_0\chi\boldsymbol{H} + \boldsymbol{B}_\mathrm{r} = \mu_0\mu_\mathrm{r}\boldsymbol{H} + \boldsymbol{B}_\mathrm{r} \tag{3.45}$$

其泛函为

$$F = \int_V \left[\frac{B^2}{2\mu} - \frac{BB_\mathrm{r}}{\mu} - \boldsymbol{J} \cdot \boldsymbol{A} + \mathrm{j}\omega \frac{1}{2}\sigma A^2 \right] \mathrm{d}V \tag{3.46}$$

式中，$\boldsymbol{B}_\mathrm{r}$ 是考虑永磁体对式（2.1）的影响，其数值等于永磁材料的剩余磁通密度。

参考文献［108］提到，尽管大多数 FEM 软件在其代码中包含矢量磁位，但还可以使用电流层等效模拟永磁体。

3.8 有限元公式

二维正弦时变场可以借助矢量磁位来描述，即

$$\frac{\partial}{\partial x}\left(\frac{1}{\mu} \frac{\partial A}{\partial x} \right) + \frac{\partial}{\partial y}\left(\frac{1}{\mu} \frac{\partial A}{\partial y} \right) = -\boldsymbol{J} + \mathrm{j}\omega\sigma\boldsymbol{A} \tag{3.47}$$

式中，矢量磁位 A 和励磁电流密度矢量 J 沿 z 轴向外或向内进入平面模型，即

$$A = 1_z A_z, \quad J = 1_z J_z \tag{3.48}$$

磁通密度矢量在垂直于 A 和 J 的 xy 平面上有两个分量，即

$$B = 1_x B_x + 1_y B_y \tag{3.49}$$

利用式（3.29）中矢量磁位的定义，即 $\nabla \times A = (\nabla \times 1_z) A = B$ 以及式（3.4）的定义，有

$$B_x = \frac{\partial A_z}{\partial y} \qquad B_y = -\frac{\partial A_z}{\partial x} \qquad 1_x \frac{\partial A_z}{\partial y} - 1_y \frac{\partial A_z}{\partial x} = B(x, y) \tag{3.50}$$

其能量密度为

$$w = \frac{1}{2\mu} B^2 = \frac{1}{2\mu}(B_x^2 + B_y^2) = \frac{1}{2\mu}\left(\left| \frac{\partial A_z}{\partial x} \right|^2 + \left| \frac{\partial A_z}{\partial y} \right|^2 \right) \tag{3.51}$$

对于二维静磁场，可以写出类似式（3.47）的式子

$$\frac{\partial}{\partial x}\left(\frac{1}{\mu} \frac{\partial A}{\partial x} \right) + \frac{\partial}{\partial y}\left(\frac{1}{\mu} \frac{\partial A}{\partial y} \right) = -J \tag{3.52}$$

同样，静电场表达如下：

$$\frac{\partial^2 \psi}{\partial x^2} + \frac{\partial^2 \psi}{\partial y^2} = -\frac{\rho}{\epsilon} \tag{3.53}$$

式中，ψ 是标量静电势；ρ 是基于 ψ 的电荷密度；ϵ 是介电常数。

根据式（3.47）描述，二维正弦时变电磁场可进一步分析。

将一组有限元元件（称为网格）上的磁能泛函最小化，可以得到一个矩阵方程，利用该方程可以求解出矢量磁位 $A^{[41,273]}$。它实际上是在整个网格中对 A 进行最小化处理。图3.2表示了平面坐标系以及典型的有限元网格。例如，整个平面网格可以表示电机的定子和转子叠片以及气隙。也可对轴对称问题进行类

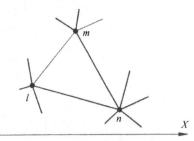

图 3.2　连接到其他元件的典型三角形有限元元件

似的二维推导，例如圆柱形电磁阀。在所有情况下，被分析的装置都必须细分（离散化）为三角形或四边形，它们被称为网格。每个网格至少有三个顶点，称为节点或网格点。每个网格对应的节点数取决于网格的形状，也取决于用于模拟网格内电势的函数类型。此函数称为形函数，根据所需的复杂程度，可以按任意顺序排列。通常使用线性或二阶形状函数。假设网格内 A 为线性形函数，每个网格内的矢量势位表述为

$$A = \alpha_1 + \alpha_2 x + \alpha_3 y \tag{3.54}$$

每个节点的 A 值为

$$A_1 = \alpha_1 + \alpha_2 x_1 + \alpha_3 y_1$$
$$A_m = \alpha_1 + \alpha_2 x_m + \alpha_3 y_m$$
$$A_n = \alpha_1 + \alpha_2 x_n + \alpha_3 y_n \tag{3.55}$$

式中，$A_1 = A(x_1, y_1)$，$A_m = A(x_m, y_m)$，$A_n = A(x_n, y_n)$。以矩阵形式表示为

$$\begin{bmatrix} A_1 \\ A_m \\ A_n \end{bmatrix} = \begin{bmatrix} 1 & x_1 & y_1 \\ 1 & x_m & y_m \\ 1 & x_n & y_n \end{bmatrix} \begin{bmatrix} \alpha_1 \\ \alpha_2 \\ \alpha_3 \end{bmatrix} \tag{3.56}$$

式 (3.56) 的解为

$$\alpha_1 = \frac{1}{2\Delta} \begin{vmatrix} A_1 & x_1 & y_1 \\ A_m & x_m & y_m \\ A_n & x_n & y_n \end{vmatrix} \qquad \alpha_2 = \frac{1}{2\Delta} \begin{vmatrix} 1 & A_1 & y_1 \\ 1 & A_m & y_m \\ 1 & A_n & y_n \end{vmatrix}$$

$$\alpha_3 = \frac{1}{2\Delta} \begin{vmatrix} 1 & x_1 & A_1 \\ 1 & x_m & A_m \\ 1 & x_n & A_n \end{vmatrix} \qquad 2\Delta = \begin{vmatrix} 1 & x_1 & y_1 \\ 1 & x_m & y_m \\ 1 & x_n & y_n \end{vmatrix} \tag{3.57}$$

式中，Δ 是具有节点 1、m、n 的三角形的面积。将式 (3.57) 代入式 (3.54) 中，线性插值多项式函数为

$$A = \frac{1}{2\Delta} \sum_{k=1,m,n} \left[a_k + b_k x + c_k y \right] A_k = \begin{bmatrix} N_1 & N_m & N_n \end{bmatrix} \begin{bmatrix} A_1 \\ A_m \\ A_n \end{bmatrix} \tag{3.58}$$

式中，$N_1 = (a_1 + b_1 x + c_1 y)/(2\Delta)$；$N_m = (a_m + b_m x + c_m y)/(2\Delta)$；$N_n = (a_n + b_n x + c_n y)/(2\Delta)$。对比式 (3.50) 和式 (3.58)，得

$$\boldsymbol{B}(x,y) = \frac{1}{2\Delta} \sum_{k=1,m,n} (\mathbf{1}_x c_k - \mathbf{1}_y b_k) A_k \tag{3.59}$$

磁场在特定的三角形有限元中是恒定的。

节点矢量磁位 A_k 可根据式 (3.40) 通过最小化能量泛函 (3.44) 来计算。单个三角形有限元

$$\int_S \frac{\partial}{\partial A_k} \left[\frac{B^2}{2\mu} - \boldsymbol{J} \cdot \boldsymbol{A} + \mathrm{j}\omega \frac{1}{2} \sigma (\boldsymbol{A})^2 \right] \mathrm{d}S = 0 \tag{3.60}$$

或

$$\int_S \left\{ \frac{1}{2\mu} \frac{\partial}{\partial A_k} \left[\left(\frac{\partial A}{\partial x} \right)^2 + \left(\frac{\partial A}{\partial y} \right)^2 \right] - \frac{\partial}{\partial A_k} (\boldsymbol{J} \cdot \boldsymbol{A}) \right\} \mathrm{d}x \mathrm{d}y$$

$$+ \mathrm{j} \int_S \left[\omega \frac{1}{2} \sigma \frac{\partial}{\partial A_k} (\boldsymbol{A})^2 \right] \mathrm{d}x \mathrm{d}y = 0 \tag{3.61}$$

式中，$dS = dxdy$。关于矢量磁位的泛函最小化可以通过以下方程来近似求解[98]：

$$[S][A] = [I] \qquad (3.62)$$

式中，$[S]$ 是全局系数矩阵；$[A]$ 是节点矢量磁位矩阵；$[I]$ 矩阵表示节点电流（强迫函数）。$[S]$ 和 $[I]$ 的元素表示为[98]

$$[S] = \frac{1}{4\mu\Delta}\begin{bmatrix} b_1 b_1 + c_1 c_1 & b_1 b_m + c_1 c_m & b_1 b_n + c_1 c_n \\ b_m b_1 + c_m c_1 & b_m b_m + c_m c_m & b_m b_n + c_m c_n \\ b_n b_1 + c_n c_1 & b_n b_m + c_n c_m & b_n b_n + c_n c_n \end{bmatrix} + j\frac{\omega\sigma\Delta}{12}\begin{bmatrix} 2 & 1 & 1 \\ 1 & 2 & 1 \\ 1 & 1 & 2 \end{bmatrix}$$

$$(3.63)$$

$$[I] = J\frac{\Delta}{3}\begin{bmatrix} 1 \\ 1 \\ 1 \end{bmatrix} \qquad (3.64)$$

式（3.62）、式（3.63）和式（3.64）用于求解包含节点 l、m 和 n 的三角形的区域中的矢量磁位 A。对于具有 K 个节点的实际问题，对每个网格重复上述过程，获得具有 K 行和 K 列的矩阵 $[S]$，$[A]$ 和 $[I]$ 则是包含 K 行的复合列矩阵[98]。

三维（3D）有限元模型建立在上述思想的基础上，但增加了额外坐标的复杂性。这意味着每个元素至少有四个节点。

3.9   边界条件

在电磁场问题中很少存在自然边界。在大多数应用中，电磁场是一个无限延伸的空间。在这些应用中，边界用于简化有限元模型和近似节点处的矢量磁位。旋转电机具有相同的极距，有时为半极距。由于对称性，边界大大减小了有限元模型的大小。

边界条件可分为三种类型[41]，下面将更仔细地介绍这三种类型的边界。

3.9.1   迪利克雷边界条件

迪利克雷边界条件要求特定点的矢量磁位为已知，即

$$A = m \qquad (3.65)$$

式中，m 是给定值。迪利克雷边界迫使磁通线平行于边界的边缘。

在二维问题中，磁通线是 A 为常数的线。通过利用边界条件 $A = 0$，磁通线被约束为跟随边界。例如，定子轭的外缘可以设定具有 $A = 0$ 的迪利克雷边界。这是一种简化，因为任何超出定子轭的漏磁通都会被忽略。铁磁磁轭的高磁导率

将确保大部分磁通留在轭内,在大多数电机设计中,这种边界条件的简化是合理的。

3.9.2 纽曼边界条件

纽曼边界条件要求矢量磁位的法向导数为零,即

$$\frac{\partial \boldsymbol{A}}{\partial n} = 0 \tag{3.66}$$

有限元解不能精确满足这类边界,而只能满足边界的平均值。纽曼边界是 FEM 中的自然边界,因为它们不必明确指定。磁通线垂直穿过纽曼边界。

纽曼边界主要用于磁通与平面正交的对称问题,然而这仅在大多数电机空载运行时出现。

3.9.3 互连边界条件

互连边界条件在两个节点之间设置了约束条件。这可以是在两个几何上相邻的节点之间,也可以是在两个相隔特定间隔的节点之间。这种类型的边界只需要知道两个独立指定矢量磁位中的一个,就可完全满足有限元解的条件。两个节点之间的关系为

$$\boldsymbol{A}_{\mathrm{m}} = a\boldsymbol{A}_{\mathrm{n}} + b \tag{3.67}$$

式中,a 和 b 是连接两个节点的因子。

电机互连边界条件一般用于将两个节点连接起来,这两个节点是一个极距或一个极距的倍数。这种类型的约束通常称为周期性约束,其中 $\boldsymbol{A}_{\mathrm{m}} = \boldsymbol{A}_{\mathrm{n}}$ 或 $\boldsymbol{A}_{\mathrm{m}} = -\boldsymbol{A}_{\mathrm{n}}$,取决于节点所分开极距的数量,例如

$$A\left(r, \Theta_0 + \frac{2\pi}{2p}\right) = -A(r, \Theta_0) \tag{3.68}$$

3.10 网格剖分

有限元解的精度取决于网格拓扑。网格是任何有限元模型的重要组成部分,因此需注意网格的创建。本质上,有两种类型的网格生成器。第一个是解析网格生成器,它使用大型全局有限元定义几何体,这些全局微元会根据用户需求进行自动优化。另一种类型的网格生成器是合成生成器,用户在节点层面逐个设计网格区域,模型是多个不同网格区域的并集。

现代有限元软件工具可以从 CAD 类型软件工具中绘制的几何轮廓中自动生成网格。这些网格生成器通常使用 Delaunay 三角剖分方法构建网格。自动生成

网格大大减少了人力成本。

只有考虑了网格离散化带来的误差，才能实现完全的自动生成网格。这称为自适应网格划分，它依赖于一种准确可靠的方法来估计网格中的离散化误差。使用自适应网格的现代有限元软件通常从有限元解来计算离散化误差估计。这些软件工具通常会创建一个原始的网格，然后进行求解。根据该解决方案进行误差估计，并在近似位置细化网格。重复此过程，直到模型达到所需的精度水平。程序中的估计误差通常取决于所应用的网格剖分方法，但一般有限元程序通常根据元件边界的磁通密度的变化来计算其误差估计。

3.11 电磁场中的力和转矩

计算力和转矩是 FEM 最重要的功能之一。在电机问题中，使用了四种计算力或转矩的方法：麦克斯韦张力张量法、磁共能法、洛伦兹力方程（$\boldsymbol{J} \times \boldsymbol{B}$）和场能变化率法（$\boldsymbol{B} \partial B / \partial x$）。虽然最常用的方法是麦克斯韦张力张量法和磁共能法，但最合适的方法取决于具体问题。

3.11.1 麦克斯韦张力张量法

从计算角度来看，麦克斯韦张力张量法的使用是很简单的，因为它只需要沿特定曲线或轮廓的局部磁通密度分布。

根据麦克斯韦张力张量法的定义，可以根据磁通密度确定电磁力，即

1）总作用力

$$\boldsymbol{F} = \iint \left[\frac{1}{\mu_0} \boldsymbol{B}(\boldsymbol{B} \cdot \boldsymbol{n}) - \frac{1}{2\mu_0} B^2 \boldsymbol{n} \right] \mathrm{d}S \tag{3.69}$$

2）法向力

$$F_n = \frac{L_i}{2\mu_0} \int \left[B_n^2 - B_t^2 \right] \mathrm{d}l \tag{3.70}$$

3）切向力

$$F_t = \frac{L_i}{\mu_0} \int B_n B_t \mathrm{d}l \tag{3.71}$$

式中，$\boldsymbol{n}$、L_i、l、B_n 和 B_t 分别是曲面 S 的法向量、叠长、积分等高线、磁通密度的径向（法向）分量和磁通密度的切向分量。

根据 $\boldsymbol{T} = \boldsymbol{r} \times \boldsymbol{F}$，与式（3.71）相对应的转矩为

$$T = \frac{L_i}{\mu_0} \oint_l r B_n B_t \mathrm{d}l \tag{3.72}$$

式中，r 是气隙中圆周的半径。

由于使用的是有限元网格，因此可以为微元 i 编写上述式子。在柱坐标中标注的转矩是每个微元 i 的转矩之和，即

$$T = \frac{L_i}{\mu_0} \sum_i r^2 \int_{\theta_i}^{\theta_{i+1}} B_{ri} B_{\theta i} \mathrm{d}\theta \tag{3.73}$$

该方法的准确度明显取决于模型离散化和积分线或等高线的选择。麦克斯韦张力张量法线积分要求在气隙中有一个精确的解，要求在气隙中对模型进行精细离散，因为磁通密度在节点处和一阶单元的边界处不是连续的。

3.11.2　磁共能法

力或转矩计算为存储的磁共能 W' 相对于微小位移的导数。

有限差分近似是通过位移 s 的磁共能的变化来逼近磁共能导数，称为磁共能有限差分法。位移 s 方向上的瞬时力 F_s 的分量为[41,202]

$$F_s = \frac{\mathrm{d}W'}{\mathrm{d}s} \approx \frac{\Delta W'}{\Delta s} \tag{3.74}$$

同样，对于具有小角度旋转位移 θ（机械角度）的瞬时转矩 T

$$T = \frac{\mathrm{d}W'}{\mathrm{d}\theta} \approx \frac{\Delta W'}{\Delta\theta} \tag{3.75}$$

有限差分法存在的问题是，必须计算两个有限元模型，这使得计算时间加倍，并且角增量 $\Delta\theta$ 的最合适值未知，必须使用试错程序寻找。如果 $\Delta\theta$ 太小，舍入 $\Delta W'$ 中的误差将占据主导地位；如果 $\Delta\theta$ 太大，计算出的转矩将不再是特定转子位置下准确的转矩。

瞬时转矩也可以用以下形式表示：

$$T = \frac{\partial W'(i,\theta)}{\partial\theta}\Big|_{i为常数} = -\frac{\partial W(\Psi,\theta)}{\partial\theta}\Big|_{\Psi为常数} \tag{3.76}$$

式中，W、Ψ 和 i 分别是磁能、磁链矢量和电流矢量。

3.11.3　洛伦兹力法

利用洛伦兹力定理，瞬时转矩表示为相电势和相电流的函数，即

$$T = \sum_{l=A,B,C} i_l(t) \left[2pN \int_{-\pi/(2m_{1p})}^{\pi/(2m_{1p})} rL_i B(\theta,t) \mathrm{d}\theta \right]$$
$$= \frac{1}{2\pi n}[e_A(t)i_A(t) + e_B(t)i_B(t) + e_C(t)i_C(t)] \tag{3.77}$$

式中，p、θ、n 和 N 分别是极对数、机械角度、转速和导体数。

3.12　电感

3.12.1　定义

有限元法（FEM）计算中常采用下列稳态电感的定义：

1）线圈中的磁链除以线圈中的电流；

2）线圈中存储的能量除以电流二次方的一半。

这两种定义对于线性电感具有相同结果，但对非线性电感结果却不相同[202]。

如果错误的电位分布与正确的电位没有明显差异，则能量计算的误差比电位计算的误差小很多[273]。因此，即使电势的解具有较大误差，稳态电感的近似值也是非常精确的。

3.12.2　瞬态电感

为了准确估计变流器供电的永磁无刷电机的动态响应性能，需要知道自感和互感的瞬态电感 $\mathrm{d}\Psi/\mathrm{d}i$，而不是稳态值 Ψ/I[227]。

电流/能量扰动法是基于对由 l 个绕组组成的给定装置中磁场存储的总能量进行考虑的[83,84,227]。第 j 个绕组端电压为

$$v_j = R_j j_j + \frac{\partial \Psi_j}{\partial i_1}\frac{\mathrm{d}i_1}{\mathrm{d}t} + \frac{\partial \Psi_j}{\partial i_2}\frac{\mathrm{d}i_2}{\mathrm{d}t} + \cdots +$$

$$\frac{\partial \Psi_j}{\partial i_j}\frac{\mathrm{d}i_j}{\mathrm{d}t} + \cdots + \frac{\partial \Psi_j}{\partial i_l}\frac{\mathrm{d}i_l}{\mathrm{d}t} + \frac{\partial \Psi_j}{\partial \theta}\frac{\mathrm{d}\theta}{\mathrm{d}t} \tag{3.78}$$

对于固定的转子位置，式（3.78）中的最后一项等于零，因为转子速度 $\mathrm{d}\theta/\mathrm{d}t = 0$。式（3.78）中磁链 Ψ_j 相对于绕组电流 $i_k(k=1,2,\cdots,j,\cdots,l)$ 的偏导数为增量电感 L_{jk}^{inc}[83,84,227]。因此，与 l 个绕组耦合的系统的存储总能量可写为[83,84,227]

$$w = \sum_{j=1}^{l} w_j = \sum_{j=1}^{l} \Big[\sum_{k=1}^{l} \int_{i_{k(0)}}^{i_{k(t)}} \big(L_{jk}^{\mathrm{inc}} i_j \big)\, \mathrm{d}i_k \Big] \tag{3.79}$$

在参考文献［84，227］中，l 个绕组的绕组自感和互感以总储能密度 w 相对于各个绕组电流扰动 Δi_j 的偏导数来表示。反过来，这些导数可以围绕一组给定绕组电流的"静态"磁场解展开，即第 j 和第 k 绕组中的各种电流扰动 $\pm\Delta i_j$ 和 $\pm\Delta i_k$，以及由此产生的整体能量变化展开。在 $L_{jk} = L_{kj}$ 的电机中，此过程产生以下自感和互感：

$$L_{jj} = \frac{\partial^2 w}{\partial (\Delta i_j)^2} \approx \big[w(i_j - \Delta i_j) - 2w + w(i_j + \Delta i_j) \big] / (\Delta i_j)^2 \tag{3.80}$$

$$L_{jk} = \frac{\partial^2 w}{\partial(\Delta i_j)\partial(\Delta i_k)} \approx [w(i_j + \Delta i_j, i_k + \Delta i_k) - w(i_j - \Delta i_j, i_k + \Delta i_k) -$$

$$w(i_j + \Delta i_j, i_k - \Delta i_k) + w(i_j - \Delta i_j, i_k - \Delta i_k)]/(4\Delta i_j \Delta i_k) \qquad (3.81)$$

详情见参考文献 [83，84，227]。对于二维磁场分布，电流/能量扰动法不考虑端部的连接漏磁通。

对于稳态问题，首先计算同步电抗，然后计算互电抗，最后计算槽漏电抗和差分漏电抗作为同步电抗和互电抗之间的差值，以此来获得类似的精度。

3.12.3 稳态电感

在设计计算中，通过使用磁链 $\Psi^{[53]}$、斯托克斯定理（3.16）和矢量磁位（3.29）计算稳态电感就足够了，即

$$L = \frac{\Psi}{I} \quad \frac{\int_S \nabla \times A \cdot \mathrm{d}S}{I} \quad \frac{\oint A \cdot \mathrm{d}l}{I} \qquad (3.82)$$

式中，A 是积分等高线 l 周围的矢量磁位。

3.12.4 同步电机的电抗

同步电抗是指总磁链 Ψ_{sd} 或 Ψ_{sq} 包括互磁链和漏磁链时的电抗，即考虑了电枢槽漏磁链、齿顶漏磁链和差分漏磁链。通过气隙的磁链不包括定子漏磁链，只包括 d 轴和 q 轴磁链 Ψ_{ad} 或 Ψ_{aq}。这些主磁链的基波产生电枢反应电抗或励磁电抗[252,253]。总磁链 Ψ_{sd}、Ψ_{sq} 和耦合磁链 Ψ_{ad}、Ψ_{aq} 的组合将产生电枢漏电抗（不包括端部连接漏电抗）。

这种方法使用任何一种 FEM 软件都很容易实现，因为它可以自动化，这在尝试使用迭代循环查找特定输入电压下的性能特性时非常重要。

如果电枢电流 $I_a = 0$，则转子磁通密度的法向分量 B_z 可以确定 d 轴的位置。通过气隙的线积分给出了矢量磁位的分布。恒定矢量磁位值表示磁通线。通过该矢量磁位的数值傅里叶分析可以得出基波的解析表达式，即

$$A_z(p\alpha) = a_1 \cos(p\alpha) + b_1 \sin(p\alpha) = A_{o1} \sin(p\alpha + \alpha_d) \qquad (3.83)$$

式中，$A_{o1} = \sqrt{a_1^2 + b_1^2}$，$\alpha_d = \arctan(b_1/a_1)$。角度 α_d 与 d 轴相关，因为它显示了通过气隙线等高线的矢量磁位的过零角。由于电机的对称性，该角度通常为零。q 轴与 d 轴的位移为 $\pi/(2p)$，因此

$$\alpha_q = \alpha_d + \frac{\pi}{2p} \qquad (3.84)$$

3.12.5 同步电抗

在二维有限元模型中，d 轴和 q 轴同步电抗（不包括端部连接漏磁通）分

别为

$$X_{sd} = 2\pi f \frac{\Psi_{sd}}{I_{ad}} \qquad X_{sq} = 2\pi f \frac{\Psi_{sq}}{I_{aq}} \qquad (3.85)$$

式中，Ψ_{sd} 和 Ψ_{sq} 是 d 轴和 q 轴上的总磁链；I_{ad} 和 I_{aq} 分别是 d 轴和 q 轴电枢电流；f 是电枢电源（输入）频率。

d 轴和 q 轴磁链可通过相带连接的组合获得[59, 60, 82, 239]。磁通的实部和虚部代表 d 轴和 q 轴磁通。同步电机的相量图表明，转子励磁磁通和 d 轴电枢磁通在同一方向，而与 q 轴电枢磁通垂直。

使用式（3.85）计算同步电抗时，其值受 I_{ad} 和 I_{aq} 值影响很大。这是因为在永磁同步电机的满载分析中，I_{ad} 和 I_{aq} 的值在不同的负载角下都接近零。当电枢电流分量趋于零时，FEM 中的舍入误差放大了同步电抗中的误差。在 I_{ad} 和 I_{aq} 中使用恒定电流扰动法可以解决这个问题。其同步电抗为

$$X'_{sd} = 2\pi f \frac{\Delta\Psi_{sd}}{\Delta I_{ad}} \qquad X'_{sq} = 2\pi f \frac{\Delta\Psi_{sq}}{\Delta I_{aq}} \qquad (3.86)$$

式中，$\Delta\Psi_{sd}$ 和 $\Delta\Psi_{sq}$ 分别是 d 轴和 q 轴负载点处磁链变化值；ΔI_{ad} 和 ΔI_{aq} 分别是 d 轴和 q 轴定子电流扰动值。

因此，应将负载有限元解中出现的磁饱和问题转化为电流扰动问题，具体是通过存储由负载的非线性磁场计算得到的每个微元的磁导率来实现的。这些磁导率可用于电流扰动下的线性计算，确保了在扰动结果中不会忽略负载模型中出现的饱和效应。

3.12.6 电枢反应电抗

通过对电枢铁心内表面周围的矢量磁位 A 进行傅里叶分析，可以推导出气隙磁通的 d 轴和 q 轴基波分量。在傅里叶级数中，余弦项系数 a_1 表示每极 q 轴磁通的一半，正弦项系数 b_1 表示每极 d 轴磁通的一半[253]。因此，每极合成气隙磁通的基波和内部转矩角 δ_i（第 5 章中的图 5.5）为

$$\Phi_g = 2L_i \sqrt{a_1^2 + b_1^2} \qquad \delta_i = \arctan\left(\frac{b_1}{a_1}\right) \qquad (3.87)$$

该磁通以同步速度 $n_s = f/p$ 旋转，并在每相绕组中感应以下电动势：

$$E_i = \pi \sqrt{2} f N_1 k_{w1} \Phi_g \qquad (3.88)$$

图 5.5（第 5 章）所示的相量图给出了 d 轴和 q 轴电枢反应（互）电抗的表达式：

1）欠励磁电机

$$X_{ad} = \frac{E_i \cos\delta_i - E_f}{I_{ad}} \qquad X_{aq} = \frac{E_i \sin\delta_i}{I_{aq}} \qquad (3.89)$$

2）过励磁电机

$$X_{ad} = \frac{E_f - E_i \cos\delta_i}{I_{ad}} \qquad X_{aq} = \frac{E_i \sin\delta_i}{I_{aq}} \qquad (3.90)$$

电枢反应对磁路饱和度的影响与负载转矩成比例。为了考虑这种影响，需要另一组类似于式（3.89）或式（3.90）的方程[253]。

3.12.7　漏电抗

电枢漏电抗可通过以下两种方式获得：

1）根据槽和端部连接中存储的能量的数值估计[214]；

2）同步电抗和电枢反应电抗之间的差值，即

$$X_{1d} = X_{sd} - X_{ad} \qquad X_{1q} = X_{sq} - X_{aq} \qquad (3.91)$$

第一种方法计算槽漏电抗，包括磁饱和效应和端部漏电抗。只要将每个槽和每个齿的体积定义为 V，就可以计算其中漏能量的局部影响[214]。漏磁通实际上与定转子间的相对位置无关。

第二种方法的结果是槽、差分和齿漏电抗之和，其等于同步电抗和电枢反应电抗之间的差值。该方法仅需同步电抗和电枢反应电抗，因此成为永磁无刷电机漏电抗的首选方法。需要注意，根据第二种方法计算的 d 轴和 q 轴的漏电抗略有不同。

一般来说，用二维有限元程序计算端部漏电抗相当困难，且结果不精确。建议使用三维有限元软件进行计算[302]。

3.13　交互式有限元计算过程

现代有限元软件使用先进的图形显示，其通常由菜单驱动，使解决问题的过程变得简单。所有软件都有三个主要组件（尽管它们可以集成到一个组件中），分别为前处理器、处理器（求解器）和后处理器。目前用于电机和电磁设备电磁分析的最流行的商业软件有：①加拿大蒙特利尔 Infolytica 公司的 MagNet；②美国宾夕法尼亚州匹兹堡市 Ansoft 公司的 Maxwell；③美国纽约州特洛伊市 Magsoft 公司的 Flux；④日本东京 JMAG 集团的 JMAG；⑤英国牛津 Vector Fields 有限公司的 Opera。这些软件都有用于静电场、静磁场和涡流场问题的 2D 和 3D 求解器。部分软件还包括瞬态和运动分析的求解器。

3.13.1　前处理器

前处理器是由用户创建有限元模型的模块。此模块允许创建新模型和更改旧模型。有限元模型通常包括：

1）绘图：使用图形绘制工具绘制模型的几何轮廓，就像其他 CAD 软件一样，包括镜像和复制特征。

2）材质：几何模型的不同区域需要指定磁性材料属性。材料可以具有线性或非线性磁特性。每种材料都定义了特定的电导率。对于稀土永磁材料，仅定义剩余磁通密度和矫顽力，无需定义整个退磁曲线。

3）电路：包含线圈的区域需与电流或电压源相连。用户可以设定每个线圈的匝数和电流幅值。

4）约束条件：模型的边界通常需要设置约束条件，通过图形方式定义实现约束条件。用户可以使用图形化鼠标单击轻松定义周期性约束。

商业化有限元软件还允许用户输入新的材料曲线，即在特定材质的 $B-H$ 曲线上指定多个点，然后程序根据这些点创建平滑曲线。如果输入足够多的点，则曲线是具有非递减一阶导数的连续函数。

当模型的所有模块都被定义后，就可以求解有限元模型。

3.13.2　求解器

求解器模块以数值方式求解磁场方程。前处理器模块设置要使用的求解器（静电、静磁、涡流）。大多数情况下，实现自适应网格划分是为了确保高效的网格离散化。求解器首先创建一个粗略的有限元网格并进行求解。接下来对该解进行误差估计，并对网格进行细化和再次求解。重复此操作，直到网格充分细化，以产生准确的结果。

3.13.3　后处理器

后处理器是一个交互式模块，显示磁场的相关量，如矢量磁位、磁通密度、磁场强度和磁导率。它还允许用户访问大量关于有限元解的信息，如能量、力、转矩和电感，这些都内嵌在后处理器模块中。

案例

例3.1
求出图2.17所示磁路的磁通分布、气隙中的磁通密度和吸引力。

解：

该问题已使用美国宾夕法尼亚州匹兹堡市 Ansoft 公司的 2D Maxwell 商用有限元软件求解。

图3.3绘制了气隙中的磁通分布、磁通密度的法向分量和切向分量。磁通密度的法向分量（大于1T）与解析解（例2.1）获得的法向分量非常接近。

从二维有限元得到在20℃时的法向吸引力为 $F=198.9\text{N}$（与解析法得出的

229.7N 相比其结果较小）。这是由于解析法中假设了气隙中磁通密度的法向分量
是均匀的，忽略了边缘磁通和漏磁通，且将叠压铁心中的磁压降假设为零。

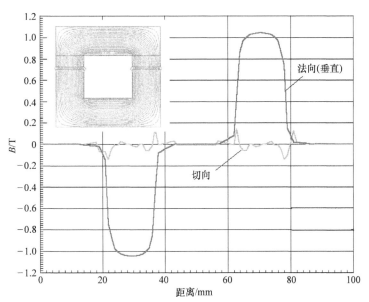

图 3.3　图 2.17 所示磁通分布及磁通密度的法向分量和切向分量

例 3.2

本例中使用图 2.18 所示的 2 极永磁电机。尺寸和材料特性如例 2.1 所示。
该问题与第 2 章中所提出的基本相同，当电枢绕组以电流 $I_a = 1.25$A 馈电时，求
出气隙中的磁通密度。

使用 FEM，无需较多操作，就可以获得有关该电机的许多信息，同时还可
以计算得到绕组电感和转子输出转矩等重要设计参数。

解：

1. 有限元模型

使用加拿大蒙特利尔 Infolytica 公司的 MagNet 2D 商业软件建立了电机的二维
有限元模型。首先绘制模型的轮廓，如图 3.4 所示。然后将材料特性指定给不同
的区域。使用永磁体曲线模块输入材料的 $B - H$ 曲线，包括永磁体退磁曲线。

迪利克雷边界条件应用于模型周围的区域。使用该边界是因为大部分磁通将
存在模型内。可以看到所有的漏磁通，尽管由于边界设置的原因，漏磁通可能
不会分布在远离铁心的地方。如果需要考虑漏磁通，则应增加模型周围的空气
区域。

然后定义电流源，设置电流在两个线圈区域内以相反的方向流动，设置电流
$I_a = 1.25$A，且每个线圈有 $N = 1100$ 匝。这样有限元模型就建立好了。

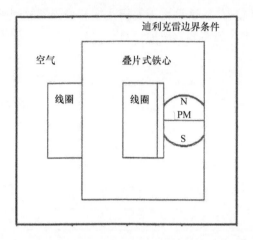

图 3.4   用于图 2.18 所示电机 FEM 分析的几何轮廓

2. 气隙磁通密度

通过一条气隙间轮廓线就可以绘制气隙磁通密度的大小，如图 3.5 所示。该图表示当输入电流 $I_a = 1.25A$ 时的气隙磁通密度的分布情况，由图可知其最大磁通密度为 0.318T。而根据解析法，求得的磁极表面宽度 w_M 上的气隙磁通密度平均值为 0.304T。输入电流 $I_a = 1.25A$ 和 $I_a = 2.6A$ 的磁通分布情况如图 3.6 所示。图 3.7 为无电枢电流时永磁体的磁通分布情况，以及未磁化永磁体时 $I_a = 1.25A$ 的磁通分布情况。

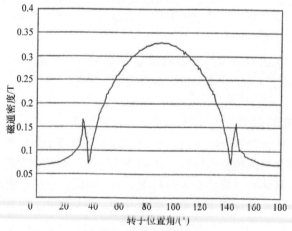

图 3.5   气隙磁通密度的大小

3. 绕组电感

绕组电感的计算方法是使用线圈中存储的能量除以电流二次方的一半或使用

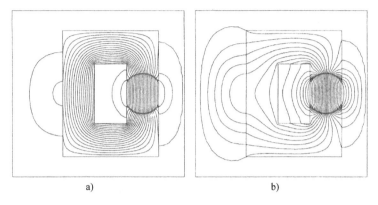

图 3.6　磁通分布：a) $I_a = 1.25A$；b) $I_a = 2.6A$

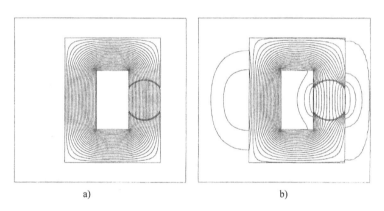

图 3.7　磁通分布：a) 无电枢电流 $I_a = 0A$；b) $I_a = 1.25A$ 且永磁体未磁化

电流/能量扰动法。第一种方法很容易从单个有限元计算出来。采用这种方法，绕组电感由 MagNet 后处理器计算。扰动法则稍微复杂，需要三个有限元解。然后使用式（3.80）计算电感。从储能法获得的绕组电感为 0.1502H，从能量扰动法获得的绕组电感为 0.1054H。电感值的差异是由于储能法中的过度简化所致。因此能量扰动结果被认为是更精确的结果。

4. 转矩

利用麦克斯韦张力张量法计算所产生的转矩。通过气隙绘制一条等高线，沿该等高线进行计算，可获得多个不同转子位置的转矩。这是通过改变转子的旋转位置和解析模型来实现的。图 3.8 为产生的转矩与转子位置角的关系。在 0°～135°范围内为吸引力，在 135°～180°范围内为排斥力。

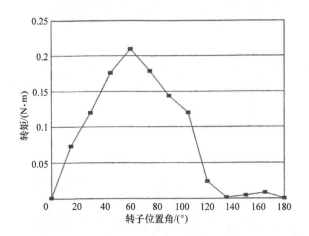

图 3.8 产生的转矩与转子位置角的关系。在 0° ~ 135°范围内的
力属于吸引力，在 135° ~ 180°范围内的力属于排斥力

例 3.3

24 极环形永磁体的外径为 208mm，宽度为 17mm，径向厚度为 6mm。永磁体位于空气中，由烧结钕铁硼制成，$B_r = 1.16$T，$H_c = 876$kA/m。假设磁化矢量呈径向对齐，创建出一个磁通密度矢量的 3D 图。

解：

该问题需要一个 3D 静磁场模拟器，例如美国宾夕法尼亚州匹兹堡市 Ansoft 公司的 3D Maxwell FEM 软件。

径向磁化的多极环形永磁体的磁化强度分布可用方波近似表示。其只考虑方波傅里叶级数的三个最重要的分量就已经足够，即

$$f_m(\alpha) \approx \frac{4}{\pi} M_p \left[\sin(p\alpha) + \frac{1}{3}\sin(3p\alpha) + \frac{1}{5}\sin(5p\alpha) \right]$$

式中，$M_p = \mu_{rrec} H_c = 1.053 \times 876000 = 922428$A/m，$\mu_{rrec} = B_r/(\mu_0 H_c) = 1.16/(0.4\pi \times 10^{-6} \times 876000) = 1.053$；$p$ 为是极对数，$p = 12$；α 是表示磁化径向位置的空间角。函数 $f_m(\alpha)$ 描述了磁化强度随角度 α 的变化规律。在笛卡儿坐标系中，环形永磁体位于 xy 平面，垂直于 xy 平面的 z 轴是环形的中心轴。因此，方向向量的分量为

$$m_x(\alpha) = f_m(\alpha)\cos\alpha \qquad m_y(\alpha) = f_m(\alpha)\sin\alpha \qquad m_z(\alpha) = 0$$

一旦分配永磁体的材料属性，就可以求解磁场，并且可以在后处理器中绘制磁通密度矢量。3D 图如图 3.9 所示。

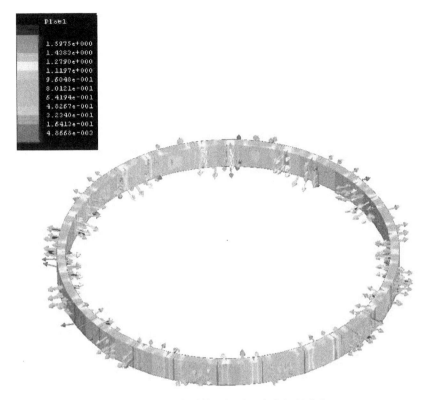

图 3.9　24 极永磁体环的磁通密度矢量分布

第4章

永磁有刷直流电机

4.1 结构

永磁直流（有刷）电机可与他励直流电机进行比较。唯一的区别在于气隙中的励磁磁通 Φ_g：对于永磁直流电机来说，励磁磁通 Φ_g 是恒定的；而对于他励直流电机，Φ_g 是可控制的。这意味着普通的永磁直流电机的转速通常只能通过改变电枢电压或电枢电流来控制。典型的永磁直流电机结构如图 4.1 所示。通过添加额外的励磁绕组，可以在一定的限制范围内改变磁通 Φ_g 和转速。

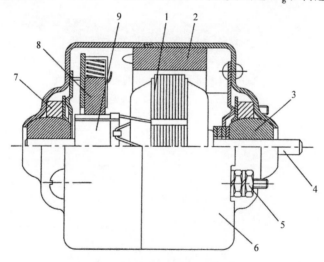

图 4.1 永磁直流电机结构

1—电枢 2—钡铁氧体永磁体 3—多孔金属轴承 4—轴 5—端盖

6—机座 7—油浸毡垫 8—电刷 9—换向器

过去，铝镍钴永磁体常用于额定功率等级在 $0.5 \sim 150\text{kW}$ 的电机之中。目前陶瓷永磁材料在小功率电机中最受欢迎且颇具经济性，其在 7.5kW 以下的场合中比铝镍钴更具经济优势。虽然稀土永磁材料价格昂贵，但是其仍为小型电机最经济的选择。

不同类型的永磁直流电机的磁路结构如图 4.2 ~ 图 4.4 所示。有四种基本电枢（转子）结构：

1）传统的开槽型转子（见图 4.2a 和图 4.3）；

2）无槽（表面绕线）型转子（见图 4.2b）；

3）动圈式圆柱形转子（见图 4.4a）；

4）动圈式盘式转子（见图 4.4b 和 c）。

开槽型和无槽型转子永磁直流电机的电枢绕组固定在叠片铁心上。电枢绕组、电枢铁心和轴构成一个整体。

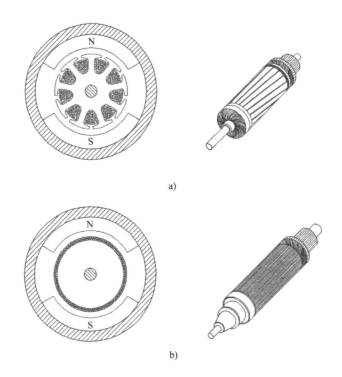

a)

b)

图 4.2　叠片铁心转子的永磁直流电机的结构：a）开槽型转子；b）无槽型转子

动圈式永磁直流电机的电枢绕组固定在绝缘汽缸或圆盘上，在永磁体或永磁体与叠片铁心之间旋转。表 4.1 列出了动圈式永磁直流电机的类型。在动圈式永磁直流电机中，由于所有铁心都是静止的，所以转子的转动惯量非常小；换而言之，它们不会在磁场中移动，也不会产生涡流或磁滞损耗。因此，动圈式永磁直流电机的效率优于转子开槽型永磁直流电机。

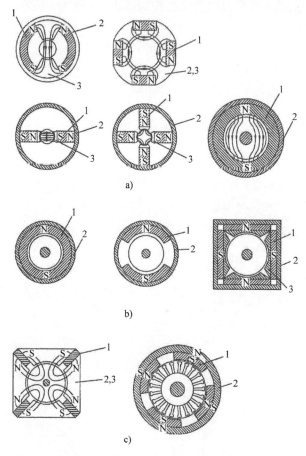

图 4.3　使用不同类型永磁材料的叠片铁心转子永磁直流电机的励磁系统：
a）铝镍钴；b）铁氧体；c）稀土
1—永磁体　2—软钢轭　3—极靴

表 4.1　动圈式永磁直流电机分类

圆　柱　形		盘　式		
外部磁场	内磁场型： 1. 蜂窝绕组 2. 菱形绕组 3. 钟形绕组 4. 球形绕组	绕线电枢	印制电枢	三线圈电枢

　　由于动圈式永磁直流电机的转动惯量小，所以动圈式电机的机械时间常数远小于铁心式电枢电机的机械时间常数。

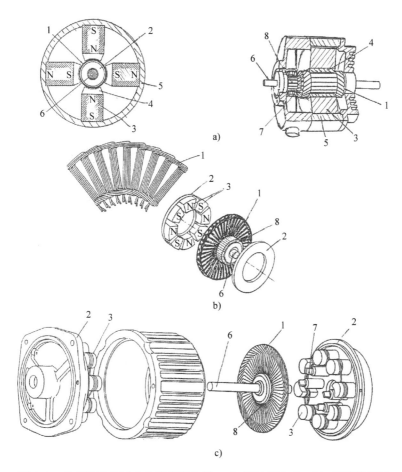

图 4.4　外磁场型动圈式永磁直流电机：a）圆柱形电机；b）带绕线转子
的盘式电机；c）带印制转子绕组和混合励磁系统的盘式电机

1—动圈式电枢绕组　2—软钢轭　3—永磁体　4—极靴　5—软钢框架　6—轴　7—电刷　8—换向器

4.1.1　转子开槽型永磁直流电机

开槽型转子的铁心是由硅钢板或碳钢板叠片叠压而成的。电枢绕组位于转子
槽中。转矩作用于固定在槽中的导体，并由槽绝缘和环氧树脂加固。因此，开槽
型转子比无槽型转子更加耐用和可靠。通常需要开多个槽，因为槽的数量越多，
齿槽转矩和电磁噪声就越小。从易于生产的角度看，偶数槽的铁心适用于自动化
批量生产。从电机品质的角度来看，为了降低齿槽转矩，应当选择具有奇数槽的
铁心。

图 4.2a 中的斜槽减少了转子齿和永磁体极靴之间相互作用产生的齿槽转矩

（由于气隙磁阻的变化）。

表4.2 给出了德国纽伦堡 Buehler Motors GmbH 制造的小型转子开槽型永磁直流电机的具体参数。

表4.2 德国纽伦堡 Buehler Motors GmbH 制造的小型转子开槽型永磁直流电机的数据

参数	1.13.044.235	1.13.044.413	1.13.044.236	1.13.044.414
额定电压/V	12	12	24	24
额定转矩/$(N \cdot m \times 10^{-3})$	150	180	150	180
额定转速/(r/min)	3000			
额定电流/A	6.2	7.3	3.1	3.5
框架直径/mm	51.6			
框架长度/mm	88.6	103.6	88.6	103.6
轴的直径/mm	6			

4.1.2 转子无槽型永磁直流电机

通过将绕组固定在无槽的圆柱形铁心上，可以显著降低电机的齿槽转矩（见图4.2b）。在这种情况下，转矩施加在转子表面均匀分布的导体上。因为转子铁心和极靴之间的间隙较大，所以无槽型转子的磁通较开槽型转子小。因此，必须使用更大体积的永磁体来获得足够的磁通。

4.1.3 动圈式圆柱形电机

1. 圆柱形外磁场类型

这种类型的电机（见图4.4a）的机械时间常数 T_m 非常小，有时 $T_m < 1ms$。为了获得较小的 T_m，Φ_g/J 必须尽可能大，其中 Φ_g 是气隙磁通，J 是转子的转动惯量。由于剩余磁通密度 B_r 更高，铝镍钴或稀土永磁材料产生的磁通比铁氧体永磁材料产生的磁通大。但由于铝钴镍永磁体易于退磁，因此应使用纵向磁化的铝钴镍永磁铁以避免退磁。现代设计通常是采用稀土永磁体来构建定子磁路。

2. 圆柱形内磁场类型

内磁场型动圈式电机也被称为无铁心电机，通常用于功率小于10W的应用场合，其功率很少达到225W以上。在这种类型的电机中，永磁体位于动圈电枢内部。虽然该转子转动惯量很小，但不意味着其机械时间常数就一定很小，因为放置在电枢内的小尺寸永磁体产生的磁通很小。无铁心永磁直流电机广泛用于驱动盒式录音机（见图1.19）、录像机、摄像机变焦镜头等。由于其突出的特点：①高功率密度，②高效率（无铁心损耗），③零齿槽转矩，④低阻尼系数 D [式(1.16)]，如今，圆柱形内磁场型永磁直流电机的应用包括医疗和实验室设备、机器人和自动化、光学、技术仪器、办公设备、日常生活、样机设计等。

机械部件的阻尼系数一部分是由于轴承润滑部件和轴承密封件之间的摩擦引起的，另一部分可能是在高速时由于部件快速旋转而产生的风阻引起的[179]。阻尼效应的电磁成分包括[179]：①在存在杂散磁场的情况下，电流在换向线圈中流动所产生的循环电流；②在磁场中移动的电枢导体中感应的涡流。

图 4.5 所示为圆柱形内磁场型动圈式转子。电枢绕组分类如下：①蜂窝绕组；②菱形绕组；③钟形绕组；④球形绕组。

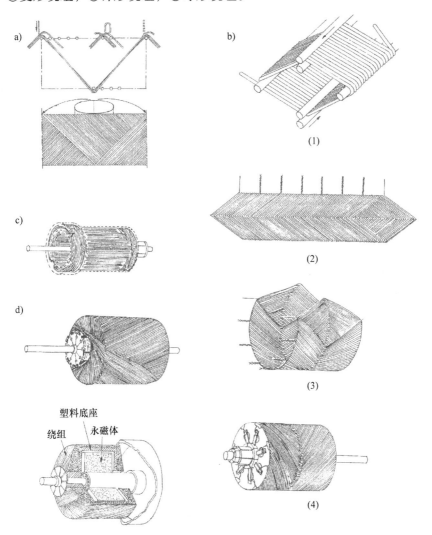

图 4.5 圆柱形内磁场型动圈式转子：a）蜂窝绕组（斜绕线圈绕组）（美国专利 3360668）；b）菱形绕组（美国专利申请公告 2007/0103025）；c）钟形绕组（美国专利 3467847）；d）球形绕组

蜂窝绕组（斜绕线圈绕组），又称为 Faulhaber 绕组（美国专利 3360668），是第一种广泛使用于无铁心电机的绕组（1965 年）。图 4.5a 为 F. Faulhaber 发明的蜂窝绕组。绕组以圆柱形线圈的形式进行缠绕，该线圈在电枢的端部配备有固定装置，例如针，其用于为绕组缠绕导线形成反向点。这种"分布式"绕组由两层组成，其厚度等于两个导体的厚度。最初，这类电机使用铝钴镍永磁体获得高磁通。由软钢制成的外壳也是磁通回路的一部分。两个轴承通常放置在永磁体的中心孔中去支撑轴。对于 Faulhaber 绕组电机（其参数见表 4.3）以及其他无铁心电机，其换向器较小，其原因如下：

表 4.3　瑞士克罗里奥 Faulhaber 集团 Minimotor SA 制造的动圈式圆柱形无铁心永磁直流电机（内磁场型）参数

类型	电刷	输出功率/ W	外径/ mm	长度/ mm	轴的直径/ mm	额定电压/ V	空载转速/ (r/min)	堵转转矩/ (10^{-3}N·m)
0615...S	PrM	0.12	6	15	1.5	1.5~4.5	20200	0.24
0816...S	PrM	0.18	8	16	1.5	3~8	16500	0.41
1016...G	PrM	0.42	10	16	1.5	3~12	18400	0.87
1024...S	PrM	1.11	10	24	1.5	3~12	14700	2.89
1219...G	PrM	0.50	12	19	1.5	4.5~15	16200	1.19
1224...S	PrM	1.3	12	24	1.5	6~15	13100	3.69
1224...SR	PrM	1.95	12	24	1.5	6~15	13800	5.43
1319...SR	PrM	1.10	13	19	1.5	6~24	14600	2.91
1331...SR	PrM	3.11	13	31	1.5	6~24	10600	11.20
1336...C	Gr	2.02	13	36	2	6~24	9200	8.40
1516...S	PrM	0.42	15	16	1.5	1.5~12	16200	1.04
1516...SR	PrM	0.54	15	16	1.5	6~12	12900	1.61
1524...SR	PrM	1.92	15	24	1.5	3~24	10800	7.12
1624...S	PrM	1.87	16	24	1.5	3~24	14400	5.16
1717...SR	PrM	1.97	17	17	1.5	3~24	14000	5.38
1724...SR	PrM	2.83	17	24	1.5	3~24	8600	13.20
1727...C	Gr	2.37	17	27	2	6~24	7800	11.6
2224...SR	PrM	4.55	22	24	2	3~36	8200	21.40
2230...S	PrM	3.69	22	30	1.5/2	3~40	9600	14.70
2232...SR	PrM	11	22	32	2	6~24	7400	59.2
2233...S	PrM	3.85	22	33	1.5/2	4.5~30	9300	18.40
2342...CR	Gr	20.50	23	42	3	6~48	9000	91.40
2642...CR	Gr	23.2	26	42	4	12~48	6400	139
2657...CR	Gr	47.9	26	57	4	12~48	6400	286
3242...CR	Gr	27.3	32	42	5	12~48	5400	193
3257...CR	Gr	84.5	32	57	5	12~48	5900	547
3557...C	Gr	15	35	57	4	6~32	5000	122
3557...CS	Gr	28.1	35	57	4	9~48	5700	188
3863...C	Gr	226	38	63	6	12~48	6700	1290

注：PrM（precious metal brushes）为贵金属电刷；Gr（graphite brushes）为石墨电刷。

1）换向器和电刷均使用贵金属（金、银、铂和/或钯），因为这些贵金属在电机运行过程中会抑制电化学反应。但由于贵金属价格昂贵，故电刷的尺寸必须尽可能小。

2）用于稳定换向的换向器的表面线速度［式（4.13）］必须较低。

3）电机尺寸必须尽可能小。

采用 Faulhaber 斜绕线圈的无铁心永磁直流电机的稳态特性如图 4.6 所示。最大效率取决于堵转转矩 - 摩擦转矩的比值，该比值是电枢端电压的函数。

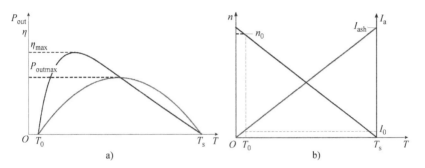

图 4.6　Faulhaber 斜绕线圈（蜂窝绕组）的无铁心永磁直流电机的稳态特性：a）效率 η 和输出功率 P_{out} 与转矩 T 的关系；b）转速 n 和电枢电流 I_a 与转矩 T 的关系。各个符号含义：n_0 是空载速度，T_0 是摩擦损失转矩，I_{ash} 是 $n=0$（$E=0$）时的"短路"电枢电流，T_s 是与 I_{ash} 相对应的堵转转矩

F. Faulhaber 发明的钟形绕组（美国专利 3467847）（见图 4.5c）使用直矩形或斜矩形线圈。钟形绕组有一个装有换向器的齿形承载盘。

与其他永磁有刷直流电机相比，Faulhaber 无铁心永磁电机具有以下优点：

1）高功率密度；

2）低起动电压（非常低的摩擦损耗）；

3）转子惯性小；

4）非常快速的起动；

5）高效率；

6）线性电压 - 速度特性；

7）线性电流 - 转矩特性；

8）无齿槽转矩；

9）能够在短时间内承受高过载；

10）高精度确保长寿命。

瑞士萨赫塞恩的 Maxon 公司制造的菱形绕组内磁场型直流电机具有类似的特性。菱形绕组结构如图 4.5b 和图 4.7 所示。表 4.4 列出了电机的参数。

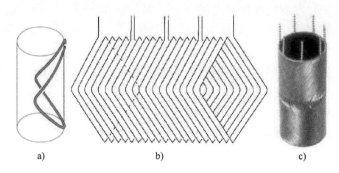

图 4.7　动圈式圆柱形无铁心电机的菱形定子绕组（美国专利申请公告 2007/0103025）：
a）线圈形状；b）绕组排布；c）完整的圆柱形菱形绕组

表 4.4　瑞士萨赫塞恩的 **Maxon** 公司制造的带贵金属电刷的动圈式圆柱形无铁心
两极永磁直流电机（内磁场型）参数

参　　　数	RE 16		RE－max 21		RE 25	
外径/mm	16	13	21	21	25	25
额定功率/W	3.2	3.2	5.0	5.0	10	10
标称电压/V	24	30	24	36	24	32
空载转速/(r/min)	7250	6460	9110	10300	5190	5510
最大允许转速/(r/min)	7600	7600	16000	16000	5500	5500
空载电流/mA	3	2	5.71	4.69	14.3	11.6
起动电流/A	0.561	0.341	1.13	0.943	3.28	2.76
最大持续电流/mA	170	120	249	185	668	529
堵转转矩/(mN·m)	17.6	15.0	28.3	31.4	144	152
最大连续转矩/(mN·m)	5.40	5.28	6.11	6.03	28.8	28.6
在标称电压下的最大输出功率/W	3.34	2.53	—	—	—	—
最大效率（%）	86	85	87	87	87	88
转矩常数/(mN·m/A)	31.4	44.1	25.0	33.3	44.0	55.2
转速常数/[×10⁻³V/(r/min)]	3.289	4.608	2.625	3.484	4.608	5.780
机械时间常数/ms	5	5	7.06	7.08	3.97	3.97
转子转动惯量/(g·cm²)	1.15	1.10	2.08	2.05	10.5	10.4
端部电阻/Ω	42.0	88.0	21.3	38.2	7.31	11.6
端部电感/mH	1.75	3.44	0.784	1.38	0.832	1.31
端部时间常数（绕组）/s	9	9	8.77	8.77	12.4	12.4
质量/g	38	38	42	42	130	130
功率密度/(W/kg)	842	842	1190	1190	769	769

球形绕组使转子形状像一个球体（见图 4.5d）。产生磁通的永磁体放置在球形

绕组内部。磁铁和绕组之间有一个塑料圆筒，如图 4.5d 中的剖视图所示。

4.1.4 盘式电机

盘式电机有三种主要类型：绕线转子盘式电机、印制绕组转子盘式电机和三线圈盘式电机。

在绕线转子盘式电机中，绕组由铜线制成，并用树脂塑形（见图 4.4b）。换向器与传统类型的换向器类似。通常应用于散热器风扇中。

印制绕组转子盘式电机如图 4.4c 所示。线圈由铜片冲压而成，然后焊接，形成波形绕组。当 J. Henry Baudot[22] 发明这种电机时，电枢的制造方法与印制电路板的制造方法相似。因此，该类电机也被称为印制绕组转子盘式电机。印制绕组转子盘式电机的磁通可使用铝镍钴或铁氧体永磁体产生。

三线圈盘式电机在转子上有三个扁平电枢线圈，在定子上有一个四极永磁体系统。线圈连接不同于普通搭接或波形绕组[172]。三线圈盘式电机通常被设计成微型电机。

4.2 基本方程

4.2.1 端电压

根据基尔霍夫电压定律，端（输入）电压为

$$V = E + I_a \sum R_a + \Delta V_{br} \qquad (4.1)$$

式中，E 是电枢绕组中感应的电压（反电动势）；I_a 是电枢电流；R_a 是电枢电路的电阻；ΔV_{br} 是电刷电压降。电刷电压降大致恒定，对于大多数典型的直流电机，电刷电压降实际上与电枢电流无关。对于碳（石墨）电刷，$\Delta V_{br} \approx 2V$；对于其他材料，表 4.5 给出了其 ΔV_{br}。对于带换向极的永磁直流电机，$\sum R_a = R_a + R_{int}$，其中 R_a 是电枢绕组的电阻，R_{int} 是换向极绕组的电阻。

表 4.5 永磁有刷直流电机用电刷

材料	最大电流密度/（A/cm²）	电压降（两个电刷）ΔV_{br}/V	最大换向器速度 v_C/(m/s)	$V = 15m/s$ 时的摩擦系数	压力/（N/cm²）
碳石墨	6 ~ 8	2 ±0.5	10 ~ 15	0.25 ~ 0.30	1.96 ~ 2.35
石墨	7 ~ 11	1.9 ~ 2.2 ±0.5	12 ~ 25	0.25 ~ 0.30	1.96 ~ 2.35
电石墨	10	2.4 ~ 2.7 ±0.6	25 ~ 40	0.20 ~ 0.75	1.96 ~ 3.92
黄铜石墨	12 ~ 20	0.2 ~ 1.8 ±0.5	20 ~ 25	0.20 ~ 0.25	1.47 ~ 2.35
青铜石墨	20	0.3 ±0.1	20	0.25	1.68 ~ 2.16

4.2.2   电枢绕组电动势

气隙中的主磁通 Φ_g 在电枢绕组中感应的电动势为

$$E = \frac{N}{a}pn\Phi_g = c_E n\Phi_g \qquad (4.2)$$

式中，N 是电枢导体的数量；a 是电枢绕组的并联支路对数（永磁直流电机）；p 是极对数；Φ_g 是气隙（有效）磁通；c_E 是

$$c_E = \frac{N_p}{a} \qquad (4.3)$$

是电动势常数或电枢常数。对于永磁体励磁系统，$k_E = c_E \Phi_g =$ 常数，因此

$$E = k_E n \qquad (4.4)$$

电枢导体的数量 N 与换向器段的数量 C 之间存在以下关系：

$$N = 2CN_c \qquad (4.5)$$

式中，N_c 是每个电枢线圈的匝数。

4.2.3   电磁转矩

永磁有刷直流电机产生的电磁转矩为

$$T_d = \frac{N}{a}\frac{p}{2\pi}\Phi_g I_a = c_T \Phi_g I_a \qquad (4.6)$$

式中

$$c_T = \frac{N_p}{2\pi a} = \frac{c_E}{2\pi} \qquad (4.7)$$

c_T 是转矩常数。电磁转矩与电枢电流成正比。

永磁体产生恒定的磁通 Φ_g 为常数（忽略电枢反应）。产生的电磁转矩为

$$T_d = k_T I_a \qquad (4.8)$$

式中，$k_T = c_T \Phi_g$。

电刷从几何中性区偏移角度 ψ 时，产生的转矩与 $\cos\psi$ 成正比，即 $T_d = (N/a)[p/(2\pi)]I_a\Phi_g\cos\psi$。偏移角度 ψ 是 q 轴和转子磁场轴之间的夹角。如果电刷位于中性区，$\cos\psi = 1$。

4.2.4   电磁功率

电机产生的电磁功率为

$$P_{elm} = \Omega T_d \qquad (4.9)$$

式中，转子角速度为

$$\Omega = 2\pi n \qquad (4.10)$$

电磁功率也是电动势和电枢电流的乘积，即

$$P_{elm} = EI_a \qquad (4.11)$$

4.2.5　转子与换向器线速度

转子（电枢）表面线速度为

$$v = \pi D n \qquad (4.12)$$

式中，D 是转子（电枢）的外径。类似地，换向器表面线速度为

$$v_C = \pi D_C n \qquad (4.13)$$

式中，D_C 是换向器的外径。

4.2.6　输入与输出功率

电机输入电功率为

$$P_{in} = V I_a \qquad (4.14)$$

则输出的机械功率为

$$P_{out} = \Omega T_{sh} = \eta P_{in} \qquad (4.15)$$

式中，T_{sh} 是轴（输出）转矩；η 是效率。

4.2.7　损耗

永磁直流电机损耗表达式为

$$\sum \Delta P = \Delta P_a + \Delta P_{Fe} + \Delta P_{br} + \Delta P_{rot} + \Delta P_{str} \qquad (4.16)$$

式中

1）电枢绕组损耗为

$$\Delta P_a = I_a^2 \sum R_a \qquad (4.17)$$

2）电枢铁芯损耗为

$$\Delta P_{Fe} = \Delta P_{ht} + \Delta P_{et} + \Delta P_{hy} + \Delta P_{ey} + \Delta P_{ad}$$
$$\propto f^{4/3} \left[B_t^2 m_t + B_y^2 m_y \right] \qquad (4.18)$$

3）电刷压降损耗为

$$\Delta P_{br} = I_a \Delta V_{br} \approx 2 I_a \qquad (4.19)$$

4）旋转损耗为

$$\Delta P_{rot} = \Delta P_{fr} + \Delta P_{wind} + \Delta P_{vent} \qquad (4.20)$$

5）杂散损耗为

$$\Delta P_{str} \approx 0.01 P_{out} \qquad (4.21)$$

$\Delta P_{ht} \propto f B_t^2$ 是齿中的磁滞损耗；$\Delta P_{et} \propto f^2 B_t^2$ 是齿中的涡流损耗；$\Delta P_{hy} \propto f B_y^2$ 是轭中的磁滞损耗；$\Delta P_{ey} \propto f^2 B_y^2$ 是轭中的涡流损耗；ΔP_{ad} 是轭中的附加损耗；

$\Delta p_{1/50}$是在磁通密度为 1T 和频率为 50Hz 情况下的铁心损耗（W/kg）；B_t是齿中的磁通密度；B_y是磁轭中的磁通密度；m_t是齿的质量；m_y是轭的质量；ΔP_{fr}是摩擦损耗（轴承和换向器 – 电刷摩擦产生）；ΔP_{wind}是风阻损耗；ΔP_{vent}是通风损耗。计算铁心损耗时，可用附录 B 中交流电机式（B.19）近似计算。

电枢电流的频率为

$$f = pn \tag{4.22}$$

旋转损耗可根据附录 B 中给出的式（B.31）~式（B.33）进行计算。由极靴和转子之间的磁通脉振而产生的杂散损耗 ΔP_{str} 仅在中型和大型电机中需要考虑。杂散损耗的计算是一个难题，无法保证获得准确的结果。通常假设杂散损耗大约等于输出功率的 1%。

有时也将电机损耗表示为电机效率的函数，即

$$\sum \Delta P = P_{in} - P_{out} = \frac{P_{out}}{\eta} - P_{out} = P_{out}\frac{1-\eta}{\eta} \tag{4.23}$$

电磁功率也可通过将式（4.1）乘以式（4.9）给出的电枢电流 I_a 来计算，即

$$P_{elm} = EI_a = P_{in} - I_a^2 \sum R_a - \Delta V_{br}I_a = \frac{P_{out}}{\eta} - (\Delta P_a + \Delta P_{br})$$

根据实验测试，额定功率达 1kW 的电机的电枢绕组和电刷压降损耗（$\Delta P_a + \Delta P_{br}$）平均约为总损耗的 2/3。因此，小型永磁直流电机的电磁功率为

$$P_{elm} \approx \frac{P_{out}}{\eta} - \frac{2}{3}P_{out}\frac{1-\eta}{\eta} = \frac{1+2\eta}{3\eta}P_{out} \tag{4.24}$$

式（4.24）用于计算连续工作制的小型永磁直流电机的主要尺寸。对于短时或短时间歇工作制的电机，（$\Delta P_a + \Delta P_{br}$）相当于总损耗的 3/4，即

$$P_{elm} \approx \frac{1+3\eta}{4\eta}P_{out} \tag{4.25}$$

对于线性的转矩 – 速度和转矩 – 电流特性（见图 4.6），最大效率可估计为[279]

$$\eta_{max} \approx \left(1 - \sqrt{\frac{T_0}{T_s}}\right)^2 = \left(1 - \sqrt{\frac{I_{a0}}{I_{ash}}}\right)^2 \tag{4.26}$$

式中，I_{a0}是空载电枢电流；I_{ash}是式（4.61）给出的零速下的"短路"电枢电流；T_0是空载转矩；T_s是式（4.62）给出的堵转转矩。

4.2.8 极距

极距定义为电枢周长 πD 除以极数 $2p$，即

$$\tau = \frac{\pi D}{2p} \tag{4.27}$$

极距也可以用每极槽数来表示。

$$\alpha_i = \frac{b_p}{\tau} = 0.55 \sim 0.75 \tag{4.28}$$

式中，α_i 称为有效极弧系数，其中 b_p 为极靴宽度。

4.2.9　气隙磁通密度

气隙磁通密度或磁负荷为

$$B_g = \frac{\Phi_g}{\alpha_i \tau L_i} = \frac{2p\Phi_g}{\pi \alpha_i L_i D} \tag{4.29}$$

式中，Φ_g 是气隙总磁通。

4.2.10　电枢线电流密度

电枢线电流密度或电负荷定义为电枢导体的数量 N 乘以一条并联支路的电流 $I_a/(2a)$ 再除以电枢周长 πD，即

$$A = \frac{N}{\pi D} \frac{I_a}{2a} \tag{4.30}$$

4.2.11　电枢绕组电流密度

电枢绕组电流密度定义为一条并联支路的电流 $I_a/(2a)$ 除以导体的总横截面面积 s_a，即

$$J_a = \frac{I_a}{2as_a} \tag{4.31}$$

对于由并绕导线组成的绕组

$$s_a = s_{as}a_w \tag{4.32}$$

式中，s_{as} 是单个导体的横截面；a_w 是并绕根数。

如图 4.8 所示，容许电流密度是电枢线速度 $v = \pi D n$ 的函数。电流密度的取值范围较大是因为不同的冷却系统、绝缘等级和外壳类型而决定的。

4.2.12　电枢绕组电阻

电枢绕组的电阻表示如下：

$$R_a = \frac{N l_{av}}{\sigma s_a} \frac{1}{(2a)^2} \tag{4.33}$$

式中，N 是电枢导体的数量；σ 是导体的电导率；s_a 是电枢导体的横截面积；$2a$ 是并联支路数；l_{av} 是电枢导体的平均长度（线圈的平均半匝长），$l_{av} = L_i + 1.2D$（$p = 1$），$l_{av} = L_i + 0.8D$（$p > 1$）。

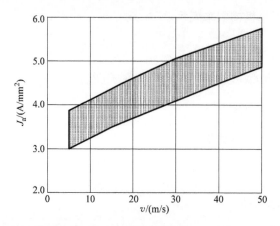

图 4.8　空气冷却系统电枢绕组电流密度与线速度 v［式（4.12）］的函数关系

电枢导体或大型直流电机中的集肤效应可通过将式（4.33）与第 8 章 8.6.3 节中针对高功率密度无刷电机得出的系数 k_{1R} 相乘来计算得到。

4.2.13　电枢绕组电感

对于无换向极的直流电机，电枢绕组电感表示为[128]

$$L_a = \mu_0 \frac{\pi}{12} \frac{\alpha_i^2 DL_i}{g'} \left(\frac{N}{4pa}\right)^2 \tag{4.34}$$

对于大多数永磁电机，$g' \approx k_C k_{sat} g + h_M/\mu_{rrec}$，其中 g' 是气隙长度，$k_C \geqslant 1$ 是卡特系数，$k_{sat} \geqslant 1$ 是磁路饱和系数，根据式（2.48）得出。电枢绕组的电气时间常数为 $T_{ae} = R_a/L_a$。

4.2.14　机械时间常数

机械时间常数

$$T_m = \frac{2\pi n_0 J}{T_{st}} = \frac{2\pi n_0 J}{c_T \Phi I_{ast}} \tag{4.35}$$

与空载角速度 $2\pi n_0$ 和转子转动惯量 J 成正比，与起动转矩 T_{st} 成反比。

4.3　尺寸方程

圆柱形转子永磁直流电机的电磁（内部）功率与磁负荷（4.29）和电负荷（4.30）的函数关系式如下所示：

$$P_{elm} = EI_a = \frac{N}{a} pn\Phi_g \frac{2\pi aDA}{N} = \frac{N}{a} pn\alpha_i B_g L_i \frac{\pi D}{2p} \frac{2\pi aDA}{N} = \alpha_i \pi^2 D^2 L_i n B_g A$$

由上式得到的比值为

$$\sigma_p = \frac{P_{elm}}{D^2 L_i n} = \alpha_i \pi^2 B_g A \qquad (4.36)$$

σ_p 被称为输出系数（N/m^2 或 $V \cdot A \cdot s/m^3$）。

电机的具体参数将决定输出功率 P_{out}、效率 η 和速度 n。电磁功率可由式（4.24）或式（4.25）估算得到。根据图 4.9 可以选择合适的 B_g 和 A 的值，因此 $D^2 L_i$ 的值可以被确定。

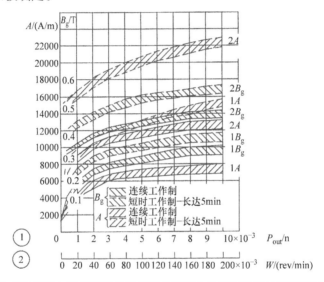

图 4.9　铝镍钴或铁氧体永磁体直流电机的磁负荷和电负荷与输出功率和转速比的函数关系

直流电机的电磁转矩可由电负荷和磁负荷来表示，即

$$T_d = \frac{P_{elm}}{2\pi n} = \alpha_i \frac{\pi}{2} D^2 L_i B_g A \qquad (4.37)$$

用电负荷 A 和磁负荷 B_g 表示剪切应力，即整个转子单位表面积的电磁力

$$p_{sh} = \alpha_i B_g A \qquad (4.38)$$

转子单位面积的电枢绕组的损耗为

$$\frac{\Delta P_a}{\pi D L_i} = \frac{1}{\pi D L_i} \frac{N l_{av}}{\sigma s_a} \frac{1}{(2\alpha)^2} I_a^2 = \frac{l_{av}}{\sigma L_i} J_a A \qquad (4.39)$$

式中，J_a 由式（4.31）计算；A 由式（4.30）计算。J_a 和 A 的乘积不得超过允许值。对于功率高于 10kW 的电机，$J_a A \leqslant 12 \times 10^{10} A^2/m^3$[128]。

4.4　电枢反应

电枢绕组磁动势对励磁绕组磁动势的影响称为电枢反应。

设电刷放置在几何中性线上，电枢磁场将垂直于主磁极的轴线，即成 90°夹角。这时的电枢磁动势被称为交（q）轴磁动势或正交磁动势。每对极的 q 轴磁动势为

$$2F_a = 2F_{aq} = A\tau \tag{4.40}$$

式中，电负荷 A 满足式（4.30）。

通常来说，电刷可以从几何中性线移动一个角度 ψ，或在电枢相应的表面上移动 b_{br} 的弧长。电枢磁动势可视为两个磁动势分量的叠加：一个磁动势由 2ψ（$2b_{br}$）范围内的电枢绕组产生，形成 d 轴电枢磁动势 F_{ad}；另一个磁动势由（$\tau - 2b_{br}$）范围内的其余绕组产生，形成每对极的 q 轴电枢磁动势 F_{aq}，即

$$2F_{ad} = Ab_{br} \tag{4.41}$$

额定功率低于 100W 的小型电机的电刷位移可忽略不计，即 $b_{br} = 0.15 \sim 0.3$mm[100]；而对于中型功率直流电机，电刷位移超过了 3mm[185]。

当电机电刷从几何中性线向前移动（与旋转方向相同）时，出现增磁性质的 d 轴电枢反应（见图 4.10a）；当电刷从中性线向后移动（与旋转方向相反）时，出现退磁性质的 d 轴电枢反应（见图 4.10b）。

电刷处于不同位置时，电枢绕组磁动势和励磁绕组磁动势的分布如图 4.11 所示。磁路的饱和也会影响合成磁动势曲线的形状。

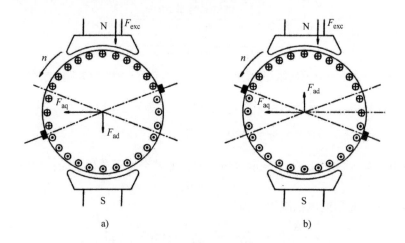

图 4.10　电刷在几何中性线上移动时，电枢反应的 d 轴磁动势 F_{ad} 和 q 轴磁动势 F_{aq} 示意图：a）向前移动；b）向后移动

每对极的电枢磁动势为

$$2F_a = 2h_M H_a = 2F_{aq} \pm 2F_{ad} \pm 2F_{aK} \tag{4.42}$$

包含三个分量：q 轴电枢磁动势 F_{aq}、d 轴电枢磁动势 F_{ad} 和处于换向时载流线圈

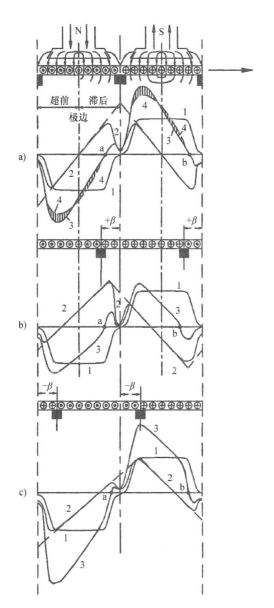

图 4.11　不同电刷位置时永磁直流电机的磁场分布：a）电刷位于几何中性线；
b）电刷从几何中性线向后移动；c）电刷从几何中性线向前移动

1—空载磁动势　2—电枢磁场磁动势　3—忽略磁饱和时的合成磁动势　4—考虑磁饱和时的合成磁动势

产生的 d 轴磁动势 F_{aK}。式中，"＋"表示发电机的情况；"－"表示电动机的情况。

　　由换向时的载流线圈产生的磁动势 F_{aK} 可估计为[20]

$$2F_{aK} = \frac{b_K N^2 n}{C \sum R_c} \lambda_c A \tag{4.43}$$

式中，换向区宽度 $b_K = 0.8\tau(1-\alpha_i)$；$C$ 由式（4.5）可得；$\sum R_c$ 是换向过程中短路线圈的电阻；λ_c 是换向过程中短路线圈部分对应的漏磁导；n 是转速（r/s）。

短路线圈在换向期间的总电阻为

$$\sum R_c = R_c + 2R_{br} = \frac{R_a}{2C} + p \frac{\Delta V_{br}}{2I_a} \tag{4.44}$$

式中，R_c 是线圈部分的电阻，$R_c = R_a/(2C)$，其中 R_a 由式（4.33）可得，C 由式（4.5）可得。由电刷与换向器接触而产生的电阻 $R_{br} = p\Delta V_{br}/(2I_a) \approx p/I_a$。

在换向过程中，对短路线圈对应的漏磁导（H）由两部分组成：槽漏磁导 $2\lambda_s$ 和端部漏磁导 $\lambda_e l_e/L_i$ [185]，即

$$\lambda_c = 2\mu_0 L_i \left(2\lambda_s + \lambda_e \frac{l_e}{L_i}\right) \tag{4.45}$$

整距绕组的合成自感（H）为

$$L_c = N_c^2 \lambda_c = 2\mu_0 N_c^2 L_i \left(2\lambda_{sl} + \lambda_e \frac{l_e}{L_i}\right)$$

槽形决定了槽漏磁导系数或特定的槽漏磁导 λ_s，在有关文献中给出了具体的计算公式（见附录 A）[185]。由铁磁材料制成的边带对应的端部漏磁导系数为 $\lambda_e = 0.75$，非铁磁材料端部漏磁导系数为 $\lambda_e = 0.5$。定子绕组端部长度为 $l_e = l_{av} - L_i$，式中 l_{av} 根据式（4.33）计算得到。

每对极下的磁动势为 $2F_M = 2H_M h_M$，其必须平衡每对极下的磁压降

$$2F_p = \frac{\Phi_g}{G_g} \tag{4.46}$$

式中，Φ_g 是每极的气隙磁通；G_g 是气隙的磁导（考虑到磁路的饱和）。电枢磁动势为 F_a，即

$$F_M = F_p + F_a \tag{4.47}$$

如图 2.11 所示，K 点是退磁曲线和总磁导线的交点。

$$F_{amax} = H_{amax} h_M = F_{aq}(I_{amax}) + F_{ad}(I_{amax}) + F_{aK}(I_{amax}) \tag{4.48}$$

如图 2.11 所示，对于永磁直流电机来说，$F'_{admax} = F_{amax}/\sigma_{lM}$。电枢电流可达到下值 [20]：

$$I_{amax} = (0.6 \sim 0.9) \frac{V + E}{\sum R_a} \tag{4.49}$$

如果电刷放置在几何中性线上，且磁路不饱和，电枢磁场只有 q 轴分量，且每对极下的电枢绕组 q 轴磁动势 $2F_{aq} = A\tau$，其中 A 可由式（4.30）计算得到。

电枢 q 轴磁动势使电机中的主磁场畸变，磁极后缘的磁场被削弱。如果计及磁路饱和的影响，磁极前缘的磁阻增加的速度比后缘的磁阻减小的速度更快。也就是说对于磁场被削弱的一半来说，波形与不计饱和时相同；但对于磁场被加强的一半，由于实际磁路中铁磁材料的影响，磁通密度曲线会下降，因此每极磁通会下降。

$(F_g + F_t)$ 绘制的曲线 B_g（见图 4.12）用于表示 q 轴电枢反应退磁效果，其中 B_g 是气隙磁通密度，F_g 是气隙磁压降，F_t 是齿磁压降。由于矩形 $aCFd$ 的宽与 b_p 成比例，其高度等于 B_g，其面积可作为空载时磁通的测量值。同理，曲线四边形 $aBDd$ 的面积可作为负载时磁通的测量值。如果磁路饱和，则三角形面积 $ACB > AFD$。为了在负载和空载的情况下获得相同的磁通 Φ_g 和感应电动势 E，在负载时，励磁系统产生的磁动势必须要比空载时更高一些，所增加的量为 ΔF，即负载时永磁体产生的磁动势为

$$2F_M = 2F_{M0} + 2\Delta F \tag{4.50}$$

式中，F_{M0} 是空载时永磁体产生的磁动势。要确定增量大小，只需将矩形 $aCFd$ 向右移动，使面积 $AC_2B_2 = AF_2D_2$ 即可。因为磁动势中 ΔF 的增加，矩形 $aCFd$ 和

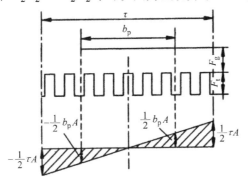

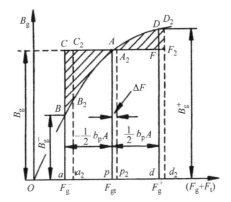

图 4.12　q 轴电枢反应退磁效应示意图

$a_2 C_2 F_2 d_2$ 以及曲线四边形 $a_2 B_2 D_2 d_2$ 的面积相等，所以气隙磁通和电动势 E 恢复至初始值。ΔF 的增加补偿了 q 轴电枢反应的影响（$\Delta F = F_{aq}$）。F_g 和 F_t 分别针对的是单个气隙和单个齿。

目前为止，对于电励磁型直流电机，测量 F_{aq} 的方法有：Gogolewski 和 Gabryś 提出的方法[128]

$$2F_{aq} \approx \frac{b_p A}{b_g}$$

或 Voldek 提出的方法[299]

$$2F_{aq} \approx \frac{b_p A}{3 b_g}$$

式中

$$b_g = \frac{B_g^+ - B_g^-}{2B_g - B_g^+ - B_g^-} \tag{4.51}$$

这两种方法都不准确，彼此不一致，不能用于小型永磁电机。如果函数 $B_g = f(F_g + F_t)$ 的曲线 AB 和 AD_2 （见图4.12）用直线去近似代替，如图4.13所示，则可以简单地解决该问题，因为[116]

$$(0.5 b_p A - \Delta F) b_1 = (0.5 b_p A + \Delta F) b_r$$

和

$$\tan\delta_1 = \frac{b_1}{0.5 b_p A - \Delta F} = \frac{B_g - B_g^-}{0.5 b_p A}$$

$$\tan\delta_r = \frac{b_r}{0.5 b_p A + \Delta F} = \frac{B_g^+ - B_g}{0.5 b_p A}$$

q 轴电枢磁动势由下式表示：

$$2F_{aq} = b_p A \left(b_g - \sqrt{b_g^2 - 1} \right) \tag{4.52}$$

式中，b_g 由式（4.51）可得。

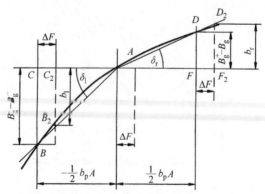

图4.13　用两条直线近似等效 $B_g = f(F_g + F_t)$ 曲线

更精确的表达式为

$$2F_{aq} = 0.5b_pA\frac{1 + \exp(-\alpha)}{1 - \exp(\alpha)} - F_{gt} - \frac{1}{b} \qquad (4.53)$$

式中

$$\alpha = bb_pA\left(1 - \frac{b}{a}B_g\right) \qquad (4.54)$$

α 可通过 Froelich 方程得到。

$$B(F) = \frac{aF}{1 + bF}$$

式中，a 和 b 是常数，取决于 $B(F)$ 曲线的形状[116]。另一种方法是使用数值方法[114,116]。

图 4.14 为 8W 小型低压永磁直流电机的 q 轴电枢反应 F_{aq} 与轴转矩的计算结果。Froelich 近似和数值方法在整个转矩值范围内显示出良好的相关性。

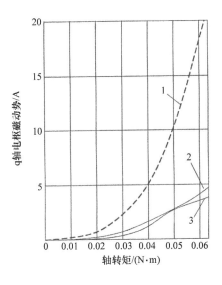

图 4.14 8W 永磁直流电机的 q 轴电枢磁动势的计算结果与轴转矩的函数关系
1—线性近似 2—数值方法 3—Froelich 近似

从图 4.11 可以看出，电枢反应使其后缘的永磁体退磁。如果电枢反应磁场的影响大于矫顽力，永磁体的后缘可能发生不可逆退磁。如图 4.15 所示[232]，可以通过选择具有高矫顽力和较高剩余磁通密度的永磁材料制成的分段式永磁体后缘（或多边缘），来避免此问题。随着直流电机尺寸的增大，双组件永磁体的应用优势将尤为重要。

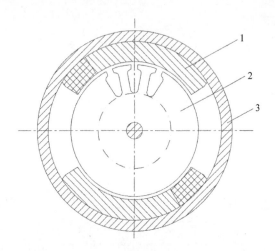

图 4.15 分段式永磁体的有刷直流电机示意图
1—永磁体 2—电枢 3—机架

4.5 换向器

当导体通过换向器上的电刷区域时，导体会被电刷短路。换向是一种与电枢绕组中的电流反转相关的现象[185]。

假设①电刷的宽度等于换向器的宽度，②对于单叠绕组，电刷仅使电枢绕组的一个线圈短路，以及③电刷和换向器之间接触电阻率不取决于电流密度，则短路线圈中随时间变化的电流为

$$i(t) = \frac{I_\mathrm{a}}{2a} \frac{1 - 2\frac{t}{T}}{1 + \left[\left(\sum R_\mathrm{c} + 2R_\mathrm{r} \right) / R_\mathrm{br} \right] \frac{t}{T}\left(1 - \frac{t}{T}\right)} \tag{4.55}$$

式中，$2a$ 是并联支路数；T 是换向的总持续时间，即线圈部分通过短路的时间（见图 4.16）；R_br 是电刷的接触电阻；R_c 是短路线圈截面电阻，由式（4.44）计算；R_r 是换向器的电阻（$\sum R_\mathrm{c} + 2R_\mathrm{r} > R_\mathrm{br}$）。当 $t = 0$ 时，短路线圈段中的电流为 $i = + I_\mathrm{a}/(2a)$，当 $t = T$ 时，电流 $i = - I_\mathrm{a}/(2a)$。电枢绕组线圈中电流变化如图 4.16 所示。

短路线圈考虑自感和互感后的无功感应电动势为[185]

$$E_\mathrm{r} = \mu_0 \frac{N}{C} v A L_\mathrm{i} \left(2\lambda_\mathrm{s} + \lambda_\mathrm{e} \frac{l_\mathrm{e}}{L_\mathrm{i}} \right) \tag{4.56}$$

式中，N 是电枢导体的数量，C 是换向器段的数量，根据式（4.5），$N/(2C)$ 是

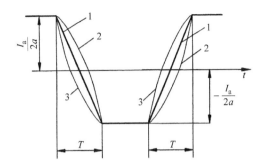

图 4.16 考虑换向时电枢绕组线圈电流变化曲线

1—线性换向 2—延迟换向 3—加速换向

每个电枢线圈的匝数 N_c；L_i 是铁心的有效长度；l_e 是电枢线圈端部单边的长度；λ_s 是电枢槽磁导；λ_e 是电枢端部磁导；A 满足式（4.30）；v 满足式（4.12）。

在没有附加磁极的电机中，换向时由磁通的变化而产生的感应电动势 E_c 用于平衡由于电刷在中性线上移动而产生的感应电动势 E_r。当电机作为电动机工作时，为了改善换向，将电刷从中性线向电枢旋转的反方向移动是十分必要的。

改善换向的最好以及最常用的方法是使用附加磁极。假设 $E_c = E_r$，可从以下方程中找到每极换向匝数 N_{cp}：

$$2N_{cp}vL_cB_c = \mu_0 \frac{N}{C}vAL_i\left(2\lambda_s + \lambda_e \frac{l_e}{L_i}\right) \tag{4.57}$$

式中，L_c 是附加磁极的轴向长度；B_c 是其磁通密度，与电枢电流 I_a 成比例变化。附加磁极的极性如图 4.17 所示。如果 $N_{cp} = N/(2C)$，则附加磁极的磁通密度为

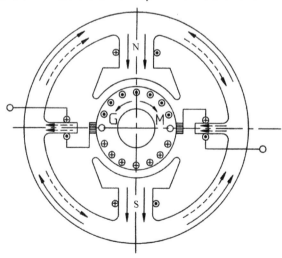

图 4.17 电动机（M）和发电机（G）模式的内部磁极极性图

$$B_c = \mu_0 \frac{L_i}{L_c} A \left(2\lambda_s + \lambda_e \frac{l_e}{L_i} \right) \tag{4.58}$$

为了保持在所有情况下磁通密度 B_c 和电负荷 A 之间的比例关系，将极间绕组与电枢绕组串联并保持极间磁路不饱和（$B_c \propto I_a$）是十分必要的。因此，极间磁动势为

$$F_{cp} = N_{cp}(2I_a) = F_{aq} + \frac{1}{\mu_0} B_c g'_c = \frac{A\tau}{2} + \frac{1}{\mu_o} B_c g'_c \tag{4.59}$$

式中，F_{aq} 由式（4.40）可得；g'_c 是铁心和附加磁极表面之间的等效气隙（考虑开槽）。

4.6 起动

联立式（4.1）和式（4.2），电枢电流可以表示为速度的函数，即

$$I_a = \frac{V - c_E n \Phi_g - \Delta V_{br}}{\sum R_a} \tag{4.60}$$

在起动瞬间，速度 $n=0$，感应电动势 $E=0$。因此，由式（4.60）可知起动电流等于堵转（短路）电流：

$$I_{ash} = \frac{V - \Delta V_{br}}{\sum R_a} >> I_{ar} \tag{4.61}$$

式中，I_{ar} 是额定电枢电流。与 I_{ash} 相对应的转矩称为堵转转矩，即

$$T_s = k_T I_{ash} = k_T \frac{V - \Delta V_{br}}{\sum R_a} \tag{4.62}$$

式中，转矩常数 k_T 满足式（4.7）和式（4.8）。堵转转矩是由于电枢绕组端子和转子堵转产生的电压而形成的转矩。

为了降低起动电流 I_{ash}，可将起动变阻器与电枢绕组串联以获得电枢电路的合成电阻 $\sum R_a + R_{st}$，其中 R_{st} 是起动变阻器的电阻，如图 4.18 所示。在起动的瞬间，电枢回路电阻必须达到最大。堵转电枢电流 I_{ash} 降至

$$I_{amax} = \frac{V - \Delta V_{br}}{\sum R_a + R_{st}} \tag{4.63}$$

随着转速从 0 增加到 n'，电动势也会增加

$$I_{amin} = \frac{V - E' - \Delta V_{br}}{\sum R_a + R_{st}} \tag{4.64}$$

式中，$E' = c_E n' \Phi_g < E$。当转速达到其额定值 $n = n_r$ 时，可以去除起动变阻器，此时

$$I_a = I_{ar} = \frac{V - c_E n_r \Phi_g - \Delta V_{br}}{\sum R_a} \tag{4.65}$$

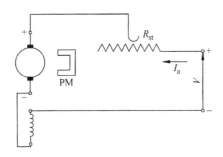

图 4.18　带起动变阻器 R_{st} 的永磁直流电机电路

4.7　速度控制

由式（4.1）和式（4.2）可获得以下关系：

$$n = \frac{1}{c_E \Phi_g} \Big[V - I_a \Big(\sum R_a + R_{rhe} - \Delta V_{br} \Big) \Big] \tag{4.66}$$

式（4.66）说明直流电机的转速可以通过改变以下变量来控制：

1）电枢端电压 V；

2）电枢回路电阻 $\sum R_a + R_{rhe}$，其中 R_{rhe} 是滑动变阻器的电阻；

3）气隙（磁场）磁通 Φ_g。

对于永磁直流电机，最后一种方法只有在配有用于速度控制的附加励磁绕组时才可行。

根据式（4.66）及式（4.4）和式（4.8），可以获得永磁直流电机的稳态转速 n，其是给定的供电电压 V 下转矩 T_d 的函数，即

$$n = \frac{1}{k_E}(V - \Delta V_{br}) - \frac{\sum R_a + R_{rhe}}{k_E k_T} T_d \tag{4.67}$$

4.7.1　电枢端电压速度控制

通过控制电枢端电压可以很容易地控制转速从零到最大安全速度。受控电压源可以是固态可控整流器、斩波器或直流发电机。转速－转矩特性如图 4.19 所示。

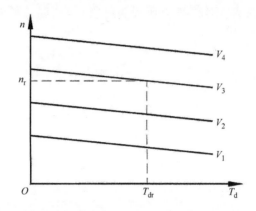

图 4.19 直流永磁电机采用变电枢端电压控制时的转速 - 转矩特性（$V_1 < V_2 < V_3 < V_4$）

如图 4.19 所示，通过控制施加的端电压 V，转速 - 转矩特性曲线会平行地上下移动。若不考虑经过电枢回路电阻的电压降 $I_a \sum R_a$、电刷的电压降 ΔV_{br} 和电枢反应引起的电压降，随着转矩的增加，对于给定端电压 V 下的转速 - 转矩特性曲线应该是水平的。

4.7.2 电枢变阻器速度控制

电枢回路的总电阻为 $\sum R_a + R_{rhe}$，通过在电枢绕组中串联变阻器来改变总电阻。该变阻器必须能够连续承载较大的电枢电流。因此，它比设计用于短时工作的起动变阻器更昂贵。转速 - 电枢电流特性如图 4.20 所示。

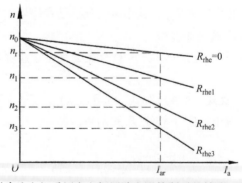

图 4.20 永磁直流电机采用变电枢回路电阻控制时的转速 - 电枢电流特性

4.7.3 并励磁场控制

调节磁场是直流电机调速最经济有效的方法，但在永磁体励磁的情况下，需要在永磁体周围增加额外的绕组，以及额外的固态可控整流器，如图 4.4c 和图 4.21 所示。

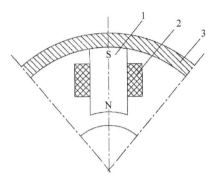

图 4.21　采用附加励磁绕组控制转速的永磁直流电机的定子结构
1—永磁体　2—附加励磁绕组　3—定子轭

4.7.4　斩波器可变电压速度控制

以电池作为供电电源且十分看重效率的电机中，各种斩波驱动器可为直流电机提供可变电枢端电压，以作为速度控制的一种手段。例如电动汽车、直流有轨电车、直流地铁等。斩波器可采用晶闸管或功率晶体管。需要指出的是电压或电流的直流值是其平均值。斩波器本质上是一个可在短时间间隔内接通电池的开关，通常是一个没有交流通路的直流变换器（图 1.3a）。它可以通过改变脉冲宽度［即脉宽调制（PWM）］或脉冲频率［即脉冲频率调制（PFM）］或同时改变两者来改变终端电压的平均直流值（见图 4.22）。永磁或串联电机经常使用这些系统。

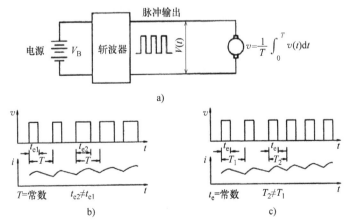

图 4.22　斩波器：a）总体框图；b）PWM；c）PFM

4.8 伺服电机

永磁有刷直流伺服电机只能通过改变电枢端电压来控制转速（见图4.19）。除了具备转子转动惯量小和起动快速的特点外，直流伺服电机还必须具有线性的电压-转速特性和线性的电流-转矩特性。无铁心永磁有刷直流电机（第4.1.3节）可以满足这些要求，例如：带有 Faulhaber 斜绕线圈的圆柱形内磁场电机（见图4.5）或带有印制转子绕组的盘式电机（见图4.4c）。图4.23 所示为圆柱形无铁心永磁有刷直流伺服电机。

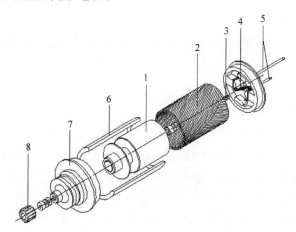

图4.23　圆柱形内磁场无铁心永磁有刷直流伺服电机的展开图
1—永磁体　2—斜绕电枢绕组　3—换向器　4—电刷　5—端子引线　6—机壳（外壳）
7—端盖　8—小齿轮
资料来源：Faulhaber Micro Drive Systems and Technologies – Technical Library，Croglio，Switzerland。

与控制系统中使用的其他类型的伺服电机类似，有刷直流伺服电机可以通过以下参数来表征其特性：

1）相对转矩

$$t = \frac{T}{T_{\text{st}}} \tag{4.68}$$

2）相对速度

$$v = \frac{n}{n_0} \tag{4.69}$$

3）控制电压与额定电枢电压比

$$\alpha = \frac{V_{\text{c}}}{V_{\text{r}}} \tag{4.70}$$

式中，T_{st} 是起动转矩；n_0 是空载转速；V_c 是电枢端控制电压；V_r 是电枢额定电压。当 α 为常数时，其机械特性 $t = f(v)$ 和 t 为常数时，其控制特性 $v = f(\alpha)$ 如图 4.24 所示。控制电压与额定电枢电压比 α 有时称为信号比[15]。

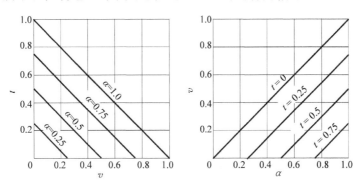

图 4.24 永磁有刷直流伺服电机在 α 为常数时的机械特性 $t = f(v)$ 和
t 为常数时的控制特性 $v = f(\alpha)$

4.9 磁路

在本节以如图 4.1、图 4.2 或图 4.3b 所示的带有转子铁心的圆柱形永磁直流电机为例。推导出的方程适用于其他不同磁路类型的电机，例如盘式转子电机。

每极气隙磁通由式（4.29）得

$$\Phi_g = \alpha_i \tau L_i B_g = b_p L_i B_g \tag{4.71}$$

另一方面，为了增加 B_g，圆柱形结构的永磁直流电机的永磁体长度 L_M 需要大于电枢铁心的有效长度 L_i。气隙磁通 Φ_g 也可以借助于定子永磁体内表面处的 S_M 以及有效磁通密度 B_u 来表示，即

$$\Phi_g = b_p L_M B_u = S_M B_u \tag{4.72}$$

式中，S_M 是永磁体极靴横截面积，$S_M = b_p L_M$。对于 $L_M > L_i$，电枢铁心表面的气隙磁通密度 $B_g > B_u$。永磁体的磁通密度为 $B_M = \sigma_{lM} B_u$，因此总磁通为

$$\Phi_M = B_M S_M = \Phi_g + \Phi_{lM} = B_u S_M + B_{lM} S_M \tag{4.73}$$

式中，B_{lM} 是永磁体的漏磁通密度。

磁路的饱和系数 k_{sat} 定义为每极的总磁动势与气隙上的磁压降（MVD）之比，如式（2.48）所示。

4.9.1 每极磁动势

如果永磁体长度比电枢铁心长，即 $L_M > L_i$，则气隙的磁压降为

$$V_g = \frac{\Phi_g}{\mu_0 \alpha_i \tau} \int_0^{k_C g} \frac{dx}{L_i + x(L_M - L_i)/g} \qquad (4.74)$$

$$= \frac{\Phi_g}{\mu_0 \alpha_i \tau} \ln\left(\frac{L_M}{L_i}\right) \frac{k_C g}{L_M - L_i} \qquad (4.75)$$

式中，Φ_g 由式（4.71）或式（4.72）可得；g 是气隙长度；k_C 是卡特系数［附录 A 中式（A.22）］。当 $L_M = L_i$ 时，式 $\ln(L_M/L_i)(L_M - L_i)^{-1} \to 1/L_i$，气隙磁压降为

$$V_g = \frac{\Phi_g}{\mu_0 \alpha_i \tau L_i} k_C g = \frac{B_g}{\mu_0} k_C g \qquad (4.76)$$

式中，$B_g = B_u$。根据安培定律，每极的磁动势为

$$2F_p = 2 \frac{\Phi_g}{\mu_0 \alpha_i \tau} \ln\left(\frac{L_M}{L_i}\right) \frac{k_C g}{L_M - L_i} + 2 \frac{B_M}{\mu_0} g_{My} + V_{1y} + 2V_{2t} + V_{2y} \qquad (4.77)$$

式中，$F_p = H_M h_M$；g_{My} 是永磁体和定子轭之间的气隙长度；V_{1y} 是定子轭中的磁压降；V_{2t} 是转子齿中的磁压降；V_{2y} 是转子轭中的磁压降，如式（2.48）所示。在小型永磁直流电机中，气隙 $g_{My} = 0.04 \sim 0.10\text{mm}$。

4.9.2 气隙磁导

式（4.77）可以化简成下式：

$$2F_p = 2 \frac{B_u}{\mu_0} \left[\frac{S_M}{\alpha_i \tau} \ln\left(\frac{L_M}{L_i}\right) \frac{k_C g}{L_M - L_i} + \sigma_{1M} g_{My} \right] k_{sat} \qquad (4.78)$$

式中，S_M 是永磁体的横截面积；σ_{1M} 是由式（2.10）和式（2.55）得出的永磁体的漏磁系数；k_{sat} 是由式（2.48）得出的磁路饱和系数，在式（2.48）中 $V_{1t} = 0$ 且

$$2V_g = 2 \frac{L_i B_g}{\mu_0} \ln\left(\frac{L_M}{L_i}\right) \frac{k_C g}{L_M - L_i} + 2 \frac{B_M}{\mu_0} g_{My}$$

根据式（4.72）和式（4.78）可推导出每对极下的气隙磁导 G_g，如下所示：

$$G_g = \frac{\Phi_g}{2F_p}$$

$$= \frac{\mu_0}{2\left[1/(\alpha_i \tau) \ln(L_M/L_i)/(L_M - L_i) k_C g + (1/S_M) \sigma_{1M} g_{My}\right] k_{sat}} \qquad (4.79)$$

若 $L_M = L_i$，式（4.79）可化简为

$$G_g = \mu_0 \frac{\alpha_i \tau L_i}{2(k_C g + \sigma_{1M} g_{My}) k_{sat}} \qquad (4.80)$$

对于分段式和圆柱形永磁电机，式（4.80）都适用。考虑到转子铁心和定

子轭磁饱和引起的非线性, 因此 G_g 取决于 k_sat。

4.9.3 漏磁导

分段式永磁体的总漏磁导为 (见图 4.25a)

$$G_{1M} = k_V (G_{1l} + G_{1c}) \tag{4.81}$$

式中, k_V 是表征了沿永磁体高度 h_M 的磁压降的系数[100], $k_V = 0.5$。

磁轭和永磁体侧面之间的漏磁导为

$$G_{1l} = \mu_0 \frac{h_M L_M}{\delta_{lav}} \tag{4.82}$$

磁轭和端面之间的漏磁导为

$$G_{1c} = \mu_0 \frac{0.5\beta(D_{1in} + h_M)h_M}{\delta_{cav}} \tag{4.83}$$

式中, δ_{lav} 和 δ_{cav} 是漏磁通路径的平均长度, $\delta_{lav} = \delta_{cav} = 0.25\pi h_M$。

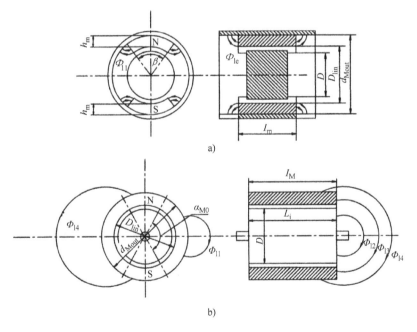

图 4.25 两极直流电机的尺寸图和等效漏磁通: a) 分段式永磁体; b) 圆形永磁体

对于无定子软钢轭的圆形永磁体, 总漏磁导为 (见图 4.25b)

$$G_{1M} = G_{1l} + 2G_{1l2} + G_{1l3} + G_{1l4} \tag{4.84}$$

式中, G_{1l} 和 G_{1l2} 是在 $\alpha_{M0} \approx 2\pi/3$ 范围内通过永磁体外圆柱面和端面的漏磁通对应的磁导, 而 G_{1l3} 和 G_{1l4} 是在 $\pi - \alpha_{M0}$ 范围内通过永磁体端部和外圆柱表面的漏磁通对应的磁导。实际上, 可以使用下式计算这些漏磁导[100]:

$$G_{11} \approx 0.3\mu_0 (d_{\text{Mout}} + l_{\text{M}}) \tag{4.85}$$

$$G_{12} \approx \mu_0 (0.27 d_{\text{Mout}} - 0.04 D_{1\text{in}}) \tag{4.86}$$

$$G_{13} \approx 2\mu_0 d_{\text{Mout}} \frac{0.42 d_{\text{Mout}} + 0.14 D_{1\text{in}}}{7 d_{\text{Mout}} + D_{1\text{in}}} \tag{4.87}$$

$$G_{14} \approx \mu_0 (0.14 d_{\text{Mout}} + 0.24 l_{\text{M}}) \tag{4.88}$$

式中，所有尺寸的大小如图 4.25b 所示。在拆除转子（电枢）的情况下，有两个额外的漏磁导[100]：

1）α_{M0} 范围内通过内圆柱表面的漏磁导为

$$G_{15} \approx 0.5\mu_0 l_{\text{M}} \left(0.75 - 0.1 \frac{d_{\text{Mout}}}{D_{1\text{in}}} \right) \tag{4.89}$$

2）$\pi - \alpha_{\text{M0}}$ 范围内通过内圆柱表面的漏磁导为

$$G_{16} \approx 0.5\mu_0 l_{\text{M}} \tag{4.90}$$

因此，移除电枢后，圆柱形永磁体内漏磁通对应的每极总漏磁导为

$$G'_{1\text{M}} = 2G_{15} + G_{16} \tag{4.91}$$

4.10　应用

4.10.1　玩具

微型圆柱形永磁直流电机通常用于电池驱动的玩具中。如图 4.26 所示，电枢绕组是一个与三段换向器相连的三线圈叠绕组。定子上有两个极的分段式或圆柱形钡铁氧体永磁体。三个电枢凸极和两个极的励磁系统在任何转子位置都能提供起动转矩。其磁场分布如图 4.26 所示。

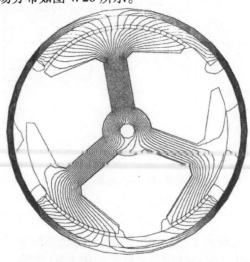

图 4.26　三线圈、两极永磁电机，转子在 10°位置时的磁场分布

4.10.2　汽车起动机

过去的汽车起动电机通常使用电励磁直流电机。如今，常使用永磁励磁系统来减小电机体积和提高效率。大多数永磁汽车起动电机的额定功率为 2000 ~ 3000W。起动电机既可作为低速电机，也可作为高速电机（6000r/min）。在高速电机中，行星齿轮会降低速度。

汽车起动电机需要使用大量电枢线圈（波绕组）和四极或六极永磁励磁系统[228]。两极电机中，强电枢反应磁通可能会使铁氧体永磁材料退磁，因此应避免采用两极电机设计。大电枢电流需要两个电刷并联。

汽车电机的工作温度为 − 40 ~ + 60℃ 之间，有时高达 + 100℃ （热车发动机）。起动电机的性能对温度非常敏感，因为温度变化会改变永磁体的磁参数和电枢绕组的电阻。图 4.27 为 3kW 永磁汽车起动电机中的磁场分布。

图 4.27　汽车起动机（四极永磁直流电机）的磁场分布

4.10.3　水下航行器

水下航行器（UV）分为两类：载人和无人，通常称为水下机器人航行器（URV）。水下机器人航行器（见图 1.30）在未知和危险环境（如在海洋、水电站水库和核电厂等）中运行是十分重要的。在水下环境中，水下机器人航行器用于各种工作任务，其中包括：管道衬砌、检查、数据收集、钻井支持、水文测绘、施工、维护和维修水下设备。为陆地汽车系统开发的技术无法直接适应水下航行器系统，并且由于高密度、不均匀和不可预测的操作环境，此类航行器与陆地汽车具有不同的动态特性[312]。

水下机器人航行器难以控制的原因在于[312]：

1）航行器具有非线性动态特性；

2）对航行器的流体动力学（可能会随车辆相对速度和流体运动而变化）缺乏认知；

3）航行器在 X、Y、Z 三个轴上均具有相对速度；

4）高密度流体运动产生的力和转矩十分显著；

5）高密度海洋介质的附加质量导致了延时响应；

6）由于多向电流，存在各种无法测量的干扰；

7）运行期间，由于负载的变化，重心和浮力可能会发生变化。

大约10%的海洋表面深度小于300m（大陆架）。大约98%海洋表面的海床深度达8000m。其余为11000m深的海沟，例如马里亚纳海沟，深度为11022m。大多数水下航行器在8000m的深度和 $5.88 \times 10^7 Pa$ 的压力下工作。当水下航行器潜入或浮出水面时，海水的压力和温度会发生变化。压力与深度成正比，而温度是许多变量的函数，如深度、区域、海流、季节等。在海底深处，温度约为0℃；在某些区域，海面温度可达到 +30℃；在极地地区，温度可低至 -40℃。水下航行器的电机的压力和温度变化很大。

对于使用额定电压为 30~110V 的电池或其他化学能源，没有电力电缆连接至基地船的水下航行器，根据潜水深度和自动化操作时间，有效负载质量仅为车辆质量的 0.15~0.3 倍。自动水下航行器的移动由电池供电。自动操作的时间取决于电池容量。电机的效率非常重要。水下航行器有两个工作模式：由电池容量限制的连续工作（最多几个小时）和短时工作（最多 2~3min）。载人水下机器人电机的输出功率高达 75kW（平均 20kW），无人水下航行器电机的输出功率为 200W~1.1kW。

以下电机结构可用于推进水下航行器[293]：

1）具有高完整性、耐用的框架，可防止外部环境影响的永磁直流电机。主要缺点是框架质量大，由于轴上的压力大导致轴向力大。例如，在6000m的深度和30mm的轴直径处，轴向力为41500N。这种结构适用于深度小于100m的场合。

2）在高压海水中运行的感应电机和永磁无刷电机。这些电机更可靠，但需要逆变器，因而增加了航行器的重量。

3）交流或直流电机和附加液压机。

4）液体电介质有刷直流电机（LDDCM）。该方案简单并且继承直流电机驱动的所有优点：过载能力强、调速方案简单和质量小。电机在高压下工作，但液体电介质的压力等于外部环境的压力，因此仅用轻型防水框架和补偿器就可以保证其安全工作。在20世纪50年代，J. Picard 的特里雅斯特号就使用的是 LDDCM。

直到 20 世纪 80 年代中期，带有 LDDCM 的水下航行器才受到大多数人的青睐。LDDCM 研究的问题包括：换向器 – 电刷系统中的流体动力、液体电介质中的换向器、电刷磨损、损耗、传热、电负荷和磁负荷的选择、换向器和电刷的结构以及其他。LDDCM 分为两种[293]：

1）全封闭、密封电机，用于在液体腐蚀性介质中运行，其中机架用作中间热交换器（见图 4.28a）；

2）开放式或受保护式结构的电机，其定子和转子浸没在液体电介质中或放置在充满液体电介质的特殊盒子中（见图 4.28d）。

从机壳表面的热交换考虑，密封 LDDCM 分为具有自然冷却系统和强制冷却系统两类。液体电介质在框架周围的强制循环是由叶片或螺钉等旋转部件而形成的。关于内部液体的循环，前两种电机可分为液体自然循环电机和液体强制循环电机。液体的定向循环是由转子中的径向或轴向管道形成的（见图 4.28b）。借助外部热交换器，可以实现密封电机最密集的冷却（见图 4.28c）。对于较大的电机，建议使用带有内置机架热交换器的双冷却系统[293]。

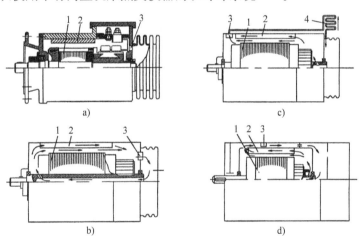

图 4.28 水下机器人使用的 LDDCM：a）具有液态电介质自然循环的密封电机和用作中间热交换器的框架；b）具有液态电介质强制循环的密封电机和转子中的管道；c）具有外部热交换器的密封电机；d）装有液体电介质强制循环箱中的电机
1—电枢 2—永磁体 3—过滤器 4—热交换器

为了使 LDDCM 的质量最小和效率最大，角速度通常为 200～600rad/s。这种高速需要减速齿轮。转子和定子表面应光滑，以尽量减少摩擦损失。转子和连接件浇注在环氧树脂中，其受到机械力的影响。燃油、柴油、变压器油和其他合成油可用作液体电介质。

高性能稀土永磁直流电机可用于小型水下机器人航行器[57]。最近，水下机器人航行器的推进器几乎都是使用永磁无刷电机。

4.10.4   直线作动器

直线作动器将旋转运动和转矩转换为线性推力和位移。由于它们在可编程序控制器（PLC）和微处理器的帮助下易于接口和控制，因此被广泛应用于精密运动控制中。直线作动器是由电机通过转矩倍增器减速齿轮驱动的自足滚珠丝杠或滚柱丝杠装置。可使用直流和交流永磁电机。图 4.29 所示为带有永磁有刷直流电机的直线作动器简易示意图。

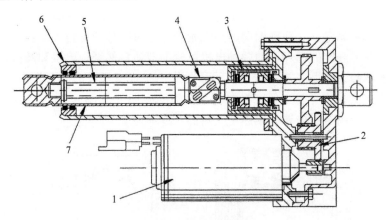

图 4.29   直线作动器结构

1—永磁有刷直流电机 2—减速齿轮 3—缠绕弹簧作动器 4—滚珠螺母
5—滚珠丝杠 6—套管 7—延伸管

4.10.5   轮椅

轮椅指的是有四个轮子的扶手椅，其中两个（较大的）是驱动轮，其余两个较小的轮子是方向盘。轮椅的驱动电机应符合以下要求[127]：

1）具有自主电源，可调节至室内运行，不排放任何污染；

2）电池容量至少能保证运行 5h 或 30km 距离；

3）两个或三个速度范围：室内驾驶 0 ~ 1.5m/s，人行道驾驶 0 ~ 3m/s，街道和道路驾驶 0 ~ 6m/s；

4）在有家具的小房间中驾驶时，具有良好的操纵性；

5）简单的转向系统，便于残疾人仅用一条肢体甚至一张嘴即可使用。

若轮椅配备了左右轮两个独立的驱动系统，则可以使用一个在 x 和 y 方向上具有两个自由度的转向杆，即可以实现仅使用一条肢体就可以进行控制。

轮椅驱动系统框图如图 4.30 所示[127]。使用了两台额定功率为 200W、24V、

3000r/min 的永磁有刷直流电机。24V 蓄电池的容量为60Ah。一个电机驱动左车轮，另一个电机驱动右车轮。电机的最大外径不能超过 0.1m，因此转子长度约为 0.1m。电机的速度及其电枢电流是转矩的线性函数。由于电机采用蓄电池供电，因此电压不是恒定的，在计算特性时，必须考虑蓄电池的内阻以及晶体管和导线之间的压降。

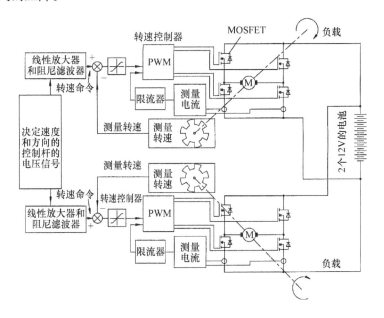

图 4.30　带有两个永磁有刷直流电机的轮椅驱动系统框图

两个独立的驱动系统通过一个操纵杆的电压信号进行控制，该信号与运动速度和方向成正比。控制和电力系统包括：

1）线性放大器和阻尼滤波器；
2）速度控制器；
3）电流测量单元；
4）速度测量装置；
5）脉宽调制器（PWM）。

轮椅通过改变操作杆反馈的电压信号来改变速度和方向，进而控制轮椅的运动。转向操纵杆有两个自由度，每个操纵杆都配有一个机械按键。其中一个按键控制 x 轴，另一个控制 y 轴。光电传感器产生的电压信号（速度和方向）与按键的位置成正比。将操纵杆向前推动（$+x$），使两个与速度成正比的相同信号传输到左右轮驱动的线性放大器，轮椅向前移动。操纵杆位移越大，控制信号越强，速度越快。同理，将操纵杆向后推动（$-x$），操纵杆的转动会使轮椅向后行驶。

$x = 0$时操纵杆横向移动（$+y$），产生传输至左轮驱动线性放大器的正速度和方向信号，以及传输至右轮驱动线性放大器的负信号。车轮以相同的速度旋转，但方向相反，轮椅在相同的位置旋转。$x = 0$ 时将操纵杆反向横向移动（$-y$），操纵杆的转动会导致轮椅朝相反方向转动。与 x 轴类似，操纵杆在 y 轴上移动得越多，轮椅的旋转速度就越快。操纵杆在 x 和 y 方向上同时移动会导致两个运动的叠加，导致左右车轮的速度存在差异。轮椅可以向前或向后移动和转动。

在操纵杆快速移动期间，阻尼滤波器可防止电枢端子之间的电压突然接通，并限制轮椅加速度，确保轮椅运动流畅，提高了骑行的舒适度。速度控制器设定了最大速度（针对给定速度范围），并防止超过该速度。速度控制器接收与速度指令成正比的信号以及与测量速度成正比的信号。借助安装在电机轴上的脉冲测速发电机测量转速，利用 D/A 转换器将脉冲转换为电压信号。测速发电机还配有方向标识符。来自速度控制器的电压信号传输至 PWM。除上述系统外，还有一个用于保护铁氧体永磁材料退磁的过电流保护系统。

上述轮椅驱动器能够确保轮椅在运动和制动模式下双向平稳地运行[127]。

4.10.6 火星机器人车辆

1996 ~ 1997 年，NASA 火星探路任务中使用了一种由 Maxon 公司制造的永磁有刷直流电机作为驱动的六轮探测车，名为"旅居者号"[95]。车辆如图 4.31a 所示，其参数如表 4.6 所示。表 4.4 列出了配备钕铁硼永磁体和贵金属电刷的电机的参数。旅居者号是在美国加利福尼亚州洛杉矶的 NASA 喷气推进实验室建造的。旅居者号的所有设备（计算机、激光器、电机和无线电调制解调器）都是由一个轻巧的 16.5W 太阳能电池阵列供电。在阳光不足的时候，由电池供电。

a)　　　　　　　　　　　　b)

图 4.31　用于火星任务的探测车（照片由 NASA 提供）：a）旅居者号（1996 ~ 1997）；
b）勇气号和机遇号（2003 年至今）

表 4.6 两辆探测车具体参数的比较

参数	旅居者号	勇气号和机遇号
重量/kg	11	185
高度/m	0.32	1.57
离地高度/m	0.25	1.54
通信模块	8 bit CPU	32 bit CPU
摄像机	3（768×484）	9（1024×1024）
光谱分析仪	1	3
速度/(m/h)	3.6	36～100
Maxon 电机	11 RE16	17 RE20 22 RE25

后续的火星巡回任务是由两辆名为"勇气号"和"机遇号"的火星探测车完成的（见图 4.31b），其于 2004 年登陆火星。这两辆探测车也配备了 Maxon 生产的永磁有刷直流电机（见表 4.4 和表 4.6）。最近的火星着陆器凤凰号（2007年）也得到了 Maxon 电机的支持。

案例

例 4.1

开槽转子额定功率为：$P_{out}=40W$，$V=110V$，$n=4000r/min$。永磁体由硬铁氧体 28/26 材料制成，其退磁曲线如图 2.5 所示。额定负载下的效率应至少为 60%。要求电机必须设计为连续工作。求圆柱形结构的永磁有刷直流电机的主要尺寸（电枢直径及其有效轴向长度和永磁体长度）、电负荷和磁负荷。

解：

根据式（4.24），连续工作的电磁功率为

$$P_{elm}=\frac{1+2\eta}{3\eta}P_{out}=\frac{1+2\times0.6}{3\times0.6}\times40.0\approx48.9W$$

电枢电流为

$$I_a=\frac{P_{out}}{\eta V}=\frac{40.0}{0.6\times110.0}\approx0.61A$$

电枢电动势为

$$E=\frac{P_{elm}}{I_a}=\frac{48.9}{0.61}=80.2V$$

电负荷和磁负荷：由图 4.9 可得，对于 $P_{out}/n=40/4000=0.01W/(r/min)=10\times10^{-3}W/(r/min)$，连续工作时，线电流密度 $A=7500A/m$，气隙磁通密

度 $B_g = 0.35T$。

由式（4.36）可得输出系数为

$$\sigma_p = \alpha_i \pi^2 B_g A = 0.67\pi^2 0.35 \times 7500 = 17358 (V \cdot A \cdot s)/m^3$$

式中，有效弧极系数 $\alpha_i = 0.67$。

电枢直径和有效长度：假设 $L_i/D \approx 1$，输出系数为 $\sigma_p = P_{elm}/(D^3 n)$，且

$$D = \sqrt[3]{\frac{P_{elm}}{\sigma_p n}} = \sqrt[3]{\frac{48.9}{17358 \times (4000/60)}} = 0.0348m \approx 35mm$$

有效电枢长度 $L_i \approx D = 35mm$。

硬铁氧体 28/26 可产生不超过 0.25T 的有效磁通密度 B_u（见图 2.5）。为了获得 $B_g = 0.35T$，永磁体的长度 $L_M > L_i$。根据式（4.71）和式（4.72）可得

$$L_M = \frac{L_i B_g}{B_u} = \frac{35 \times 0.35}{0.25} = 49mm$$

例 4.2

永磁有刷直流电机的额定参数如下：$P_{out} = 10kW$，$V = 220V$，$I_a = 50A$，$n = 1500r/min$。电枢电路电阻为 $\sum R_a = 0.197\Omega$，电刷电压降为 $\Delta V_{br} = 2V$。求当负载转矩等于额定转矩 80% 的速度和效率，电枢串联变阻器 $R_{rhe} = 0.591\Omega$。

解：

由式（4.15）可得额定转矩为

$$T_{sh} = \frac{P_{out}}{2\pi n} = \frac{10000}{2\pi \times (1500/60)} = 63.66N \cdot m$$

根据式（4.1），额定电流下的电枢电动势为

$$E = V - I_a \sum R_a - \Delta V_{br} = 220 - 50 \times 0.197 - 2 = 208.15V$$

由式（4.9）~式（4.11）可得额定电流下产生的转矩为

$$T_d = \frac{E I_a}{2\pi n} = \frac{208.15 \times 50}{2\pi \times (1500/60)} = 66.26N \cdot m$$

旋转时损耗的转矩为

$$T_{rot} = T_d - T_{sh} = 66.26 - 63.66 = 2.6N \cdot m$$

在 80% 额定转矩作用下产生的转矩为

$$T'_d = 0.8 T_{sh} + T_{rot} = 0.8 \times 63.66 + 2.6 = 53.53N \cdot m$$

80% 额定转矩时的电枢电流为

$$I'_a = I_a \frac{T'_d}{T_d} = 50 \times \frac{53.53}{66.26} = 40.4A$$

因为空载时 $I_a \approx 0$，所以空载转速为

$$n_0 = n \frac{V - \Delta V_{br}}{E} = 1500 \times \frac{220 - 2}{208.15} = 1571r/min$$

80% 额定转矩和附加电枢串联变阻器电阻 $R_{rhe} = 0.591\Omega$ 时的转速为

$$n' = n_0 \frac{V - I'_a(\sum R_a + R_{rhe}) - \Delta V_{br}}{V - \Delta V_{br}}$$

$$= 1571 \times \frac{220 - 40.4 \times (0.197 + 0.591) - 2}{220 - 2} = 1341.5 r/min$$

80% 额定转矩和有附加电枢串联变阻器电阻时的输出功率为

$$P'_{out} = 0.8 T_{sh}(2\pi n') = 0.8 \times 63.66 \times (2\pi) \times \frac{1341}{60} = 7154.5 W$$

80% 额定转矩和电枢串联变阻器电阻时的输入功率为

$$P'_{in} = VI'_a = 220 \times 40.4 = 8888 W$$

相应的效率为

$$\eta' = \frac{7154.5}{8888.0} = 0.805$$

额定效率为 $\eta = 10000/(220 \times 50) = 0.909$。与额定条件相比，效率下降约 10%。

例 4.3

在永磁有刷直流电机的制造过程中，分段式铁氧体永磁体通常用胶水将其固定住。这可能导致永磁体的位置不准确，从而导致磁路不对称。因此，制造商认为获得这些与电机性能相关的误差，以及由于永磁体对转子的不平衡吸引力而在轴上产生的力是十分重要的。对于 370W 永磁有刷直流电机，求出永磁体在不同位置时其合成磁通、磁动势、转子速度、电枢电流和效率。电机的横截面如图 4.32 所示，具体参数如表 4.7 所示。

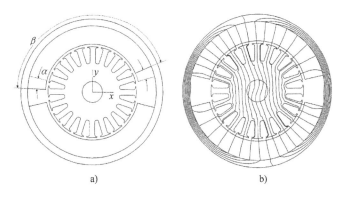

a)   b)

图 4.32 例 4.3 所述永磁有刷直流电机的横截面示意图：a) 位移角 α 和重叠角 β；
b) 合成磁通（永磁体励磁和电枢），$\alpha = 0$

表 4.7 370W 永磁有刷直流电机的设计数据

参　　数	数　　值
额定功率 P_{out}	370W
额定端电压 V	180V
额定转速 n	1750r/min
极数 $2p$	2
电枢槽数	20
气隙长度 g	2.25mm
永磁体的长度 L_M	79.6mm
电枢铁心的长度 L_i	63.4mm
永磁体重叠角 β	2.6878rad
换向器段数 C	40
电枢导体数 N	920
每个槽的线圈数	2

解：

由于这个问题的非对称性，经典的分析方法并不适用。有限元法（FEM）是一种理想的方法，因为它可以模拟整个磁路[308]。

图 4.33 所示为不对称条件下不同旋转方向对磁通和磁动势（定子和电枢反应磁动势）的影响。可得出感应电动势的增加或减少。假设永磁体偏移 $\alpha = 10.5°$，模拟永磁体未对准的极端情况。在永磁有刷直流电机的制造过程中，放置永磁体的误差通常为 $\alpha < 2°$。

从图 4.34 中可以看出，随着磁铁位移的增加，性能会发生变化。

关于这台 370W 永磁有刷直流电机，可以得出以下结论：

1）由于定子磁极的不对称性，电机的性能不会受到显著影响。计算速度、电枢电流和效率的最大误差为 1%。

2）产生的转矩根据旋转方向的不同来增加或减少。如果永磁体沿旋转方向移动，转矩通常会提高。

3）磁路的不对称性导致了不平衡的磁力。

4）不平衡的磁力与磁铁运动的方向相同，则合力可能导致不必要的噪声和轴承磨损增加。

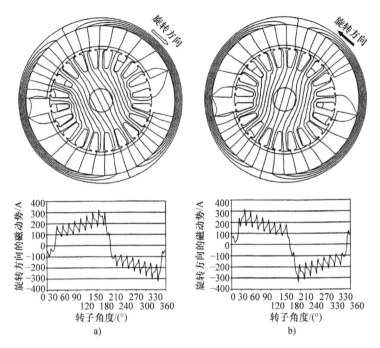

图 4.33　两个不同旋转方向的磁通分布和磁动势分布
（其中一块永磁体移动了 10.5°，例 4.3）

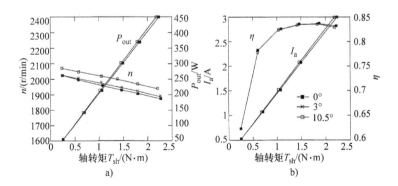

图 4.34　$\alpha = 0°$、3°和 10.5°时的特性：a) 转速 – 转矩；b) 电枢电流和效率 –
转矩（转子沿磁铁移动的方向旋转，例 4.3）

第 5 章

永磁同步电机

5.1 结构

同步电机保持与供电频率完全同步的恒定速度运行。同步电机根据其转子的设计、结构、材料和运行分为四类：

1）电励磁同步电机；

2）永磁同步电机；

3）磁阻同步电机；

4）磁滞同步电机。

在电励磁和永磁电机中，通常将笼型绕组安装在凸极转子上，可异步起动并在瞬态条件下作为阻尼器抑制振荡。

稀土永磁材料和电力电子技术的发展为永磁同步电机的设计、结构和应用开辟了新的前景。固态逆变器供电的永磁伺服电机得到越来越广泛的应用。在 1500r/min 下连续输出功率高达 15kW 的永磁伺服电机已经很常见。商业永磁交流电机的额定功率已达到 746kW。稀土永磁体也已应用于额定功率超过 1MW 的大型永磁同步电机中[23,24,276]。大型永磁同步电机可应用于低速（船舶推进）和高速（泵和压缩机）领域。

永磁同步电机通常采用以下转子结构：

1）经典转子（F. Merrill 转子，美国专利 2543639 授权给通用电气公司），具有凸极、叠片转子极和笼型绕组（见图 5.1a）；

2）嵌入式转子（见图 5.1b、i、j）；

3）表贴式转子（见图 5.1c、g、h）；

4）表面埋入式转子（见图 5.1d）；

5）轮辐式对称分布转子（见图 5.1e）；

6）埋磁式不对称分布转子（德国专利 1173178 授权给西门子公司）（见图 5.1f）。

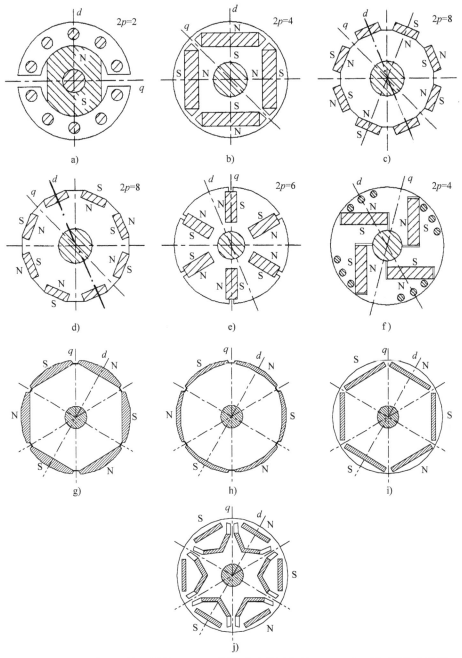

图 5.1 永磁同步电机转子结构：a) 经典转子（美国专利 2543639）；b) 嵌入式转子；
c) 表贴式转子；d) 表面埋入式转子；e) 轮辐式对称分布转子；f) 埋磁式不对称分布转子
（德国专利 1173178）；g) 面包永磁体；h) 偏心永磁体；i) 嵌入式六极转子；
j) 嵌入式双层永磁体（折叠磁体）

5.2　基本关系

5.2.1　转速

在稳态范围内，转子转速等于定子产生的旋转磁场的同步速度，为输入的频率与极对数之比：

$$n_s = \frac{f}{p} \tag{5.1}$$

5.2.2　气隙磁通密度

气隙磁通密度的基波为

$$B_{mg1} = \frac{2}{\pi} \int_{-0.5\alpha_i\pi}^{0.5\alpha_i\pi} B_{mg}\cos\alpha\,d\alpha = \frac{4}{\pi} B_{mg}\sin\frac{a_i\pi}{2} \tag{5.2}$$

其中，忽略磁路的饱和时，根据永磁体的励磁磁动势 F_{exc} 和等效气隙 g'（包括永磁体高度 h_M）和卡式系数 k_C，极靴的磁通密度为 $B_{mg} = \mu_0 F_{exc}/(g' k_C)$。卡式系数由附录 A 中式（A.27）和式（A.28）给出。对于 $\alpha_i = 1$，基波分量 B_{mg1} 是 B_{mg} 平顶峰值的 $4/\pi$ 倍。

系数 α_i 为气隙磁通密度法向分量平均值与最大值之比，即

$$\alpha_i = \frac{B_{avg}}{B_{mg}} \tag{5.3}$$

如果气隙磁场为正弦分布，则为 $\alpha_i = 2/\pi$。如果铁心的磁压降为零且气隙均匀，那么

$$\alpha_i = \frac{b_p}{\tau} \tag{5.4}$$

极弧系数 α_i 也称为极弧 b_p 与极距 τ 之比。

5.2.3　感应电压（电动势）

由转子的直流电励磁磁通 Φ_f 在一相定子绕组中产生的空载方均根电压（电动势）为

$$E_f = \pi\sqrt{2}fN_1k_{w1}\Phi_f \tag{5.5}$$

式中，N_1 为每相定子匝数；k_{w1} 为定子绕组系数［附录 A 中式（A.1）］；无电枢反应的励磁磁通 Φ_f 的基波 Φ_{f1} 为

$$\Phi_{f1} = L_i \int_0^\tau B_{mg1}\sin\left(\frac{\pi}{\tau}x\right)dx = \frac{2}{\pi}\tau L_i B_{mg1} \tag{5.6}$$

同样，d 轴电枢反应磁通 Φ_{ad} 产生的感应电压 E_{ad} 和 q 轴电枢反应磁通 Φ_{aq} 产生的感应电压 E_{aq} 分别为

$$E_{ad} = \pi \sqrt{2} f N_1 k_{w1} \Phi_{ad} \tag{5.7}$$

$$E_{aq} = \pi \sqrt{2} f N_1 k_{w1} \Phi_{aq} \tag{5.8}$$

电枢反应的磁通基波为

$$\Phi_{ad} = \frac{2}{\pi} B_{mad1} \tau L_i \tag{5.9}$$

$$\Phi_{aq} = \frac{2}{\pi} B_{maq1} \tau L_i \tag{5.10}$$

式中，B_{mad1} 和 B_{maq1} 分别为电枢反应磁通在 d 轴和 q 轴上的基波峰值。

如图 5.1 所示，直轴（d 轴）是磁极的中心轴，而交轴（q 轴）是与 d 轴垂直的轴。电动势 E_f、E_{ad}、E_{aq} 和磁通 Φ_f、Φ_{ad}、Φ_{aq} 用于构建相量图和等效电路。考虑电枢反应的每相电动势 E_i 为

$$E_i = \pi \sqrt{2} f N_1 k_{w1} \Phi_g \tag{5.11}$$

式中，Φ_g 为负载下的气隙磁通（电枢反应磁通减小励磁磁通 Φ_f）。在空载（非常小的电枢电流）下，$\Phi_g \approx \Phi_f$。考虑磁路饱和时

$$E_i = 4\sigma_f f N_1 k_{w1} \Phi_g \tag{5.12}$$

波形系数 σ_f 取决于定子齿的磁饱和度，即气隙磁压降和齿磁压降之和除以气隙磁压降。

5.2.4　电枢线电流密度和电流密度

定子线电流密度（A/m）或电负荷的峰值定义为所有相中的导体数 $2m_1 N_1$ 乘以电枢峰值电流 $\sqrt{2} I_a$ 除以定子内径的周长 πD_{1in}，即

$$A_m = \frac{2m_1 \sqrt{2} N_1 I_a}{\pi D_{1in}} = \frac{m_1 \sqrt{2} N_1 I_a}{p\tau} = \frac{m_1 \sqrt{2} N_1 J_a s_a}{p\tau} \tag{5.13}$$

式中，J_a 为定子（电枢）导线中的电流密度（A/m^2）；s_a 为包括并绕导线在内的电枢导线横截面。对于空气冷却系统，$J_a \leqslant 7.5 \text{A/mm}^2$（有时高达 10A/mm^2）；对于液体冷却系统，$10 \leqslant J_a \leqslant 28 \text{A/mm}^2$。最大值适用于非常密集的油喷雾冷却系统。

5.2.5　电磁功率

相数为 m_1 的凸极同步电机，当忽略定子绕组的电阻，即以为 $R_1 = 0$ 时，电磁功率可表示为

$$P_{\text{elm}} = m_1 \left[\frac{V_1 E_{\text{f}}}{X_{\text{sd}}} \sin\delta + \frac{V_1^2}{2} \left(\frac{1}{X_{\text{sq}}} - \frac{1}{X_{\text{sd}}} \right) \sin2\delta \right] \qquad (5.14)$$

式中，V_1 为输入（端）相电压；E_{f} 为转子励磁磁通（无电枢反应）引起的电动势；δ 为功角，即 V_1 与 E_{f} 的夹角；X_{sd} 为 d 轴同步电抗；X_{sq} 为 q 轴同步电抗。

5.2.6 同步电抗

对于凸极同步电机，d 轴和 q 轴同步电抗为

$$X_{\text{sd}} = X_1 + X_{\text{ad}} \qquad X_{\text{sq}} = X_1 + X_{\text{aq}} \qquad (5.15)$$

式中，X_1 为定子漏电抗，$X_1 = 2\pi f L_1$；X_{ad} 为 d 轴电枢反应电抗；也称为 d 轴电抗；X_{aq} 为 q 轴电枢反应电抗，也称为 q 轴电抗。电抗 X_{ad} 对磁路的饱和度很敏感，而磁饱和度对电抗 X_{aq} 的影响则取决于转子的结构。在具有电励磁的凸极同步电机中，X_{aq} 实际上与磁饱和度无关。通常除了一些永磁同步电机外，$X_{\text{sd}} > X_{\text{sq}}$。

漏电抗 X_1 由槽、端部谐波和齿顶漏电抗（附录 A）组成。只有槽和谐波漏电抗取决于漏磁场引起的磁饱和[231]。

5.2.7 超瞬态同步电抗

在定子突然短路瞬间，当阻尼绕组和励磁绕组（如果存在）排斥电枢磁通时，为发电机运行定义 d 轴超瞬态同步电抗。当电机运行时，在转子突然被锁定时也会出现同样的效果。超瞬态同步电抗是定子绕组漏电抗 X_1 与阻尼绕组 X_{damp}、励磁绕组 X_{exc} 和 d 轴电枢反应并联电抗之和：

$$X''_{\text{sd}} = X_1 + \frac{X_{\text{damp}} X_{\text{exc}} X_{\text{ad}}}{X_{\text{admp}} X_{\text{exc}} + X_{\text{exc}} X_{\text{ad}} + X_{\text{ad}} X_{\text{damp}}} \qquad (5.16)$$

阻尼绕组的电阻 R_{damp} 削弱了阻尼绕组的屏蔽效应和短路电流衰减。对于 q 轴，可以写出一个类似于式（5.16）的方程，即对于 q 轴的超瞬态电抗 X''_{sq}。

5.2.8 瞬态同步电抗

随着阻尼绕组电流的指数衰减，电枢磁动势能够迫使其磁通更深地进入磁极（尽管其与感应的转子电流相反）。由于励磁绕组的电感较大，励磁绕组或导电永磁体（见表 2.2、表 2.3 和表 2.4）的电流衰减可能比阻尼绕组的电流衰减慢。此状态由瞬态电抗表征：

$$X'_{\text{sd}} = X_1 + \frac{X_{\text{exc}} X_{\text{ad}}}{X_{\text{exc}} + X_{\text{ad}}} \qquad (5.17)$$

实际上，当定子磁通自由穿透转子铁心时，电机进入稳态短路状态。稳态由 d 轴和 q 轴同步电抗表征 [式（5.15）]。

5.2.9 电磁转矩

同步电机产生的电磁转矩由电磁功率 P_{elm} 和同步角速度 $\Omega_s = 2\pi n_s$ 决定，同步角速度等于转子的机械角速度，即

$$T_d = \frac{P_{elm}}{2\pi n_s} = \frac{m_1}{2\pi n_s}\left[\frac{V_1 E_f}{X_{sd}}\sin\delta + \frac{V_1^2}{2}\left(\frac{1}{X_{sq}} - \frac{1}{X_{sd}}\right)\sin 2\delta\right] \tag{5.18}$$

式（5.18）忽略了定子绕组电阻 R_1。

凸极同步电机的电磁转矩由两部分组成（见图 5.2）：

$$T_d = T_{dsyn} + T_{drel} \tag{5.19}$$

同步转矩是输入电压 V_1 和励磁电动势 E_f 的函数：

$$T_{dsyn} = \frac{m_1}{2\pi n_s}\frac{V_1 E_f}{X_{sd}}\sin\delta \tag{5.20}$$

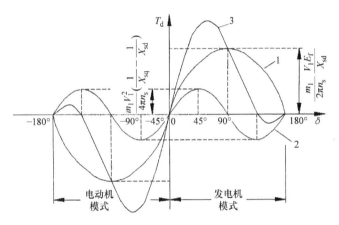

图 5.2 凸极同步电机（$X_{sd} > X_{sq}$）的矩 – 角特性

1—同步转矩 T_{dsyn} 2—磁阻转矩 T_{drel} 3—合成转矩 T_d

磁阻转矩取决于电压 V_1，也存在于没有励磁（$E_f = 0$）且 $X_{sd} \neq X_{sq}$ 的同步电机中：

$$T_{drel} = \frac{m_1 V_1^2}{4\pi n_s}\left(\frac{1}{X_{sq}} - \frac{1}{X_{sd}}\right)\sin 2\delta \tag{5.21}$$

直流励磁的凸极同步电机具有 $X_{sd} > X_{sq}$。一些永磁同步电机（根据图 5.1b、d）具有 $X_{sd} < X_{sq}$。X_{sd} 和 X_{sq} 之间的比例强烈影响图 5.2 中曲线 2 和 3 的形状。对于圆柱转子铁心的同步电机，$X_{sd} = X_{sq}$，其电磁转矩可以表示为

$$T_d = T_{dsyn} = \frac{m_1}{2\pi n_s}\frac{V_1 E_f}{X_{sd}}\sin\delta \tag{5.22}$$

5.2.10 励磁磁场的波形系数

励磁磁场的波形系数由式（5.2）得出，即

$$k_f = \frac{B_{mg1}}{B_{mg}} = \frac{4}{\pi}\sin\frac{\alpha_i\pi}{2} \tag{5.23}$$

式中，根据式（5.4）计算极弧系数 $\alpha_i < 1$。

5.2.11 电枢反应的波形系数

电枢反应的波形系数定义为电枢反应磁通密度在 d 轴和 q 轴上的基波幅值与最大值之比，即

$$k_{fd} = \frac{B_{ad1}}{B_{ad}} \qquad k_{fq} = \frac{B_{aq1}}{B_{aq}} \tag{5.24}$$

电枢反应磁通密度的基波 B_{ad1} 和 B_{aq1} 的峰值可计算为 $\nu = 1$ 傅里叶级数的系数，即

$$B_{ad1} = \frac{4}{\pi}\int_0^{0.5\pi} B(x)\cos x\,dx \tag{5.25}$$

$$B_{aq1} = \frac{4}{\pi}\int_0^{0.5\pi} B(x)\sin x\,dx \tag{5.26}$$

对于具有电励磁和气隙 $g \approx 0$ 的凸极同步电机（忽略边缘效应），电枢反应的 d 轴和 q 轴波形系数为

$$k_{fd} = \frac{\alpha_i\pi + \sin\alpha_i\pi}{\pi} \qquad k_{fq} = \frac{\alpha_i\pi - \sin\alpha_i\pi}{\pi} \tag{5.27}$$

5.2.12 反应系数

d 轴和 q 轴上的反应系数定义为

$$k_{ad} = \frac{k_{fd}}{k_f} \qquad k_{aq} = \frac{k_{fq}}{k_f} \tag{5.28}$$

根据式（5.23）、式（5.24）、式（5.27）和式（5.28），凸极同步电机的励磁磁场波形系数 k_f、电枢反应的波形系数 k_{fd} 和 k_{fq} 以及反应系数 k_{ad} 和 k_{aq} 如表5.1所示。

表5.1 根据式（5.23）、式（5.24）、式（5.27）和式（5.28）得到凸极同步电机的系数 k_f、k_{fd}、k_{fq}、k_{ad} 和 k_{aq}

系数	$\alpha_i = b_p/\tau$						
	0.4	0.5	0.6	$2/\pi$	0.7	0.8	1.0
k_f	0.748	0.900	1.030	1.071	1.134	1.211	1.273

（续）

系数	$\alpha_i = b_p / \tau$						
	0.4	0.5	0.6	$2/\pi$	0.7	0.8	1.0
k_{fd}	0.703	0.818	0.913	0.943	0.958	0.987	1.00
k_{fq}	0.097	0.182	0.287	0.391	0.442	0.613	1.00
k_{ad}	0.939	0.909	0.886	0.880	0.845	0.815	0.785
k_{aq}	0.129	0.202	0.279	0.365	0.389	0.505	0.785

5.2.13　等效场的磁动势

假设 $g = 0$，等效 d 轴磁场的磁动势（产生与电枢反应磁动势相同的基波磁通）为

$$F_{excd} = k_{ad} F_{ad} = \frac{m_1 \sqrt{2}}{\pi} \frac{N_1 k_{w1}}{p} k_{ad} I_a \sin\psi \qquad (5.29)$$

式中，I_a 是电枢电流；ψ 是合成电枢磁动势 F_a 与其 q 轴分量 $F_{aq} = F_a \cos\psi$ 之间的角度。类似地，等效 q 磁场的轴磁动势为

$$F_{excq} = k_{aq} F_{aq} = \frac{m_1 \sqrt{2}}{\pi} \frac{N_1 k_{w1}}{p} k_{aq} I_a \cos\psi \qquad (5.30)$$

5.2.14　电枢反应电抗

考虑磁饱和的 d 轴电枢反应电抗可以表示为

$$X_{ad} = k_{fd} X_a = 4 m_1 \mu_0 f \frac{(N_1 k_{w1})^2}{\pi p} \frac{\tau L_i}{g'} k_{fd} \qquad (5.31)$$

式中，μ_0 为空气中的磁导率；L_i 为定子铁心的有效长度；且有

$$X_a = 4 m_1 \mu_0 f \frac{(N_1 k_{w1})^2}{\pi p} \frac{\tau L_i}{g'} \qquad (5.32)$$

X_a 是非凸极（圆柱转子）同步电机的电枢感应电抗。类似地，对于 q 轴

$$X_{aq} \approx k_{fq} X_a = 4 m_1 \mu_0 f \frac{(N_1 k_{w1})^2}{\pi p} \frac{\tau L_i}{g'_q} k_{fq} \qquad (5.33)$$

对于大多数永磁电机，式（5.31）和式（5.32）中的等效气隙 g' 应替换为 $g k_C k_{sat} + h_M / \mu_{rrec}$，式（5.33）中的 g'_q 应替换为 $g_q k_C k_{satq}$，其中 g_q 是 q 轴上的机械间隙，k_C 为根据式（A.27）得到的卡氏系数，$k_{sat} \geqslant 1$ 是磁路的饱和系数。对于图 5.1a 中的转子和具有电磁励磁的凸极转子，饱和系数 $k_{satq} \approx 1$，因为 q 轴电枢反应磁通极少通过两极之间的大气隙，只略微依赖于铁心饱和。

5.3　相量图

在绘制同步电机的相量图时，有两个正方向系统。

1）发电机惯例

$$\boldsymbol{E}_{\mathrm{f}} = \boldsymbol{V}_1 + \boldsymbol{I}_{\mathrm{a}}R_1 + \mathrm{j}\boldsymbol{I}_{\mathrm{ad}}X_{\mathrm{sd}} + \mathrm{j}\boldsymbol{I}_{\mathrm{aq}}X_{\mathrm{sq}}$$

$$= \boldsymbol{V}_1 + \boldsymbol{I}_{\mathrm{ad}}(R_1 + \mathrm{j}X_{\mathrm{sd}}) + \boldsymbol{I}_{\mathrm{aq}}(R_1 + \mathrm{j}X_{\mathrm{sq}}) \tag{5.34}$$

2）电动机惯例

$$\boldsymbol{V}_1 = \boldsymbol{E}_{\mathrm{f}} + \boldsymbol{I}_{\mathrm{a}}R_1 + \mathrm{j}\boldsymbol{I}_{\mathrm{ad}}X_{\mathrm{sd}} + \mathrm{j}\boldsymbol{I}_{\mathrm{aq}}X_{\mathrm{sq}}$$

$$= \boldsymbol{E}_{\mathrm{f}} + \boldsymbol{I}_{\mathrm{ad}}(R_1 + \mathrm{j}X_{\mathrm{sd}}) + \boldsymbol{I}_{\mathrm{aq}}(R_1 + \mathrm{j}X_{\mathrm{sq}}) \tag{5.35}$$

式中
$$\boldsymbol{I}_{\mathrm{a}} = \boldsymbol{I}_{\mathrm{ad}} + \boldsymbol{I}_{\mathrm{aq}} \tag{5.36}$$

$$\boldsymbol{I}_{\mathrm{ad}} = \boldsymbol{I}_{\mathrm{a}}\sin\psi \qquad \boldsymbol{I}_{\mathrm{aq}} = \boldsymbol{I}_{\mathrm{a}}\cos\psi \tag{5.37}$$

当电流的方向在相反惯例下，相量 $\boldsymbol{I}_{\mathrm{a}}$、$\boldsymbol{I}_{\mathrm{ad}}$ 和 $\boldsymbol{I}_{\mathrm{aq}}$ 会被 $180°$ 反转。电压下降也是如此。发电机和电动机模式的电枢电流 $\boldsymbol{I}_{\mathrm{a}}$ 相对于 d 轴和 q 轴的位置如图 5.3 所示。

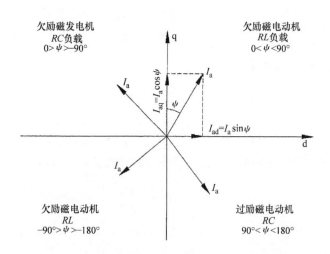

图 5.3　电枢电流 $\boldsymbol{I}_{\mathrm{a}}$ 在 d - q 坐标系中的相量位置

采用发电机惯例建立的同步发电机的相量图，同样可以用于电动机。然而，采用电动机惯例建立的同步电动机相量图将更方便。欠励磁电动机（见图 5.4a）从电路中吸取感应电流和相应的无功功率。图 5.4b 为使用电动机惯例的相量图，负载电流 $\boldsymbol{I}_{\mathrm{a}}$ 超前电压 $\boldsymbol{V}_1$ 的电角度为 ϕ。反过来，在这种情况下的电机会过度励磁,并导致输入电压 V_1 产生电容电流分量 $I_a \sin\psi$。因此,过励磁电动机会从电路中吸取超前电流,并向电路输送无功功率。

图 5.4 所示的相量图忽略了定子铁心损耗。这种假设仅适用于定子铁心不饱和的工频同步电机。

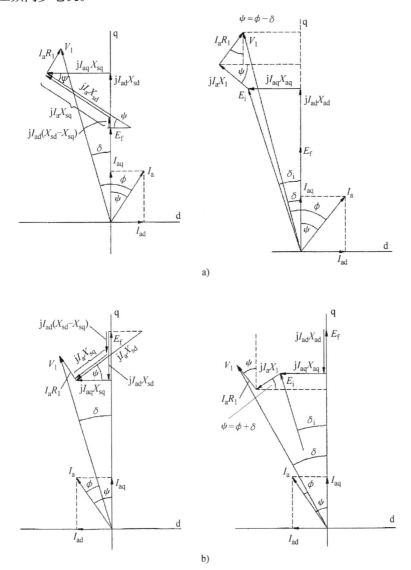

a)

b)

图 5.4 电动机惯例的凸极同步电机相量图:a)欠励磁电机;b)过励磁电机

图 5.5 为欠励磁同步电机的相量图以及电流 I_{ad} 和 I_{aq}。输入电压 V_1 在 d 轴和 q 轴上的投影为

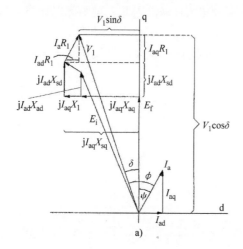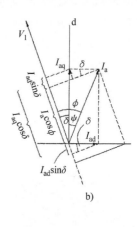

图5.5 相量图：a）电流 I_{ad} 和 I_{aq}；b）由 I_{ad}、I_{aq} 和 δ 表示输入功率 P_{in}

$$V_1\sin\delta = I_{aq}X_{sq} - I_{ad}R_1 \tag{5.38}$$
$$V_1\cos\delta = E_f + I_{ad}X_{sd} + I_{aq}R_1$$

对于过励磁的同步电机

$$V_1\sin\delta = I_{aq}X_{sq} + I_{ad}R_1 \tag{5.39}$$
$$V_1\cos\delta = E_f - I_{ad}X_{sd} + I_{aq}R_1$$

通过式（5.38）可以得到欠励磁同步电机的电流

$$I_{ad} = \frac{V_1(X_{sq}\cos\delta - R_1\sin\delta) - E_fX_{sq}}{X_{sd}X_{sq} + R_1^2} \tag{5.40}$$

$$I_{aq} = \frac{V_1(R_1\cos\delta + X_{sd}\sin\delta) - E_fR_1}{X_{sd}X_{sq} + R_1^2} \tag{5.41}$$

同样，通过方程组（5.39）可以得到过励磁电机的电流。过励磁同步电机的 d 轴电流为

$$I_{ad} = \frac{V_1(R_1\sin\delta - X_{sq}\cos\delta) + E_fX_{sq}}{X_{sd}X_{sq} + R_1^2} \tag{5.42}$$

q 轴电流用式（5.41）表示。用 V_1、E_f、X_{sd}、X_{sq}、δ 和 R_1 表示欠励磁同步电机电枢电流的有效值为

$$I_a = \sqrt{I_{ad}^2 + I_{aq}^2} = \frac{V_1}{X_{sd}X_{sq} + R_1^2} \times$$

$$\sqrt{\left[(X_{sq}\cos\delta - R_1\sin\delta) - \frac{E_fX_{sq}}{V_1}\right]^2 + \left[(R_1\cos\delta + X_{sd}\sin\delta) - \frac{E_fR_1}{V_1}\right]^2} \tag{5.43}$$

相量 I_a 和 q 轴之间的夹角为 $\psi = \varphi \mp \delta$，其中 " $-$ " 符号表示欠励磁电机，" $+$ " 符号表示过励磁电机。

相量图（见图 5.5b）也可以用来求输入功率

$$P_{\text{in}} = m_1 V_1 I_a \cos\phi = m_1 V_1 (I_{\text{aq}} \cos\delta - I_{\text{ad}} \sin\delta) \qquad (5.44)$$

将式（5.38）放入式（5.44）中，可以得到

$$P_{\text{in}} = m_1 \left[I_{\text{aq}} E_f + I_{\text{ad}} I_{\text{aq}} X_{\text{sd}} + I_{\text{aq}}^2 R_1 - I_{\text{ad}} I_{\text{aq}} X_{\text{sq}} + I_{\text{ad}}^2 R_1 \right]$$

$$= m_1 \left[I_{\text{aq}} E_f + R_1 I_a^2 + I_{\text{ad}} I_{\text{aq}} (X_{\text{sd}} - X_{\text{sq}}) \right]$$

由于忽略了定子铁心损耗，电磁功率是电机输入功率减去定子绕组损耗 $\Delta P_{1\text{w}} = m_1 I_a^2 R_1 = m_1 (I_{\text{ad}}^2 + I_{\text{aq}}^2) R_1$。因此

$$P_{\text{elm}} = P_{\text{in}} - \Delta P_{1\text{w}} = m_1 \left[I_{\text{aq}} E_f + I_{\text{ad}} I_{\text{aq}} (X_{\text{sd}} - X_{\text{sq}}) \right]$$

$$= \frac{m_1 \left[V_1 (R_1 \cos\delta + X_{\text{sd}} \sin\delta) - E_f R_1 \right]}{(X_{\text{sd}} X_{\text{sq}} + R_1^2)^2} \times$$

$$\left[V_1 (X_{\text{sq}} \cos\delta - R_1 \sin\delta)(X_{\text{sd}} - X_{\text{sq}}) + \right.$$

$$\left. E_f (X_{\text{sd}} X_{\text{sq}} + R_1^2) - E_f X_{\text{sq}} (X_{\text{sd}} - X_{\text{sq}}) \right] \qquad (5.45)$$

凸极同步电机产生的电磁转矩可以表示为

$$T_{\text{d}} = \frac{P_{\text{elm}}}{2\pi n_{\text{s}}} = \frac{m_1}{2\pi n_{\text{s}}} \frac{1}{(X_{\text{sd}} X_{\text{sq}} + R_1^2)^2} \times$$

$$\left\{ V_1 E_f (R_1 \cos\delta + X_{\text{sd}} \sin\delta) \left[(X_{\text{sd}} X_{\text{sq}} + R_1^2) - X_{\text{sq}} (X_{\text{sd}} - X_{\text{sq}}) \right] - \right.$$

$$V_1 E_f R_1 (X_{\text{sq}} \cos\delta - R_1 \sin\delta)(X_{\text{sd}} - X_{\text{sq}}) +$$

$$V_1^2 (R_1 \cos\delta + X_{\text{sd}} \sin\delta)(X_{\text{sq}} \cos\delta - R_1 \sin\delta)(X_{\text{ad}} - X_{\text{sq}}) -$$

$$\left. E_f^2 R_1 \left[(X_{\text{sd}} X_{\text{sq}} + R_1^2) - X_{\text{sq}} (X_{\text{sd}} - X_{\text{sq}}) \right] \right\} \qquad (5.46)$$

最后一项是电磁转矩的恒定分量，与负载角 δ 无关。如果 $R_1 = 0$，则式（5.46）与式（5.18）相同。小型同步电机的定子绕组具有很高的电阻 R_1，且与 X_{sd} 和 X_{sq} 的数值接近。因此建议使用式（5.46）来计算小型同步电机的性能。

5.4 特性

同步电机最重要的特性是矩 – 角（$T_{\text{d}} - \delta$）特性（见图 5.2）。过载能力是最大转矩或最大输出功率与额定转矩或额定输出功率的比值。矩 – 角特性取决于输入电压。

$T_{\text{sh}} = 0$ 或 $T_{\text{sh}} =$ 恒值时，输入电压的任何变化都会导致电枢电流和功率因数的变化。$T_{\text{sh}} = 0$ 的空载特性 $I_a = f(V_1)$、$P_{\text{out}} = f(V_1)$ 和 $\cos\phi = f(V_1)$ 在左侧受端电压限制，在右侧受电枢绕组中的最大电流限制（见图 5.6）。$\cos\phi = 1$ 或 $\phi = 0$

时具有最小电枢电流。欠励磁同步电机（或阻感负载）对应的滞后功率因数位于 $\phi = 0$ 点的左侧，而过励磁电机（或阻容负载）对应的超前功率因数位于 $\phi = 0$ 点的右侧。过励磁电机作为阻容负载，可以补偿感应电机和轻载变压器等消耗的无功功率。

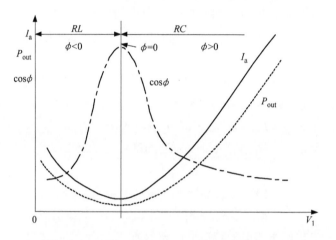

图 5.6 永磁同步电机的空载特性 $I_a = f(V_1)$、$P_{out} = f(V_1)$ 和 $\cos\phi = f(V_1)$

电枢电流 I_a、轴转矩 T_{sh}、输入功率 P_{in}、功率因数 $\cos\phi$ 和效率 η 与相对输出功率（输出功率与额定功率的比值）的关系如图 5.7 所示。

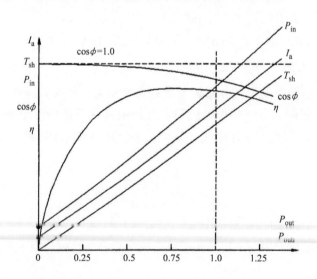

图 5.7 永磁同步电机的性能特性：电枢电流 I_a、轴转矩 T_{sh}、输入功率 P_{in}、功率因数 $\cos\phi$ 和效率 η 与 P_{out}/P_{outr} 的关系，其中 P_{outr} 是额定输出功率

$I_{ad} = 0$ 时，$\psi = 0$（ψ 为电枢电流 $I_a = I_{aq}$ 和反电动势 E_f 之间的夹角）。因此，电流和电压之间的夹角 ϕ 等于电压 V_1 和反电动势 E_f 之间的负载角 δ，即

$$\cos\phi = \frac{E_f + I_a R_1}{V_1} \tag{5.47}$$

和

$$V_1^2 = (E_f + I_a R_1)^2 + (I_a X_{sq})^2 \approx E_f^2 + I_a^2 X_{sq}^2 \tag{5.48}$$

因此

$$\cos\phi \approx \sqrt{1 - \left(\frac{I_a X_{sq}}{V_1}\right)^2} + \frac{I_a R_1}{V_1} \tag{5.49}$$

在恒定电压 V_1 和频率（速度）下，功率因数 $\cos\phi$ 随负载转矩的减小而减小（与电枢电流 I_a 成正比）。功率因数可以通过增加与电流成比例的电压来保持恒定，即保持 $I_a X_{sq}/V_1$ 为常数。

5.5　起动

5.5.1　异步起动

普通同步电机不能自起动。为了产生起动转矩，其转子必须配备阻尼绕组。起动转矩由定子旋转磁场与阻尼绕组中感应电流相互作用产生[153]。

能够产生异步起动转矩的永磁同步电机通常称为自起动永磁同步电机。这类电机无需固态变换器就可以工作。起动后，转子被拉入同步并随输入频率的同步速度旋转。自起动永磁电机的效率高于等效的感应电机，且功率因数可以达到 1。

由于永磁体轴向嵌入转子铁心中，自起动永磁电机的转子带有不倾斜的阻尼条。与感应电机相比，自起动永磁电机在气隙磁通密度分布、电流和电磁转矩方面产生的空间高次谐波含量要高得多。此外，自起动永磁同步电机在起动期间有一个主要缺点：永磁体会产生制动转矩并降低起动转矩，降低转子同步负载的能力[190]。自起动永磁同步电机的起动特性如图 5.8 所示。

现有多种自起动永磁无刷电机的结构，例如，根据美国专利 2543639（见图 5.1a）、德国专利 1173178（见图 5.1f）或国际专利公告 WO 2001/06624。图 5.9 为用于自起动永磁同步电机的两个转子[313]：具有常规阻尼绕组的转子以及在 d 轴和 q 轴上具有不同形状槽的转子。图 5.9b 所示的转子显著减少 5 次、11 次、13 次、17 次和更高的奇次谐波[313]。

5.5.2　辅助电机起动

辅助感应电机常用于大型电磁励同步电机的起动。在同步电机的轴上接有一

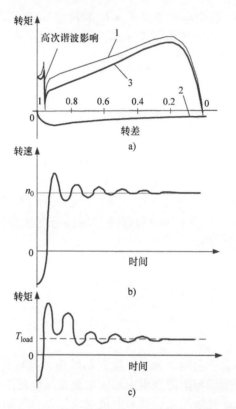

图5.8 自起动永磁同步电机的特性：a）稳态转矩–转差特性；
b）转速–时间特性；c）转矩–时间特性
1—异步转矩 2—永磁转矩 3—合成转矩 n_0–稳态速度
T_{load}–负载转矩

个能够将转子提升至电源同步转速的辅助起动电机。通常采用较小的感应电机将未励磁的同步电机加速到近似同步速度，之后先接通电枢电压，再接通励磁电压，将同步电机拉入同步状态。

该方法的缺点是不能在负载条件下起动电机，因为使用与同步电机额定值相同且安装费用昂贵的辅助电机是不切实际的。

5.5.3 变频起动

变频起动是起动电励磁同步电机的一种常见方法。电机的供电频率从接近于零平稳地增加到额定值。由变压变频（VVVF）逆变器供电的电机在整个起动过程中同步运行。

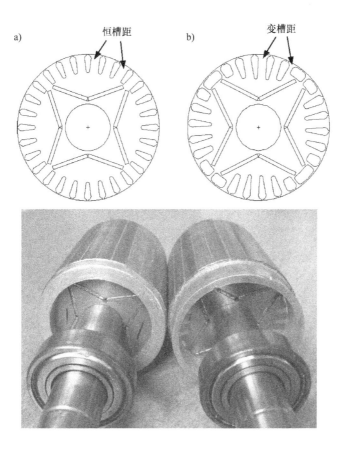

图 5.9 自起动永磁同步电机的转子：a）恒槽距；b）变槽距
（照片由波兰弗罗茨瓦夫科技大学提供）[313]

5.6 电抗

　　计算小型永磁同步电机稳态性能的准确性在很大程度上取决于计算 d 轴和 q 轴同步电抗的准确性。对于典型的中功率和大型电励磁同步电机，电枢磁通密度的波形系数比较好。小型永磁同步电机的结构复杂，需要有限元法（FEM）来获得精确的磁场分布。精确的磁场分布有助于正确计算励磁磁场的波形系数和电枢反应磁通密度。此外，通过计算相应的电感，FEM 可以直接找到 d 轴和 q 轴同步电抗和电枢反应（互）电抗（第 3 章）。

　　精确测量小型永磁同步电机的同步电抗十分困难。现有几种测量中、大功率同步电机同步电抗的方法，但所做的假设不适用于小型同步电机。使用由被测电机、附加同步电机、原动机、双光束示波器和制动器组成的特殊实验装置，可以获得可靠的结果[233]。通过测量负载角、输入电压、电枢电流、电枢绕组电阻和功率因数，可以根据相量图计算得到同步电抗 X_{sd} 和 X_{sq}。

5.6.1 解析法

运用解析法计算电枢反应电抗需要基于电枢反应的径向磁通密度波形。该波形可以被假定为一个周期函数，使用 FEM 软件仿真模拟或数值模型。根据式（5.24）、式（5.27）、式（5.31）和式（5.33），d 轴和 q 轴电枢反应电抗用电枢反应的波形系数 k_{fd} 和 k_{fq} 表示，即 $X_{ad} = k_{fd} X_a$ 和 $X_{aq} = k_{fq} X_a$。电枢反应电抗 X_a 与圆柱形转子同步电机相同，由式（5.32）给出。

为了获得饱和同步电抗，等效气隙 $k_C g$ 应乘以磁路的饱和系数 $k_{sat} > 1$，即得到 $k_C g k_{sat}$。在电励磁的凸极同步电机中，由于 q 轴气隙（相邻极靴之间）非常大，磁路饱和度只影响 X_{sd}。在一些永磁同步电机中，磁饱和度会同时影响 X_{sd} 和 X_{sq}——见式（5.33）。

对于图 5.10 中的 d 轴和 q 轴磁通密度的分布，磁通密度的基波为：

1）表面埋入式永磁转子（见图 5.10a）

$$B_{ad1} = \frac{4}{\pi} \left[\int_0^{0.5\alpha_i\pi} (B_{ad}\cos x)\cos x dx + \int_{0.5\alpha_i\pi}^{0.5\pi} (c_g B_{ad}\cos x)\cos x dx \right]$$

$$= \frac{1}{\pi} B_{ad} [\alpha_i\pi + \sin\alpha_i\pi + c_g(\pi - \alpha_i\pi - \sin\alpha_i\pi)] \quad (5.50)$$

$$B_{aq1} = \frac{4}{\pi} \left[\int_0^{0.5\alpha_i\pi} (B_{aq}\sin x)\sin x dx + \int_{0.5\alpha_i\pi}^{0.5\pi} (c_g B_{aq}\sin x)\sin x dx \right]$$

$$= \frac{1}{\pi} B_{aq} \left[\frac{1}{c_g}(\alpha_i\pi - \sin\alpha_i\pi) + \pi(1 - \alpha_i) + \sin\alpha_i\pi \right] \quad (5.51)$$

2）表贴式永磁转子（见图 5.10b）

$$B_{ad1} = \frac{4}{\pi} \int_0^{0.5\pi} (B_{ad}\cos x)\cos x dx = B_{ad} \quad (5.52)$$

$$B_{aq1} = \frac{4}{\pi} \int_0^{0.5\pi} (B_{ad}\sin x)\sin x dx = B_{aq} \quad (5.53)$$

3）带软钢极靴的表贴式永磁转子（见图 5.10c）

$$B_{ad1} = \frac{4}{\pi} \left[\int_0^{0.5\alpha_i\pi} (B_{ad}\cos x)\cos x dx + \int_{0.5\alpha_i\pi}^{0.5\pi} (c'_g B_{ad}\cos x)\cos x dx \right]$$

$$= \frac{1}{\pi} B_{ad} [\alpha_i\pi + \sin\alpha_i\pi + c'_g(\pi - \alpha_i\pi - \sin\alpha_i\pi)] \quad (5.54)$$

$$B_{aq1} = \frac{4}{\pi} \left[\int_0^{0.5\alpha_i\pi} \frac{1}{c_g'}(B_{aq}\sin x)\sin x dx + \int_{0.5\alpha_i\pi}^{0.5\pi}(B_{aq}\sin x)\sin x dx \right]$$

$$= \frac{1}{\pi}B_{aq} \left[\frac{1}{c_g'}(\alpha_i\pi - \sin\alpha_i\pi) + \pi(1 - \alpha_i) + \sin\alpha_i\pi \right] \qquad (5.55)$$

4）嵌入式永磁转子（见图 5.10d）

$$B_{ad1} = \frac{4}{\pi}B_{ad}\int_0^{0.5\alpha_i\pi}\cos\left(\frac{1}{\alpha_i}x\right)\cos x dx$$

$$= \frac{2}{\pi}B_{ad}\left[\frac{\alpha_i\sin(1+\alpha_i)x/\alpha_i}{1+\alpha_i} + \frac{\alpha_i\sin(1-\alpha_i)x/\alpha_i}{1-\alpha_i} \right]_0^{0.5\alpha_i\pi}$$

$$= \frac{4}{\pi}B_{ad}\frac{\alpha_i}{1-\alpha_i^2}\cos\left(\alpha_i\frac{\pi}{2}\right) \qquad (5.56)$$

$$B_{aq1} = \frac{4}{\pi}\int_0^{0.5\alpha_i\pi}(B_{aq}\sin x)\sin x dx$$

$$= \frac{2}{\pi}B_{aq}\int_0^{0.5\alpha_i\pi}(1-\cos x)dx = \frac{1}{\pi}B_{aq}(\alpha_i\pi - \sin\alpha_i\pi) \qquad (5.57)$$

对于表面埋入式永磁转子（见图 5.10a），系数 c_g 表示由于 d 轴电枢磁通密度从 $g+h$ 到 g 而使 d 轴电枢磁通密度增加，其中 h 是永磁体的深度。由于穿过 $g+h$ 的磁压降等于穿过气隙 g 和铁磁齿高 h 的磁压降之和，因此可以写出以下方程：$B_{ad}c_g g/\mu_0 + B_{Fe}h/(\mu_0\mu_r) = B_{ad}(g+h)/\mu_0$。由于 $B_{Fe}h/(\mu_0\mu_r) << B_{ad}(g+h)/\mu_0$，气隙减小，导致磁通密度的增加系数为 $c_g \approx 1 + h/g$。当然，当 $h=0$ 时 $B_{ad1} = B_{ad}$，$B_{aq1} = B_{aq}$，$k_{fd} = k_{fq} = 1$。此时电机与圆柱形转子电机相近。同样，对于表贴式永磁转子，$k_{fd} = k_{fq} = 1$（见图 5.10b），因为永磁体的相对磁导率 $\mu_r \approx 1$。对于带有软钢极靴的表贴式永磁转子（见图 5.10c），系数 $c_g' \approx 1 - d_p/g_q$，d_p 是指软钢极靴的厚度，g_q 是指 q 轴上的气隙，其评估方法与嵌入式永磁转子的系数 c_g 相同。对于嵌入式永磁转子，d 轴电枢磁通密度随 $\cos(x/\alpha_i)$ 变化，q 轴电枢磁通密度随 $\sin x$ 变化（见图 5.10d）。

不同转子结构下的系数 k_{fd} 和 k_{fq} 见表 5.2，最后一行显示了具有电励磁凸极同步电机的 k_{fd} 和 k_{fq}[185]。

5.6.2　有限元法

第 3 章第 3.12 节中描述的两种方法可计算同步电抗，即：①线圈磁链数除以线圈中的电流；②线圈中存储的能量除以电流二次方的一半。虽然电流/能量扰动法更复杂，但建议用于计算动态响应电感（变换器供电电机）。

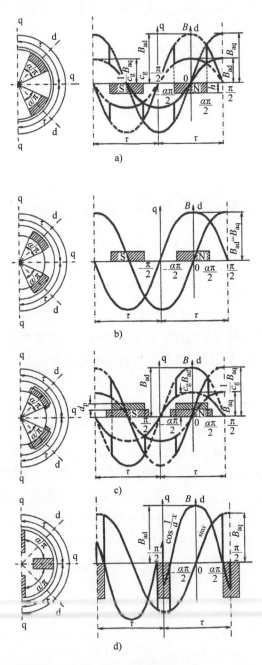

图5.10 永磁电机不同转子的 d 轴和 q 轴磁通密度分布：a）表面埋入式永磁转子；
b）表贴式永磁转子；c）带软钢极靴的表贴式永磁转子；d）嵌入式永磁转子

表 5.2　永磁同步电机的电枢反应波形系数

转子结构	d 轴	q 轴
表面埋入式永磁转子	$k_{fd} = \dfrac{1}{\pi}[\alpha_i\pi + \sin\alpha_i\pi + c_g(\pi - \alpha_i\pi - \sin\alpha_i\pi)]$	$k_{fq} = \dfrac{1}{\pi}\left[\dfrac{1}{c_g}(\alpha_i\pi - \sin\alpha_i\pi) + \pi(1 - \alpha_i) + \sin\alpha_i\pi\right]$
	$c_g \approx 1 + h/g$	
表贴式永磁转子	$k_{fd} = k_{fq} = 1$	
带软钢极靴的表贴式永磁转子	$k_{fd} = \dfrac{1}{\pi}[\alpha_i\pi + \sin\alpha_i\pi + c'_g(\pi - \alpha_i\pi - \sin\alpha_i\pi)]$	$k_{fq} = \dfrac{1}{\pi}\left[\dfrac{1}{c'_g}(\alpha_i\pi - \sin\alpha_i\pi) + \pi(1 - \alpha_i) + \sin\alpha_i\pi\right]$
	$c'_g \approx 1 - d_p/g_q$	
嵌入式永磁转子	$k_{fd} = \dfrac{4}{\pi}\alpha_i\dfrac{1}{1 - \alpha_i^2}\cos(0.5\alpha_i\pi)$	$k_{fq} = \dfrac{1}{\pi}(\alpha_i\pi - \sin\alpha_i\pi)$
带有励磁绕组的凸极转子	$k_{fd} = \dfrac{1}{\pi}(\alpha_i\pi + \sin\alpha_i\pi)$	$k_{fq} = \dfrac{1}{\pi}(\alpha_i\pi - \sin\alpha_i\pi)$

5.6.3　实验法

测量大中功率同步电机同步电抗的实验方法中的简化和假设不适用于小型永磁同步电机，因此该实验方法不能用于小型永磁同步电机同步电抗的测量。同步电抗的精确测量方法可根据图 5.4a 所示的相量图推导，即

$$V_1\cos\delta = E_f + I_{ad}X_{ad} + I_aX_1\sin(\phi - \delta) + I_aR_1\cos(\phi - \delta)$$
$$= E_f + I_aX_{sd}\sin(\phi - \delta) + I_aR_1\cos(\phi - \delta) \tag{5.58}$$
$$V_1\sin\delta = I_aX_1\cos(\phi - \delta) + I_{aq}X_{aq} - I_aR_1\sin(\phi - \delta)$$
$$= I_aX_{sq}\cos(\phi - \delta) - I_aR_1\sin(\phi - \delta) \tag{5.59}$$

对于欠励磁电机，$\psi = \phi - \delta$。d 轴同步电抗可从式 (5.58) 中得到，q 轴同步电抗可从式 (5.59) 中得到，即

$$X_{sd} = \frac{V_1\cos\delta - E_f - I_aR_1\cos(\phi - \delta)}{I_a\sin(\phi - \delta)} \tag{5.60}$$

$$X_{sq} = \frac{V_1\sin\delta + I_aR_1\sin(\phi - \delta)}{I_a\cos(\phi - \delta)} \tag{5.61}$$

式中，输入电压 V_1、相电枢电流 I_a、相电枢绕组电阻 R_1 易于测得对于欠励磁电机，角度 $\phi = \psi + \delta = \arccos[P_{in}/(m_1V_1I_a)]$。建议使用图 5.11 所示的电机设置[233]测量负载角 δ。假设反电动势 E_f 等于空载反电动势 E_0，即 $I_a \approx 0$。

测试同步电机和辅助同步电机对应两相的端子连接到示波器。测试同步电机

的空载反电动势 E_{oTSM} 和作为发电机运行的辅助同步电机的 E_{oASM} 应同相。TSM 和 ASM 相同的转子位置使得绕组相位相同。当 TSM 接入三相电源，电源和示波器接收到 V_{TSM} 和 E_{oASM} 信号，可以测量负载角 δ，即 V_{TSM} 瞬时值与 E_{oASM} 之间的相位角。式（5.60）和式（5.61）可以研究输入电压 V_1 和负载角 δ 如何影响 X_{sd} 和 X_{sq}。测量角度 δ 的精度在很大程度上取决于 V_{TSM} 和 E_{oASM} 中的高次谐波含量。

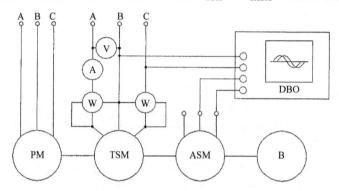

图 5.11　测量永磁同步电机负载角 δ 的实验室装置
TSM—测试的同步电机　ASM—与 TSM 具有相同极数的辅助同步电机
PM—原动机（同步或直流电机）　B—制动器　DBO—双波示波器

5.7　转子结构

5.7.1　Merrill 转子

第一个成功的小型永磁同步电机转子结构是由 F. W. Merrill（美国专利 2543639）申请的专利[215]。它是一个类似于图 5.1a 中所示双极电机的四极电机。在每个永磁体磁极之间，叠压的外环有深狭槽（见图 5.1a）。转子带有笼型绕组，电机可自起动。通过改变窄缝的宽度，可以调节永磁体产生的漏磁。因为起动和反转时的电枢磁通穿过叠层环和窄槽而未穿过永磁体，采用铝镍钴永磁体即可防止退磁。永磁体通过铝或锌合金套筒安装在轴上。选择叠压的转子环的厚度时，应确保定转子装配后转子磁通密度约为 1.5T。转子齿中的磁通密度可达 2T。

5.7.2　嵌入式永磁电机

嵌入式永磁转子具有径向磁化和交替极化的永磁体（见图 5.1b）。由于磁极面积小于转子表面的磁极面积，开路时的气隙磁通密度小于磁铁中的磁通密度[165]。由于 q 轴磁通可以通过硅钢片而不穿过永磁体，因此 d 轴同步电抗小于 q 轴同步电抗。这种永磁体能很好地抵御离心力的作用，因此这种结构适用于高频高速电机。

5.7.3　表贴式永磁电机

表贴式永磁电机具有径向磁化（见图 5.1c）或圆周磁化的永磁体。有时使用外置的高导电性非导磁圆筒保护永磁体，辅助永磁体抵抗电枢反应的去磁效应和离心力的拉伸作用，提供异步起动转矩，并充当阻尼器。如果使用稀土永磁体，则 d 轴和 q 轴同步电抗实际上是相同的（见表 5.2）。

5.7.4　表面埋入式永磁电机

在表面埋入式电机（见图 5.1d）中，永磁体径向磁化，并嵌入浅槽。转子由硅钢片或实心钢制成。若采用硅钢片，则需要起动笼型绕组或外部非铁磁性圆筒。q 轴同步电抗大于 d 轴同步电抗。一般来说，此结构的永磁体产生的反电动势低于表贴式永磁转子产生的反电动势。

5.7.5　轮辐式永磁电机

轮辐式转子的周向磁化永磁体嵌入深槽中（见图 5.1e）。由于周向磁化，永磁体的高度 h_M 是切向的。有效极弧系数 α_i 取决于槽宽。q 轴同步电抗大于 d 轴同步电抗。在转子极靴（叠层铁心）槽中的笼型绕组或软钢制成的实心凸极靴的帮助下，产生异步起动转矩。需要合理设计相邻磁铁内部之间的磁桥宽度，并采用非导磁轴（见图 5.12）。若轴导磁，永磁体的大部分无用磁通将通过导磁轴闭合[28]（见图 5.12a）。轮辐式转子应配备非导磁轴（见图 5.12b），或导磁轴与转子芯之间使用非导磁套筒。

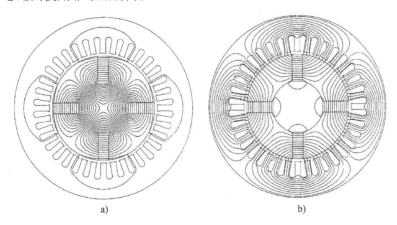

a)　　　　　　　　　　　　　b)

图 5.12　轮辐式同步电机截面磁通分布：a）设计不当的导磁轴转子；b）非导磁轴转子

表 5.3 给出了表贴式和轮辐式同步电机之间的简要比较。另一种结构是由西

门子公司（德国专利 1173178）开发的具有不对称分布的埋磁式转子（见图 5.1e）。

表 5.3　表贴式和轮辐式永磁同步电机比较

表贴式磁体	轮辐式磁体
气隙磁通密度小于 B_r	气隙磁通密度可大于 B_r（当多于四极时）
简单的电机结构	相对复杂的电机结构（常见的非铁磁轴）
小电枢反应磁通	更大的电枢反应磁通，因此需要更昂贵的逆变器
永磁体不受电枢磁场的保护	防止电枢磁场的永磁体
永磁体中存在涡流损耗	永磁体中没有涡流损耗
导电套管形式的阻尼器（如有必要）	笼型绕组形式的阻尼器

5.8　同步电机和感应电机比较

　　与感应电机相比，永磁同步电机没有转子绕组损耗，只需要比强制换向器效率更高、简单的线路换向逆变器。表 5.4 包含同步电机和感应电机的转速、功率因数 $\cos\phi$、气隙、转矩 - 电压特性和成本的比较。具有大气隙的同步电机比感应电机更可靠。增加气隙可以减小电枢反应的影响，同时减少同步电抗（如有必要）并提高稳定性。

表 5.4　永磁同步电机和感应电机比较

参　　数	同步电机	感应电机
转速	常量，与负载无关	随着负载的增加，速度就会下降
功率因数 $\cos\phi$	可调功率因数（由逆变器控制），可以在 $\cos\phi = 1$ 时运行	取决于空气间隙，额定负载下 $\cos\phi \approx 0.8 \sim 0.9$，空载时 $\cos\phi \approx 0.1$
非铁磁气隙	从几分之一毫米到几毫米	尽可能小
转矩 - 电压特性	转矩与输入电压成正比	转矩与输入电压二次方成正比
造价	比感应电机贵	性价比高

　　表 5.5 比较了 50kW、6000r/min、200Hz 永磁同步电机驱动系统和笼型感应电机驱动系统[13]。与感应电机驱动系统相比，永磁同步电机驱动系统的总损耗减少了 43%。因此，效率从 90.1% 提高到了 94.1%（节能 2kW）[13]。

表 5.5　额定功率为 50kW、6000r/min 和 200Hz 的永磁同步电机驱动系统和笼型感应电机驱动系统的损耗和效率

损　耗	永磁同步电机	笼型感应电机
绕组损耗		
定子损耗	820W	}1198W
转子损耗	—	
阻尼器	90W	—
定子绕组集肤效应引起的损耗	30W	}710W
转子绕组集肤效应引起的损耗	—	
铁心损耗	845W	773W
高次谐波损耗		
阻尼器	425W	—
转子表面	—	221W
磁通脉动	—	301W
旋转损耗		
轴承摩擦	295	}580W
空气摩擦	70	
电机总损耗	2575W	3783W
逆变器总损耗	537W	1700W
驱动器总损耗	3112W	5483W
效率		
电机	95.1%	93.0%
机电驱动系统	94.1%	90.1%

5.9　尺寸选择步骤及主要尺寸

电机中永磁体的体积可表示为

$$V_M = 2ph_M w_M l_M \tag{5.62}$$

永磁体体积的大小往往取决于永磁材料的品质（最大能量）。在式（5.62）中，$2p$ 为极数；h_M、w_M 和 l_M 分别为永磁体的高度、宽度和长度。永磁同步电机的输出功率与 V_M 成正比。利用永磁体的运行图（见图 2.9），永磁同步电机产生的最大电磁功率可表示为[20, 233]

$$P_{max} = \frac{\pi^2}{2} \frac{\xi}{k_f k_{ad}(1+\epsilon)} f B_r H_c V_M \tag{5.63}$$

式中，k_f 为转子励磁磁通的波形系数，$k_f = 0.7 \sim 1.3$；k_{ad} 为 d 轴电枢反应系数；

$\epsilon = E_{\mathrm{f}} / V_1 = 0.60 \sim 0.95$（对于欠励磁电机，见图 5.13）；$E_{\mathrm{f}}$ 为空载时转子励磁引起的电动势；V_1 为输入电压；f 为输入频率；B_{r} 为剩余磁通密度；H_{c} 为矫顽力。将同步电机中永磁体的利用系数定义为

$$\xi = \frac{E_{\mathrm{f}} I_{\mathrm{aK}}}{E_{\mathrm{r}} I_{\mathrm{ac}}} = 0.3 \sim 0.7 \tag{5.64}$$

式中，I_{aK} 是决定回复线开始位置 K 点（见图 2.9）的磁动势 F_K 对应的电流。K 点是退磁曲线 $\varPhi = f(F)$ 与直线 $G_{\mathrm{ext}} = \varPhi_K / F_K$ 或 $G_{\mathrm{t}} = \varPhi_K / (F_K - F'_{\mathrm{admax}})$ 的交点。一般来说，电流 I_{aK} 是可能发生的最大电枢电流，即 $I_{\mathrm{aK}} = I_{\mathrm{arev}}$[119]。反电动势 E_{r} 对应 B_{r}，电枢电流 I_{ac} 对应 H_{c}。

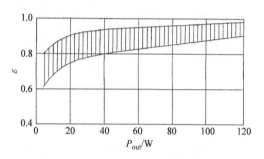

图 5.13　系数 $\epsilon = E_{\mathrm{f}} / V_1$ 作为小型交流永磁电机 P_{out} 的函数

　　借助过载能力系数 $k_{\mathrm{ocf}} = P_{\mathrm{max}} / P_{\mathrm{out}}$，其中 P_{out} 是输出额定功率（$P_{\mathrm{max}} \approx 2P_{\mathrm{out}}$），永磁体的体积为

$$V_{\mathrm{M}} = c_{\mathrm{V}} \frac{P_{\mathrm{out}}}{f B_{\mathrm{r}} H_{\mathrm{c}}} \tag{5.65}$$

式中

$$c_{\mathrm{V}} = \frac{2 k_{\mathrm{ocf}} k_{\mathrm{fd}} (1 + \epsilon)}{\pi^2 \xi} = 0.54 \sim 3.1 \tag{5.66}$$

　　根据交流电机的输出系数，可以估算出内定子直径 D_{1in}。通过气隙的电磁功率是

$$S_{\mathrm{elm}} = m_1 E_{\mathrm{f}} I_{\mathrm{a}} = \pi \sqrt{2} f N_1 k_{\mathrm{w1}} \varPhi_{\mathrm{f}} \frac{m_1 \pi D_{\mathrm{1in}} A_{\mathrm{m}}}{2 m_1 \sqrt{2} N_1} \tag{5.67}$$

$$= \frac{\pi^2}{2} (n_{\mathrm{s}} p) k_{\mathrm{w1}} \frac{L_{\mathrm{i}} D_{\mathrm{1in}}^2}{p} B_{\mathrm{mg}} A_{\mathrm{m}} = 0.5 \pi^2 k_{\mathrm{w1}} D_{\mathrm{1in}}^2 L_{\mathrm{i}} n_{\mathrm{s}} B_{\mathrm{mg}} A_{\mathrm{m}}$$

式中，n_{s} 为同步速度，$n_{\mathrm{s}} = f/p$；k_{w1} 是根据式（A.15）得到的定子绕组因数；A_{m} 是根据式（5.13）得到的定子线电流密度的峰值；B_{mg} 是气隙磁通密度的峰值，近似等于根据式（5.6）得到的其基波 B_{mg1} 的峰值。定子线电流密度 A_{m} 的幅值范围从小型电机的 10000A/m 到中功率电机[225]的 55000A/m。

电磁转矩为

$$T_{\mathrm{d}} = \frac{S_{\mathrm{elm}}\cos\psi}{2\pi n_{\mathrm{s}}} = \frac{\pi}{4}k_{\mathrm{w1}}D_{\mathrm{1in}}^2 L_{\mathrm{i}}B_{\mathrm{mg}}A_{\mathrm{m}}\cos\psi \tag{5.68}$$

假设 $B_{\mathrm{mg}} \approx B_{\mathrm{mg1}}$，其中 B_{mg1} 根据式（5.2）和式（5.23）得到。因此

$$P_{\mathrm{out}} = P_{\mathrm{in}}\eta = m_1 V_1 I_{\mathrm{a}}\eta\cos\phi = \frac{1}{\epsilon}S_{\mathrm{elm}}\eta\cos\phi \tag{5.69}$$

输出系数为

$$\sigma_{\mathrm{p}} = \frac{P_{\mathrm{out}}\epsilon}{D_{\mathrm{1in}}^2 L_{\mathrm{i}}n_{\mathrm{s}}} = 0.5\pi^2 k_{\mathrm{w1}}A_{\mathrm{m}}B_{\mathrm{mg}}\eta\cos\phi \tag{5.70}$$

气隙磁通密度为

$$B_{\mathrm{mg}} = \frac{\Phi_{\mathrm{f}}}{\alpha_{\mathrm{i}}\tau L_{\mathrm{i}}} \tag{5.71}$$

采用钕铁硼的永磁同步电机尺寸选择步骤时，可以预估为 $B_{\mathrm{mg}} \approx (0.6 \sim 0.8)B_{\mathrm{r}}$；采用铁氧体的永磁同步电机，$B_{\mathrm{mg}} \approx (0.4 \sim 0.7)B_{\mathrm{r}}$。磁通密度也可以在式（2.14）的基础上近似估计。

电枢铁心的有效长度 L_{i} 可自由选择，即 $L_{\mathrm{i}}/D_{\mathrm{1in}}$ 取决于电机的实际应用。

对于小型永磁同步电机，定子铁心和转子极或极靴之间的气隙（机械间隙）建议为 $0.3 \sim 1.0\mathrm{mm}$。气隙越小，起动电流就越小。另一方面，电枢反应和齿槽（制动）转矩的影响随着气隙的减小而增大。

磁动势 F'_{ad} 是直接作用于永磁体上的 d 轴电枢反应磁动势，即

$$F'_{\mathrm{ad}} = F_{\mathrm{excd}}\frac{1}{\sigma_{\mathrm{1M}}} = \frac{m_1\sqrt{2}}{\pi}\frac{N_1 k_{\mathrm{w1}}}{p}k_{\mathrm{ad}}I_{\mathrm{ad}}\frac{1}{\sigma_{\mathrm{1M}}} \tag{5.72}$$

式中，F_{excd} 是根据式（5.29）得到且与励磁相关的 d 轴电枢反应磁动势；σ_{1M} 是根据式（2.10）和式（2.55）得到的永磁体漏磁系数；N_1 是每相的电枢匝数；I_{ad} 是根据式（5.37）或式（5.40）得到的 d 轴电枢电流。

5.10　性能计算

感应电机的稳态特性（输出功率 P_{out}、输入功率 P_{in}、定子电流 I_1、轴转矩 T_{sh}、效率 η 和功率因数 $\cos\phi$）是根据转差 s 进行计算的。当同步电抗 X_{sd}、X_{sq} 和电枢电阻 R_1 已知时，同步电机也可以用输入电压 V 和反电动势 E_{f} 之间的负载角 δ 代替转差 s[152]。使用电枢电流（5.40）、（5.41）和（5.43），输入功率（5.44），电磁功率（5.45）和调整转矩（5.46）的方程。旋转、电枢铁心和杂散损耗（附录 B）、轴转矩、功率因数和效率的计算与感应电机相似。根据负载

角 δ 绘制的特性可以用更方便的形式表示，例如，作为电流 I_a 和电动势 E_f 之间夹角 ψ 的函数。

另一种方法是对 $I_{ad}=0$（$\psi=0$）、额定电压和频率进行计算并得额定电流、转矩、输出功率、效率和功率因数。然后，通过改变电流 I_a，例如从 $0\sim1.5I_a$ 来模拟可变负载，得到 $n_s=$ 常数和 $\psi=0$ 的电流或转矩的负载特性。$\psi\neq0$ 的特性也可以用类似的方法得到。

5.11 永磁电机的动态模型

正弦励磁同步电机的控制算法经常采用电机的 d - q 线性模型。d - q 动态模型采用同步速度 ω 移动的旋转参考系表示。没有时变参数且所有变量解耦变换到 d 轴和 q 轴坐标系下表示。

同步电机由以下的方程表示：

$$v_{1d} = R_1 i_{ad} + \frac{\mathrm{d}\Psi_d}{\mathrm{d}t} - \omega\Psi_q \tag{5.73}$$

$$v_{1q} = R_1 i_{aq} + \frac{\mathrm{d}\Psi_q}{\mathrm{d}t} + \omega\Psi_d \tag{5.74}$$

$$v_f = R_f I_f + \frac{\mathrm{d}\Psi_f}{\mathrm{d}t} \tag{5.75}$$

$$0 = R_D i_D + \frac{\mathrm{d}\Psi_D}{\mathrm{d}t} \tag{5.76}$$

$$0 = R_Q i_Q + \frac{\mathrm{d}\Psi_Q}{\mathrm{d}t} \tag{5.77}$$

上述方程中的磁链定义为

$$\Psi_d = (L_{ad}+L_1)i_{ad} + L_{ad}i_D + \Psi_f = L_{sd}i_{ad} + L_{ad}i_D + \Psi_f \tag{5.78}$$

$$\Psi_q = (L_{aq}+L_1)i_{aq} + L_{aq}i_Q = L_{sq}i_{aq} + L_{aq}i_Q \tag{5.79}$$

$$\Psi_f = L_{fd}I_f \tag{5.80}$$

$$\Psi_D = L_{ad}i_{ad} + (L_{ad}+L_D)i_D + \Psi_f \tag{5.81}$$

$$\Psi_Q = L_{aq}i_{aq} + (L_{aq}+L_Q)i_Q \tag{5.82}$$

式中，v_{1d} 和 v_{1q} 为端电压的 d 轴和 q 轴分量；Ψ_f 为励磁产生的每相最大磁链；R_1 为电枢绕组的电阻；L_{ad}、L_{aq} 为电枢自感的 d 轴和 q 轴分量；ω 为电枢电流的角频率 $\omega=2\pi f$；i_{ad}、i_{aq} 为电枢电流的 d 轴和 q 轴分量；i_D、i_Q 为阻尼绕组电流的 d 轴和 q 轴分量。仅在电励磁情况下存在励磁绕组的电阻为 R_f，励磁电流为 I_f，励磁磁链为 Ψ_f。d 轴阻尼绕组的电阻和电感分别为 R_D 和 L_D。q 轴阻尼绕组的电阻和电感分别为 R_Q 和 L_Q。最终的电枢电感为

$$L_{sd} = L_{ad} + L_1, L_{sq} = L_{aq} + L_1 \tag{5.83}$$

式中，L_{ad} 和 L_{aq} 分别为 d 轴和 q 轴电感；L_1 为电枢绕组每相的漏电感。在三相电机中，$L_{ad} = (3/2)L'_{ad}$ 和 $L_{aq} = (3/2)L'_{aq}$ 中的 L'_{ad} 和 L'_{aq} 是相自感。

励磁磁链 $\Psi_f = L_{fd}I_f$，其中 L_{fd} 为电枢与励磁绕组之间的互感最大值。在永磁体励磁的情况下，虚拟电流为 $I_f = H_c h_M$。

对于没有阻尼绕组的电机，$i_D = i_Q = 0$。于是，d 和 q 轴上的电压方程为

$$v_{1d} = R_1 i_{ad} + \frac{\mathrm{d}\Psi_d}{\mathrm{d}t} - \omega\Psi_q = \left(R_1 + \frac{\mathrm{d}L_{sd}}{\mathrm{d}t}\right)i_{ad} - \omega L_{sq}i_{aq} \tag{5.84}$$

$$v_{1q} = R_1 i_{aq} + \frac{\mathrm{d}\Psi_q}{\mathrm{d}t} + \omega\Psi_d = \left(R_1 + \frac{\mathrm{d}L_{sq}}{\mathrm{d}t}\right)i_{aq} + \omega L_{sd}i_{ad} + \omega\Psi_f \tag{5.85}$$

由电感 L_{sd} 和 L_{sq} 表示的电压方程的矩阵形式为

$$\begin{bmatrix} v_{1d} \\ v_{1q} \end{bmatrix} = \begin{bmatrix} R_1 + \dfrac{\mathrm{d}}{\mathrm{d}t}L_{sd} & -\omega L_{sq} \\ \omega L_{sd} & R_1 + \dfrac{\mathrm{d}}{\mathrm{d}t}L_{sq} \end{bmatrix} \begin{bmatrix} i_{ad} \\ i_{aq} \end{bmatrix} + \begin{bmatrix} 0 \\ \omega\Psi_f \end{bmatrix} \tag{5.86}$$

稳态运行时，$(\mathrm{d}/\mathrm{d}t)L_{sd}i_{ad} = (\mathrm{d}/\mathrm{d}t)L_{sq}i_{aq} = 0$，$\boldsymbol{I}_a = I_{ad} + \mathrm{j}I_{aq}$，$\boldsymbol{V}_1 = V_{1d} + \mathrm{j}V_{1q}$，$i_{ad} = \sqrt{2}I_{ad}$，$i_{aq} = \sqrt{2}I_{aq}$，$v_{1d} = \sqrt{2}V_{1d}$，$v_{1q} = \sqrt{2}V_{1q}$，$E_f = \omega L_{fd}I_f/\sqrt{2} = \omega\Psi_f/\sqrt{2}$[105]。其中 ωL_{sd} 和 ωL_{sq} 分别被称为 d 轴和 q 轴的同步电抗。

三相绕组的瞬时输入功率为

$$p_{in} = v_{1A}i_{aA} + v_{1B}i_{aB} + v_{1C}i_{aC} = \frac{3}{2}(v_{1d}i_{ad} + v_{1q}i_{aq}) \tag{5.87}$$

由式（5.84）和式（5.85）得到功率平衡方程

$$v_{1d}i_{ad} + v_{1q}i_{aq} = R_1 i_{ad}^2 + \frac{\mathrm{d}\Psi_d}{\mathrm{d}t}i_{ad} + R_1 i_{aq}^2 + \frac{\mathrm{d}\Psi_q}{\mathrm{d}t}i_{aq} + \omega(\Psi_d i_{aq} - \Psi_q i_{ad})$$

$$\tag{5.88}$$

最后一项 $\omega(\Psi_d i_{aq} - \Psi_q i_{ad})$ 是指一相/双极同步电机的电磁功率。对于三相同步电机

$$p_{elm} = \frac{3}{2}\omega(\Psi_d i_{aq} - \Psi_q i_{ad}) = \frac{3}{2}\omega[(L_{sd}i_{ad} + \Psi_f)i_{aq} - L_{sq}i_{ad}i_{aq}]$$

$$= \frac{3}{2}\omega[\Psi_f + (L_{sd} - L_{sq})i_{ad}]i_{aq} \tag{5.89}$$

三相 p 对极电机的电磁转矩 $T_d(\mathrm{N})$ 为

$$T_d = p\frac{p_{elm}}{\omega} = \frac{3}{2}p[\Psi_f + (L_{sd} - L_{sq})i_{ad}]i_{aq} \tag{5.90}$$

比较式（5.90）和式（5.18）。

i_{ad}、i_{aq} 与相电流 i_{aA}、i_{aB} 和 i_{aC} 之间的关系为

$$i_{ad} = \frac{2}{3}\left[i_{aA}\cos\omega t + i_{aB}\cos\left(\omega t - \frac{2\pi}{3}\right) + i_{aC}\cos\left(\omega t + \frac{2\pi}{3}\right)\right] \quad (5.91)$$

$$i_{aq} = -\frac{2}{3}\left[i_{aA}\sin\omega t + i_{aB}\sin\left(\omega t - \frac{2\pi}{3}\right) + i_{aC}\sin\left(\omega t + \frac{2\pi}{3}\right)\right] \quad (5.92)$$

通过求解式（5.91）和式（5.92）并结合 $i_{aA} + i_{aB} + i_{aC} = 0$ 得到

$$i_{aA} = i_{ad}\cos\omega t - i_{aq}\sin\omega t$$

$$i_{aB} = i_{ad}\cos\left(\omega t - \frac{2\pi}{3}\right) - i_{aq}\sin\left(\omega t - \frac{2\pi}{3}\right)$$

$$i_{aC} = i_{ad}\cos\left(\omega t + \frac{2\pi}{3}\right) - i_{aq}\sin\left(\omega t + \frac{2\pi}{3}\right)$$

$$(5.93)$$

5.12 电磁噪声与振动

电磁噪声和振动是由高次谐波、偏心率、相位不平衡以及有磁致伸缩引起的寄生效应。

5.12.1 径向力

多相电机定子和转子磁动势的时空分布可表示为

$$\mathcal{F}_1(\alpha,t) = \sum_{\nu=0}^{\infty} \mathcal{F}_{m\nu,n}\cos(\nu p\alpha \pm \omega_n t) \quad (5.94)$$

$$\mathcal{F}_2(\alpha,t) = \sum_{\mu=0}^{\infty} \mathcal{F}_{m\mu,n}\cos(\mu p\alpha \pm \omega_{\mu,n} t + \phi_{\mu,n}) \quad (5.95)$$

式中，α 是到给定轴的角距离；p 是极对数；n 是高次时间谐波数；ω_n 为 n 次时间谐波的定子电流角频率；$\omega_{\mu,n}$ 为 n 次时间谐波的转子 μ 次空间谐波的角频率；$\phi_{\mu,n}$ 为 n 次时间谐波的定子 ν 次和转子 μ 次空间谐波矢量之间的夹角；$\mathcal{F}_{m\nu,n}$ 和 $\mathcal{F}_{m\mu,n}$ 为 n 次时间谐波的定子 ν 次和转子 μ 次空间谐波的峰值。乘积 $p\alpha = \pi x/\tau$，其中 τ 是极距，x 是与给定轴的线性距离。对于对称多相定子绕组和每极每相整数槽电机

$$\nu = 2m_1 l \pm 1 \quad (5.96)$$

式中，m_1 为定子相数；$l = 0, 1, 2, \cdots$对于同步电机的转子，有

$$\mu = 2l - 1 \quad (5.97)$$

式中，$l = 1, 2, 3, \cdots$在气隙中点 α 处的磁通密度法向分量瞬时值（T）为

$$b(\alpha,t) = [\mathcal{F}_1(\alpha,t) + \mathcal{F}_2(\alpha,t)]G(\alpha,t)$$

$$= b_1(\alpha,t) + b_2(\alpha,t) \quad (5.98)$$

式中

1) 对于定子

$$b_1(\alpha,t) = \sum_{\nu=0}^{\infty} B_{m\nu,n}\cos(\nu p\alpha \pm \omega_n t) \qquad (5.99)$$

2) 对于转子

$$b_2(\alpha,t) = \sum_{\mu=0}^{\infty} B_{m\mu,n}\cos(\mu p\alpha \pm \omega_{\mu,n} t + \phi_{\mu,n}) \qquad (5.100)$$

如果 $b_2(\alpha,t)$ 是根据已知气隙磁通密度进行估算，则必须考虑定子槽开口的影响。

气隙相对磁导的变化（H/m²）可以用傅里叶级数表示为偶函数

$$G(\alpha) = \frac{A_0}{2} + \sum_{k=1,2,3,\cdots}^{\infty} A_k\cos(k\alpha) \qquad (5.101)$$

式中，k 表示定子和转子表面气隙长度变化的谐波数。

第一个常数项对应于由卡氏系数 k_C 增加的物理气隙 g' 的相对磁导 G_0（H/m²）。对于表贴式永磁体：$g' = gk_C + h_M/\mu_{rrec}$；对于完全由层压或实心钢心所包围的嵌入式永磁体：$g' = gk_C$。因此

$$\frac{A_0}{2} = G_0 = \frac{\mu_0}{g'} \qquad (5.102)$$

高次谐波系数为

$$A_k = \frac{2}{\pi}\int_0^{\pi} G(\alpha)\cos(k\alpha)\,d\alpha \qquad (5.103)$$

气隙磁导的变化（5.101）通常用以下的形式表示[76,86,144]：

$$G(\alpha) = \frac{\mu_0}{g'} - 2\mu_0\frac{\gamma_1}{t_1}\sum_{k=1,2,3,\cdots}^{\infty} k_{ok}^2\cos(ks_1\alpha) \qquad (5.104)$$

式中，槽开口系数为

$$k_{ok} = \frac{\sin[k\rho\pi b_{14}/(2t_1)]}{k\rho\pi b_{14}/(2t_1)} \qquad (5.105)$$

相对槽开口

$$\kappa = \frac{b_{14}}{g} \qquad (5.106)$$

辅助函数

$$\rho = \frac{\kappa}{5+\kappa}\frac{2\sqrt{1+\kappa^2}}{\sqrt{1+\kappa^2}-1} \qquad (5.107)$$

$$\gamma_1 = \frac{4}{\pi}[0.5\kappa\arctan(0.5\kappa) - \ln\sqrt{1+(0.5\kappa)^2}] \qquad (5.108)$$

卡氏系数 k_C 根据式（A.27）计算；s_1 为定子槽数；t_1 为槽间距；b_{14} 为槽开口。

对于线性圆周距离 x，角位移为

$$\alpha = \frac{2\pi}{s_1 t_1} x \qquad (5.109)$$

假设相对偏心率为

$$\epsilon = \frac{e}{g} \qquad (5.110)$$

式中，e 是转子（轴）偏心率；g 是 $e = 0$ 的理想均匀气隙；磁路边缘气隙的变化为

$$g(\alpha, t) \approx g[1 + \epsilon \cos(\alpha - \omega t)] \qquad (5.111)$$

当转子围绕其几何中心旋转时定义为静偏心，当转子绕定子几何中心旋转时定义为动偏心。

根据麦克斯韦应力张量，$n = 1$ 时气隙任意点处单位面积的径向力 p_r（N/m²）为

$$
\begin{aligned}
p_r &= \frac{b^2(\alpha, t)}{2\mu_0} = \frac{1}{2\mu_0}[\mathcal{F}_1(\alpha, t) + \mathcal{F}_2(\alpha, t)]^2 G^2(\alpha) \\
&= \frac{1}{2\mu_0}[\mathcal{F}_1^2(\alpha, t) + 2\mathcal{F}_1(\alpha, t)\mathcal{F}_2(\alpha, t) + \mathcal{F}_2^2(\alpha, t)]^2 G^2(\alpha) \\
&= \frac{1}{2\mu_0}\left\{\left[\sum_{\nu=0}^{\infty}\mathcal{F}_{m\nu}\cos(\nu p\alpha \pm \omega t)\right]^2 + \right. \\
&\quad 2\sum_{\nu=0}^{\infty}\mathcal{F}_{m\nu}\cos(\nu p\alpha \pm \omega t)\sum_{\mu=0}^{\infty}\mathcal{F}_{m\mu}\cos(\mu p\alpha \pm \omega_\mu t + \phi_\mu) + \\
&\quad \left.\left[\sum_{\mu=0}^{\infty}\mathcal{F}_{m\mu}\cos(\mu p\alpha \pm \omega_\mu t + \phi_\mu)\right]^2\right\}\left[\frac{A_0}{2} + \sum_{k=1}^{\infty}A_k\cos(k\alpha)\right]^2
\end{aligned}
\qquad (5.112)
$$

式（5.112）有三组无限多的径向力波[290]。二次方项（定子和转子）产生恒定的应力和具有两倍极对数的径向力波。

带有嵌入式永磁体的中功率永磁无刷电机的径向力密度分布如图 5.14 所示。

只有转子力波和定子力波的相互作用（方括号中的第二项）才会产生低模态和高振幅的力波，从声学的角度来看这是很重要的。这些单位面积的力可以用以下形式来表示：

$$p_r(\alpha, t) = P_r\cos(r\alpha - \omega_r t) \qquad (5.113)$$

式中，对于定子和转子空间谐波的混合乘积，$r = (\nu \pm \mu)p = 0$、1、2、3、…为力波的阶数（周向模数）；ω_r 为第 r 阶力波的角频率，$\omega_r = \omega_\nu \pm \omega_\mu$。径向力以角速度 ω_r/r 和频率 $f_r = \omega_r/(2\pi)$ 绕定子铁心旋转。当定子极对数较小时，径向力可能会导致定子振动。

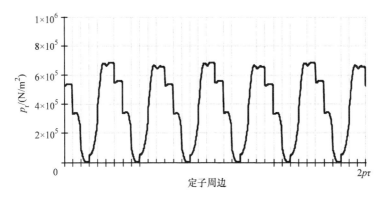

图 5.14　在 $m_1 = 3$、$p = 4$、$s_1 = 36$ 和 $\tau = 82\text{mm}$ 时，定子周边的径向力密度分布

对于永磁无刷直流电机，满载电枢反应磁场通常小于 20% 的开路磁场。因此，式（5.112）中的第一项和第二项对空载的噪声影响最小[121]。

径向力密度幅值 $P_r (\text{N/m}^2)$ 为

$$P_r = \frac{B_{m\nu} B_{m\mu}}{2\mu_0} \tag{5.114}$$

为了得到径向力的幅值，应将力密度幅值 P_r 乘以 $\pi D_{1\text{in}} L_i$，其中 $D_{1\text{in}}$ 为定子铁心内径，L_i 为定子铁心的有效长度。

当频率 f_r 接近定子的自然机械频率时，定子变形最大。从空气噪声的角度来看，低模态数最重要，即 $r = 0$、1、2、3 和 4。

5.12.2　定子铁心的变形

1. 振动模态 $r = 0$

对于 $r = 0$（脉振模态），径向力密度

$$p_0 = P_0 \cos\omega_0 t \tag{5.115}$$

均匀分布在定子周围，并随时间周期性变化。它引起定子铁心的径向振动，可与变化的内部超压圆柱形容器相比较[144]。式（5.115）描述了相同长度（相同极对数）和不同速度（频率）的两个磁通密度波的干扰。

2. 振动模态 $r = 1$

对于 $r = 1$，径向力密度

$$p_1 = P_1 \cos(\alpha - \omega_1 t) \tag{5.116}$$

在转子上产生单侧磁拉力，拉力旋转的角速度为 ω_1，电机在共振时会发生剧烈的振动。在物理上，式（5.116）描述了两个磁通密度波的干涉，其中极对数相差 1。

3. 振动模态 $r = 2$、3、4

对于 $r = 2$、3、4，定子铁心将发生偏转。图 5.15 为产生 $r = 0$、1、2、3、4

阶激振力的空间分布。

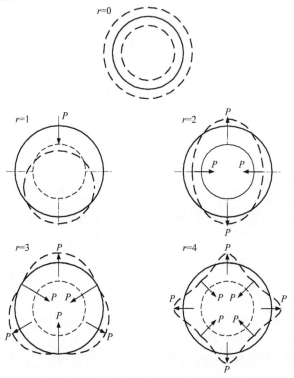

图 5.15　由径向力的空间分布引起的铁心变形

5.12.3　定子的固有频率

r 阶定子铁心（轭）的固有频率可以表示为[290]

$$f_r = \frac{1}{2\pi}\sqrt{\frac{K_r}{M}} \tag{5.117}$$

式中，K_r 和 M 分别为定子铁心的集总刚度（N/m）和集总质量。集总刚度与铁心的杨氏模量（弹性模量）E_c、铁心（轭）径向厚度 h_c 和定子铁心长度 L_i 成正比，与铁心的平均直径 D_c 成反比，即

$$K_r \propto \frac{E_c h_c L_i}{D_c} \tag{5.118}$$

例如，在参考义献 [121，290，311] 中给出了 K_r 和 M 的解析计算方程。考虑到机壳和绕组，定子系统的固有频率可以近似地表示为[121]

$$f_r \approx \frac{1}{2\pi}\sqrt{\frac{K_r + K_r^{(f)} + K_r^{(w)}}{M + M_f + M_w}} \tag{5.119}$$

上式中，$K_r^{(f)}$ 是机壳的集总刚性；$K_r^{(w)}$ 是包括绕组和绝缘在内的齿槽区域的集总

刚性；M_f 是机壳的质量；M_w 是具有绝缘和封装的绕组的质量。

钢的弹性模量为 0.21×10^{12} Pa，硅钢片为 $\leqslant 0.20 \times 10^{12}$ Pa，铜为 $(0.11 \sim 0.13) \times 10^{12}$ Pa，聚合物绝缘材料为 0.003×10^{12} Pa，铜 – 聚合物绝缘结构为 0.0094×10^{12} Pa。

5.13　应用

5.13.1　开环控制

带有叠压转子和埋入式永磁体的永磁电机可以在转子极靴上提供一个额外的笼型绕组。表贴式或嵌入式永磁电机中的实心钢极靴性能与笼型绕组相似。这种阻尼绕组还增加了一个产生异步转矩的部件，方便无位置传感器控制下的永磁电机稳定运行。于是，简单的恒压频比控制可以使用正弦电压 PWM 算法进行控制（见图 5.16），可以为无需快速动态响应的泵和风机等应用提供速度控制[166]。因此，在一些变速驱动应用中，采用最少的电子控制设备使永磁电机取代感应电机来提高驱动效率。

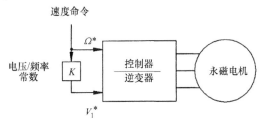

图 5.16　嵌入式或埋入式永磁电机的开环压频比控制简化框图

5.13.2　高性能闭环控制

为了使用正弦永磁电机实现高性能的运动控制，通常需要转子位置传感器。根据特定的正弦永磁电机驱动性能，需要绝对编码器提供相当于每电周期 6 位（5.6°电角度）或更高的数字分辨率。实现高性能运动控制的第二个条件是高质量的相电流控制。

图 5.17 所示的矢量控制[166]是实现高性能转矩控制的方法之一。根据式（5.90），输入转矩命令 T_d^* 转化为 i_{ad}^* 和 i_{aq}^* 电流分量的命令。其中 $\Psi_f = N_1 \Phi_f$ 是永磁体磁链幅值，L_{sd} 和 L_{sq} 分别为转子 d 轴和 q 轴同步电感。比较式（5.90）、式（5.45）和式（5.46），利用传感器的转子角度位置和基本的矢量旋转方程，将转子 d – q 参考坐标系中的电流指令（恒转矩指令的直流量）转换为单个定子相位 i_{aA}^*、i_{aB}^* 和 i_{aC}^* 的瞬时正弦电流指令[165]。然后，分别对应三相定子电流的电流

调节器工作，使绕组产生所需的电流。

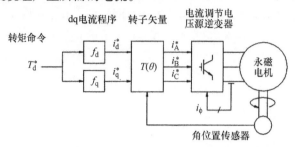

图 5.17 基于矢量控制的正弦永磁电机高性能转矩控制框图

将转矩命令 T_d^* 转化为 i_{ad}^* 和 i_{aq}^* 的最常见方法是设置最大转矩到当前操作的约束，这几乎相当于最大化操作效率[166]。

例如，参考文献 [310] 中阐述了 DSP 控制的带电流 PI 调节器的永磁同步电机驱动。对于总谐波畸变率，用于产生 PWM 电压的空间矢量调制方法优于次谐波方法。

5.13.3 高性能自适应模糊控制

图 5.18 为基于模糊逻辑方法并结合一种简单有效的自适应算法的实验速度和位置控制系统框图[55]。永磁同步电机由电流控制的逆变器供电。例如，该控制可以基于通用微处理器 Intel 80486 和美国 Neuralogics 的模糊逻辑微控制器 NLX230。该微处理器实现了自适应控制参数的模型参考自适应控制方案。在驱动运行过程中，负载转矩和惯性转矩都有变化的趋势。为了补偿轴转矩和惯性转矩的变化，采用了模糊逻辑方法。

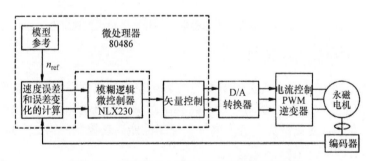

图 5.18 永磁同步电机自适应模糊控制器框图

案例

例 5.1

计算三相永磁同步电机的主要尺寸和体积：输出功率 $P_{out} = 1.5kW$，输入频率 $f = 50Hz$，同步速度 $n_s = 1500r/min$，线路电压 $V_{1L} = 295V$。采用 $B_r \approx 1.0T$ 和

$H_c \approx 700 \mathrm{kA/m}$ 的钐钴永磁体应分布在转子表面，并采用低碳钢极靴。这些极靴可以取代笼型绕组，降低起动电流。额定负载下，$\eta \cos\phi$ 应至少为 0.75。电机必须设计为连续工作并采用逆变器。估算每相电枢导体匝数和横截面积。

解：

额定电枢电流

$$I_a = \frac{P_{out}}{3V_1 \eta \cos\phi} = \frac{1500}{3 \times (295/\sqrt{3}) \times 0.75} = 3.9\mathrm{A}$$

极对数

$$p = \frac{f}{n_s} = \frac{50}{25} = 2$$

因此，当同步速度为 25rev/s 时，该电机为四极电机。

对于钐钴永磁体，建议假设气隙磁通密度在 $0.65 \sim 0.85\mathrm{T}$ 之间，即 $0.75 B_r$ 或 $B_{mg} = 0.75\mathrm{T}$。四极 1.5kW 电机的定子线电流密度应约为 $A_m = 30500\mathrm{A/m}$（峰值）。三相四极、双层绕组的绕组系数可假定 $k_{w1} = 0.96$。根据式（5.70）得出的输出系数为

$$\sigma_p = 0.5\pi^2 \times 0.96 \times 30500 \times 0.75 \times 0.75 = 81276\mathrm{V \cdot A \cdot s/m^3}$$

假设空载电动势与相位电压比为 $\epsilon = 0.83$。因此，该电机

$$D_{1in}^2 L_i = \frac{P_{out}\epsilon}{\sigma_p n_s} = \frac{1500 \times 0.83}{81276 \times 25} = 0.000613\mathrm{m^3}$$

根据 $D_{1in}^2 L_i = 0.000613\mathrm{m^3} = 613\mathrm{cm^3}$ 得到电机定子内径 $D_{1in} \approx 78\mathrm{mm}$，有效定子长度 $L_i = 100\mathrm{mm}$。由于电机是为变频驱动设计，因此主要尺寸已增加到 $D_{1in} \approx 82.54\mathrm{mm}$，$L_i = 103\mathrm{mm}$。

极距

$$\tau = \frac{\pi D_{1in}}{2p} = \frac{\pi \times 0.08254}{2p} = 0.0648\mathrm{m}$$

假设 $\alpha_i = 0.5$，有效极弧 $b_p = \alpha_i \tau = 0.5 \times 64.8 = 32.4\mathrm{mm}$。由于表贴式永磁体配合低碳钢极靴，$b_p$ 是外部极靴的宽度。假设低碳钢极靴的厚度为 $d_p = 1\mathrm{mm}$。d 轴上的气隙较小，即 $g = 0.3\mathrm{mm}$，与笼型感应电机相似。q 轴气隙可以大得多，比如 $g_q = 5.4\mathrm{mm}$。

根据表 5.2，d 轴上电枢反应的波形系数为

$$k_{fd} = \frac{1}{\pi}\left\{ 0.5\pi + \sin(0.5\pi) + 0.8148\left[\pi - 0.5\pi - \sin(0.5\pi)\right] \right\} = 0.966$$

式中，$c_g' \approx 1 - d_p/g_q = 1 - 1/5.4 = 0.8148$。

根据式（5.23）得出的励磁波形系数为

$$k_f = \frac{4}{\pi}\sin\frac{\alpha_i \pi}{2} = \frac{4}{\pi}\sin\frac{0.5\pi}{2} = 0.9$$

根据式（5.28）得到 d 轴上的电枢反应系数

$$k_{ad} = \frac{k_{fd}}{k_f} = \frac{0.966}{0.9} = 1.074$$

假设过载系数 $k_{ocf} \approx 2$。永磁体的利用系数（5.70）可估计 $\xi = 0.55$。因此

$$c_V = \frac{2k_{ocf}k_f k_{ad}(1 + \epsilon)}{\pi^2 \xi} = \frac{2 \times 2 \times 0.9 \times 1.074 \times (1 + 0.83)}{\pi^2 \times 0.55} = 1.303$$

根据式（5.65）计算永磁体的体积

$$V_M = c_V \frac{P_{out}}{fB_r H_c} = 1.303 \times \frac{1500}{50 \times 1.0 \times 700000} \approx 0.000056 m^3 = 56 cm^3$$

每个磁极都设计了 3 块并列的 5mm 厚、10mm 宽、100mm 长的表贴式钐钴永磁体，如图 5.19a 所示。电机中永磁体的体积为

$$V_M = 2p(3h_M w_M l_M) = 4 \times (3 \times 0.005 \times 0.01 \times 0.1) = 0.00006 m^3 = 60 cm^3$$

转子铁心由实心碳钢制造，表贴式钐钴永磁体在特殊胶粘物的帮助下固定在转子上。另外，每个永磁体极均配备了低碳钢极靴[119]，如图 5.19a 所示。利用 FEM 计算得到的电机磁力线如图 5.19b、c 所示。

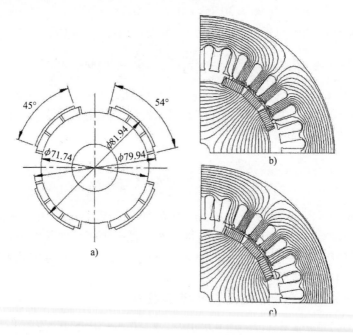

图 5.19 设计电机转子：a) 尺寸；b) 空载磁力线分布；c) 额定负载磁力线分布

根据式（5.13）给出的线电流密度和电枢电流，可以初步得到每相电枢的匝数

$$N_1 = \frac{A_\mathrm{m} p \tau}{m_1 \sqrt{2} I_\mathrm{a}} = \frac{30500 \times 2 \times 0.0648}{3 \sqrt{2} \times 3.9} \approx 240$$

假设 $s_1 = 36$ 的定子（电枢）槽内有双层绕组。对于 36 个槽和极数 $2p = 4$，每相电枢匝数应为 $N_1 = 240$。选取直径 $d_\mathrm{a} = 0.5\mathrm{mm}$ 的导体，并绕根数为 2。电枢导体的横截面积为

$$s_\mathrm{a} = 2 \times \frac{\pi d_\mathrm{a}^2}{4} = 2 \times \frac{\pi\, 0.5^2}{4} = 0.3927 \mathrm{mm}^2$$

电枢绕组中的电流密度

$$J_\mathrm{a} = \frac{I_\mathrm{a}}{s_\mathrm{a}} = \frac{3.9}{0.3927} = 9.93 \mathrm{A/mm}^2$$

如果电机配有风扇且绝缘等级最低为 F，则该值可用于小型交流电机连续运行。

对电路和磁路进行计算后，可得其他参数。电机设计参数见表 5.6。

表 5.6 永磁同步电机设计数据

参 数	数 值
输入频率 f	50Hz
输入电压（线间）	295.0V
联结方式	Y
定子内径 $D_{1\mathrm{in}}$	82.5mm
定子外径 $D_{1\mathrm{out}}$	136.0mm
d 轴的气隙 g_d	0.3mm
q 轴的气隙 g_q	5.4mm
定子铁心的有效长度 L_i	103.0mm
定子铁心的叠片系数 k_i	0.96
电枢绕组线圈间距 w_c	64.8mm
绕组端部长度 l_e	90.8mm
每一相的匝数 N_1	240
并绕根数	2
定子槽数 s_1	36
定子导线 20℃时的电导率 σ	$57 \times 10^{-6}\mathrm{S/m}$
定子导体直径 d_a	0.5mm
定子槽开口宽度 b_{14}	2.2mm
永磁铁的高度 h_M	5.0mm
永磁体的宽度 w_M	$3 \times 10\mathrm{mm}$
永磁体的长度 l_M	100.0mm
剩余磁通密度 B_r	1.0T
矫顽力 H_c	700.0kA/m
极靴宽度 b_p	32.4mm
极靴厚度 d_p	1.0mm

例 5.2

根据例 5.1 计算电机的电枢反应电抗、漏电抗和同步电抗。

解：

用经典的方法可以快速计算电抗。有效极弧系数 $\alpha_i = 0.5$ 和系数 $c'_g \approx 1 - d_p/g_q = 0.8148$ 已在前面的例 5.1 中得到。在定子中设计了 $s_1 = 36$ 半闭口椭圆形槽，尺寸如下：$h_{11} = 9.9\,\text{mm}$，$h_{12} = 0.1\,\text{mm}$，$h_{13} = 0.2\,\text{mm}$，$h_{14} = 0.7\,\text{mm}$，$b_{11} = 4.8\,\text{mm}$，$b_{12} = 3.0\,\text{mm}$，$b_{14} = 2.2\,\text{mm}$。定子槽开口的高度和宽度分别为 h_{14} 和 b_{14}。

波形系数 k_{fd} 和 k_{fq} 可以用表 5.2 中给出的方程来计算，因此

$$k_{fd} = \frac{1}{\pi}[0.5\pi + \sin(0.5\pi) + 0.8148(\pi - 0.5\pi - \sin(0.5\pi))] = 0.966$$

$$k_{fq} = \frac{1}{\pi}\left[\frac{1}{0.8148}(0.5\pi - \sin(0.5\pi)) + \pi(1 - 0.5) + \sin(0.5\pi))\right] = 1.041$$

系数 $k_{fd} < k_{fq}$。由于 d 轴的永磁体和低碳钢极靴的磁阻较小，因此 q 轴磁通大于 d 轴磁通，FEM 模型证实了这种效应（见图 5.20）。

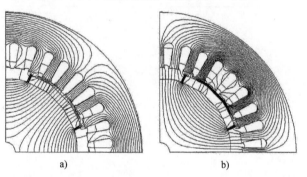

图 5.20 d、q 轴磁力线分布：a) d 轴磁力线；b) q 轴磁力线

在 d 轴，$g_t \approx g_q - d_p = 5.4 - 1.0 = 4.4\,\text{mm}$，根据式（A.27），最终的气隙卡氏系数为

$$k_C = \frac{t_{s1}}{t_{s1} - \gamma_1 g_t} = \frac{7.2}{7.2 - 0.0394 \times 4.4} = 1.0258$$

槽距为

$$t_1 = \frac{\pi D_{1in}}{s_1} = \frac{\pi \times 82.54}{36} = 7.2\,\text{mm}$$

以及

$$\gamma_1 = \frac{4}{\pi}\left[\frac{2.2}{2 \times 4.4}\arctan\frac{2.2}{2 \times 4.4} - \ln\sqrt{1 + \left(\frac{2.2}{2 \times 4.4}\right)^2}\right] = 0.0394$$

根据式（5.31）得到的 d 轴电枢反应电抗为

$$X_{ad} = 4 \times 3 \times 0.4\pi \times 10^{-6} \times \frac{(240 \times 0.96)^2}{\pi \times 2} \times \frac{0.0648 \times 0.103}{1.0258 \times 1.0 \times 0.0044} \times 0.966$$

$$= 9.10\Omega$$

根据类似的方法，由式（5.33）可以得到 q 轴同步电抗

$$X_{sq} = \frac{k_{fq}}{k_{fd}} X_{ad} = \frac{0.966}{1.041} \times 9.10 = 9.81\Omega$$

假设磁路饱和系数 $k_{sat} = 1.0$，即忽略磁饱和。

定子电枢漏电抗由式（A.30）得到，即

$$X_1 = 4\pi \times 50 \times 0.4\pi \times 10^{-6} \times \frac{0.103 \times 240^2}{2 \times 3} \times$$

$$(1.9368 + 0.4885 + 0.1665 + 0.1229) = 2.12\Omega$$

式中，漏磁通的比漏磁导为：

1）槽比漏磁导

$$\lambda_{1s} = 0.1424 + \frac{9.9}{3 \times 3.0} \times 0.972 + \frac{0.1}{3.0} \times 8 +$$

$$0.5 \arcsin \sqrt{1 - \left(\frac{2.2}{3.0}\right)^2} + \frac{0.7}{0.2} = 1.938$$

$$t = \frac{b_{11}}{b_{12}} = \frac{4.8}{3.0} = 1.6 \text{ 时}, k_t = 0.972$$

2）根据式（A.19）计算端部绕组的比漏磁导

$$\lambda_{1e} \approx 0.34 \frac{q_1}{L_i} \left(l_{1e} - \frac{2}{\pi} w_c\right) = 0.34 \times \frac{3}{0.103} \times \left(0.0908 - \frac{2}{\pi} \times 0.0648\right) = 0.4885$$

$$q_1 = \frac{s_1}{2pm_1} = \frac{36}{4 \times 3} = 3$$

式中，单边端部连接长度 $l_{1e} = 0.0908\text{m}$（绕组布置）；定子线圈间距为 $w_c = \tau = 0.0648\text{m}$（全间距线圈）。

3）根据式（A.24）计算谐波比漏磁导为

$$\lambda_{1d} = \frac{m_1 q_1 \tau k_{w1}^2}{\pi^2 k_C k_{sat} g_t} \tau_{d1} = \frac{3 \times 3 \times 0.0648 \times 0.96^2}{\pi^2 \times 1.0258 \times 1.0 \times 0.0044} \times 0.0138 = 0.1665$$

式中，$q_1 = 3$ 和 $w_c/\tau = 1$ 的定子谐波漏磁系数为 $\tau_{d1} = 0.0138$（见图 A.3）。

4）根据式（A.29）计算齿顶比漏磁导为

$$\lambda_{1t} = \frac{5g/b_{14}}{5 + 4g/b_{14}} = \frac{5 \times 0.3/2.2}{5 + 4 \times 0.3/2.2} = 0.1229$$

根据式（5.15），d 轴和 q 轴上的同步电抗为

$$X_{sd} = 2.12 + 9.10 = 11.22\Omega \quad X_{sq} = 2.12 + 9.81 = 11.93\Omega$$

例 5.3

根据例 5.1，对同步电机进行了重新设计。用带有对称分布轮辐式永磁转子代替带有低碳钢极靴的表贴式永磁转子（见图 5.1e 和图 5.12）。4 个钕铁硼永磁体（$h_M = 8.1\text{mm}$，$w_M = 20\text{mm}$，$l_M = 100\text{mm}$）嵌入在低碳钢转子的 4 个槽中。为了减少底部漏磁通，轴采用非铁磁钢制成。电机的参数如表 5.7 所示。

表 5.7 轮辐式永磁同步电机数据

参　　数	数　　值
输入频率 f	50Hz
输入电压（线间）	380.0V
联结方式	Y
定子内径 D_{1in}	82.5mm
定子外径 D_{1out}	136.0mm
d 轴的气隙 g	0.55mm
定子铁心的有效长度 L_i	100.3mm
定子铁心的叠片系数 k_i	0.96
电枢绕组线圈间距 w_c	64.8mm
绕组端部长度 l_e	90.8mm
每一相的匝数 N_1	240
并绕根数	2
定子槽数 s_1	36
定子导体直径 d_1	0.5mm
定子槽开口宽度 b_{14}	2.2mm
永磁体高度 h_M	8.1mm
永磁体宽度 w_M	20.0mm
永磁体长度 l_M	100.0mm
剩余磁通密度 B_r	1.05T
矫顽力 H_c	764.0kA/m

计算：①永磁同步电机和电枢绕组激励的磁通分布和气隙磁通密度的法向分量；②同步电抗；③电磁转矩、输出功率、效率和功率因数是负载角 δ 的函数。

解：

根据 FEM（见图 5.21），得到磁通分布和气隙磁通密度的法向分量。分别绘制了正弦电枢电流供电的转子励磁磁场（见图 5.21a）、d 轴磁场（见图 5.21b）和 q 轴磁场（见图 5.21c）的磁通分布和气隙磁通密度波形。

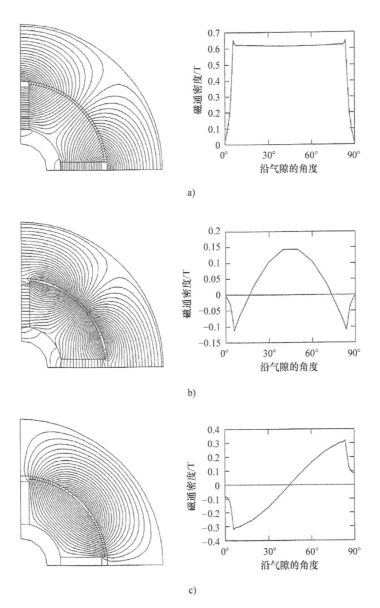

图 5.21　正弦电枢电流供电的磁通分布和气隙磁通密度波形的法向分量：a）转子磁场；
b）d 轴磁场；c）q 轴磁场

采用解析法（经典方法）、基于磁矢量和磁链的 FEM、基于电流/能量扰动的 FEM 计算同步电抗，并与实验结果进行比较。

对于 $\tau = \pi D_{1in}/(2p) = \pi \times 82.5/4 = 64.8\,\mathrm{mm}$，极弧 b_p 与极间距 τ 的比值为

$$\alpha_i = \frac{b_p}{\tau} = \frac{\tau - h_M}{\tau} = \frac{64.8 - 8.1}{64.8} = 0.875$$

根据表 5.2，d 轴上电枢反应的波形系数为

$$k_{fd} = \frac{4}{\pi} \times 0.875 \times \frac{1}{1 - 0.875^2} \cos(0.5 \times 0.875\pi)$$

$$= 0.9273$$

根据表 5.2，q 轴上电枢反应的波形系数为

$$k_{fq} = \frac{1}{\pi}(0.875\pi - \sin 0.875\pi) = 0.7532$$

根据式（5.31）得到 d 轴不饱和电枢反应电抗

$$X_{ad} = 4 \times 3 \times 0.4\pi \times 10^{-6} \times 50 \times \frac{(240 \times 0.96)^2}{\pi \times 2} \times$$

$$\frac{0.0648 \times 0.1008}{1.16553 \times 0.00055 + 0.0081/1.094} \times 0.9273$$

$$= 4.796\Omega$$

式中，对于 $m_1 = 3$、$s_1 = 36$ 和 $2p = 4$，绕组系数 $k_{w1} = 0.96$；对于 $b_{14} = 2.2\text{mm}$、$g = 0.55\text{mm}$ 和 $D_{1in} = 82.5\text{mm}$，$\mu_{rrec} = B_r/(\mu_0 H_c) = 1.05/(0.4\pi \times 10^{-6} \times 764000) = 1.094$，卡氏系数为 $k_C = 1.16553$。

根据式（5.33）得到 q 轴不饱和电枢反应电抗

$$X_{aq} = 4 \times 3 \times 0.4\pi \times 10^{-6} \times 50 \times \frac{(240 \times 0.96)^2}{\pi \times 2} \times$$

$$\frac{0.0648 \times 0.1008}{1.16553 \times 0.00055} \times 0.7532$$

$$= 48.89\Omega$$

采用例 5.2 相同的方式得到不饱和电枢漏电抗 $X_1 \approx 2.514\ \Omega$。

忽略主磁场和漏磁场引起的磁饱和，根据式（5.15）得到同步电抗为

$$X_{sd} = 2.514 + 4.796 \approx 7.31\Omega \quad X_{sq} = 2.514 + 48.89 \approx 51.4\Omega$$

磁饱和主要影响 d 轴同步电抗。

采用计算机程序来计算磁路、电磁参数和性能。

使用不同方法得到的同步电抗如图 5.22 所示。角度特性，即 T_d 和 I_a 作为负载角 δ 的函数，如图 5.23 所示。根据式（5.15）、式（5.31）和式（5.33）用解析法得到的同步电抗曲线与测量结果不一致（曲线 1）。如果根据 FEM 计算 X_{sd} 和 X_{sq}，然后在等效电路中使用 X_{sd} 和 X_{sq}，则这些特性彼此之间非常接近（曲线 2）。

图 5.2 与图 5.23 之间存在矛盾，即图 5.2 中电机模式下为负的负载角，图 5.23 为正的负载角。然而，实际考虑时，电动机和发电机模式下，在 0 ≤ δ ≤

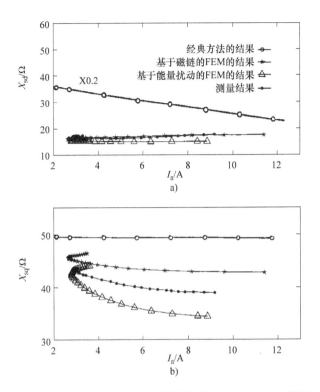

图 5.22 通过解析法、FEM 和测量得到 50Hz 和 380V（线间）
下的轮辐式永磁电机的同步电抗（见表 5.7）：a）X_{sd}；b）X_{sq}

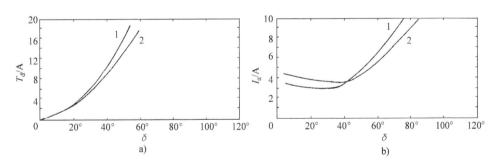

图 5.23 轮辐式永磁电机在 220V 和 $f = 50$Hz 的恒定相电压下的角度特性（见表 5.7）：
a）电磁转矩 T_d；b）定子电流 I_a

1—测量结果 2—基于解析法的结果（利用 FEM 得到 X_{sd} 和 X_{sq}）

180°正的负载角范围内更方便分配正转矩。在额定条件（$\delta = 45°$）下输出功率
$P_{out} \approx 1.5$kW，$T_d = 10.5$N·m，$\eta = 82\%$，$\cos\phi \approx 0.9$，角度 $\psi \approx -19°$（I_a 和 I_f
之间），$I_a = 3.18$A（I_{aq} 占比大），$B_{mg} = 0.685$T。

例 5.4

四极表贴式永磁转子在 10000r/min 时，计算 7 次空间谐波造成的损耗。气隙 $g = 1.5$mm，7 次空间谐波的磁通密度为 $B_{m7} = 0.007$T，钕铁硼永磁体在 100℃下的电导率为 $\sigma_{PM} = 0.5236 \times 10^6$S/m，相对磁导率 $\mu_{rrec} = 1.035$，极弧系数 $\alpha_i = 0.8$，转子外径 $D_{2out} = 0.1$m，永磁体的长度等于定子叠片的长度 $L_M = L_i = 0.1$m，

解：

极距 $\tau = \pi(0.1 + 2 \times 0.0015)/4 = 0.081$m，参数 $\beta_7 = 7\pi/0.081 = 271.31/$m，定子电流频率 $f = 2 \times 10000/60 = 333.3$Hz，永磁体中磁通的频率 $f_7 = |1 - 7| \times 333.3 = 2000$Hz（该谐波与转子旋转方向相同）。

根据式（B.29）得到永磁体内电磁场的 7 次谐波衰减系数

$$k_7 = \sqrt{\pi \times 2000 \times 0.4\pi \times 10^{-6} \times 1.035 \times 0.5236 \times 10^6} = 65.41/\text{m}$$

根据式（B.28）得到 7 次谐波的系数

$$a_{R7} = \frac{1}{\sqrt{2}} \sqrt{\sqrt{4 + \frac{271.3^4}{64.4^4}} + \frac{271.3^4}{64.4^4}} = 4.1561/\text{m}$$

根据式（B.30）得到 7 次谐波的边缘效应系数

$$k_{r7} = 1 + \frac{1}{7} \times \frac{2}{\pi} \times \frac{0.081}{0.1} = 1.074$$

根据式（B.26）得到永磁体的表面积

$$S_{PM} = 0.8\pi \times 0.1 \times 0.1 = 0.025\text{m}^2$$

根据式（B.27）得到 7 次空间谐波造成的永磁体损耗

$$\Delta P_{PM7} = 4.156 \times 1.074 \times \frac{65.4^3}{271.3^2} \times \left(\frac{0.007}{0.4\pi \times 10^{-6} \times 1.035}\right)^2 \times$$

$$\frac{1}{0.5236 \times 10^6} \times 0.025$$

$$= 23.6\text{W}$$

第6章

永磁直流无刷电机

永磁无刷直流电机的电路和磁路均与永磁同步电机十分相似，即多相（通常为三相）电枢绕组位于定子侧，转子侧旋转的永磁体提供电机的励磁源。永磁同步电机采用三相正弦波电压供电，并基于旋转磁场原理工作。当永磁同步电机工作于恒定电压–频率比的控制模式下，无需转子位置传感器。永磁无刷直流电机由直流电压源供电，并直接利用转子角位置反馈实现各相电枢电流随电机转子位置进行同步切换。这种概念被称作自同步控制或电子换向，而无刷电机系统内的逆变器和位置传感器则等效于直流有刷电机中的机械换向器。可变直流母线电压可以通过以下方式获得：

1）可变变压器和二极管整流器；

2）可控整流器（晶闸管、GTO 晶闸管或 IGBT 桥）。

在第二种情况下，直流母线电压是可控整流器触发角的函数。

6.1 基本方程

6.1.1 端电压

根据基尔霍夫电压定律，电机的相电压瞬时值为

$$v_1 = e_f + R_1 i_a + L_s \frac{di_a}{dt} \tag{6.1}$$

式中，e_f 是由永磁电机励磁系统在单相电枢绕组中感应的电动势瞬时值；i_a 是电枢瞬时电流；R_1 是相电阻；L_s 是相同步电感（包括漏电感和电枢反应电感）。

式（6.1）对应于星形联结电机中性点接地时的半波运行模式。对于含六个固态开关的三相桥式逆变器和星形联结电机而言，任一导通期间均有两相绕组串联，例如 A 相和 B 相：

$$v_1 = (e_{fA} - e_{fB}) + 2R_1 i_a + 2L_s \frac{di_a}{dt} \tag{6.2}$$

式中，$e_{fA} - e_{fB} = e_{fAB}$ 是线间电动势，通常用 e_{fL-L} 表示。

6.1.2 瞬时电流

假设固态开关阻抗为零，$v_1 = V_{dc}$，其中 V_{dc} 为逆变器输入直流电压，并且 $L_s \approx 0$，此时瞬时电枢电流为：

1）星形联结绕组和半波运行时

$$i_a(t) = \frac{V_{dc} - e_f}{R_1} \tag{6.3}$$

2）星形联结绕组和全波运行时

$$i_a(t) = \frac{V_{dc} - e_{fL-L}}{2R_1} \tag{6.4}$$

式中，e_{fL-L} 为串联两相绕组的线间感应电动势。

若考虑电感 L_s，且假设 $e_{fL-L} = E_{fL-L} = $ 常数（梯形电动势）时，导通周期内式（6.4）可写为[225]

$$i_a(t) = \frac{V_{dc} - E_{fL-L}}{2R_1}\left[1 - e^{(R_1/L_s)t}\right] + I_{amin}e^{(R_1/L_s)t} \tag{6.5}$$

式中，I_{amin} 为 $t = 0$ 时刻的电枢电流。若电流上升时，$V_{dc} > E_{fL-L}$，电机处于欠励磁。

6.1.3 电动势

电动势可以简单地表示为转子转速 n 的函数，即：

1）半波运行时

$$E_f = c_E \Phi_f n = k_E n \tag{6.6}$$

2）全波运行时

$$E_{fL-L} = c_E \Phi_f n = k_E n \tag{6.7}$$

式中，c_E 或 $k_E = c_E \Phi_f$ 是电动势常数，也称为电枢常数。当永磁激励且忽略电枢反应时，Φ_f 约等于常数。

6.1.4 逆变器交流输出电压

当永磁无刷直流电机由固态逆变器供电且直流母线电压已知时，逆变器输出的交流线电压基波有效值为：

1）六拍三相逆变器

$$V_{1L} = \frac{\sqrt{6}}{\pi}V_{dc} \approx 0.78V_{dc} \tag{6.8}$$

2）正弦 PWM 三相电压源逆变器

$$V_{1L} = \sqrt{\frac{3}{2}}m_a\frac{V_{dc}}{2} \approx 0.612m_aV_{dc} \qquad (6.9)$$

式中，幅值调制比

$$m_a = \frac{V_m}{V_{mcr}} \qquad (6.10)$$

为调制波最大值 V_m 与载波最大值 V_{mcr} 之比。对于空间矢量调制，$0 \leqslant m_a \leqslant 1$。

6.1.5　可控整流器直流母线电压

可控整流器的直流输出电压为：

1）三相全控整流器

$$V_{dc} = \frac{3\sqrt{2}V_{1L}}{\pi}\cos\alpha \qquad (6.11)$$

2）三相半控整流器

$$V_{dc} = \frac{3\sqrt{2}V_{1L}}{2\pi}(1 + \cos\alpha) \qquad (6.12)$$

式中，V_{1L} 为线电压有效值；α 为触发角。

6.1.6　电磁转矩

假设由转子永磁体励磁产生的定子绕组的磁链为 $\Psi_f = M_{12}i_2$，则电磁转矩为

$$T_d(i_a,\theta) = i_a\frac{\mathrm{d}\Psi_f}{\mathrm{d}\theta} \qquad (6.13)$$

式中，$i_a = i_1$，i_1 为定子电流；i_2 为虚拟转子绕组中的电流；假设转子绕组与定子绕组具有互感 M_{12}，θ 为转子的角位置。

6.1.7　同步电机的电磁转矩

同步电机产生的电磁转矩通常表示为 q 轴（电动势 E_f 轴）与电枢电流 I_a 之间的角度 ψ 的函数，也就是

$$T_d = c_T\Phi_fI_a\cos\psi \qquad (6.14)$$

c_T 是转矩常数，对于永磁同步电机，则有

$$T_d = k_TI_a\cos\psi \qquad (6.15)$$

式中，k_T 是新的转矩常数，$k_T = c_T\Phi_f$。

当 $\cos\psi = 1$ 或 $\psi = 0°$ 时，即电枢电流 $I_a = I_{ad}$ 与电动势 E_f 相位相同时，电机获得最大转矩。

6.1.8　永磁无刷直流电机的电磁转矩

永磁无刷直流电机的转矩方程类似于式（4.6）所示的永磁有刷直流电机电

磁转矩表达式：

$$T_d = c_{Tdc}\Phi_f I_a = k_{Tdc} I_a \tag{6.16}$$

式中，c_{Tdc} 与 $k_{Tdc} = c_{Tdc}\Phi_f$ 为转矩常数。

6.1.9 无刷电机的线速度和转速

线速度（m/s）等于完整的旋转角度或者 2τ 除以整个旋转周期 $T = 1/(pn)$，即

$$v = \frac{2\tau}{T} = 2\tau pn \tag{6.17}$$

式中，τ 是磁极间距；p 是磁极对数；n 是转速（r/s）。转子的表面线速度不得超过给定转子结构的允许值（第9章）。

6.1.10 集中型电枢绕组

集中型电枢（定子）绕组由非重叠线圈制成，制造简单且绕组端部短。当满足下式时，电机可采用集中绕组的形式：

$$\frac{N_c}{GCD(N_c, 2p)} = km_1 \tag{6.18}$$

式中，N_c 是电枢线圈总数；GCD（N_c，$2p$）是 N_c 和极数 $2p$ 的最大公约数；m_1 是相数；$k = 1, 2, 3, \cdots$

6.2 永磁无刷电机的换向

6.2.1 单极性驱动

图 6.1 阐述了永磁无刷电机采用单极性驱动或半波式运行时的原理。其中电机三相绕组为星形联结，中性点引出可用。半波运行中利用各相对应固态开关的开断实现直流电压 V_{dc} 在各相端点与中性点间的连续切换。其中，各相端点连接正极，中性点连接负极。对于电流序列为 i_{aA}，i_{aB}，i_{aC}，$\cdots$合成磁动势相量 F_A，F_B，F_C 沿着逆时针旋转。如果调换开关顺序，即 i_{aA}，i_{aC}，i_{aB}，则合成磁动势相量沿顺时针旋转。若电机中磁路为线性，相磁通与合成磁动势成正比，理想的电动势、电流和转矩波形如图 6.2 所示。因为换向过程只发生在反电动势波形的正半周，这种运行方式被称为半波运行（换向），而电动势波形的形状取决于电机内永磁体和绕组的设计，图 6.2 所示的相电动势波形为正弦形状。实际上，电动势和电流的波形形状均与理想正弦波形存在差异。由于直流电压 V_{dc} 高于相电动势峰值，使电流在 120° 导通过程中从相端流向中性线。忽略绕组电感并假设开

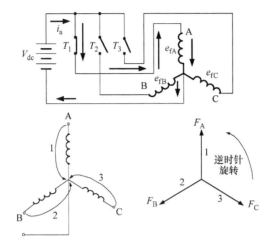

图 6.1　三相单极驱动星形联结永磁无刷直流电机的开关顺序和磁动势相量

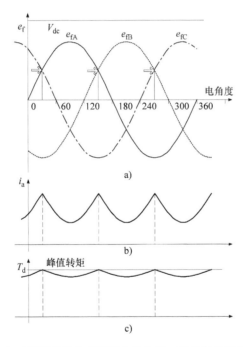

图 6.2　理想状态下星形联结永磁无刷直流电机三相单极性运行：a）正弦波电动势波形；b）电流波形；c）电磁转矩波形。开关点用箭头标出

关时间为零时，电枢瞬时电流由式（6.3）给出。任一给定时刻，每相的电磁功率 $p_{elm} = i_a e_f$，电磁转矩由式（3.77）或式（6.67）给出。由于反电动势过零点处电磁转矩为零且与绕组电流无关，因此应始终避免在电动势波形的过零处

换向。

此外，单极运行方式的转矩脉动较高，在部分应用场合中是无法接受的。

6.2.2　双极性驱动（两相导通）

术语"双极性"表示驱动电路具备为电机提供正极性或负极性相电流的能力。在该驱动模式下，永磁无刷直流电机由三相逆变桥驱动，并使用全部六个固态开关。在图 6.3 中，直流电压 V_{dc} 在相端子之间切换，在任一导通期间星形联结中有不同相的两个绕组串联，图示电流序列为 i_{aAB}，i_{aAC}，i_{aBC}，i_{aBA}，i_{aCA}，i_{aCB}，…该电流序列下，合成磁动势相量 F_{AB}，F_{AC}，F_{BC}，F_{BA}，F_{CA}，F_{CB}，…将沿逆时针旋转（见图 6.3）。因为电动势波形的正负半周都发生导通，所以这种驱动模式被称为双极性或全波驱动。对于正弦电动势波形，电流也可以通过这样的方式调节成近似方波的形式。由于负电动势乘以负电流仍可以得到正数乘积，因此电磁功率和转矩保持为正。线电流的导通周期（即"一步"）是 60° 电角度，也被称为六步换向。任意时刻电机内只有两相是导通的（120° 电流传导），剩余相为关断状态[164]。因此，电磁转矩波动得到大幅减少。

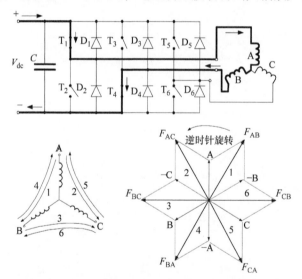

图6.3　星形联结直流永磁无刷电机六步换向的开关序列和合成磁动势相量
（换向序列为 AB、AC、BC、BA、CA、CB、…）

在非零转速下，最大转矩 - 电流比出现在电动势波形的峰值处。电流与电动势保持同相位，因此换向时刻可通过转子位置传感器确定或根据电机参数（如电动势）估计。

若电动势波形为梯形（见图 6.4），则可以得到最大化的平均转矩、最小化的转矩波动。对于梯形电动势电机，线电动势在整个导通时期（图 6.4 和图 6.5 中给出的线电流 60° 电角度区间）维持为峰值，例如电动势 $e_{fAC} = e_{fA} - e_{fC} = -e_{fCA} = e_{fC} - e_{fA}$，电流 $i_{aAC} = -i_{aCA}$。通过正确设计永磁体形状、磁化方向和定子绕组即可以获得梯形线电动势波形。理论上，当直流电压 V_{dc} 为常数时，平顶电动势与方波电流相乘可以得到与转子位置无关的恒定转矩（见图 6.5）。由于电枢反应和其他寄生效应，感应电动势波形不会是理想平坦的，但电机的转矩脉动在该驱动模式下可低于 10%。此外，通过多相化设计（相数大于 3），可以进一步降低转矩脉动。

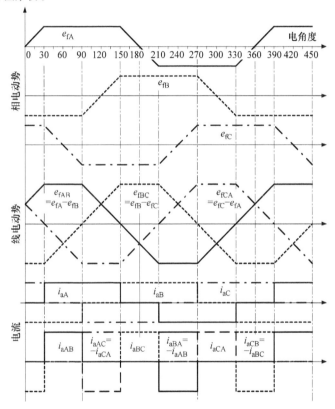

图 6.4 具有 120° 电流导通双极性驱动永磁无刷电机中相电动势、
线电动势以及方波电流的波形

6.2.3 双极性驱动（三相导通）

在六拍运行模式下，任意时刻上下桥臂中各只有一个固态开关导通（120° 导通）。若同时打开两个以上的开关，可以实现 180° 的电流导通，如图 6.6 所示。如果电流通过某一相上桥臂，对应另两相下桥臂将会各传导一半的电流。

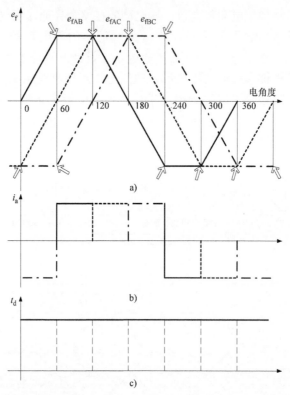

图 6.5 星形联结永磁无刷直流电机的理想三相六拍运行：a) 梯形线电动势波形；
b) 电流波形；c) 电磁转矩波形。开关点用箭头标出

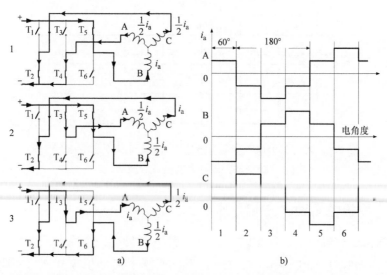

图 6.6 星形联结三相直流永磁无刷电机的双极性驱动（三相导通式）：a) 换向；b) 电流波形

6.3　永磁无刷电机的感应电动势和转矩

6.3.1　同步电机

具有分布参数的三相定子绕组产生的磁动势呈正弦或准正弦分布。在逆变器驱动运行的情况下，任何时刻全部三个固态开关都传导电流。

若气隙磁通密度为正弦分布，可以根据式（5.5）计算励磁磁通的基波。若最大气隙磁通密度为 B_{mg}，则励磁磁通为 $\Phi_f \approx \Phi_{f1} = (2/\pi)L_i\tau k_f B_{mg}$，其中励磁磁场波形系数 $k_f = B_{mg1}/B_{mg}$ 可由式（5.23）得到。设气隙磁通密度基波在单根定子导体内感应出的电动势瞬时值为 $e_{f1} = E_{mf1}\sin(\omega t) = B_{mg1}L_i v_s\sin(\omega t) = 2f B_{mg1}L_i\tau\sin(\omega t)$，其中感应电动势的有效值为 $E_{mf1}/\sqrt{2} = \sqrt{2}f B_{mg1}L_i\tau = (1/2)\pi\sqrt{2}f(2/\pi)B_{mg1}L_i\tau$。单匝线圈内两根导体的感应电势有效值为 $E_{mf1}/\sqrt{2} = \pi\sqrt{2}f(2/\pi)B_{mg1}L_i\tau$。进一步地，$N_1 k_{w1}$ 匝线圈（k_{w1} 是绕线系数）的感应电动势为

$$E_f \approx E_{f1} = \pi\sqrt{2}N_1 k_{w1}f\alpha_i k_f B_{mg}L_i\tau$$
$$= \pi p\sqrt{2}N_1 k_{w1}\Phi_f n_s = c_E\Phi_f n_s = k_E n_s \tag{6.19}$$

式中，$c_E = \pi p\sqrt{2}N_1 k_{w1}$ 和 $k_E = c_E\Phi_f$ 为电动势常数。

同步电机的负载角 δ 通常定义为输入相电压 V_1 与转子励磁磁通 Φ_f 在单根定子（电枢）绕组中感应的电动势 E_f 之间的夹角。在图 6.7 所示的过励凸极同步电机的相量图中，q 轴（感应电动势轴）和电枢电流 I_a 之间的夹角 ψ 是关于负载角 δ 和电枢电流 I_a 与输入电压 V_1 之间的夹角 ϕ 的函数，即 $\psi = \delta + \phi$。该相量图是按电动机方式统一绘制的，它对应于式（5.35）。

假设 d 轴和 q 轴同步电抗之间的差异可以忽略不计，即 $X_{sd} - X_{sq} \approx 0$，则电磁（气隙）功率 $P_{elm} \approx m_1 E_f I_{aq} = m_1 E_f I_a\cos\psi$。需要注意，在教材中电磁功率通常计算为 $P_{elm} \approx P_{in} = m_1 V_1 I_a\cos\phi = m_1 V_1 I_a\cos(\psi \pm \delta) = m_1(V_1 E_f/X_{sd})\sin\delta$。将式（6.19）和 $\Omega_s = 2\pi n_s = 2\pi f/p$ 代入 E_f，电机产生的电磁转矩为

$$T_d = \frac{P_{elm}}{2\pi n_s} = \frac{m_1 E_f I_a}{2\pi n_s}\cos\psi$$
$$= \frac{m_1}{\sqrt{2}}pN_1 k_{w1}\Phi_f I_a\cos\psi = c_T\Phi_f I_a\cos\psi = k_T I_a\cos\psi \tag{6.20}$$

式中，转矩常数为

$$c_T = m_1\frac{c_E}{2\pi} = \frac{m_1}{\sqrt{2}}pN_1 k_{w1} \quad 或 \quad k_T = c_T\Phi_f \tag{6.21}$$

其他文献也推导出了类似的公式[218,225]。例如，在参考文献［218］中通过

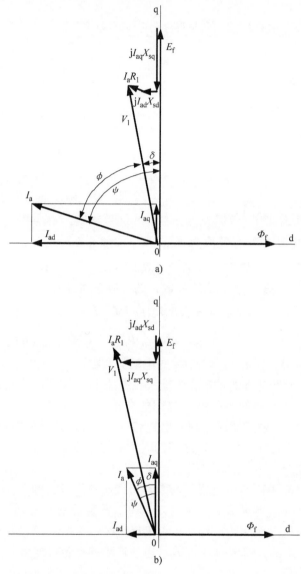

图 6.7 过励凸极同步电机的相量图：a）大 d 轴电流 I_{ad}；b）小 d 轴电流 I_{ad}

对整个气隙上全部转矩无展开积分推导得出式（6.20），其中每相有效正弦分布匝数 $N_s = (4/\pi)N_1 k_{w1}$。

最大转矩为

$$T_{dmax} = k_T I_a \tag{6.22}$$

其出现在 $\psi = 0°$ 时，即 $\delta = \phi$（见图 6.8），此时转子励磁磁通 Φ_f 和电枢电流 I_a 相互垂直。此时电枢反应磁通没有去磁分量 Φ_{ad}，气隙磁通密度达到最大值，感应

电动势 E_f 较高，更好地平衡输入电压 V_1，从而使电枢电流 I_a 最小化。当 ψ 接近 0° 时，较小的电枢电流主要用于产生转矩（见图 6.7b 和图 6.8）。角度 $\psi = 0°$ 导致转子磁通 Φ_f 和电枢磁通 Φ_a 解耦，这在高性能伺服驱动中尤其重要。

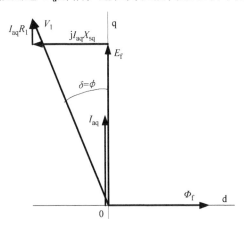

图 6.8 $\delta = \phi$（$\psi = 0°$，$I_{ad} = 0$）处的相量图

如果同步电机由逆变器供电，且固态开关由同步电机电压换向，则需要超前功率因数运行。对于滞后功率因数，逆变器必须由全控开关组成。

$\psi = 0°$ 时，降低输入频率可以提高功率因数，但由于电动势 E_f 较低，根据式（6.19），电机将吸收较大的电枢电流 I_a。事实上，同步电机在 $\psi = 0°$ 和低输入频率 f 条件下的效率很低[58]。

实验证明，永磁同步电机在最大转矩模式下，最大转矩 – 电流的比值随着频率的降低将显著增加[58]。当输入频率较高时，最大转矩时的负载角 δ 较大而 ϕ 较小，因此 ψ 接近 90°（见图 6.7a）。由于电流 I_{ad} 引入了负值[225]，该相量图也对应于弱磁运行，此时只有一小部分电枢电流产生转矩。当输入频率较低时，最大转矩时的负载角 δ 减小并且 ϕ 再次变小，此时定子电路主要呈现电阻性。

当 d 轴电流 I_{ad} 偏大时，角度 ψ 和定子（电枢）电流有效值 $I_a = \sqrt{I_{ad}^2 + I_{aq}^2}$ 偏大，输入电压 V_1 和功率因数 $\cos\phi$ 偏低。当 q 轴电流 I_{aq} 偏大时，角度 ψ 和定子电流有效值 I_a 偏小，输入电压 V_1 和功率因数 $\cos\phi$ 偏高。

6.3.2 永磁无刷直流电机

永磁无刷直流电机多采用具有较大极弧系数 $\alpha_i^{(sq)} = b_p/\tau$ 的表贴式转子。假设电机为星形联结并六步换向，如图 6.3 所示，电机三相绕组中只有两个同时导通，即 i_{aAB}（$T_1 T_4$）、i_{aAC}（$T_1 T_6$）、i_{aBC}（$T_3 T_6$）、i_{aBA}（$T_3 T_2$）、i_{aCA}（$T_5 T_2$）、i_{aCB}（$T_5 T_4$）等。在 A 相绕组和 B 相绕组的导通时段（120°）内，固态开关 T_1

和 T_4 导通。此时瞬时输入相电压由式（6.2）表示，式（6.2）的解由式（6.5）给出。当 T_1 关断时，电流通过二极管 D_2 续流。在关断时段内，开关 T_1 和 T_4 都关断，二极管 D_2 和 D_3 传导电枢电流，为电容器 C 充电。瞬时电压具有与式（6.2）类似的形式，其中 $(e_{fA} - e_{fB})$ 由 $-(e_{fA} - e_{fB})$ 代替，第四项 $(1/C)\int i dt$ 包括了电容器 $C^{[225]}$。若固态器件的开关频率较高，绕组电感将使开/关方波电流保持平滑。

对于直流电流励磁，$\omega \to 0$；那么式（5.35）类似于描述有刷直流电机的稳态条件，即

$$V_{dc} = E_{fL-L} + 2R_1 I_a^{(sq)} \tag{6.23}$$

式中，$2R_1$ 是串联两相电阻的总和（星形联结）；E_{fL-L} 是串联两相电动势的总和；V_{dc} 是逆变器供电直流电压；$I_a^{(sq)}$ 是方波电流的平顶值，等于逆变器输入电流。由于电枢电流是非正弦的，相量分析不适用于该类运行。

对于在 $0 \leq x \leq \tau$ 或 $0° \sim 180°$ 区间内 B_{mg} 等于常数的理想矩形分布

$$\Phi_f = L_i \int_0^\tau B_{mg} dx = \tau L_i B_{mg}$$

当包括极靴宽度 $b_p < \tau$ 和边缘磁通时，激励磁通稍小：

$$\Phi_f^{(sq)} = b_p L_i B_{mg} = \alpha_i^{(sq)} \tau L_i B_{mg} \tag{6.24}$$

对于方波激励，单匝（两个导体）中感应电动势为 $2B_{mg}L_i v = 4pnB_{mg}L_i\tau$。考虑 b_p 和边缘磁通时，$N_1 k_{w1}$ 匝的电动势：$e_f = 4pnN_1 k_{w1}\alpha_i^{(sq)} B_{mg}L_i\tau = 4pnN_1 k_{w1}\Phi_f$。对于星形联结电枢绕组，两相同时导通（见图6.3），产生电磁功率的电动势可表示为

$$E_{fL-L} = 2e_f = 8pN_1 k_{w1}\alpha_i^{(sq)} \tau L_i B_{mg}n = c_{Edc}\Phi_f^{(sq)} n = k_{Edc}n \tag{6.25}$$

式中，$c_{Edc} = 8pN_1 k_{w1}$，$k_{Edc} = c_{Edc}\Phi_f^{(sq)}$。

电机产生的电磁转矩为

$$T_d = \frac{P_g}{2\pi n} = \frac{E_{fL-L} I_a^{(sq)}}{2\pi n} = \frac{4}{\pi} pN_1 k_{w1}\alpha_i^{(sq)} \tau L_i B_{mg} I_a^{(sq)}$$

$$= \frac{4}{\pi} pN_1 k_{w1}\Phi_f^{(sq)} I_a^{(sq)} = c_{Tdc}\Phi_f^{(sq)} I_a^{(sq)} = k_{Tdc}I_a^{(sq)} \tag{6.26}$$

式中，$c_{Tdc} = c_{Edc}/(2\pi) = (4/\pi)pN_1 k_{w1}$，$k_{Tdc} = c_{Tdc}\Phi_f^{(sq)}$，$I_a^{(sq)}$ 是相电流的平顶值。

当 $n = n_s$ 和 $\psi = 0°$ 时，方波电机与正弦波电机电磁转矩之比为

$$\frac{T_d^{(sq)}}{T_d} = \frac{4}{\pi} \frac{\sqrt{2}}{m_1} \frac{\Phi_f^{(sq)}}{\Phi_f} \frac{I_a^{(sq)}}{I_a} \approx 0.6 \frac{\Phi_f^{(sq)}}{\Phi_f} \frac{I_a^{(sq)}}{I_a} \tag{6.27}$$

假设电机及其气隙磁通密度值均相同，方波电机与正弦波电机磁通之比为

$$\frac{\Phi_{\mathrm{f}}^{(\mathrm{sq})}}{\Phi_{\mathrm{f}}} = \frac{1}{k_{\mathrm{f}}} \tag{6.28}$$

6.4　转矩 - 转速特性

根据式（6.6）和式（6.15）或式（6.7）和式（6.16），转矩 - 转速特性可简化为以下形式：

$$\frac{n}{n_0} = 1 - \frac{I_{\mathrm{a}}}{I_{\mathrm{ash}}} = 1 - \frac{T_{\mathrm{d}}}{T_{\mathrm{dst}}} \tag{6.29}$$

式中，空载转速、堵转电流和堵转转矩分别为

$$n_0 = \frac{V_{\mathrm{dc}}}{k_{\mathrm{E}}} \quad T_{\mathrm{dst}} = k_{\mathrm{Tdc}} I_{\mathrm{ash}} \quad I_{\mathrm{ash}} = \frac{V_{\mathrm{dc}}}{R} \tag{6.30}$$

式中，半波运行时 $R = R_1$，全波运行时 $R = 2R_1$。式（6.29）中忽略了电枢反应、转动损耗和开关损耗。

转矩 - 转速特性如图 6.9 所示。式（6.29）和式（6.30）非常近似，都无法用于计算商用永磁无刷直流电机的性能特征。理论的转矩 - 转速特性（见图 6.9a）与实际特性（见图 6.9b）不同。连续转矩线由电机的最高额定温度设定。断续工作运行区则由峰值转矩线和最高输入电压限定。

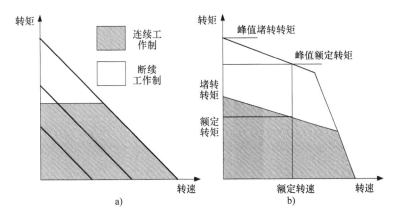

图 6.9　永磁无刷电机的转矩 - 转速特性：a）理论；b）实际

表 6.1 为由美国南卡罗来纳州罗克希尔市 Powertec Industrial Motors, Inc. 制造的中等功率永磁无刷电机的规格参数。该种电机已使用 H 级（180°C）绝缘，但出于保守考虑仍限定额定为 F 级（155°C）。其定子绕组为星形联结，转子为表贴式钕铁硼永磁体，标准的防滴漏风机通风设计显著提高了额定功率和转矩。括号中的数值适用于全封闭非通风电机。

表 6.1 三相中等功率规格永磁无刷直流电机（由美国南卡罗来纳州
罗克希尔市 Powertec Industrial Motors，Inc. 制造）

参 数	E254E3	E258E3	E259E3
640V 直流电压下的额定基本转速/(r/min)	1000		
额定转速输出功率/kW	34.5（16.8）	47.3（24.5）	63.6（27.2）
额定转速下电流/A	53（26）	77（41）	97（43）
连续失速转矩/(N·m)	344（188）	482（286）	644（332）
连续失速电流/A	57（31）	82（49）	102（54）
峰值转矩（理论上）/(N·m)	626	1050	1280
峰值转矩电流/A	93	160	187
静摩擦的最大转矩/(N·m)	1.26	1.90	2.41
转矩常数（线间）/(N·m/A)	6.74	6.55	6.86
电动势常数（线间）/[V/(r/min)]	0.407	0.397	0.414
热机电阻（线间）/Ω	0.793	0.395	0.337
冷机电阻（线间）/Ω	0.546	0.272	0.232
电感（线间）/mH	11.6	6.23	5.70
电气时间常数/ms	19.8	22.9	24.9
机械时间常数/ms	1.85	1.53	1.46
转动惯量/(kg·m²×10⁻³)	103	160	199
黏性阻尼系数/[N·m/(r/min)]	0.00211	0.00339	0.00423
热阻/(℃/W)	0.025（0.080）	0.023（0.065）	0.021（0.064）
热时间常数/min	36（115）	47（130）	49（140）
质量/kg	134（129）	200（185）	234（219）
功率密度/(kW/kg)	0.257（0.130）	0.236（0.132）	0.272（0.124）

表 6.2 为由美国马萨诸塞州威尔明顿市 Pacific Scientific 制造的小型永磁无刷
直流伺服电机的规格参数。额定速度可适用于 240V 三相交流线路，峰值转矩持
续时间为 5s。表中所有值均适用于 25°C 环境温度，电机具有铝制机壳和 F 级绕
组绝缘。

表 6.2 永磁无刷直流伺服电机（R60 系列，由美国马萨诸塞州威尔明顿市
Pacific Scientific 制造）

参 数	R63	R65	R67
空载速度/(r/min)	5400（10，500）	3200（6400）	2200（4000）
连续堵转转矩/(N·m)	8	13	19
峰值转矩/(N·m)	26	45	63
连续堵转电流/A	13.5（27.0）	13.1（26.2）	13.8（27.6）

（续）

参 数	R63	R65	R67
峰值转矩电流/A		82（164）	
转矩常数（线间）/(N·m/A)	0.66（0.33）	1.12（0.56）	1.56（0.78）
电动势常数（线间）/[V/(r/min)]	0.07（0.035）	0.117（0.059）	0.164（0.082）
热机电阻（线间）/Ω	1.4（0.34）	1.81（0.51）	2.3（0.55）
冷机电阻（线间）/Ω	0.93（0.23）	1.2（0.34）	1.5（0.37）
电感（线间）/mH	8.9（2.2）	13.7（3.4）	18.2（4.6）
转动惯量/(kg·m²×10⁻³)	0.79	1.24	1.69
静摩擦系数/(N·m)	0.16	0.26	0.36
黏性阻尼系数/[N·m/(kr/min)]	0.046	0.075	0.104
热阻/(℃/W)	0.51	0.42	0.30
热时间常数/min	19	36	72
质量/kg	13	18	22

6.5 绕组损耗

直流无刷电机的电枢电流有效值为（$T = 2\pi/\omega$）：

1）120°方波

$$I_a = \sqrt{\frac{2}{T}\int_0^{T/2} i_a^2(t)\,\mathrm{d}t} = \sqrt{\frac{\omega}{\pi}\int_{\pi/(6\omega)}^{5\pi/(6\omega)} [I_a^{(sq)}]^2\,\mathrm{d}t}$$

$$= I_a^{(sq)}\sqrt{\frac{\omega}{\pi}\left(\frac{5}{6}\frac{\pi}{\omega} - \frac{1}{6}\frac{\pi}{\omega}\right)} = I_a^{(sq)}\sqrt{\frac{2}{3}} \qquad (6.31)$$

2）180°方波

$$I_a = \sqrt{\frac{\omega}{\pi}\int_0^{\pi/\omega} [I_a^{(sq)}]^2\,\mathrm{d}t} = I_a^{(sq)}\sqrt{\frac{\omega}{\pi}\left(\frac{\pi}{\omega} - 0\right)} = I_a^{(sq)} \qquad (6.32)$$

式中，$I_a^{(sq)}$为相电流平顶值。

120°方波电流在三相电枢绕组中的损耗为：

1）星形联结绕组

$$\Delta P_a = 2R_{1dc}[I_a^{(sq)}]^2 \qquad (6.33)$$

2）三角形联结绕组

$$\Delta P_a = \frac{2}{3}R_{1dc}[I_a^{(sq)}]^2 \qquad (6.34)$$

式中，R_{1dc}是每相电枢绕组的直流电阻；电流 $I_a^{(sq)}$ 等于逆变器直流输入电流。

根据谐波分析

$$\Delta P_a = m_1\sum_{n=1,5,7}^{\infty} R_{1dc}k_{1Rn}\left(\frac{I_{amn}}{\sqrt{2}}\right)^2 = m_1\frac{1}{2}R_{1dc}\sum_{n=1,5,7}^{\infty} k_{1Rn}I_{amn}^2 \qquad (6.35)$$

式中，k_{1Rn} 是第 n 次谐波的集肤效应系数（附录 B）；I_{amn} 是相谐波电流的幅值。忽略集肤效应时

$$\Delta P_a = m_1 \frac{1}{2} R_{1dc} \sum_{n=1,5,7}^{\infty} I_{amn}^2 = m_1 R_{1dc} I_a^2 \qquad (6.36)$$

式 (6.36) 中的方均根电流 I_a 由不同频率的正弦谐波电流组成：

$$I_a = \sqrt{\sum_{n=1}^{\infty} I_{an}^2} \qquad (6.37)$$

该方均根电流等于式 (6.31) 得到的方均根电流。将 $I_a^{(sq)} = I_a \sqrt{3/2}$ 代入式 (6.33) 或将 $I_a^{(sq)} = I_a \sqrt{3} \sqrt{3/2}$ 代入式 (6.34)，这样就可以得到式 (6.36)。

6.6 转矩波动

电机的瞬时转矩可表示为

$$T(\alpha) = T_0 + T_r(\alpha) \qquad (6.38)$$

它包含两个组成部分（见图 6.10），即

1）恒定或平均分量 T_0；

2）周期分量 $T_r(\alpha)$，它是时间或角度 α 的函数，叠加在常数分量上。

周期分量引起的转矩脉动也称为转矩波动。转矩波动有多种定义，可以通过以下的任何一种方式定义：

$$t_r = \frac{T_{max} - T_{min}}{T_{max} + T_{min}} \qquad (6.39)$$

$$t_r = \frac{T_{max} - T_{min}}{T_{av}} \qquad (6.40)$$

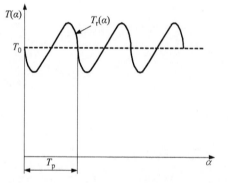

图 6.10 转矩的恒定分量和周期分量

$$t_r = \frac{T_{max} - T_{min}}{T_{rms}} \qquad (6.41)$$

$$t_r = \frac{[转矩波动]_{rms}}{T_{av}} = \frac{T_{rrms}}{T_{av}} \qquad (6.42)$$

式 (6.40) 中的平均转矩为

$$T_{av} = \frac{1}{T_p} \int_{\alpha}^{\alpha + T_p} T(\alpha) d\alpha = \frac{1}{T_p} \int_0^{T_p} T(\alpha) d\alpha \qquad (6.43)$$

式 (6.41) 中的方均根值或有效转矩为

$$T_{rms} = \sqrt{\frac{1}{T_p} \int_0^{T_p} T^2(\alpha) d\alpha} \qquad (6.44)$$

式 (6.42) 中的转矩波动有效值 T_{rrms} 也可以根据式 (6.44) 计算，其中 $T(\alpha)$ 由 $T_r(\alpha)$ 代替。

式 (6.43) 和式 (6.44) 中，T_p 为转矩波形的周期。对于正弦波形，半周期平均值为 $(2/\pi)T_m$，其中 T_m 是峰值转矩，有效值为 $T_m/\sqrt{2}$。

对于含有高次谐波的波形，转矩波动的方均根值为

$$T_{rrms} = \sqrt{T_{rrms1}^2 + T_{rrms2}^2 + \cdots + T_{rrms\nu}^2} \tag{6.45}$$

6.6.1　转矩波动的来源

电机中转矩波动通常有三种来源：

1) 齿槽效应（定位效应），即转子磁场与定子开槽对应气隙可变磁导之间的相互作用；

2) 气隙中磁通密度的正弦或梯形分布畸变；

3) 气隙在 d 轴和 q 轴上的磁导之差。

齿槽效应产生了齿槽转矩，气隙磁通密度的高次谐波产生了谐波电磁转矩，d 轴和 q 轴上的磁导差产生了磁阻转矩。

电源产生转矩波动的原因：

1) 电流纹波，例如 PWM 产生的；

2) 相电流换向。

6.6.2　瞬时转矩的数值计算方法

第 3 章给出了瞬时转矩计算的有限元法（FEM），即虚功法 [式 (3.76)]、麦克斯韦应力张量 [式 (3.72)] 和洛伦兹力定理 [式 (3.77)]。FEM 提供了比解析法更精确的磁场分布计算。另一方面，FEM 齿槽转矩计算受到网格生成的影响，有时还会受到钢材和永磁体特性引入的误差的影响[85]。

6.6.3　瞬时转矩的解析计算方法

1. 齿槽转矩

忽略电枢反应和磁饱和，齿槽转矩与定子电流无关。齿槽转矩的基频是槽数 s_1、极对数 p 和输入频率 f 的函数。其中一个齿槽频率（通常是基频）可估计为

$$f_c = s_1 n_s = s_1 \frac{f}{p}, \quad 如果 N_{cog} = \frac{2p}{GCD(s_1, 2p)} = 1 \tag{6.46}$$

$$f_c = 2n_{cog} f, \quad n_{cog} = \frac{LCM(s_1, 2p)}{2p}, \quad 如果 N_{cog} \geq 1 \tag{6.47}$$

式中，LCM $(s_1, 2p)$ 是槽数 s_1 和极数 $2p$ 的最小公倍数；GCD $(s_1, 2p)$ 是最大公约数；n_{cog} 有时称为基本齿槽转矩指数[142]。例如，对于 $s_1 = 36$ 和 $2p = 2$，基

本齿槽转矩指数 $n_{cog} = 18$（$LCM = 36$，$GCD = 2$，$N_{cog} = 1$）；对于 $s_1 = 36$ 和 $2p =$ 6，指数 $n_{cog} = 6$（$LCM = 36$，$GCD = 6$，$N_{cog} = 1$）；对于 $s_1 = 36$ 和 $2p = 8$，指数 $n_{cog} = 9$（$LCM = 72$，$GCD = 4$，$N_{cog} = 2$）；对于 $s_1 = 36$ 和 $2p = 10$，指数 $n_{cog} = 18$（$LCM = 180$，$GCD = 2$，$N_{cog} = 5$）；对于 $s_1 = 36$ 和 $2p = 12$，指数 $n_{cog} = 3$（$LCM = 36$，$GCD = 12$，$N_{cog} = 1$）等。LCM（s_1，$2p$）越大，齿槽转矩的幅值越小。

解析法通常忽略定子槽中的磁通和定子齿磁饱和[42,80,316]。齿槽转矩是通过计算气隙中总储能相对于转子角位置的变化率[1,42,80,141]或通过将定子齿侧面的横向磁力相加[316]，从磁通密度分布中推导出来的。若忽略铁心中存储的磁能，齿槽转矩表示为

$$T_c = \frac{dW}{d\theta} = \frac{D_{2out}}{2} \frac{dW}{dx} \tag{6.48}$$

式中，D_{2out} 为转子外径，$D_{2out} \approx D_{1in}$；θ 为机械角，$\theta = 2x/D_{2out}$。因此，气隙能量的变化率为

$$W = gL_i \int \frac{b_g^2(x)}{2\mu_0} dx \tag{6.49}$$

式中，$b_g(x)$ 是气隙磁通密度，表示为 x 坐标的函数。一般来说

$$b_g(x) = \frac{b_{PM}(x)}{k_C} + b_{sl}(x) \tag{6.50}$$

第一项 $b_{PM}(x)$ 是由永磁系统激发的磁通密度波形，其中定子槽被忽略；第二项 $b_{sl}(x)$ 是由开槽引起的磁通密度分量。比值 B_{mg}/k_C 是气隙中磁通密度的平均值[76]。对于梯形磁通密度

$$b_{PM}(x) = \frac{4}{\pi} B_{mg} \frac{1}{S} \sum_{\mu=1,3,5,\cdots}^{\infty} \frac{1}{\mu^2} \sin(\mu S) \sin\left(\mu \frac{\pi}{\tau} x\right) k_{sk\mu} \tag{6.51}$$

式中，B_{mg} 是根据式（5.2）和 $S = 0.5(\tau - b_p)\pi/\tau$ 计算得到的梯形磁通密度波形的平顶值。用于齿槽转矩计算的斜极系数为

$$k_{fsk\mu} = \frac{\sin[\mu b_{fsk}\pi/(2\tau)]}{\mu b_{fsk}\pi/(2\tau)} \tag{6.52}$$

式中，永磁体的偏斜 $b_{fsk} \approx t_1$。它相当于定子槽偏斜一个槽间距。如果 $b_{fsk} = 0$ 且定子槽偏斜 $b_{sk} > 0$，则等效永磁体斜极系数为

$$k_{sk\mu} = \frac{\sin(\mu b_{sk}\pi/\tau)}{\mu b_{sk}\pi/\tau} \tag{6.53}$$

考虑槽内磁场时，定子槽开口产生的磁通密度分量为[86]

$$b_{sl}(x) = -2\gamma_1 \frac{g'}{t_1} b_{PM}(x) \sum_{k=1,2,3,\cdots}^{\infty} k_{ok}^2 k_{skk} \cos\left(k \frac{2\pi}{t_1} x\right) \tag{6.54}$$

式中，用于计算齿槽转矩的定子斜槽系数

$$k_{skk} = \frac{\sin[kb_{sk}\pi/(2\tau)]}{kb_{sk}\pi/(2\tau)} \qquad (6.55)$$

定子槽开口系数 k_{ok} 根据式（5.105）得到。系数 k_{ok} 包含由式（5.107）得到的辅助函数 ρ 和由式（5.108）得到的辅助函数 γ_1。最初由 Dreyfus[86] 导出的式（6.54）不包含定子槽偏斜因子 k_{skk}。然而，它可以很容易地推广到带有斜槽的定子。对于大多数永磁无刷电机，式（6.54）中的等效气隙为 $g' \approx g + h_M/\mu_{rrec}$。对于图 5.1b、图 5.1i 和图 5.1j 所示的埋入式永磁转子，等效气隙为 $g' = g$。

然后，齿槽转矩可以计算如下：

$$T_c(X) = \frac{gL_i}{2\mu_0} \frac{D_{1in}}{2} \frac{d}{dX}\int_{X+a}^{X+b} b_g^2(x)\,dx \qquad (6.56)$$

对于静止的定子，转子永磁体产生的磁通密度只取决于静止坐标中转子与定子间的位置[144]。因此，假设 $b_{PM}(x) = B_{mg}/k_C$ 是合理的，并且在 x 进行积分之后，齿槽转矩具有以下形式：

$$T_c(X) = \frac{gL_i}{2\mu_0} \frac{D_{1in}}{2} A_T \sum_{k=1,2,3,\cdots}^{\infty} \left\{ 0.5A_T\zeta_k^2 \left[\cos\left[\frac{4k\pi}{t_1}(X+b)\right] - \cos\left[\frac{4k\pi}{t_1}(X+a)\right] \right] \right.$$
$$\left. + \zeta_k \frac{B_{mg}}{k_C} \left[\cos\left[\frac{2k\pi}{t_1}(X+b)\right] - \cos\left[\frac{2k\pi}{t_1}(X+a)\right] \right] \right\} \qquad (6.57)$$

式中

$$A_T = -2\gamma\frac{g}{t_1}B_{mg}, \quad \zeta_k = k_{ok}^2 k_{skk} \qquad (6.58)$$

系数 k_{ok} 由式（5.105）得到，而系数 k_{skk} 由式（6.55）得到。前两项 $\cos[4k\pi(X+b)/t_1]$ 和 $\cos[4k\pi(X+a)/t_1]$ 可以忽略不计，式（6.57）可以简化为以下形式：

$$T_c(X) = \frac{gL_i}{2\mu_0} \frac{D_{1in}}{2} A_T \frac{B_{mg}}{k_C} \sum_{k=1,2,3,\cdots}^{\infty} \zeta_k \left[\cos\left[\frac{2k\pi}{t_1}(X+b)\right] - \cos\left[\frac{2k\pi}{t_1}(X+a)\right] \right] \qquad (6.59)$$

把 $a = 0.5b_{14}$ 和 $b = 0.5b_{14} + c_t$[80] 代入式（6.59）中，其中 $c_t = t_1 - b_{14}$ 是静止齿宽度，齿槽转矩方程变为

$$T_c(X) = -\frac{gL_i}{\mu_0} \frac{D_{1in}}{2} A_T \frac{B_{mg}}{k_C} \sum_{k=1,2,3,\cdots}^{\infty} (-1)^k \zeta_k \sin\left(k\frac{\pi}{t_1}c_t\right)\sin\left(\frac{2k\pi}{t_1}X\right) \qquad (6.60)$$

例如在参考文献 [1, 42, 141] 中，T_c 随机械角 $\theta = 2\pi X/(s_1 t_1)$ 变化，可由以下经验方程表示：

$$T_{\mathrm{c}}(\theta) = \sum_{k=1,2,3,\cdots}^{\infty} T_{mk}\chi_{\mathrm{sk}k}\sin(kN_{\mathrm{cm}}\theta) \tag{6.61}$$

式中，斜极系数为

$$\chi_{\mathrm{sk}k} = \frac{\sin[\,kb_{\mathrm{sk}}N_{\mathrm{cm}}\pi/(t_1 s_1)\,]}{kb_{\mathrm{sk}}N_{\mathrm{cm}}\pi/(t_1 s_1)} \tag{6.62}$$

b_{sk} 是定子槽的周向偏斜量。令

$$T_{\mathrm{m}} = \frac{gL_{\mathrm{i}}}{2\mu_0}\frac{D_{1\mathrm{in}}}{2}A_{\mathrm{T}}\frac{B_{\mathrm{mg}}}{k_{\mathrm{C}}} \tag{6.63}$$

也可以使用以下近似齿槽转矩方程：

$$T_{\mathrm{c}}(X) = T_{\mathrm{m}}\sum_{k=1}^{\infty}\zeta_k\sin\left(k\frac{2\pi}{t_1}X\right) \tag{6.64}$$

式（6.64）给出的齿槽转矩波形在一个槽间隔内的分布与式（6.60）类似。然而，式（6.60）和式（6.64）的齿槽转矩波形是不同的。

图 6.11 和图 6.12 为 $m_1 = 3$、$2p = 10$（嵌入式磁极）、$s_1 = 36$ 的中等功率永磁无刷电机齿槽转矩的计算结果。假设 $b_{\mathrm{PM}}(x)$ 和 $b_{\mathrm{sl}}(x)$ 为式（6.50）中磁通密度的两个分量，并对 $B_{\mathrm{g}}^2(x)$ 进行数值积分和微分，则齿槽转矩波形的峰值取决于槽数 s_1、槽开口 b_{14}、槽（齿）节距 t_1、气隙 g、系数 ζ_k、极数 $2p$ 和 $b_{\mathrm{PM}}(x)$ 的形状（见图 6.12）。齿槽转矩的基波 $n_{\mathrm{cog}} = 18$，并且根据式（6.47）可得，齿槽转矩频率 $f_{\mathrm{c}} = 36f$。如果乘以 $N_{\mathrm{cog}} = 5$，则可以从式（6.46）中获得相同的频率。

2. 由电动势和电流波形畸变引起的转矩波动

由电动势和电流波形畸变产生的转矩波动称为换向转矩。假设无转子电流（无阻尼器、磁体，同时极面的电阻率非常高）且定子相电阻相同，三相电机的基尔霍夫电压方程可以表示为以下矩阵形式[265]：

$$
\begin{bmatrix} v_{1\mathrm{A}} \\ v_{1\mathrm{B}} \\ v_{1\mathrm{C}} \end{bmatrix} = \begin{bmatrix} R_1 & 0 & 0 \\ 0 & R_1 & 0 \\ 0 & 0 & R_1 \end{bmatrix}\begin{bmatrix} i_{\mathrm{aA}} \\ i_{\mathrm{aB}} \\ i_{\mathrm{aC}} \end{bmatrix} +
$$

$$
\frac{\mathrm{d}}{\mathrm{d}t}\begin{bmatrix} L_{\mathrm{A}} & L_{\mathrm{BA}} & L_{\mathrm{CA}} \\ L_{\mathrm{BA}} & L_{\mathrm{B}} & L_{\mathrm{CB}} \\ L_{\mathrm{CA}} & L_{\mathrm{CB}} & L_{\mathrm{C}} \end{bmatrix}\begin{bmatrix} i_{\mathrm{aA}} \\ i_{\mathrm{aB}} \\ i_{\mathrm{aC}} \end{bmatrix} + \begin{bmatrix} e_{\mathrm{fA}} \\ e_{\mathrm{fB}} \\ e_{\mathrm{fC}} \end{bmatrix} \tag{6.65}
$$

因为电感与转子角位置无关，所以自感 $L_{\mathrm{A}} = L_{\mathrm{B}} = L_{\mathrm{C}} = L$ 以及相间的互感 $L_{\mathrm{AB}} = L_{\mathrm{CA}} = L_{\mathrm{CB}} = M$。由于没有中性线，故 $i_{\mathrm{aA}} + i_{\mathrm{aB}} + i_{\mathrm{aC}} = 0$ 和 $Mi_{\mathrm{aA}} = -Mi_{\mathrm{aB}} - Mi_{\mathrm{aC}}$。因此

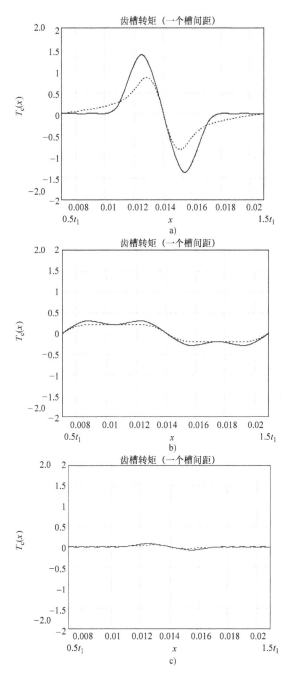

图 6.11　中功率永磁无刷电机（$m_1 = 3$，$2p = 10$，$s_1 = 36$，$t_1 = 13.8\mathrm{mm}$，$b_{14} = 3\mathrm{mm}$，$g = 1\mathrm{mm}$，
$B_{\mathrm{mg}} = 0.83\mathrm{T}$）中齿槽转矩作为转子位置的函数（$0.5t_1 \leqslant x \leqslant 1.5t_1$）：a）$b_{\mathrm{sk}}/t_1 = 0.1$；
b）$b_{\mathrm{sk}}/t_1 = 0.5$；c）$b_{\mathrm{sk}}/t_1 = 0.95$。实线：根据式（6.60）计算；
虚线：根据式（6.64）计算

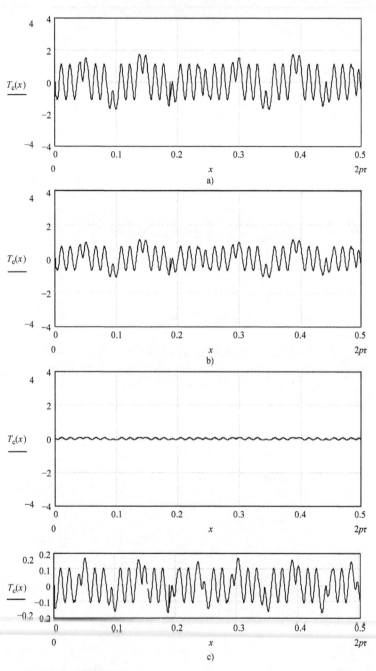

图6.12　中功率永磁无刷电机（$m_1 = 3$，$2p = 10$，$s_1 = 36$，$t_1 = 13.8$ mm，$b_{14} = 3$mm，$g = 1$mm，$B_{mg} = 0.83$T）中齿槽转矩作为转子位置的函数（$0 \leqslant x \leqslant 2p\tau$）：a）$b_{sk}/t_1 = 0.1$；b）$b_{sk}/t_1 = 0.5$；c）$b_{sk}/t_1 = 0.95$。根据式（6.48）和式（6.49）计算得到

$$\begin{bmatrix} v_{1A} \\ v_{1B} \\ v_{1C} \end{bmatrix} = \begin{bmatrix} R_1 & 0 & 0 \\ 0 & R_1 & 0 \\ 0 & 0 & R_1 \end{bmatrix} \begin{bmatrix} i_{aA} \\ i_{aB} \\ i_{aC} \end{bmatrix} +$$

$$\begin{bmatrix} L_1 - M & 0 & 0 \\ 0 & L_1 - M & 0 \\ 0 & 0 & L_1 - M \end{bmatrix} \frac{d}{dt} \begin{bmatrix} i_{aA} \\ i_{aB} \\ i_{aC} \end{bmatrix} + \begin{bmatrix} e_{fA} \\ e_{fB} \\ e_{fC} \end{bmatrix} \qquad (6.66)$$

瞬时电磁转矩与从洛伦兹方程（3.77）获得的转矩相同，即

$$T_d = \frac{1}{2\pi n} [e_{fA} i_{aA} + e_{fB} i_{aB} + e_{fC} i_{aC}] \qquad (6.67)$$

当采用双极性换向和120°导通，在任何时刻只有两相导通。例如，如果 $e_{fA} = E_f^{(tr)}$、$e_{fB} = -E_f^{(tr)}$、$e_{fC} = 0$、$i_{aA} = I_a^{(sq)}$、$i_{aB} = -I_a^{(sq)}$ 和 $i_{aC} = 0$，根据式（6.67），瞬时电磁转矩为[52, 245]

$$T_d = \frac{2 E_f^{(tr)} I_a^{(sq)}}{2\pi n} \qquad (6.68)$$

式中，$E_f^{(tr)}$ 和 $I_a^{(sq)}$ 是梯形电动势和方波电流的平顶值（见图6.13）。对于电动势和电流的恒定值，转矩（6.68）中不包含任何波动[245]。

由于 $e_f = \omega \Psi_f = (2\pi n/p) \Psi_f$，其中 Ψ_f 是励磁系统产生的每相磁链，瞬时转矩（6.67）变为

$$T_d = p(\Psi_{fA} i_{aA} + \Psi_{fB} i_{aB} + \Psi_{fC} i_{aC}) \qquad (6.69)$$

为通过周期性的电动势和电流波形获得转矩，需要将这些波形表示为傅里叶级数的形式。基于式（5.6）和式（6.51）的磁通

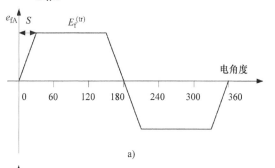

图6.13 理想波形（实线）和实际波形（虚线）
a) 相电动势；b) 相电流

$$\Phi_f(t) = L_i \int_0^{w_c} b_{PM}(x) \cos(\mu\omega t) dx$$

$$= \frac{4}{\pi^2} B_{mg} \frac{\tau L_i}{S} \sum_{\mu=1,3,5,\cdots}^{\infty} \frac{1}{\mu^3} \sin(\mu S) k_{sk\mu} \left[1 - \cos\left(\mu \frac{\pi}{\tau} w_c\right) \right] \cos(\mu\omega t) \qquad (6.70)$$

式中，B_{mg} 是梯形磁通密度波形［式（5.2）］的平顶值；w_c 是线圈节距；S 来自

图 6.13；$k_{\mathrm{sk}\mu}$ 由式（6.53）得到。

根据电磁感应定律，由式（3.12）计算 A 相产生的感应电动势

$$e_{\mathrm{fA}}(t) = -N_1 \left[k_{\mathrm{d1}} \frac{\mathrm{d}\Phi_{\mathrm{f1}}(t)}{\mathrm{d}t} + k_{\mathrm{d3}} \frac{\mathrm{d}\Phi_{\mathrm{f3}}(t)}{\mathrm{d}t} + \cdots + k_{\mathrm{d}\mu} \frac{\mathrm{d}\Phi_{\mathrm{f}\mu}(t)}{\mathrm{d}t} \right]$$

$$= \frac{8}{\pi} B_{\mathrm{mg}} \frac{\tau L_{\mathrm{i}}}{S} f N_1 \sum_{\mu=1,3,5,\cdots}^{\infty} \frac{1}{\mu^2} \sin(\mu S) k_{\mathrm{d}\mu} k_{\mathrm{sk}\mu} \left[1 - \cos\left(\mu \frac{\pi}{\tau} w_{\mathrm{c}}\right) \right] \sin(\mu\omega t)$$

$$(6.71)$$

式中，$k_{\mathrm{d}\mu}$ 是 μ 次谐波的分布因数，$k_{\mathrm{d}\mu} = \sin\left[\mu\pi/(2m_1)\right]/\left\{ q_1 \sin\left[\mu\pi/(2m_1 q_1)\right]\right\}$。其余相绕组中的感应电动势 $e_{\mathrm{fB}}(t)$ 和 $e_{\mathrm{fC}}(t)$ 分别偏移 $2\pi/3$ 和 $-2\pi/3$。如果 $b_{\mathrm{sk}} > 0$，电动势实际上是正弦曲线，与考虑的高次谐波 μ 的数量无关。

以 A 相为例，电流矩形波包含较高的时间谐波 $n = 1, 3, 5, \cdots$ 可以借助以下傅里叶级数表示：

$$i_{\mathrm{aA}}(t) = \frac{4}{\pi} I_{\mathrm{a}}^{(\mathrm{sq})} \sum_{n=1,3,5,\cdots}^{\infty} \frac{1}{n} \cos(n S_1) \sin(\omega t) \qquad (6.72)$$

相同阶次的磁通分量和电流谐波将产生恒定转矩，即恒定转矩由磁通和电枢电流的所有 $2m_1 l \pm 1$ 次谐波产生，其中 $l = 0, 1, 2, 3, \cdots$ 不同阶次的磁通和电流的谐波将产生脉动转矩。然而，当 120°梯形磁通密度波形与 120°矩形电流相互作用时，只会产生恒定转矩而没有转矩脉动[245, 246]。

事实上，电枢电流波形是失真的，不会呈现为矩形。此时可以用下面的梯形函数来近似：

$$i_{\mathrm{aA}}(t) = \frac{4 I_{\mathrm{a}}^{(\mathrm{sq})}}{\pi(S_1 - S_2)} \sum_{n=1,3,5,\cdots}^{\infty} \frac{1}{n^2} \left[\sin(n S_1) - \sin(n S_2) \right] \sin(n\omega t) \qquad (6.73)$$

式中，$S_1 - S_2$ 是换向角（rad）。电动势波也不同于 120°梯形函数。在实际的电机中导通角取决于电机结构，其范围为 100°~150°。电流和电动势波形与理想函数的偏差会导致产生转矩脉动[52, 245]。单个谐波的峰值可以根据式（6.71）、式（6.72）和式（6.73）计算。

式（6.67）考虑了除齿槽（定位）转矩分量外的所有转矩波动分量，并使用了实际电机中的电动势和电流波形。

图 6.14 为梯形电动势、矩形电流和电磁转矩波形；图 6.15 为在正弦电动势和电流情况下的相同量的波形。由换向电流引起的转矩分量 $T_{\mathrm{com}} = T_{\mathrm{d}} - T_{\mathrm{av}}$，其中 T_{av} 是平均电磁转矩。由于换向引起的转矩脉动的主要频率是 $f_{\mathrm{com}} = 2 l m_1 f$，其中 $l = 1, 2, 3, \cdots$ 对于正弦电动势和电流波形，电磁转矩是恒定的并且不包含任何纹波。由于电流不平衡，图 6.15 中所示的转矩非理想平滑。

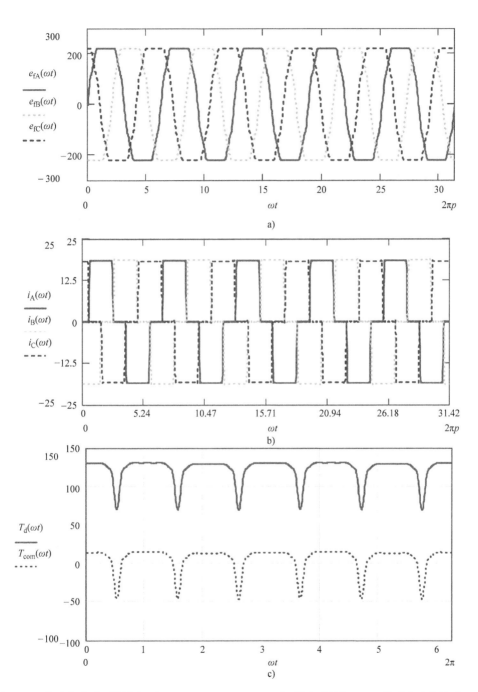

图 6.14　中功率永磁无刷电机（$m_1 = 3$，$2p = 10$，$s_1 = 36$）的电磁转矩：a）梯形电动势波形；b）矩形电流波形；c）合成电磁转矩 T_d 及其换向转矩 T_{com} 分量。电流换向角为 5°

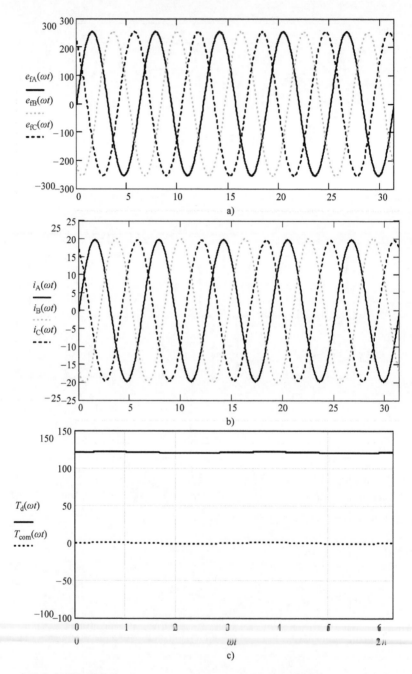

图 6.15 中功率永磁无刷电机（$m_1 = 3$，$2p = 10$，$s_1 = 36$）的电磁转矩：a）正弦电动势波形；

b）正弦电流波形；c）合成电磁转矩 T_d 及其换向转矩 T_{com} 分量

6.6.4　转矩波动的抑制

通过适当的电机设计和控制，可以最大限度地减少转矩波动。通过电机设计降低转矩波动的措施包括无槽、斜槽、特殊形状槽和定子叠片、极槽配合、偏心磁体、斜极、分段错极、极弧系数设计、永磁体磁化方向设计等。控制技术主要对电流或电动势波形进行调制[45, 102]。

1. 无槽绕组

由于齿槽转矩是由永磁磁场和定子齿产生的，无槽绕组可以完全消除齿槽转矩。但是无槽绕组间接增大了气隙，降低了永磁体励磁磁场。为维持气隙磁通密度不变，必须增加永磁体的高度 h_M，这使得无槽永磁无刷电机比有槽电机使用更多永磁材料。

2. 定子斜槽

由式（6.61）和式（6.62）可知，通常情况下，将定子槽倾斜一个槽距 b_{sk} $=t_1$ 可将齿槽转矩几乎降低到零值。有时，最佳斜槽距离小于一个槽距[197]。另一方面，定子槽倾斜会降低电动势，从而导致电机性能恶化。在转子偏心的情况下，斜槽的效果较差。

3. 定子槽形优化

图 6.16 为通过定子槽形优化来减小齿槽转矩的方法，即

1）辅助槽（见图 6.16a）；

2）空（虚拟）槽（见图 6.16b）；

3）闭口槽（见图 6.16c）；

4）不等宽度齿（见图 6.16d）。

辅助槽（见图 6.16a）可以将槽数分成两段以上，齿槽转矩随着槽口的增加而增加。在设计闭口槽时（见图 6.16c），必须正确设计相邻齿之间的磁桥，过厚的磁桥（径向厚度）会增加定子槽漏磁通，严重降低电机性能。过窄的磁桥易于陷入高饱和，导致磁桥作用无效。由于闭口槽只能嵌放"拼接式"线圈，最好通过插入内部烧结粉筒或单独制作定子轭和齿槽部分来封闭槽。在第二种情况下，定子槽从机壳侧向外敞开。

4. 定子槽数的选择

槽数 s_1 和极数 $2p$ 的最小公倍数 LCM（s_1，$2p$）对齿槽转矩有显著影响。齿槽转矩随着 LCM 的增加而减小[141]。类似地，齿槽转矩随着槽数和极数的最大公约数 GCD（s_1，$2p$）的增加而增加[61, 141]。

5. 磁极形状优化

当永磁体边缘比中心更薄时（见图 6.17），齿槽效应和换向转矩脉动可得到降低。图 6.17b 所示的磁铁形状要求转子铁心具有多边形横截面。偏心永磁体和

辅助槽可以像斜槽一样有效地抑制齿槽转矩，而电动势的降低要少得多[270]。

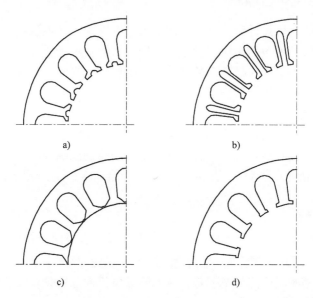

图6.16　定子槽形优化降低电机齿槽转矩：a）辅助槽；b）空槽；c）闭口槽；d）不等宽度齿

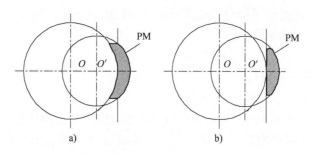

图6.17　偏心永磁体：a）圆弧形；b）面包条形

6. 斜极

偏斜永磁体对齿槽转矩抑制的影响类似于斜槽的影响。当转子直径小、磁极数少时，斜极结构难以制造。带有斜切边缘的面包条形状的永磁体与斜极磁体类似。

7. 分段错极

不同于采用整块永磁体作为磁极，将磁极沿轴向分成 $K_s = 3 \sim 6$ 个短段更便于制造和安装，将分段的磁极依次移动相等的距离 t_1/K_s 或不相等的距离，使其两端偏移量总和为 t_1，可以降低齿槽转矩。此类方式比制造长斜极磁体易于实现。

8. 极弧系数设计

适当选择与定子槽节距 t_1 相关的永磁体宽度也是降低齿槽转矩的好方法。磁体宽度（极靴宽度）为 $b_p = (k + 0.14)t_1$，其中 k 为整数[197]，或包括极曲率 $b_p = (k + 0.17)t_1$[159]。齿槽转矩降低需要比槽距倍数更宽的极靴。

9. 永磁体磁化方向设计

电机中永磁体的磁化方式可在平行磁化、径向磁化和其他磁化之间合理选择。例如，如果在没有外部磁路的情况下，将小型电机的环形永磁体放置在磁化器磁极周围，则磁化矢量的排列方式将类似于 Mallinson – Halbach 阵列。这种方法还可以将转矩波动降至最低。

10. 制造磁路不对称

磁路不对称可以通过将每个磁极相对于对称位置移动一小部分极距或设计相同磁极对的不同尺寸磁体来产生[42]。

6.7　无刷直流电机转子位置检测

永磁无刷直流电机中的转子位置由位置传感器完成，即霍尔元件、编码器或旋转变压器。在旋转电机中，位置传感器提供与转子角位置成比例的反馈信号。

6.7.1　霍尔传感器

霍尔元件是一个磁场传感器。当置于静止磁场中并用直流电流供电时，它会产生输出电压

$$V_H = k_H \frac{1}{\delta} I_c B \sin\beta \tag{6.74}$$

式中，k_H 是霍尔常数（m^3/C）；δ 是半导体厚度；I_c 是外加电流；B 是磁通密度；β 是 B 矢量与霍尔元件表面之间的角度。极性取决于带电粒子是经过 N 极还是 S 极。因此，它可以用作磁通检测器（见图 6.18）。

三相无刷直流电机的转子位置传感需要 3 个霍尔元件（见图 6.19）。所有必要的组件通常都按照图 6.18b 所示的布置在集成芯片（IC）中制造。在大多数情况下，通常要求霍尔元件与机械部件相互分离以保证系统安全运行，安装位置通过下式给出：

$$\alpha_H = \frac{360°}{m_1 p} \tag{6.75}$$

例如，对于两极（$p = 1$）、三相（$m_1 = 3$）无刷直流电机，霍尔装置之间需要 120°机械位移。如图 6.20a 所示，传感器应相隔 120°。此外，它们也可以按 60°的间隔放置，如图 6.20b 所示。霍尔传感器在电机的 1 个电周期内产生 120°

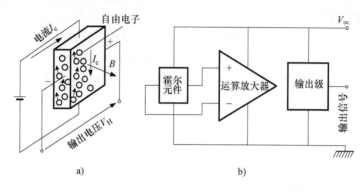

图6.18　霍尔元件：a）工作原理；b）霍尔集成电路框图

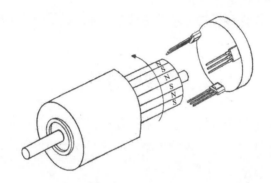

图6.19　霍尔元件在三相永磁无刷电机中的布置

相位差的方波。在每个特定霍尔传感器状态下，逆变器或伺服放大器用直流电流驱动电机两相绕组（见图6.20c）。

6.7.2　编码器

常用的光学编码器有两种类型：绝对编码器和增量编码器。

在光学编码器中，光穿过光栅的透明区域并被光电探测器检测到。为了提高分辨率，使用准直光源并在光栅和检测器之间放置一个掩模。只有当光栅和掩模的透明部分对齐时，光才能通过检测器（见图6.21）。

在增量编码器中，当轴角位置移动给定增量时将生成一个脉冲，该增量是通过从参考点计算编码器输出脉冲来确定的。旋转圆盘（光栅）有一个轨道（见图6.22a）。在电源故障的情况下，增量编码器会丢失位置信息，并且必须重置到已知的零点。

为了提供有关旋转方向的信息，使用了双通道编码器。两个通道的输出方波信号相移90°，即通道被布置成正交形式（见图6.22b）。在同一周期内可以看到来自通道A和B的4个脉冲边沿。通过处理两个通道输出，为每个方波边沿

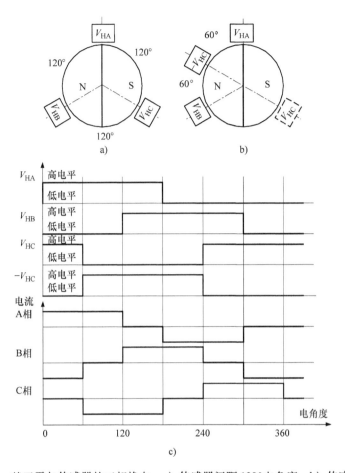

图 6.20　基于霍尔传感器的三相换向：a) 传感器间距 120°电角度；b) 传感器间距
60°电角度；c) 传感器信号和相电流

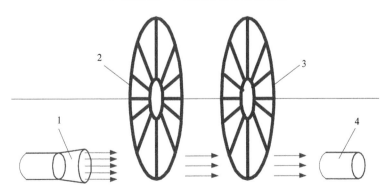

图 6.21　光学编码器的工作原理
1—准直光源　2—光栅　3—掩模　4—光检测器

产生一个单独的脉冲，编码器的分辨率提高了4倍。方波输出编码器的分辨率范围很广，可达几千线/转。

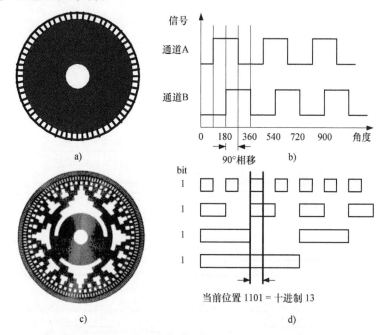

图6.22   增量和绝对编码器：a）增量编码器码盘；b）正交输出信号；c）绝对编码器码盘；d）绝对编码器输出信号。（由美国加利福尼亚州罗纳特公园的 Parker Hannifin 公司提供）

增量编码器可转换的最大速度是由其运行的最大频率决定。如果超过此速度，精度将显著下降，使输出信号不可靠。

绝对编码器是一种位置验证设备，可为每个轴角位置提供唯一的位置信息。由于存在一定数量的输出通道，每个轴角位置都由其自己的唯一代码描述。通道数随着所需分辨率的增加而增加。绝对编码器与增量编码器的计数设备不同，在断电的情况下不会丢失位置信息。

绝对编码器码盘（由玻璃或金属制成）有几个同心轨道，每个轨道分配有独立的光源（见图6.22c）。轨道在槽尺寸（外边缘的较小槽朝中心扩大）和槽型方面有所不同。当光通过槽时，会产生高状态或"1"；当光不通过磁盘时，会创建一个低状态或"0"；模式"1"和"0"提供有关轴位置的信息。绝对编码器码盘所能获取的分辨率或位置信息量由磁道数决定，即对于10条轨道，分辨率通常为每转 $2^{10} = 1024$ 个位置。码盘模式是机器可读代码，即二进制或格雷码。图6.22d为带有4位信息的简单二进制输出。所示的位置对应于十进制数13（二进制1101）。向右移动的下一个位置对应于5（二进制0101），向左移动的前一个位置对应于3（二进制0011）。

多圈绝对值编码器具有附加的码盘，该码盘与具有升压比的高分辨率主码盘匹配。例如，将具有 3 个轨道和 8∶1 齿轮比的第二个码盘添加到每转 1024 个位置的主码盘上，绝对编码器将有 8 个完整的轴转，相当于 8192 个离散位置。

6.7.3 旋转变压器

旋转变压器是一种旋转机电变压器，它以三角函数的形式提供输出。为了检测无刷电机的转子位置，励磁或一次绕组安装在旋转变压器转子上，输出或二次绕组彼此成直角缠绕在定子铁心上。因此，输出信号是正交的正弦波；例如，一个波是角位移 θ 的正弦函数，第二个波是 θ 的余弦函数（见图 6.23a）。

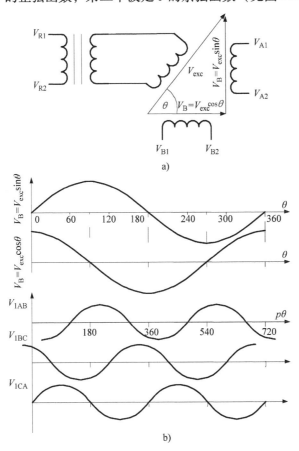

图 6.23 旋转变压器的工作原理：a）绕组结构；b）旋转变压器输出波形和四极电机电压。区间 $0° \leqslant p\theta \leqslant 720°$ 相当于机械转一圈

电机每转一圈，每个信号都有一个电循环（见图 6.23b）。模拟输出信号被转换成数字形式，用于数字定位系统。这两个波之间的差异揭示了转子的位置。

电机的速度由波形的周期决定，旋转方向由超前波形决定。

旋转变压器通常使用电感耦合系统而非电刷和集电环向转子绕组供电。带有旋转变压器的无刷旋转变压器如图 6.24 所示。

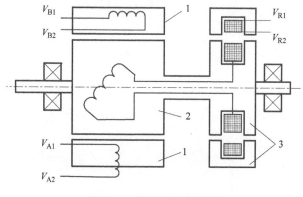

图 6.24　无刷旋转变压器
1—定子　2—转子　3—旋转变压器

6.8　无位置传感器电机

在部分场合中无法安装位置传感器的原因如下：

1）降低机电驱动器的成本；

2）提高系统的可靠性；

3）霍尔传感器的温度限制；

4）在额定功率低于 1W 的电机中，位置传感器的功耗会大大降低电机效率；

5）在紧凑型应用中，例如计算机硬盘驱动器（HDD），可能无法容纳位置传感器。

对于额定功率高达 10kW 的永磁电机，编码器的成本将近电机制造成本的 10%，当然这取决于电机的额定功率和编码器类型。消除机电传感器和相关电缆不仅提高了可靠性，而且简化了系统的安装。

通过使用无传感器控制，计算机硬盘驱动器制造商可以突破尺寸、成本和效率的限制。由于采用了无传感器永磁电机，2.5in 硬盘驱动器运行所需的功率不到 1W[25]。

霍尔元件的温度限制可能会妨碍直流无刷电机用于氟利昂冷却的压缩机。无传感器电机适用于冰箱和空调。

具有梯形电动势波形的永磁无刷直流电机和具有正弦电动势波形的永磁同步电机对应的无传感器控制策略是不同的，前者三相中只有两相同时励磁，后者三相在任何时刻都励磁。永磁无刷直流电机的最简单控制方法是基于未励磁相绕组中的反电动势检测。无传感器控制器测量来自未通电绕组的反电动势信号，以确定换向点。

一般来说，永磁无刷电机转轴的位置信息可以通过以下技术之一获得[254]：

1）反电动势检测（过零法、锁相环技术、电动势积分法）；

2）定子三次谐波电压检测；

3）检测与固态开关反并联的续流二极管的导通间隔；

4）检测感应电感变化（在 d 轴和 q 轴[6]）、端电压和电流。

技术 1）、2）和 3）通常用于梯形电动势波形的永磁无刷直流电机。技术 2）和 4）用于具有正弦波电动势波形的永磁同步电机和无刷电机。

从零速运行的能力来看，上述方法可分为两类：

a）不适合在静止或非常低的速度下检测信号；

b）适用于零速和极低速检测。

通常，技术 1）、2）和 3）不能在零速和极低速下使用。电感变化原理 4）非常适合变速驱动器，其速度变化范围很广，包括静止。另一方面，在反转和过载时，大电枢电流会增加磁路的饱和度，造成 d 轴和 q 轴电感之间的差异变小，不足以用于检测转子位置。

例如，在参考文献 [6，25，73，101，254] 中给出了无传感器控制不同方法的详细信息。

6.9 永磁无刷电机运动控制

6.9.1 变频器供电

大多数永磁无刷直流电机由电压源、PWM 固态变换器供电。电力电子变换器由整流器、中间电路（滤波器）和逆变器（DC - AC 变换）组成。IGBT 逆变器电源电路如图 6.25 所示。为避免三角形联结绕组中的环流，所有相的电阻和电感应该相同，并且围绕电枢铁心外围的绕组分布应该是对称的。

变换器供电电机的接线图如图 6.26 所示。为了获得最佳运行、将辐射噪声降至最低并防止触电危险，正确的互连布线、接地和屏蔽非常重要。许多固态变换器需要最小 1% ~3% 的线阻抗，计算如下：

$$z_\% = \frac{V_{10L-L} - V_{1rL-L}}{V_{1rL-L}} \times 100\% \qquad (6.76)$$

式中，V_{10L-L} 是空载时测得的线电压；V_{1rL-L} 是额定负载时测得的线电压。线路电抗器所需的最小电感 $L(H)$ 为

$$L = \frac{1}{2\pi f} \frac{V_{1L-L}}{I_a} \frac{z_\%}{100} \tag{6.77}$$

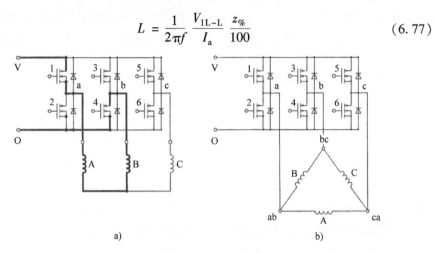

图 6.25　直流无刷电机的 IGBT 逆变器供电电枢电路：a）星形联结相绕组；
b）三角形联结电枢绕组

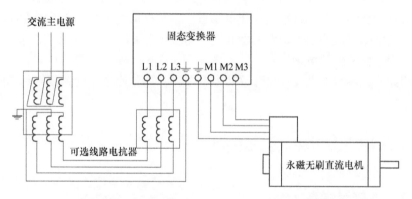

图 6.26　固态变换器供电的永磁无刷电机的接线图

6.9.2　伺服放大器

伺服放大器用于需要精确控制位置或速度的运动控制系统。放大器将来自控制器的低能量参考信号转换为高能量信号（输入电压和电枢电流）。转子位置信息可以由霍尔传感器或编码器提供。通常，伺服放大器具有针对过电压、欠电压、过电流、短路和过热的全面保护。

Advanced Motion Control 公司制造的 PWM 无刷放大器设计用于以高开关频率驱动无刷直流电机（见图 6.27）。它们可以与数字控制器连接，也可用作独立的固态变换器。有些型号只需要一个简单的非调节型直流电源。规格参数在表 6.3 中给出。

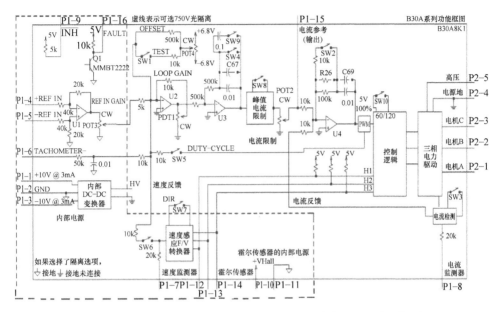

图 6.27　用于永磁无刷直流电机的 PWM 伺服放大器（由美国加利
福尼亚州卡马里奥市的 Advanced Motion Control 公司提供）

表 6.3　由美国加利福尼亚州卡马里奥市的 Advanced Motion Control
公司制造的 PWM 无刷放大器

功率级规格	B30A8	B25A20	B40A8	B40A20
直流电源电压/V	20~30	40~190	20~80	40~190
2s 内峰值电流最大值/A	±30	±25	±40	±40
最大连续电流/A	±15	±12.5	±20	±20
电机每相最小负载电感/mH	200	250	200	250
开关频率/kHz	22（1±15%）			
散热片温度范围/℃	−25°~+65°，如果 >65°，则禁用			
连续电流下的功耗/W	60	125	80	200
过电压关断/V	86	195	86	195
带宽/kHz	2.5			
质量/kg	0.68			

6.9.3　微控制器

　　无刷永磁电机的最新发展需要一种可用于低成本应用的单片控制器。有许多商用集成电路（IC），如 LM621[249]、UC3620[255]、L6230A[267]、MC33035[198]，可用于执行简单的速度控制。

MC33035（见图 6.28）是一款高性能的第二代单片无刷直流电机集成控制器[198]，包含实现全功能开环三相或四相电机控制系统所需的所有主动功能（见图 6.28）。该器件包括一个用于正确换向排序的转子位置解码器、能够提供传感器电源的温度补偿基准、频率可编程锯齿振荡器、完全可访问的误差放大器、脉宽调制器比较器、三个集电极开路顶部驱动器和三个适合驱动功率 MOSFET 的高电流图腾极底部驱动器；还包括保护功能，包括欠电压锁定、逐周期限流、可选延时锁定关机模式、内部热关机，以及可连接到微处理器控制系统的独特故障输出。

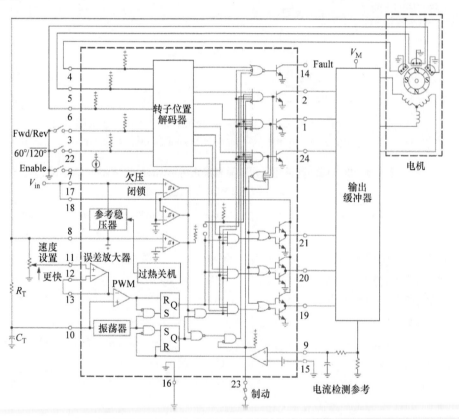

图 6.28　摩托罗拉公司的 MC33035 开环三相六步全波无刷电机控制器

典型的电机控制功能包括开环速度控制、支持正向或反向运行、运行使能和动态制动。在闭环控制中，MC33035 必须兼容一个额外的芯片 MC33039，以产生所需的反馈电压，而无需昂贵的转速表。

图 6.28 所示的三相应用是全波六步驱动全功能开环电机控制器。上面的开关晶体管是达林顿管，而下面的器件是功率 MOSFET。这些器件中的每一个都包含一个内部寄生捕捉二极管，用于将定子感应能量返回给电源。如果使用分离电源，输出能够驱动星形或三角形联结的定子并且星形联结中性点接地。在任何给定的转子位置，只有一个顶部和一个底部电源开关被启用。这种配置将定子绕组的两个端子从电源切换到接地，从而导致电流是双向的或全波的。前沿尖峰通常出现在电流波形上，并可能导致限流不稳定。可以通过添加与电流检测输入串联的 RC 滤波器来消除尖峰。

对于闭环速度控制，MC33035 需要与电机速度成比例的输入电压。传统方案是通过转速计产生电机转速反馈电压来实现。图 6.29 为该方案的一个应用，其中 MC33039 由 MC33035 的 6.25V 参考（8 脚）供电，用于生成所需的反馈电压，而无需昂贵的速度传感器。MC33035 用于转子位置解码的霍尔传感器信号与 MC33039 相同。霍尔传感器信号在任何传感器线路上的每一个正向或负向转换都会导致 MC33039 产生一个定义振幅和持续时间的输出脉冲，由外部电阻器

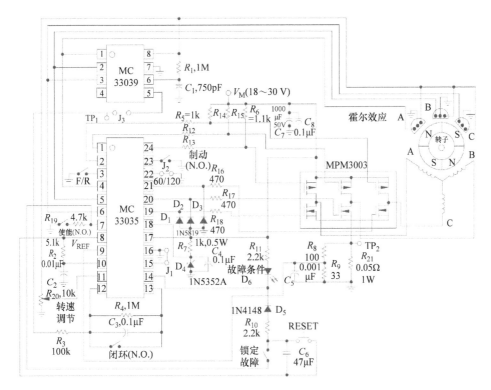

图 6.29　使用摩托罗拉公司的 MC33035、MC33039 和 MPM3003 集成
电路进行闭环无刷直流电机控制

R_1 和电容器 C_1 确定。MC33039 的 5 脚上的脉冲输出序列由 MC33035 的误差放大器集成，该误差放大器配置为积分器，以产生与电机速度成比例的直流电压电平。该速度比例电压在 MC33035 电机控制器的 13 脚处建立 PWM 参考电平并关闭反馈回路。

MC33035 输出驱动 MPM3003 TMOS 功率 MOSFET 三相桥式电路，能够提供高达 25A 的浪涌电流。在起动、断开和改变电机方向的情况下，可能会出现大电流。图 6.29 所示的系统设计用于具有 120°/240°霍尔传感器电气相位的电机。

6.9.4 DSP 控制

数字信号处理器（DSP）以更低的系统成本提供高速、高分辨率和无传感器控制算法[89,90,205,291]。更精确的控制通常意味着在 DSP 中执行更多的计算。

一般来说，对于电机控制，定点 DSP 的性能足够满足要求，并且其成本低于浮点 DSP，对于大多数应用来说，16 位的动态范围就足够了[89]。必要时，可以通过在软件中执行浮点计算来简单地增加定点处理器中的动态范围。

DSP 控制器（见图 6.30）是一个强大的处理器[89]：

1）在宽速度范围内进行有效控制来降低系统成本，即有利于选定适当的固态器件额定值；

2）运用增强算法减少高次谐波和转矩脉动；

3）实现无传感器控制算法；

4）通过减少查找表的数量来减少所需的内存量；

5）生成平滑的近乎最佳的参考轮廓和实时移动轨迹；

6）控制逆变器的固态开关，并产生高分辨率 PWM 输出；

7）启用单片机控制系统。

DSP 还可以提供对多变量和复杂系统的控制，使用神经网络和模糊逻辑，执行自适应控制，提供诊断监控，例如通过 FFT 频谱分析进行振动监测，利用陷波滤波器消除窄带机械共振等。

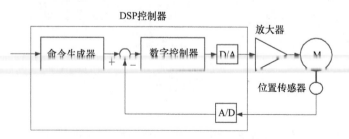

图 6.30　无刷伺服系统的 DSP 控制方案

6.10　通用无刷电机电磁驱动器

通用无刷电机有两种运行模式：直流无刷模式和交流同步模式。它将直流电机的速度控制简单与交流同步电机的效率高、产生的转矩平稳（转矩波动最小）相结合。如前几节所述，交流永磁同步电机和直流永磁无刷电机原则上具有相同的磁路和电路。这两种电机的区别主要在于输入相电流的形状和控制。

两种电机的转速 – 转矩特性如图 6.31 所示。交流同步电机的转速 – 转矩特性是恒定的，等于同步速度 $n_s = f/p$。直流无刷电机具有所谓的分流特性，其速度由下式描述：

$$n = n_0 - \frac{R}{c_{Edc}\Phi_f^{(sq)}}I_a^{(sq)} \tag{6.78}$$

式中，空载转速 $n_0 = V/[c_{Edc}\Phi_f^{(sq)}]$。

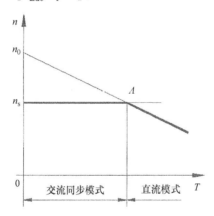

图 6.31　交流和直流模式下永磁无刷电机的转速 – 转矩特性

通用无刷电机以直流模式起动并加速直到达到同步速度，此时它切换到同步运行。电机保持同步模式，直到达到稳定极限 A 点（见图 6.31）。随着转矩增加到 A 点以上，电机切换回直流模式。选择交点 A 以获得接近电机稳定极限或最大允许输入电枢电流的同步转矩。大于稳定极限转矩的转矩将导致永磁转子失步。必须限制电枢电流以确保定子绕组不会过热或永磁体不会退磁。一旦电机切换到直流模式，转速会随着轴转矩的增加而降低，从而在 V 等于常数时提供近似恒定的输出功率。

通用永磁电机驱动器（见图 6.32）的基本器件是永磁电机、全桥二极管整流器、三相 IGBT 逆变器、轴位置传感器、电流传感器、控制器和模式选择器。逆变器电路的简化示意图如图 6.33 所示。

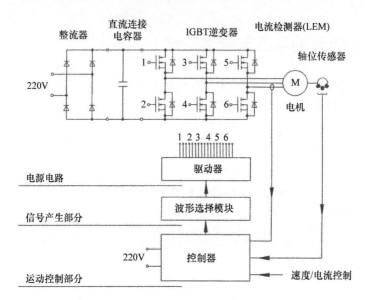

图 6.32　三相交流 – 直流通用无刷永磁电机

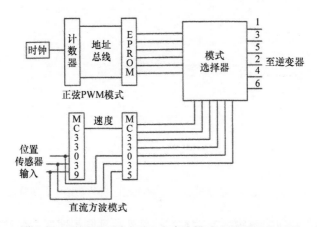

图 6.33　显示了正弦 PWM 和直流模式之间联系的框图

仅当转子配备有笼型绕组时，才能起动不带位置传感器的永磁同步电机。

使用正弦 PWM 开关拓扑获得同步操作模式。如参考文献［36，222］所述，使用正弦 PWM 开关拓扑获得同步操作模式。采用频率调制比 m_{f} 为奇数以及 3 的倍数的同步规则采样 PWM，用于确保最大限度地减少谐波含量。

正弦 PWM 开关由恒频时钟、一组二进制计数器和可擦除可编程只读存储器（EPROM）组成。简化示意图如图 6.33 所示。时钟频率决定同步速度，同步速度固定为 50Hz。存储在 EPROM 中的每字节的六位数据驱动逆变器的六个晶体管。因此，EPROM 的每条数据线都代表晶体管栅极信号。

直流方波控制器是围绕摩托罗拉公司的单片无刷直流电机控制器集成电路 MC33035 设计的[198]。

速度控制功能允许从起动时开始稳定地提高速度，并在低速时限制电流。这可确保电机定子绕组不会过热，或防止永磁体因大起动电流而退磁。速度通过内置在 MC33035 芯片中的 PWM 开关进行控制。PWM 降低了绕组之间的平均电压，因此能够从静止到全速的速度范围控制电机。由于母线电流在每一时刻都流经串联的两个有源相，因此电流通过直流链路中的单个电流传感器进行调节。每个相位的底部驱动被切换以控制电流。

直流控制器用于三相闭环控制，采用转子位置和速度反馈。速度从速度控制适配器集成电路 MC33039 获得，该芯片是专门设计用于摩托罗拉公司 MC33035 的集成芯片。

为了从直流模式平稳过渡到同步模式，在已发现两种运行模式下，开关点处的电流有效值水平应相似，即两种模式的电压有效值应该相等。在两种工作模式下，转矩电流比大致相等。

同步模式的振幅调制指数 m_a 增加，以匹配直流模式的电压有效值。由过调制（$m_a > 1$）而增加的电压是为了确保同步电机能够瞬间产生足够的转矩，以匹配切换时直流模式的转矩。表 6.4 为具有不同 m_a 值的 120°方波和正弦 PWM 的电压方均根之比。母线电压 V_{dc} 保持恒定。因此，使用 $m_a = 1.4$ 的振幅调制指数来确保从直流模式到交流模式的稳定过渡。

表 6.4　不同开关模式下电压有效值的比较（直流母线电压 V_{dc} 为常数）

切换模式	调幅指数 m_a	电压有效值 – 直流母线电压比
方波		0.8159
正弦 PWM	1.0	0.7071
	1.2	0.7831
	1.4	0.8234
	1.6	0.8502

必须考虑增加 m_a 对定子电流谐波含量的影响。谐波数量的显著增加将导致更大的铁心损耗，从而降低效率。图 6.34 为 $m_a = 1$ 和 $m_a = 1.4$ 的正弦 PWM 以及直流方波运行的电流波形。直流方波运行时电流波形的谐波含量比两个 PWM 正弦波具有更多的谐波。因此，预期 $m_a = 1.4$ 的正弦 PWM 模式比直流模式更高效。

该通用驱动器中使用的电机为嵌入式永磁电机，如例 5.3 所示。在不同模式下，整个驱动器的稳态特性如图 6.35 所示。直流模式已经过恒速运行和最高速度运行的测试。恒速直流模式使用 PWM 开关降低平均电枢电压，从而保持恒定

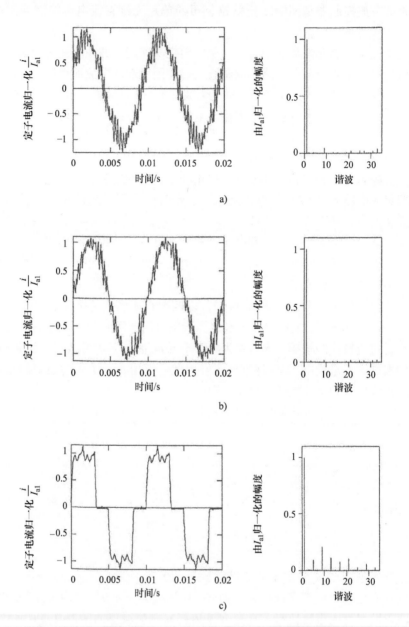

图 6.34 定子电流波形和频谱幅值：a）正弦 PWM，$m_a = 1.0$，$I_a = 2.66$A；b）正弦 PWM，$m_a = 1.4$，$I_a = 2.73$A；c）直流方波，$I_a = 2.64$A。I_{a1} 是基波电枢电流方均根值

速度，但与并联转矩 – 转速特性直流模式相比，开关损耗增加。两种工作模式在接近同步稳定极限（约 14N·m）时相交，并且可以进行模式切换。

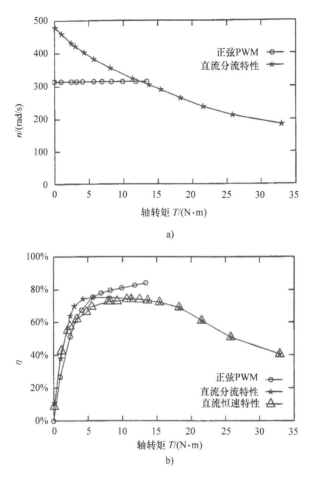

图 6.35 集成通用无刷电机驱动的稳态特性测试结果：a）转速与轴转矩曲线；
b）效率与轴转矩曲线

6.11 智能电机

集成机电驱动器也称为智能电机，将机电、电气和电子组件，即电机，电力电子装置，位置、速度和电流传感器，控制器和保护电路组合封装在一起（见图 6.36）。

电力驱动的传统概念是将机械功能与电子功能分开，而电子功能又需要电缆网络。在智能电机或集成驱动器中，电子控制、位置传感器和电力电子装置安装在电机内，从而减少了电机输入线的数量，形成合理的结构设计。连接到智能电机的电缆一般是电源和单速信号。此外，解决了传统的兼容性问题，降低了电机

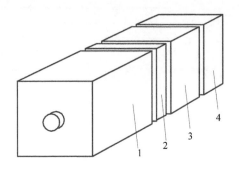

图 6.36　智能电机的基本组成部分

1—无刷电机　2—速度和位置传感器　3—放大器或电力电子变换器　4—控制电路盒

与变流器之间的电压驻波（电机端子电压升高），并且智能电机的安装简单。为了获得更紧凑的设计，需使用无传感器微处理器控制。必须特别注意组件的热兼容性，即电机绕组或电力电子模块产生的过多热量会损坏其他组件。

表 6.5 为美国加利福尼亚州圣克拉拉市 Animatics 公司制造的智能永磁无刷直流伺服电机（3400 系列）的规格。这些紧凑型单元由高功率密度永磁无刷直流伺服电机、编码器、PWM 放大器、控制器和可拆卸 8KB 存储器模块组成，其中包含用于独立操作、PC 或 PLC 控制的应用程序。

表 6.5　由美国加利福尼亚州圣克拉拉市 Animatics 公司制造的智能永磁无刷直流电机（3400 系列）

规　格	3410	3420	3430	3440	3450
额定连续功率/W	120	180	220	260	270
连续转矩/（N·m）	0.32	0.706	1.09	1.48	1.77
峰值转矩/（N·m）	1.27	3.81	4.06	4.41	5.30
空载转速/（r/min）	5060	4310	3850	3609	3398
极数			4		
槽数			24		
电动势常数/[V/（kr/min）]	9.2	10.8	12.1	12.9	13.7
转矩常数/（N·m/A）	0.0883	0.103	0.116	0.123	0.131
转子转动惯量/（kg·m^2×10^{-5}）	4.2	9.2	13.0	18.0	21.0
长度/mm	88.6	105	122	138	155
宽度/mm			82.6		
质量/kg	1.1	1.6	2.0	2.5	2.9

6.12　应用

6.12.1　纯电动和混合动力电动汽车

汽车内燃机是主要的石油消耗者和空气污染源之一。节约石油和道路交通拥堵需要新能源来推动机动车和保护自然环境。

纯电动汽车（EV）仅由车载可充电储能系统（RESS）供电的电机驱动，例如电池。

混合动力电动汽车（HEV）具有传统的内燃机（汽油或柴油）、电机和 RESS，因此车辆的车轮由内燃机和电机共同驱动。传统车辆在制动和怠速期间浪费的所有能量都被收集、存储在 RESS 中，并用于 HEV。电机有助于加速（由 RESS 节省的能量），从而使内燃机体积更小、效率更高。

在大多数被称为"充电维持"的现代 HEV 中，电池充电的能量由内燃机产生。部分被称为"插电式"或"充电式"的 HEV 可以从公用电网为电池充电。

与使用汽油或柴油发动机的传统汽车相比，HEV 有许多优势：

1）内燃机尺寸更小、油耗更低，因为部分能量来自 RESS，所以效率更高（比类似额定值的传统车辆的燃油效率高约 40%）；

2）电机在低速时的高转矩与内燃机在高速范围内的高转矩使转矩 – 转速特性适合牵引要求；

3）在制动（再生制动）、怠速和低速时可以利用浪费的能量；

4）使用电机可减少空气污染和噪声；

5）内燃机部件的磨损减少，因此其使用寿命更长；

6）减少了燃料消耗，降低维护成本；

7）尽管 HEV 的初始成本高于传统汽车，但随着时间的推移，其运营成本会降低。

EV 和 HEV 使用无刷电机，即感应电机（IM）、开关磁阻电机（SRM）和永磁无刷电机。不同类型电机轴功率函数的功率密度如图 6.37 所示[195]。仿真表明，与感应电机相比，采用永磁无刷电机驱动系统的 EV 的行驶里程可能延长 15%[99]。永磁无刷电机驱动器显示出最佳的效率、输出功率质量比、输出功率体积比（紧凑度）和过载容量因数。

图 1.23 和图 6.38 为 HEV 的工作原理。在串联 HEV（见图 6.38a）中，电动机驱动车轮，而内燃机驱动发电机发电。在并联 HEV（见图 6.38b）中，内燃机是驱动车轮的主要方式，而电动机仅为加速提供辅助。串/并联 HEV（类似

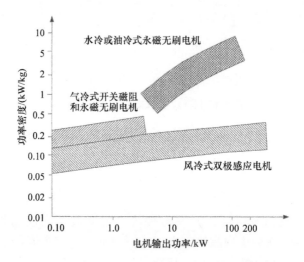

图 6.37 EV 和 HEV 电机的连续功率密度[195]

于丰田普锐斯）配备功率分配装置（PSD），该装置可为车轮提供连续可变的内燃机 - 电动机功率比。它可以在"隐形模式"下仅依靠存储的电能运行。

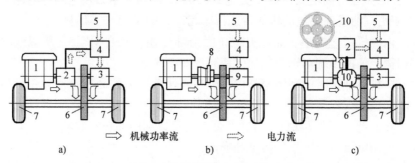

图 6.38 HEV 的动力系统：a）串联 HEV；b）并联 HEV；c）串/并联 HEV
1—汽油发动机 2—发电机 3—电动机 4—固态变换器 5—电池 6—减速齿轮 7—车轮
8—变速器 9—电动机/发电机 10—PSD

PSD 为行星齿轮组，它消除了普通燃气动力汽车对传统阶梯式变速箱和传动部件的需求，起到无级变速器（CVT）的作用，但传动比固定。

丰田普锐斯 NHW20 配备了一台 1.5L、57kW（5000r/min）、四缸汽油发动机、50kW（1200～1540r/min）、500V（最大）永磁无刷电机和镍氢电池组作为 RESS。为简化结构、改进传动和实现更平稳的加速，齿轮箱由减速齿轮取代（见图 6.38）。这是因为发动机和电动机具有不同的转矩 - 转速特性，令它们可以共同作用以满足驾驶性能要求[168]。图 6.39 为内燃机与丰田普锐斯的发电机/起动机、电动机和 PSD 的集成。图 6.40 为丰田普锐斯永磁无刷电机的单转子叠片[168,269,271]。选择带有内部永磁体的转子是因为它在尺寸和重量限制下能够提供比其他转子结构（见图5.1b、i）更大的转矩 – 转速范围。为利用磁阻转矩和同步转矩，在保持低 d 轴磁导的同时，使 q 轴磁导最大化[168]。由于制造成本高，双层永磁体结构（见图5.1j）不适用于大规模生产[168]。

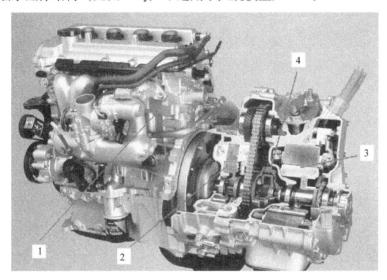

图 6.39　丰田普锐斯发动机剖面图
1—四缸内燃机　2—发电机/起动机　3—电动机　4—PSD

混合动力乘用车的电机额定功率通常为 30 ~ 75kW。与强制空气冷却电机相比，水冷提供了更优越的冷却性能、紧凑性和轻质设计。与强制空气设计相比，水冷可以减轻 20% 的重量和 30% 的尺寸，而冷却系统的功耗降低 75%[169]。若电机和固态变换器采用统一水冷系统可进一步缩小尺寸。

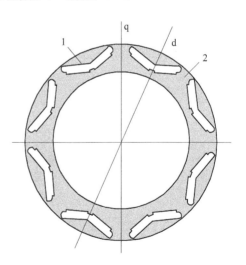

图 6.40　丰田普锐斯电机转子冲压
1—永磁槽　2—永磁体极间磁桥

6.12.2　变速冷却风扇

计算机、仪器和办公设备使用带有简单永磁无刷直流电机的冷却风扇，该电机具有内凸极定子和外转子环磁铁，如图 6.41 所示。转子与风扇叶片集成在一起。以低压直流电源（通常为 12V、24V、42V 或 115V）为风扇供电，可以根据仪器内的实际温度轻松地通过电子方式控制风扇转速。控制直流无刷电机的最简单方法是使用单个晶体管进行开关切换。更复杂的风扇控制方法是配备远程温度传感器的数字接口集成电路（IC），例如 MAX1669（达拉斯半导体）。

a)　　　　　　　　　　　　　　b)

图 6.41　用于 12 V、0.15 A 风扇的永磁无刷电机：a）具有四个集中线圈的两相内定子；b）带有环形永磁体的外转子。控制电子设备位于定子后面

风扇无刷电机的额定功率在 0.6~180W 之间，最大转速在 2000~6000r/min 之间。带有温度传感器的变速无刷电机可以抑制噪声，因为风扇在大多数转速情况下，噪声远低于全速条件下的噪声（25~40dB）。

6.12.3　计算机硬盘驱动器

硬盘驱动器（HDD）的数据存储容量由面记录密度和磁盘数量决定。面密度为 $51Gbit/cm^2 = 329Gbit/in^2$（2009 年）。转子质量、转动惯量和振动随圆盘数量的增加而增加。模式 $r=0$ 和 $r=1$（第 5.12 节）的周向振动导致转子偏离几何旋转轴。磁盘驱动主轴电机是外转子设计的无刷直流电机。带有大量磁盘的驱动器的主轴上端用螺钉固定在顶盖上（见图 6.42a）。这种"捆绑"结构减少了转子的振动和偏离旋转中心轴的偏差。当磁盘数量较少时，可采用带有固定轴（见图 6.42b）或旋转轴（见图 6.42c）的"未连接"结构。

主轴电机的特殊设计特点是其高起动转矩、有限的电流供应、降低的振动和噪声、体积和形状的物理限制、污染和结垢问题[161,162,163]。由于读/写磁头在不移动时会粘在磁盘上，因此需要高起动转矩，达到运行转矩的 10~20 倍。起动电流和起动转矩均受到计算机电源的限制。对于 2.5in、20000r/min、12V 硬盘驱动器，在 6.2mN·m 的起动转矩下，起动电流小于 2A。声学噪声通常低于 30dB（A），重复定位精度最大值 $2.5 \times 10^{-5} \mu mm$。

磁极数通常决定着转矩脉动的频率和开关频率。虽然较大的磁极数可以降低转矩脉动，但会增加开关损耗和磁滞损耗，并使换向调谐和转子位置传感器的安装复杂化。最常用的是 4 极和 8 极电机。极槽组合对于减小转矩脉动非常重要。极槽比具有高最小公倍数 LCM（s_1，$2p$），将产生较小的齿槽转矩，如 8 极/9 槽（LCM（9，8）=72）和 8 极/15 槽（LCM（15，8）=120）。

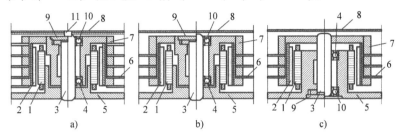

图 6.42 硬盘驱动器主轴电机的构造：a）捆绑式；b）带固定轴的非固定式；
c）带旋转轴的非固定式

1—定子 2—永磁体 3—轴 4—滚珠轴承 5—底板 6—盘 7—盘夹 8—顶盖
9—推力轴承 10—径向轴承 11—螺钉

滚珠轴承的缺点包括噪声大、阻尼低、轴承寿命有限。硬盘驱动器主轴电机现在正从滚珠轴承转向流体动力轴承（FDB）电机。无接触式 FDB（见图 6.43）产生的噪声较小，且可长期使用。

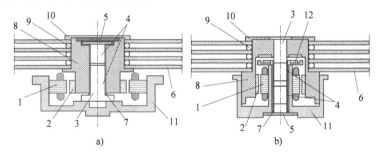

图 6.43 硬盘用流体动力轴承主轴电机的构造：a）固定轴主轴电机；b）旋转轴主轴电机

1—定子 2—永磁体 3—轴 4—径向轴承 5—推力轴承 6—圆盘 7—止动器/密封件
8—轮毂 9—垫片 10—夹具 11—底板 12—引力磁铁

6.12.4 CD 播放器

光盘（CD）上的信息以恒定的线速度记录。微型永磁电机用于：

1）主轴旋转；

2）抽屉/托盘打开/关闭；

3）拾取位置（粗跟踪），除非装置使用直线电机或旋转定位器驱动；

4）更换磁盘（仅限换碟机）。

CD 结构如图 6.44 所示。电机在直流电压下运行，从几分之一伏特到 10V

或12V，例如抽屉。大多数CD播放器或CD-ROM驱动器都有电动装载抽屉。

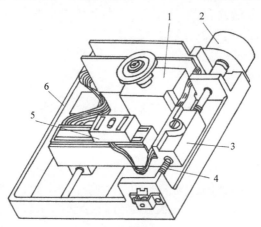

图6.44　CD结构
1—主轴电机　2—横向步进电机（拾取位置）　3—底座
4—精密驱动螺钉　5—光学激光拾取　6—压铸底座

　　主轴转速根据锁相环从磁盘恢复的时钟信号锁定，保持磁盘以恒定线速度（CLV）旋转。"粗略伺服控制"在主轴速度（即200~500r/min）和被扫描螺旋直径之间建立初始关系。主轴驱动通常由连接到磁盘平台的永磁无刷电机完成（见图6.45）。在大多数情况下，CD主轴机电驱动器使用带有多个定子极的盘式直流无刷电机，因此电机可以以低且非常稳定的速度运行。图6.45所示的永磁无刷电机可以在CD播放机、录像带和其他消费电子驱动系统中找到。在旧CD播放机中，可以找到与玩具和其他电池驱动设备中的普通电机非常相似的有刷直流电机。

　　拾音电机是一种传统的微型永磁直流电机，它带有皮带/带蜗杆的齿轮、滚珠/齿轮齿条机构、步进电机/直接驱动直线电机/无齿轮或皮带的旋转定位器。安装光学激光传感器的机构称为底座。在正常播放、快速访问音乐选择或CD-ROM数据期间，整个拾音器在底座上移动。雪橇由导轨支撑，由蜗轮或球齿轮移动，如图6.44所示。

　　光学拾音器是一种"指示笔"，用于读取磁盘上编码的光学信息。它包括激光二极管、相关光学元件、聚焦和跟踪执行器以及光电二极管阵列。光学传感器安装在底座上，并使用柔性印刷布线电缆连接至伺服和回读电子设备（见图6.44）。由于聚焦必须精确到$1\mu m$，因此使用了聚焦伺服。聚焦执行器可以根据从光电二极管阵列获取的聚焦信息，上下移动物镜，使其离磁盘更近或更远。

　　精细跟踪使用音圈定位器和磁盘表面的光学反馈，将激光束集中在磁盘轨道上（在几分之一微米内）并补偿磁盘和播放器移动的左右跳动。粗略跟踪则根

图 6.45　盘式永磁无刷电机，定子为 18 个集中线圈，外转子
为环形永磁体。定子与控制电子设备集成在一起

据超出阈值的精细跟踪误差或基于用户或微控制器请求（如搜索或跳过）移动整个拾取组件。

　　CD 电机故障最常见的原因是：

　　1）绕组开路或短路；

　　2）轴承磨损；

　　3）由换向器上的污垢或积碳引起的部分短路（在有刷直流电机的情况下）。

6.12.5　工业自动化

　　图 6.46 为数控（NC）机床的开环和闭环控制[79]。闭环矢量控制方案能够提供非常高的定位精度。

　　带有两个交流电机的数控机床如图 6.47 所示[79]。可以使用感应电机或永磁无刷电机。传感器和传感器监测工具的转矩和推力的诊断反馈信息很容易实现。因此，通过降低进给率可以自动防止刀具破损。图 6.47 中的可编程驱动器取代了进给箱、限位开关和液压缸，并且无需更换皮带、皮带轮或齿轮来调整进给速率和深度[79]，使得系统非常灵活。

　　图 6.48 ~ 图 6.51 为美国加利福尼亚州罗纳特公园 Parker Hannifin 公司[236]的永磁同步电机在工业过程自动化中的应用。

　　配准设备（见图 6.48）允许在可编程运动控制器的一个输入端出现配准脉冲后，对移动进行编程，以指定距离结束移动[70]。分度台（见图 6.49）使用两台永磁无刷电机定位分度台和刀具转台[70]。图 6.50 所示的选择顺应性装配机器人手臂（SCARA）已经被开发用于需要重复和物理滑行操作的应用[70]。

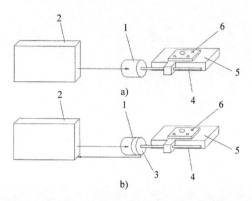

图 6.46　使用永磁无刷电机的数控机床的轴位置控制方案：a）开环控制；b）闭环矢量控制
1—永磁无刷电机　2—控制器　3—编码器　4—滚珠丝杠　5—工作台　6—部件

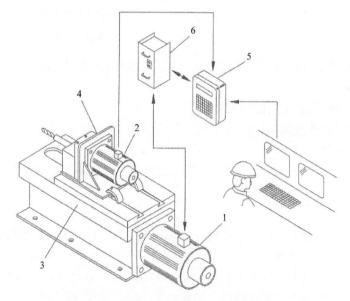

图 6.47　带有两个交流电机的数控机床
1—交流伺服电机　2—主轴电机　3—滑动单元　4—测量刀具转矩和
推力的传感器　5—可编程序控制器　6—数字伺服控制器

图 6.51 为二轴拾放装置应用，该装置需要机械臂在三个维度上的精确移动。手臂具有必须遵循的特定线性路径，以避免其他机械部件[70]。

6.12.6　X–Y 二维驱动台

图 6.52 为一个精确 X–Y 二维驱动台的示例，该工作台必须满足较高的控制刚度、宽速度控制范围、平稳旋转、高加速度和非常精确的再现性[90]。这些

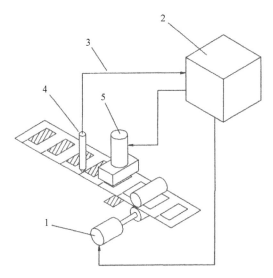

图 6.48　配准设备（由美国加利福尼亚州 Parker Hannifin 公司提供）

1—永磁无刷电机　2—可编程运动控制器　3—配准信号　4—标记传感器　5—冲头

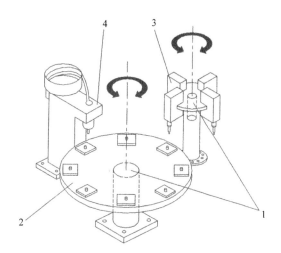

图 6.49　用于装配的分度台（由美国加利福尼亚州 Parker Hannifin 公司提供）

1—永磁无刷电机　2—转台　3—刀塔　4—刀具

因素都直接影响应用过程的质量。

6.12.7　太空任务工具

　　空间站和航天飞机提供的电力非常有限，因此可充电的手动工具需要非常高效的紧凑型电机。永磁无刷电机是空间任务工具的最佳电机。例如，在 1993 年的一次维修任务中，使用了由永磁无刷电机驱动的高科技动力棘轮工具和手枪式

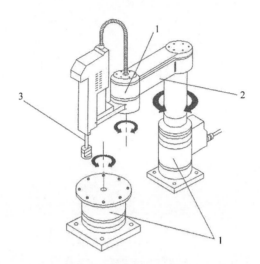

图 6.50　用于装配的 SCARA 机器人（由美国加利福尼亚州 Parker Hannifin 公司提供）
1—永磁无刷电机　2—臂　3—工具

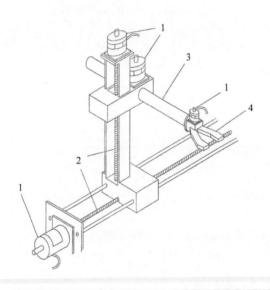

图 6.51　二轴机械手（由美国加利福尼亚州 Parker Hannifin 公司提供）
1—永磁无刷伺服电机　2—丝杠　3—臂　4—夹持器

握把工具，对哈勃太空望远镜（1990 年部署在离地球约 600km 的高空）进行有
计划的维护。

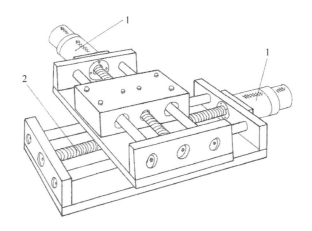

图 6.52　精确的 $X - Y$ 二维驱动台

1—永磁无刷电机　2—丝杠

案例

例 6.1

求出 R65 永磁无刷直流伺服电机（见表 6.2）在 $n = 2000\text{r/min}$ 和六步逆变器直流母线电压 $V_{\text{dc}} = 240\text{V}$ 时的电枢电流、转矩、电磁功率和绕组损耗。

解：

线间电动势　　　　$E_{\text{fL-L}} = 0.117 \times 2000 = 234\text{V}$

因为电动势常数 $k_{\text{Edc}} = 0.117\text{V/(r/min)}$ 适用于线间电压。

假设直流母线电压约等于输入电压，因为运行状态电机的线间电阻为 1.81Ω，则 2000r/min 时的电枢电流

$$I_\text{a} \approx \frac{240 - 234}{1.81} = 3.31\text{A}$$

根据式（6.8），六步逆变器的交流输出线电压为

$$V_{1\text{L}} \approx 0.78 \times 240 = 187.2\text{V}$$

因为转矩常数为 $k_\text{T} = 1.12\text{N·m/A}$，所以在 2000r/min 时轴的转矩

$$T = 1.12 \times 3.31 = 3.71\text{N·m}$$

假设只有两相同时导通电流，则电磁功率为

$$P_{\text{elm}} = E_{\text{fL-L}}I_\text{a} = 234 \times 3.31 \approx 776\text{W}$$

电机产生的电磁转矩

$$T_\text{d} = \frac{776}{2\pi 2000/60} = 3.70\text{N·m}$$

表 6.2 中给出的电动势和转矩常数 k_{Edc} 和 k_T 并不准确，因为电磁转矩 T_d 应

略大于轴转矩 T。1.81Ω 线间电阻的绕组损耗

$$\Delta P_{\rm w} = 1.81 \times 2.98^2 = 16{\rm W}$$

例 6.2

三相星形 $2p = 8$ 极表贴式永磁无刷电机的定子内径 $D_{\rm 1in} = 0.132$ m，定子叠层的有效长度 $L_{\rm i} = 0.153$m 和永磁极靴宽度 $b_{\rm p} = 0.0435$m。每相匝数 $N_1 = 192$，绕组因数 $k_{\rm w1} = 0.926$，气隙磁通密度峰值 $B_{\rm mg} = 0.923$T。忽略电枢反应，求在 $n = 600$r/min 和额定电流 $I_{\rm a} = 14$A 时的电动势、电机产生的电磁转矩和电磁功率的近似值，用于：

1）$\psi = 0°$时的正弦波运行；

2）120°方波运行。

解：

1）$\psi = 0°$时的正弦波运行。

极距 $\qquad \tau = \dfrac{\pi \times 0.132}{8} = 0.0518$m

极靴与极距比 $\qquad \alpha_{\rm i} = \dfrac{b_{\rm p}}{\tau} = \dfrac{43.5}{51.8} = 0.84$

由式（5.23）可得励磁场波形系数

$$k_{\rm f} = \frac{4}{\pi}\sin\frac{0.84 \times \pi}{2} = 1.233$$

由式（5.6）可得励磁磁通为

$$\Phi_{\rm f} = \Phi_{\rm f1} = \frac{2}{\pi} \times 0.0518 \times 0.153 \times 1.233 \times 0.923 = 0.00574{\rm Wb}$$

式中，$B_{\rm mg1} = k_{\rm f}B_{\rm mg}$。根据式（6.19）得电动势常数

$$c_{\rm E} = \pi p \sqrt{2}N_1 k_{\rm w1} = \pi \times 4\sqrt{2} \times 192 \times 0.926 = 3159.6$$

$$k_{\rm E} = c_{\rm E}\Phi_{\rm f} = 3159.6 \times 0.00574 = 18.136{\rm V}\cdot{\rm s} = 0.3023{\rm V}\cdot{\rm min}$$

根据式（6.19）得相电动势为

$$E_{\rm f} = k_{\rm E}n = 0.3023 \times 600 = 181.36{\rm V}$$

根据式（6.20）得转矩常数为

$$c_{\rm T} = m_1 \frac{c_{\rm E}}{2\pi} = 3 \times \frac{3159.6}{2\pi} = 1508.6$$

$$k_{\rm T} = c_{\rm T}\Phi_{\rm f} = 1508.6 \times 0.00574 = 8.66{\rm N}\cdot{\rm m/A}$$

根据式（6.22）得在 14A 下产生的电磁转矩为

$$T_{\rm d} = k_{\rm T}I_{\rm a} = 8.66 \times 14 = 121.2{\rm N}\cdot{\rm m}$$

电磁功率为

$$P_{\rm elm} = m_1 E_{\rm f}I_{\rm a}\cos\psi = 3 \times 181.36 \times 14 \times 1 = 7617{\rm W}$$

2）120°方波运行。

根据式（6.31）得到相电流平顶值

$$I_a^{(sq)} = \sqrt{\frac{3}{2}}I_a = \sqrt{\frac{3}{2}} \times 14 = 17.15\text{A}$$

根据式（6.24）得励磁磁通

$$\Phi_f^{(sq)} = 0.0435 \times 0.153 \times 0.923 = 0.006143\text{Wb}$$

方波磁通与正弦波磁通之比

$$\frac{\Phi_f^{(sq)}}{\Phi_f} = \frac{0.006143}{0.00574} = 1.07$$

注意，对于正弦波模式，假设 $\alpha_i = 2/\pi = 0.6366$；对于方波模式，假设 $\alpha_i = b_p/\tau = 0.84$。对于相同的 α_i，磁通比等于 $1/k_f$。

根据式（6.25）得电动势常数

$$c_{Edc} = 8pN_1k_{w1} = 8 \times 4 \times 192 \times 0.926 = 5689.3$$
$$k_{Edc} = 5689.3 \times 0.006143 = 34.95\text{V} \cdot \text{s} = 0.582\text{V} \cdot \text{min}$$

根据式（6.25）得电动势（串联两相）

$$E_{fL-L} = 0.582 \times 600 = 349.5\text{V}$$

根据式（6.26）得转矩常数

$$k_{Tdc} = \frac{k_{Edc}}{2\pi} = \frac{34.95}{2\pi} = 5.562\text{N} \cdot \text{m/A}$$

根据式（6.26），$I_a^{(sq)} = 17.15\text{A}$ 时的电磁转矩

$$T_d = k_{Tdc}I_a^{(sq)} = 5.562 \times 17.15 = 95.4\text{N} \cdot \text{m}$$

电磁功率

$$P_{elm} = E_{fL-L}I_a^{(sq)} = 349.5 \times 17.15 = 5994\text{W}$$

例 6.3

模拟由 IGBT 电压源逆变器供电的直流无刷电机的电枢电流波形和产生的转矩，如图 6.25a 所示。电机电枢绕组为星形联结，逆变器切换为 120°方波，直流母线电压为 $V_{dc} = 380\text{V}$。假设电机以 1500r/min 的恒定速度运行，为四极电机（50Hz 基本输入频率）。1500r/min 时的感应电动势 $E_F = 165\text{V}$，电枢绕组电阻 $R_1 = 4.95\Omega$，电枢绕组每相自感为 $L_1 = 0.0007\text{H}$，电枢绕组每相互感为 $M = 0.0002\text{H}$。利用状态时空步进仿真方法显示单相电枢电流波形和产生的转矩。

解：

假设逆变器的开关 4 和 5（见图 6.25a）在模拟开始时闭合。然后开关 5 断开，同时开关 1 闭合。由于绕组电感的原因，C 相的电流不能瞬间衰减为零。该衰减电流继续通过开关 4 和二极管 6 从 C 相流过 B 相绕组。开关 1 闭合后，A 相电流开始流动。增加的电流流过开关 1，流入 A 相和 B 相绕组，然后流出开关

4。因此，在相绕组 B 中流动的电流有两个分量。每个相的电压方程如下：

$$V_{1A} = E_{fA} + R_1 i_{aA} + L_1 \frac{di_{aA}}{dt} + M \frac{di_{aB}}{dt} + M \frac{di_{aC}}{dt}$$

$$V_{1B} = E_{fB} + R_1 i_{aB} + M \frac{di_{aA}}{dt} + L_1 \frac{di_{aB}}{dt} + M \frac{di_{aC}}{dt}$$

$$V_{1C} = E_{fC} + R_1 i_{aC} + M \frac{di_{aA}}{dt} + M \frac{di_{aB}}{dt} + L_1 \frac{di_{aC}}{dt}$$

开关 1 闭合后 A 相和 B 相之间的电压降为

$$V_{1AB} = V_{1A} - V_{1B} = V_{dc} - 2\Delta V_s$$

或者可以写成相电压的形式

$$V_{1AB} = E_{fA} + R_1 i_{aA} + L' \frac{di_{aA}}{dt} - E_{fB} - R_1 i_{aB} - L' \frac{di_{aB}}{dt}$$

式中，ΔV_s是每个闭合的 IGBT 开关两端的电压降；$L' = L_1 - M$。在开关 5 断开且 i_{aC}流动时，B 相和 C 相之间的电压降为

$$V_{1BC} = V_{1B} - V_{1C} = \Delta V_d + \Delta V_s$$

或者可以写成相电压的形式

$$V_{1BC} = E_{fB} + R_1 i_{aB} + L' \frac{di_{aB}}{dt} - E_{fC} - R_1 i_{aC} - L' \frac{di_{aC}}{dt}$$

式中，ΔV_d是二极管两端的电压降。使用上述方程，当 C 相有电流时，每相电流的变化为

$$\frac{di_{aA}}{dt} = \frac{1}{3L'}(2V_{1AB} - 2E_{fA} - 2R_1 i_{aA} + E_{fB} + R_1 i_{aB} + E_{fC} + R_1 i_{aC} + V_{1BC})$$

$$\frac{di_{aB}}{dt} = \frac{1}{L'}\left(E_{fA} + R_1 i_{aA} + L' \frac{di_{aA}}{dt} - E_{fB} - R_1 i_{aB} + V_{1AB}\right)$$

$$\frac{di_{aC}}{dt} = -\frac{di_{aA}}{dt} - \frac{di_{aB}}{dt}$$

因为 $i_{aA} + i_{aB} + i_{aC} = 0$ 并且 $di_{aA}/dt + di_{aB}/dt + di_{aC}/dt = 0$。

在 C 相中的电流衰减为零后，相电流的导数为

$$\frac{di_{aA}}{dt} = \frac{1}{L'}(V_{1AB} - E_{fA} - R_1 i_{aA} + E_{fB} + R_1 i_{aB})$$

$$\frac{di_{aB}}{dt} = -\frac{di_{aA}}{dt} \qquad \frac{di_{aC}}{dt} = 0$$

假设流经 B 相和 C 相的初始电流为稳态电流。图 6.53a 为在超过 180°的仿真步长下得到的 A 相电流波形，其中在 0.001667s 时，开关 1 闭合，开关 5 断开；在 0.005s 时，开关 6 闭合，开关 4 断开；在 0.008333s 时，开关 3 闭合，开关 1 断开（开关编号参考图 6.25）。从图 6.53a 可以清楚地看出，电流衰减的速

度比增加的速度快。当电流在 0.005s 时从 B 相切换到 C 相时，这导致 a 相电流 i_{aA} 下降。

瞬时电磁转矩由式（6.67）计算得出。图 6.53b 表明相电流变化时转矩脉动的情况。此例中忽略了由于感应电动势的变化对转矩的影响，而在大多数无刷电机中，相电流变化和定子齿槽效应均会增大电机的转矩脉动。

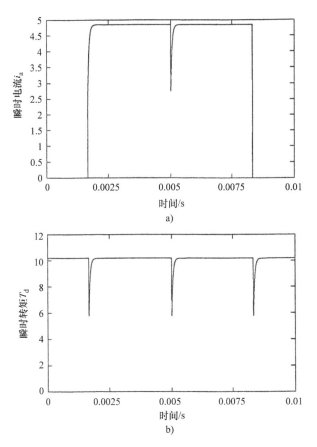

图 6.53　仿真结果：a）瞬时电流 i_A 与时间的关系；b）电机产生的瞬时
电磁转矩 T_d 与时间的关系

例 6.4

在 1500r/min、4 极、120°方波三相无刷直流永磁电机上进行了以下测量：$P_{in} = 1883W$、$I_a = 3.18A$、$V_1 = 220V$（星形联结）、$B_{mg} = 0.6848T$。磁路尺寸为：$D_{1in} = 0.0825m$、$D_{1out} = 0.1360m$、$L_i = 0.1008m$、$l_{1e} = 0.0908m$、$h_{11} = 9.5mm$、$h_{12} = 0.4mm$、$h_{13} = 0.2mm$、$h_{14} = 0.7mm$、$b_{11} = 4.8mm$、$b_{12} = 3.0mm$、$b_{14} = 2.2mm$、$b_P = 56.7mm$。定子叠片铁心由冷轧硅钢片制成，铁心损耗 $\Delta p_{1/50} =$

2.4W/kg，叠层系数 $k_i = 0.96$。铜线定子绕组分布在 $s_1 = 36$ 个槽中，具有以下参数：每相匝数 $N_1 = 240$，并联支路数 $a = 2$，导线直径 $d_a = 0.5\text{mm}$，无绝缘。求出损耗和电机效率。

解：

根据式（B.2）得到电枢线圈的平均长度为

$$l_{1av} = 2 \times (0.1008 + 0.0908) = 0.3832\text{m}$$

电枢导体的横截面

$$s_a = \frac{\pi \times 0.5^2}{4} = 0.1963\text{mm}$$

小直径圆形导体绕制的定子绕组中的集肤效应可以忽略。因此，根据式（B.3）得到 75℃ 时的电枢绕组电阻为

$$R_1 = R_{1dc} = \frac{240 \times 0.3832}{2 \times 47 \times 10^6 \times 0.1963 \times 10^{-6}} = 4.984\Omega$$

根据式（6.31）得到电枢相绕组中电流的平顶值为

$$I_a^{(sq)} = 3.18 \times \sqrt{\frac{3}{2}} = 3.895\text{A}$$

根据式（6.33）得到电枢绕组损耗为

$$\Delta P_a = 2 \times 4.984 \times 3.895^2 = 151.2\text{W}$$

根据式（6.36）计算的电枢绕组损耗是相同的，即

$$\Delta P_a = 3 \times 4.984 \times 3.18^2 = 151.2\text{W}$$

定子槽距

$$t_1 = \frac{\pi D_{1in}}{s_1} = \frac{\pi \times 82.5}{36} = 7.2\text{mm}$$

定子齿宽

$$c_{1t} = \frac{\pi(D_{1in} + 2h_{14} + b_{12})}{s_1} - b_{12} = \frac{\pi(82.5 + 2 \times 0.7 + 3.0)}{36} - 3.0 = 4.58\text{mm}$$

定子齿中的磁通密度

$$B_{1t} = \frac{B_{mg}t_1}{c_{1t}k_i} = \frac{0.6848 \times 7.2}{4.58 \times 0.96} = 1.12\text{T}$$

定子齿高

$$h_{1t} = 0.5b_{11} + h_{11} + h_{12} + 0.5b_{12} + h_{14}$$
$$= 0.5 \times 4.8 + 9.5 + 0.4 + 0.5 \times 3.0 + 0.7 = 14.5\text{mm}$$

定子磁轭的高度

$$h_{1y} = 0.5(D_{1out} - D_{1in}) - h_{1t} = 0.5 \times (136.0 - 82.5) - 14.5 = 12.25\text{mm}$$

极距

$$\tau = \frac{\pi D_{1in}}{2p} = \frac{\pi \times 82.5}{4} = 64.8\text{mm}$$

极靴弧度与极距之比

$$\alpha_i^{(sq)} = \frac{b_p}{\tau} = \frac{56.7}{64.8} = 0.875$$

根据式（6.24）得定子磁通

$$\Phi_f^{(sq)} = \alpha_i^{(sq)}\tau L_i B_{mg} = 0.875 \times 0.0648 \times 0.1008 \times 0.6848 = 39.14 \times 10^{-4}\text{Wb}$$

忽略漏磁通时定子磁轭内的磁通密度

$$B_{1y} = \frac{\Phi_f^{(sq)}}{2h_{1y}L_i k_i} = \frac{39.14 \times 10^{-4}}{2 \times 0.01225 \times 0.1008 \times 0.96} = 1.65\text{T}$$

定子齿的质量

$$m_{1t} = 7700c_{1t}h_{1t}L_i k_i s_1$$

$$= 7700 \times 0.00458 \times 0.0145 \times 0.1008 \times 0.96 \times 36 = 1.781\text{kg}$$

定子磁轭的质量

$$m_{1y} = 7700\pi(D_{1out} - h_{1y})h_{1y}L_i k_i$$

$$= 7700\pi(0.136 - 0.01225) \times 0.01225 \times 0.1008 \times 0.96 = 3.548\text{kg}$$

根据式（B.19），由基波引起的定子铁心损耗如下：

$$[\Delta P_{Fe}]_{n=1} = 2.4 \times \left(\frac{50}{50}\right)^{4/3} \times (1.7 \times 1.12^2 \times 1.781 + 2.4 \times 1.65^2 \times 3.548)$$

$$= 64.75\text{W}$$

假设 $k_{adt} = 1.7$ 和 $k_{ady} = 2.4$。高次谐波定子铁心损耗可以在基波电压有效值 $V_{1,1} \approx V_1 = 220\text{V}$ 和高次谐波电压有效值 $V_{1,5} \approx 220/5 = 44\text{V}$、$V_{1,7} \approx 220/7 = 31.42\text{V}$、$V_{1,11} \approx 220/11 = 20\text{V}$ 和 $V_{1,13} \approx 220/13 = 16.92\text{V}$ 的假设下近似评估。仅包括 $n = 5$ 次、7 次、11 次以及 13 次谐波。通过使用式（B.49）得到

$$\Delta P_{Fe} = 64.75 \times \left[\left(\frac{220}{220}\right)^2 \times 1^{4/3} + \left(\frac{44}{220}\right)^2 \times 5^{4/3} + \left(\frac{31.42}{220}\right)^2 \times 7^{4/3} + \left(\frac{16.92}{220}\right)^2 \times \right.$$

$$\left. 13^{4/3} + \left(\frac{20}{220}\right)^2 \times 11^{4/3}\right] = 64.75 \times 1.998 = 129.4\text{W}$$

旋转损耗根据式（B.34）计算，即

$$\Delta P_{rot} = \frac{1}{30} \times (0.0825 + 0.15)^4 \times \sqrt{0.1008} \times \left(\frac{1500}{100}\right)^{2.5} = 0.0269\text{kW} \approx 27\text{W}$$

附加损耗假定为输出功率的 3%。因此，输出功率为

$$P_{out} = \frac{1}{1.03}(P_{in} - \Delta P_a - \Delta P_{Fe} - \Delta P_{rot}) = \frac{1}{1.03} \times (1883 - 151.2 - 129.4 - 27)$$

$$\approx 1490\text{W}$$

效率为

$$\eta = \frac{1490}{1883} = 0.813 \quad \text{或} \quad 81.3\%$$

例 6.5

根据以下函数表示的瞬时转矩式（6.39）~式（6.42），求出转矩的最小值、平均值和有效值，以及相对转矩脉动 t_r 的值：

1）常数 T_0 与正弦波 $T_{rm}\cos\alpha$ 之和，即

$$T(\alpha) = T_0 + T_{rm}\cos\alpha$$

式中，T_{rm} 是转矩脉动的最大值。转矩脉动周期为 $T_p = 10°$ 电角度。

2）由正弦曲线尖端相互偏移 $2\pi/P$ 电角度所产生的函数，即

$$T(\alpha) = T_m\cos\alpha, \ -\frac{\pi}{P} \leqslant \alpha \leqslant \frac{\pi}{P}$$

$$T(\alpha) = T_m\cos\left(\alpha - \frac{\pi}{P}\right), \frac{\pi}{P} \leqslant \alpha \leqslant 3\frac{\pi}{P}$$

$$T(\alpha) = T_m\cos\left(\alpha - 3\frac{\pi}{P}\right), 3\frac{\pi}{P} \leqslant \alpha \leqslant 5\frac{\pi}{P}$$

式中，T_m 是转矩的最大值；P 是每一个完整周期 $T_p = 360°$ 电角度（整数）的脉冲数。这样的函数有时称为整流函数。分解成傅里叶级数为

$$T(\alpha) = \frac{2}{\pi}T_m P\sin\left(\frac{\pi}{P}\right)\left[\frac{1}{2} - \sum_{\nu=1}^{\infty}\frac{(-1)^{\nu}}{(\nu P)^2 - 1}\cos(\nu P\alpha)\right]$$

解：

1）瞬时转矩表示为 $T(\alpha) = T_0 + T_{rm}\cos\alpha$，对于 $T_p = 10° = \pi/18$，表示转矩脉动的三角函数为 $\cos[(2\pi/T_p)\alpha] = \cos(36\alpha)$。

最大转矩适用于 $\alpha = 0$，即 $T_{max} = T_0 + T_{rm}$；最小转矩适用于 $\alpha = 5° = \pi/72$，即 $T_{min} = T_0 - T_{rm}$。

根据式（6.43）得到瞬时转矩平均值

$$T_{av} = \frac{36}{\pi}\int_{-\pi/72}^{\pi/72}[T_0 + T_{rm}\cos(36\alpha)]\mathrm{d}\alpha$$

$$= \frac{36}{\pi}\left[T_0\alpha + T_{rm}\frac{1}{36}\sin(36\alpha)\right]_{-\pi/72}^{\pi/72} = T_0 + \frac{2}{\pi}T_{rm}$$

根据式（6.44）得到转矩脉动有效值

$$T_{rrms} = \sqrt{\frac{36}{\pi}\int_{-\pi/72}^{\pi/72}T_{rm}^2\cos^2(36\alpha)\mathrm{d}\alpha} = \sqrt{\frac{36}{\pi}T_{rm}^2\int_{-\pi/72}^{\pi/72}\frac{1}{2}[1 + \cos(72\alpha)]\mathrm{d}\alpha}$$

$$= \sqrt{\frac{36}{\pi}T_{rm}^2\left[\frac{1}{2}\alpha + \frac{1}{144}\sin(72\alpha)\right]_{-\pi/72}^{\pi/72}} = \frac{1}{\sqrt{2}}T_{rm}$$

例如，对于 $T_0 = 100\mathrm{N}\cdot\mathrm{m}$ 和 $T_{rm} = 10\mathrm{N}\cdot\mathrm{m}$，根据式（6.39）得到转矩脉动

$$t_r = \frac{T_{rm}}{T_0} = \frac{10}{100} = 0.1 \quad 或 \quad 10\%$$

根据式（6.40）得到转矩脉动

$$t_r = \frac{T_{rm}}{T_0 + (2/\pi)T_{rm}} = \frac{10}{100 + (2/\pi)10} = 0.094 \quad 或 \quad 9.4\%$$

根据式（6.42）得到转矩脉动

$$t_r = \frac{T_{rm}}{\sqrt{2}[T_0 + (2/\pi)T_{rm}]} = \frac{10}{\sqrt{2}[100 + (2/\pi)10]} = 0.665 \quad 或 \quad 6.65\%$$

2）转矩变化由正弦曲线的尖端偏移 $2\pi/P$ 电角度描述：

$\alpha = 0$ 时，最大转矩为 $T_{max} = T_m$；$\alpha = \pi/P$ 时，最小转矩

$$T_{min} = T_m \cos\frac{\pi}{P}$$

根据式（6.43）得到平均转矩

$$T_{av} = \frac{P}{2\pi}\int_{-\pi/P}^{\pi/P} T_m \cos\alpha \, d\alpha = \frac{P}{2\pi} T_{max}[\sin\alpha]_{-\pi/P}^{\pi/P} = T_m \frac{P}{\pi}\sin\frac{\pi}{P}$$

根据式（6.44）计算转矩有效值，其中 $T(\alpha) = T_m \cos\alpha$：

$$T_{rms} = \sqrt{\frac{P}{2\pi}\int_{-\pi/P}^{\pi/P} T_m^2 \cos^2\alpha \, d\alpha} = \sqrt{\frac{P}{2\pi} T_m^2 \int_{-\pi/P}^{\pi/P} \frac{1}{2}(1 + \cos 2\alpha)\, d\alpha}$$

$$= \sqrt{\frac{P}{2\pi} T_m^2 \left[\frac{1}{2}\left(\alpha + \frac{1}{2}\sin 2\alpha\right)\right]_{-\pi/P}^{\pi/P}} = T_m \sqrt{\frac{1}{2} + \frac{P}{4\pi}\sin\left(\frac{2\pi}{P}\right)}$$

根据式（6.39）得到转矩脉动

$$t_r = \frac{T_m - T_m \cos(\pi/P)}{T_m + T_m \cos(\pi/P)} = \frac{1 - \cos(\pi/P)}{1 + \cos(\pi/P)}$$

根据式（6.40）得到转矩脉动

$$t_r = \frac{T_m - T_m \cos(\pi/P)}{T_m(P/\pi)\sin(\pi/P)} = \frac{1 - \cos(\pi/P)}{(P/\pi)\sin(\pi/P)}$$

根据式（6.41）得到转矩脉动

$$t_r = \frac{T_m - T_m \cos(\pi/P)}{T_m \sqrt{\dfrac{1}{2} + \dfrac{P}{4\pi}\sin\left(\dfrac{2\pi}{P}\right)}} = \frac{1 - \cos(\pi/P)}{\sqrt{\dfrac{1}{2} + \dfrac{P}{4\pi}\sin\left(\dfrac{2\pi}{P}\right)}}$$

例如，对于 $P = 6$，最小转矩 $T_{min} = 0.866T_m$，平均转矩 $T_{av} = 0.9549T_m$，转矩有效值 $T_{rms} = 0.9558T_m$，根据式（6.39）得到的转矩脉动为 0.0718 或 7.18%，根据式（6.40）得到的转矩脉动为 0.14 或 14%，根据式（6.41）得到的转矩脉动也约为 14%。

因此，在比较不同电机的转矩脉动时，必须使用相同的转矩脉动定义。

第7章

轴向磁通电机

  轴向磁通永磁电机具有饼状、紧凑的结构和高功率密度的特点，已经成为径向磁通电机的一个有吸引力的替代品。这类电机特别适用于电动汽车、泵、阀门控制、离心机、风扇、机床、机器人和工业设备，已被广泛应用于低转矩伺服和速度控制应用中[172]。轴向磁通永磁电机也称为盘式电机，可以设计为双边或单边，有槽或无槽，内部或外部永磁转子以及表贴式安装或内嵌式永磁体。低功率轴向磁通永磁电机通常采用无槽绕组和表贴式永磁体。

  随着轴向磁通电机输出功率的增加，转子与轴之间的接触面变小。转子轴的机械接头是盘式电机故障的主要原因，其设计也是必须要注意的地方。

  在某些情况下，转子嵌入动力传输部件来优化体积、质量、动力传输和装配时间。用于电动汽车的内置轮毂电机需要更简单的机电驱动系统、更高的效率和更低的成本。双转子电机也可应用于泵、鼓风机、电梯和其他类型的负载中，以提升这些产品的性能水平。

7.1 力和转矩

  在轴向磁通电机的设计和分析中，因为存在两个气隙、强轴向拉力、尺寸随半径的变化以及转矩是在连续的半径而非圆柱形电机的恒定半径上产生的，导致其拓扑结构相当复杂。

  作用于圆盘上的切向力可以根据安培电路定律得到

$$\mathrm{d}\boldsymbol{F}_{\mathrm{x}} = I_{\mathrm{a}}(\,\mathrm{d}\boldsymbol{r} \times \boldsymbol{B}_{\mathrm{g}}) = A(r)(\,\mathrm{d}\boldsymbol{S} \times \boldsymbol{B}_{\mathrm{g}}) \tag{7.1}$$

式中，$I_{\mathrm{a}}\mathrm{d}\boldsymbol{r} = A(r)\mathrm{d}\boldsymbol{S}$；根据式（5.13）和 $D_{\mathrm{1in}} = 2r$ 得到 $A(r) = A_{\mathrm{m}}(r)/\sqrt{2}\,\mathrm{d}r$；$\mathrm{d}\boldsymbol{r}$ 是半径单元，$\mathrm{d}\boldsymbol{S}$ 是面积单元，$\boldsymbol{B}_{\mathrm{g}}$ 是给定半径 r 下气隙中磁通密度的法向分量（垂直于磁盘表面）。

  假设气隙磁通密度 B_{mg} 与半径 r 无关，基于式（7.1）的电磁转矩为

$$\mathrm{d}T_{\mathrm{d}} = r\mathrm{d}\boldsymbol{F}_{\mathrm{x}} = r[\,k_{\mathrm{w1}}A(r)B_{\mathrm{avg}}\mathrm{d}S\,] = 2\pi\alpha_{\mathrm{i}}k_{\mathrm{w1}}A(r)B_{\mathrm{mg}}r^2\mathrm{d}r \tag{7.2}$$

式中，根据式（5.3）和 $\mathrm{d}S = 2\pi r\mathrm{d}r$ 得到 $B_{\mathrm{avg}} = \alpha_{\mathrm{i}}B_{\mathrm{mg}}$。线电流密度 $A(r)$ 是指在具有分布参数（双边定子和内转子）的典型定子绕组情况下每个定子有效表面

的电负荷，或在内部环式或无铁心定子的情况下整个定子的电负荷。

7.2 性能

采用三维有限元法（FEM）计算磁场、绕组电感、感应电动势和转矩。通过在永磁体的平均半径处引入一个圆柱形切割面[112]，可以将该模型简化为二维模型。将轴向截面展开成一个二维平面，可以在此平面上进行 FEM 分析，类似于第 3 章和第 5 章中讨论的圆柱形永磁电机。

通过简化和调整圆柱形电机到盘式电机的方程，也可以通过解析方法计算轴向磁通电机的性能特征。

表 7.1 列出了额定功率为 2.7kW 的轴向磁通永磁无刷伺服电机的规格，该电机由德国魏特尔斯塔特的 E. Bautz GmbH 公司制造。

表 7.1 德国魏特尔斯塔特的 E. Bautz GmbH 公司制造的永磁盘式无刷伺服电机的规格

参 数	S632D	S634D	S712F	S714F	S802F	S804F
额定功率/W	680	940	910	1260	1850	2670
额定转矩/（N·m）	1.3	1.8	2.9	4.0	5.9	8.5
最大转矩/（N·m）	7	9	14	18	28	40
静转矩/（N·m）	1.7	2.3	3.5	4.7	7.0	10.0
额定电流/A	4.0	4.9	4.9	6.6	9.9	11.9
最大电流/A	21	25	24	30	47	56
停滞电流/A	5.3	6.3	5.9	7.8	11.7	14.0
额定转速/（r/min）	5000	5000	3000	3000	3000	3000
最大转速/（r/min）	6000	6000	6000	6000	6000	6000
电枢常数/［V/（1000r/min）］	23	25	42	42	42	50
转矩常数/（N·m/A）	0.35	0.39	0.64	0.64	0.64	0.77
电阻/Ω	2.5	1.8	2.4	1.5	0.76	0.62
电感/mH	3.2	2.8	5.4	4.2	3.0	3.0
转动惯量/（kg·m² ×10⁻³）	0.08	0.12	0.21	0.3	0.6	1.0
质量/kg	4.5	5.0	6.2	6.6	9.7	10.5
机壳直径/mm	150	150	174	174	210	210
机壳长度/mm	82	82	89	89	103	103
功率密度/（W/kg）	151.1	188.0	146.8	190.9	190.7	254.3
转矩密度/（N·m/kg）	0.289	0.36	0.468	0.606	0.608	0.809

表 7.2 列出了中等容量（1300~4500kg）电动汽车的额定功率为 20~50kW

的轴向磁通永磁无刷电机的规格。饼状结构使其成为直接连接车轮的理想选择。

表7.2　美国纽约州科霍斯市 Premag 公司的中型电动汽车用永磁盘式无刷电机的规格

参　数	HV2002	HV3202	HV4020	HV5020
持续输出功率/kW	20	32	40	50
短期输出功率/kW	30	48	60	75
输入电压/V	200	182	350	350
转矩/(N·m)	93.8	150.0	191.0	238.7
基速/(r/min)	2037	2037	2000	2000
最大转速/(r/min)	6725	6725	6600	6600
效率	0.902	0.868	0.906	0.901
机壳直径/mm	238.0	286.0	329.2	284.2
机壳长度/m	71.4	85.6	68.1	70.1
质量/kg	9	12	14	14
功率密度/(kW/kg)	2.22	2.67	2.86	3.57
转矩密度/(N·m/kg)	10.42	12.5	13.64	17.05

7.3　内永磁盘式转子双边电机

在内永磁盘式转子双边电机中，电枢绕组位于两个定子铁心上。永磁体盘在两个定子之间旋转。

八极内永磁盘式转子双边永磁无刷电机的结构如图7.1所示。永磁体嵌入或粘在非铁磁转子骨架中，非铁磁的气隙很大，即总气隙等于两个机械间隙加上相对磁导率接近1的永磁体厚度。即使有一个定子绕组故障，带并列定子的双边电机也能工作。另一方面，串联连接可以提供相等但相反的轴向拉力。

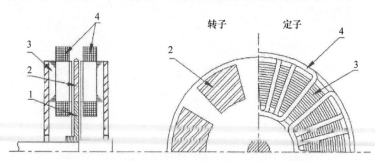

图7.1　内永磁盘式转子双边永磁无刷电机的结构
1—转子　2—永磁体　3—定子铁心　4—定子绕组

图7.2为实用的三相、200Hz、3000r/min、带内置制动器的双边轴向磁通永

磁无刷电机[182]。三相绕组为星形联结，两个定子绕组串联。该电机用作立式安装的伺服电机。$X_{sd}/X_{sq} \approx 1.0$，因此电机可以当作圆柱形隐极转子同步电机进行分析[155,180,182]。

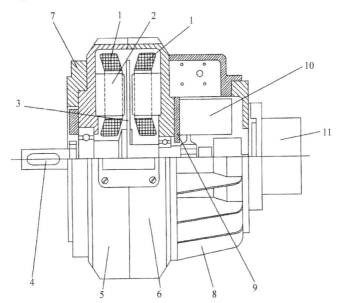

图 7.2　带内置制动器的双边轴向磁通永磁无刷电机（由斯洛伐克理工大学和斯洛伐克电气测试研究所提供）

1—定子绕组　2—定子铁心　3—永磁盘转子　4—轴　5—左架　6—右架　7—法兰　8—制动罩
9—制动器法兰　10—电磁制动器　11—编码器或解析器

7.3.1　定子铁心

通常，定子铁心由电工钢条缠绕，槽采用成型或刨加工。另一种方法是首先在钢条上开槽距不同的孔，然后将钢条缠绕成开槽环形铁心的形式（捷克共和国布尔诺电机研发研究所 VÚES）。此外，这种制造过程允许制造斜槽，可以减小齿槽转矩和槽谐波的影响。由于每个定子铁心都有朝向相反方向的斜槽，建议采用波绕组，可以获得更短的端部连接和更多的轴空间。此外，奇数槽（例如，采用 25 槽替代 24 槽）也可以降低齿槽转矩（布尔诺 VÚES）。

另一种技术是制造分段的定子铁心[296]。每段对应一个槽间距（见图 7.3）。恒定宽度的叠片带以和半径成比例的距离折叠。为了便于折叠，该条带在交替台阶的两侧有横向凹槽。如图 7.3 所示[296]，最终使用胶带或热固性材料压缩并固定齿形叠压片。

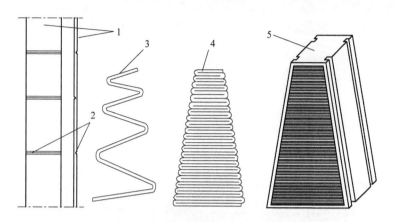

图 7.3 叠压形成分段的定子铁心
1—叠压带 2—槽段 3—折叠段 4—压缩段 5—成品段

7.3.2 主要尺寸

内盘式转子双边永磁无刷电机的主要尺寸可通过以下假设确定：①根据定子铁心的平均直径计算电磁负荷；②定子每相匝数为 N_1；③定子绕组中的相电流为 I_a；④定子绕组的相反电动势为 E_f。

每个定子的线电流密度用式（5.13）表示，且定子内直径采用以下平均直径代替：

$$D_{av} = 0.5(D_{ext} + D_{in}) \tag{7.3}$$

式中，D_{ext} 为定子铁心的外径；D_{in} 为定子铁心的内径。定子铁心径向的极间距和有效长度为

$$\tau = \frac{\pi D_{av}}{2p} \qquad L_i = 0.5(D_{ext} - D_{in}) \tag{7.4}$$

根据式（5.5），对于盘式转子同步电机，转子励磁系统在定子绕组中产生的电动势为

$$E_f = \pi\sqrt{2}n_s p N_1 k_{w1} \Phi_f = \pi\sqrt{2}n_s N_1 k_{w1} D_{av} L_i B_{mg} \tag{7.5}$$

式中，磁通可近似地表示为

$$\Phi_f \approx \frac{2}{\pi}\tau L_i B_{mg} - \frac{D_{av}}{p} L_i B_{mg} \tag{7.6}$$

两个定子的电磁功率为

$$S_{elm} = m_1(2E_f)I_a = m_1 E_f(2I_a) = \pi^2 k_{w1} D_{av}^2 L_i n_s B_{mg} A_m \tag{7.7}$$

串联连接时，电动势等于 $2E_f$；并联连接时，电流等于 $2I_a$。对于多磁盘电机，数字"2"应改为定子数。

使用定子内外直径之比很方便：

$$k_d = \frac{D_{in}}{D_{ext}} \qquad (7.8)$$

理论上，永磁轴向磁通电机在 $k_d = 1/\sqrt{3}$ 时产生最大的电磁转矩[4]。与定子的体积成比例的 $D_{av}^2 L_i$ 为

$$D_{av}^2 L_i = \frac{1}{8}(1 + k_d)(1 - k_d^2)D_{ext}^3$$

令

$$k_D = \frac{1}{8}(1 + k_d)(1 - k_d^2) \qquad (7.9)$$

则一个定子的体积与 $D_{av}^2 L_i = k_D D_{ext}^3$ 成正比。根据式（5.68）和式（5.69）得到定子外径为

$$D_{ext} = \sqrt[3]{\frac{\epsilon P_{out}}{\pi^2 k_{w1} k_D n_s B_{mg} A_m \eta \cos\phi}} \qquad (7.10)$$

定子外径是盘式转子永磁电机最重要的尺寸。由于 $D_{ext} \propto \sqrt[3]{P_{out}}$，其外径随输出功率增加而增加得相当缓慢（见图 7.4）。因此，小功率盘式电机有相对较大的直径，而盘式转子是中大型功率电机的首选。输出功率超过 10kW 的电机具有合理的直径。此外，盘式结构也适用于高频电压供电的交流伺服电机。

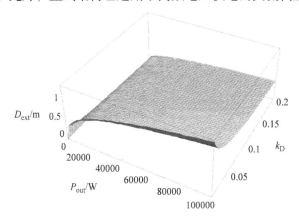

图 7.4　外径 D_{ext} 是输出功率 P_{out} 和参数 k_D 的函数，其中 $\epsilon = 0.9$，$k_{w1}\eta\cos\phi = 0.84$，
$n_s = 1000\text{r/min} = 16.67\text{r/s}$，$B_{mg}A_m = 26000\text{T} \cdot \text{A/m}$

7.4　单定子双边电机

带有内定子的双边电机比内转子结构更紧凑[113,203,277,314]。单定子双边电机

中，环形定子铁心与内转子盘式电机一样由一根连续的钢带制成。多相无槽电枢绕组（环形）位于定子铁心的表面。总气隙等于电枢绕组的厚度、机械间隙和轴向永磁体的厚度。带永磁体的双边转子位于定子的两侧。具有内、外部转子的结构如图7.5所示。三相绕组布置、磁路中的磁极性和磁通路径如图7.6所示。

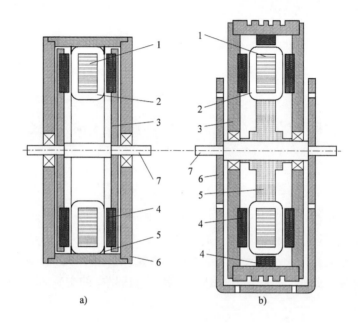

图 7.5　无槽定子的双边电机：a）内转子；b）外转子
1—定子铁心　2—定子绕组　3—钢转子　4—永磁体　5—树脂　6—框架　7—轴

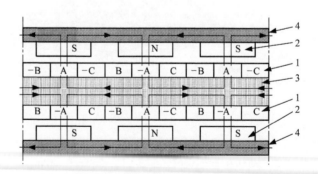

图 7.6　无槽内定子的双边盘式电机的三相绕组、永磁体极性和磁通路径
1—绕组　2—永磁体　3—定子轭　4—转子轭

根据式（7.2）得到电机的平均电磁转矩为

$$\mathrm{d}T_{\mathrm{d}} = 2\alpha_{\mathrm{i}} m_1 I_{\mathrm{a}} N_1 k_{\mathrm{w1}} B_{\mathrm{mg}} r \mathrm{d}r$$

将上述方程对 x 从 $D_{in}/2$ 到 $D_{ext}/2$ 进行积分可得

$$T_d = \frac{1}{4}\alpha_i m_1 I_a N_1 k_{w1} B_{mg}(D_{ext}^2 - D_{in}^2)$$

$$= \frac{1}{4}\alpha_i m_1 N_1 k_{w1} B_{mg} D_{ext}^2 (1 - k_d^2) I_a \quad (7.11)$$

式中，k_d 根据式（7.8）得到。每极的磁通为

$$\Phi_f = \alpha_i B_{mg} \frac{2\pi}{2p}\int_{0.5D_{in}}^{0.5D_{ext}} r dr = \frac{1}{8}\alpha_i \frac{\pi}{p} B_{mg} D_{ext}^2 (1 - k_d^2) \quad (7.12)$$

式（7.12）比式（7.6）更准确。将式（7.12）带入式（7.11）中，得到平均转矩为

$$T_d = 2\frac{p}{\pi}m_1 N_1 k_{w1} \Phi_f I_a \quad (7.13)$$

为了得到正弦电流和正弦磁通密度的方均根转矩，式（7.13）应乘以系数 $\pi\sqrt{2}/4 \approx 1.11$，即

$$T_d = \frac{m_1}{\sqrt{2}}p N_1 k_{w1} \Phi_f I_a = k_T I_a \quad (7.14)$$

式中，转矩常数为

$$k_T = \frac{m_1}{\sqrt{2}}p N_1 k_{w1} \Phi_f \quad (7.15)$$

将磁通波形的基波 $\Phi_{f1} = \Phi_f \sin\omega t$ 对时间微分并乘以 $N_1 k_{w1}$，可以得到空载电动势

$$e_f = N_1 k_{w1}\frac{d\Phi_{f1}}{dt} = 2\pi f N_1 k_{w1}\Phi_f \cos\omega t$$

方均根值是将电动势的峰值 $2\pi f N_1 k_{w1}\Phi_f$ 除以 $\sqrt{2}$ 得到，即

$$E_f = \pi\sqrt{2}f N_1 k_{w1}\Phi_f = \pi\sqrt{2}p N_1 k_{w1}\Phi_f n_s = k_E n_s \quad (7.16)$$

式中，电动势常数为

$$k_E = \pi\sqrt{2}p N_1 k_{w1}\Phi_f \quad (7.17)$$

相同形式的式（7.16）可以根据已推导的转矩 $T_d = m_1 E_f I_a/(2\pi n_s)$ 得到，其中 T_d 根据式（7.14）得到。对于环形绕组，绕组因素 $k_{w1} = 1$。

根据图 7.5b，带有外转子的盘式电机可用于起重机应用。类似的电机可用作电动汽车轮毂推进电机。有时可在转子圆柱形部件上添加附加永磁体[203]或设计成 U 形永磁体。这种磁体从三个侧面包住电枢绕组，只有绕组的内部不会产生任何电磁转矩。

由于气隙较大，无槽电机的最大气隙磁通密度不超过 0.65T，且需要大量的

永磁体才能产生这样大的磁通密度。由于与槽相关的磁导分量被抵消，因此该电机无齿槽转矩，定子铁心的磁路不饱和。另一方面，电机结构缺乏必要的鲁棒性[277]。

单定子也可以制成开槽形式（见图 7.7）。在定子开槽的情况下，气隙较小（$g \approx 0.5mm$），气隙磁通密度可达到 0.85T[113]。永磁体的厚度可较之前设计（见图 7.5 和图 7.6）减少 50%。

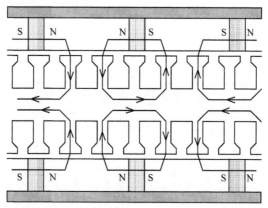

图 7.7　开槽的内定子和轮辐式永磁体的双边电机

带有外永磁转子的中、大功率轴向磁通永磁电机有很多应用，特别是在电动汽车[113,314]中。带有外转子的盘式永磁电机在低速高转矩应用中具有特殊优势，如公共汽车和航天飞机，因为它们产生转矩的半径大。对于小型电动汽车，将电机直接安装到车轮上有很多优点，它简化了驱动系统[113]。

7.5　单边电机

轴向磁通电机的单侧结构比双边结构简单，但产生的转矩较低。图 7.8 为由电工钢片缠绕的表贴式永磁转子和叠压定子的典型结构。图 7.8a 显示单边电机具有标准机壳和轴，可应用于工业、牵引和伺服机电驱动。图 7.8b 显示提升应用的电机与滑轮（绳索滚筒）和制动器（未显示）集成，可应用于无齿轮升降机[134]。

客运电梯用无齿轮单边盘式永磁电机的规格见表 7.3[134]。定子槽数为 96 ~ 120，分数槽集中绕组结构，绝缘等级为 F。例如，额定功率为 2.8kW、额定电压为 280V、额定频率为 18.7Hz 的 MX05 型电机具有定子绕组电阻 $R_1 = 3.5\Omega$、定子绕组电抗 $X_1 = 10\Omega$，$2p = 20$，滑轮直径为 340mm，重量为 180kg。

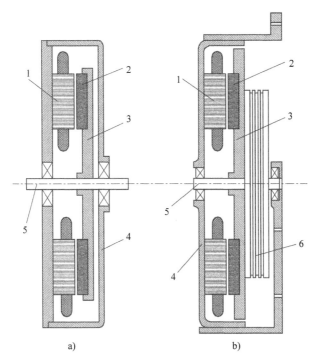

图 7.8 单边盘式电机: a) 工业和牵引驱动; b) 提升应用
1—定子 2—永磁体 3—转子 4—机壳 5—轴 6—滑轮

表 7.3 芬兰许温凯市 Kone 公司制造的无齿轮电梯用单边永磁盘式电机规格

参　　数	MX05	MX06	MX10	MX18
额定输出功率/kW	2.8	3.7	6.7	46.0
额定转矩/(N·m)	240	360	800	1800
额定转速/(r/min)	113	96	80	235
额定电流/A	7.7	10	18	138
效率	0.83	0.85	0.86	0.92
功率因数	0.9	0.9	0.91	0.92
冷却	自然	自然	自然	强制
滑轮直径/m	0.34	0.40	0.48	0.65
提升负载/kg	480	630	1000	1800
提升速度/(m/s)	1	1	1	4
安装位置	井道	井道	井道	机房

7.6 无铁心双边电机

无铁心盘式永磁无刷电机既没有电枢铁心，也没有励磁铁心。定子绕组由绝缘导线缠绕的整距或短距线圈组成。线圈呈花瓣形重叠围绕中心排列，并嵌入在具有高度机械完整性的塑料中，例如，美国专利号5744896。绕组被固定在机壳的圆柱形部分。为了尽量减少绕组直径，端部连接处比线圈的有效边更厚。磁铁被插入两个非铁磁转子盘的空腔中，并粘在转子磁盘上。固定在转子上的两个极性相反的永磁体产生磁场，磁力线与定子绕组交链。电机结构如图7.9所示。

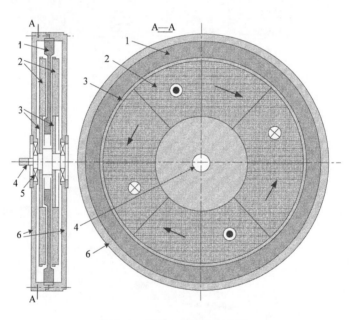

图7.9 无铁心双边永磁电机
1—定子绕组 2—永磁体 3—转子 4—轴 5—轴承 6—机壳

Mallinson - Halbach 阵列永磁体在气隙中产生较强的磁通密度。Mallinson - Halbach 阵列不需要任何铁心，产生比传统磁阵列更接近正弦的磁通密度。Mallinson - Halbach 阵列的关键是磁化矢量应该沿着阵列作为距离的函数旋转（见图7.10和图7.11）。图7.10所示的磁场分布是对无铁心电机进行二维 FEM 分析得出的，该电机的磁极－磁极气隙为10mm（8mm绕组厚度，两个1mm气隙）。每个永磁体的厚度为 $h_M = 6$mm。剩余磁通密度为 $B_r = 1.23$T，矫顽力为 $H_c = 979$kA/m。气隙中磁通密度的峰值超过0.6T。对三个 Mallinson - Halbach 阵列进行了仿真，即90°、60°和45°。随着相邻永磁体的磁通密度矢量之间的夹角减小，磁场法向分量的峰值略有增加。

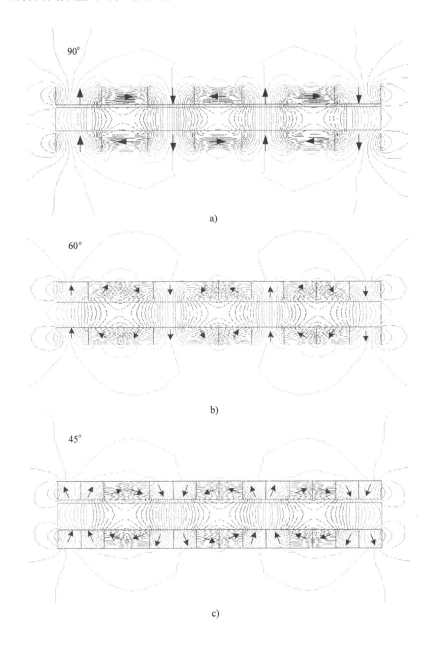

图 7.10　由 Mallinson – Halbach 阵列永磁体产生的无铁心双边无刷电机的
磁场分布：a）90°永磁阵列；b）60°永磁阵列；c）45°永磁阵列

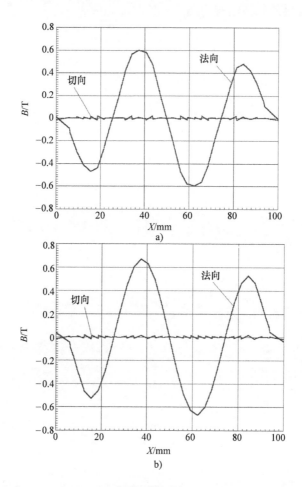

图 7.11 采用 Mallinson - Halbach 阵列永磁体的无铁心双边无刷电机中磁通密度法向分量和切线分量波形：a) 90°；b) 45°。磁通密度波形是永磁体平均半径处圆周距离的函数

无铁心电机在零电流状态下无转矩脉动，并且可以达到普通有铁心电机不可能达到的高效率。消除铁心损耗对高速电机极为重要。另一个优点是无铁心电机的质量非常小，因此具有较高的功率密度和转矩密度。该类电机非常适合太阳能电动汽车[257]。其缺点包括机械完整性问题，相反磁盘之间的高轴向力，定子绕组的传热和低电感。

小型无铁心电机可使用印制电路、定子绕组或薄膜线圈绕组。薄膜线圈定子绕组具有许多线圈层，而印制电路绕组具有一或两个线圈层。图 7.12 为带有薄膜线圈定子绕组的无铁心无刷电机。小型薄膜线圈电机用于计算机外设、寻呼机、移动电话、飞行记录器、读卡器、复印机、打印机、绘图仪、测微计、贴标机、录像机和医疗设备。

图 7.12　带薄膜线圈的无铁心定子绕组的轴向磁通永磁无刷电机爆炸图（由韩国首尔 Embest 公司提供）

7.7　多盘电机

通过增大电机直径可以增加电机转矩，但是直径增加具有一定限制。限制单个圆盘设计的因素是轴承所承受的①轴向力、②盘与轴的机械接头完整性和③磁盘刚度。更合理的解决方案是双或三盘电机。

参考文献［2，3，5，63］中给出了几种结构的多盘电机。额定功率为300kW 以上的大型多盘电机采用水冷系统，在绕组端连接周围有散热器[63]。为了使绕组损失最小，槽区域的导线截面比末端连接区域大。使用可变截面导线意味着在额定功率中获得 40% 的增益[63]。建议采用具有较高机械应力的钛合金制造盘式转子。

用于无齿轮升降机的双盘电机如图 7.13 所示[134]。表 7.4 列出了额定功率为 58～315kW 的双盘永磁无刷电机规格[134]。

无铁心盘式电机为制造由相同模块组成的多磁盘电机提供高度灵活性。小功率电机可以由模块（见图 7.14）组装，只需拆卸一个轴承盖和连接端子通向公共端子板，即可"现场"组装。模块的数量取决于所要求的轴功率或转矩。这类多盘电机的缺点是需要两倍于模块数量的轴承。

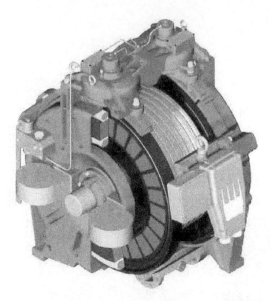

图 7.13　无齿轮升降机用双盘永磁无刷电机（由芬兰许温凯市 Kone 公司提供）

表7.4　芬兰许温凯市 Kone 公司制造的双盘永磁无刷电机规格

参　　数	MX32	MX40	MX100
额定输出功率/kW	58	92	315
额定转矩/（N·m）	3600	5700	14000
额定转速/（r/min）	153	153	214
额定电流/A	122	262	1060
效率	0.92	0.93	0.95
功率因数	0.93	0.93	0.96
提升负载/kg	1600	2000	4500
提升速度/（m/s）	6	8	13.5

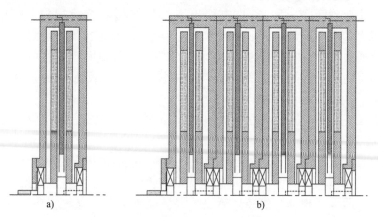

图 7.14　小功率无铁心多盘永磁无刷电机：a）单模块电机；b）四模块电机

额定功率为 kW 或几十 kW 的电机必须使用单独的定子和转子单元进行组装（见图 7.15）。转子数为 $K_2 = K_1 + 1$，其中 K_1 为定子数，圆柱形帧数为 $K_1 - 1$。轴承必须根据模块的数量进行调整，但数量与普通电机一样为两个。

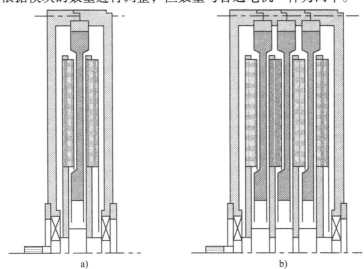

图 7.15　使用相同的定子和转子模块组装的无铁心多盘永磁无刷电机：
a）单定子电机；b）三定子电机

表 7.5 为美国新奥尔巴尼市 Lynx Motion 技术公司制造的单盘和多盘永磁无刷电机规格。多盘电机 M468 由 T468 单盘电机组成。

表 7.5　美国新奥尔巴尼市 Lynx Motion 技术公司制造的无铁心单盘和多盘永磁无刷电机规格

参　　数	T468 单盘电机	M468 多盘电机
输出功率/kW	32.5	156
转速/(r/min)	230	1100
转矩/(N·m)	1355	1355
效率	0.94	0.94
线电压/V	432 (216)	400
电流/A	80 (160)	243
线间电压常数/[V/(r/min)]	1.43	0.8
转矩常数/(N·m/A)	17.1 (8.55)	5.58
相电阻/Ω	7.2 (1.8)	0.00375
线电感/mH	4.5 (1.125)	—
转子转动惯量/(kg·m²)	0.48	1.3
外径/m	0.468	0.468
质量/kg	58.1	131.0
功率密度/(kW/kg)	0.56	1.19
转矩密度/(N·m/kg)	23.3	10.34

7.8 应用

7.8.1 电动汽车

在新型电动汽车电机驱动系统中，差动机构被电子差动系统所取代[113]。图 7.16a中所示的配置为：安装在底盘上的电机驱动一对车轮（包含恒速接头的传动轴）。图 7.16b 中所示的配置为：电子差速电机直接安装在车辆的车轮上。当电机安装在车轮上时，因为不需要驱动轴和恒速接头，使驱动系统大大简化。然而，由此产生的车辆"非簧载"车轮质量随着电机质量的增加而增加。当转子的速度低于齿轮传动配置的情况时，这种直接驱动配置的车轮电机也会受到影响。这导致电机所需的材料体积增加。

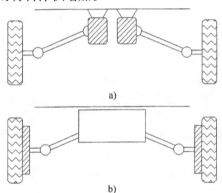

图 7.16 "电子差动器"驱动方案的替代形式：a）底盘安装电机；b）车轮安装电机[113]

采用图 7.17 所示的配置可以克服传统轮式电机的缺点。两个定子直接连接

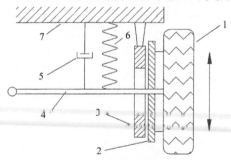

图 7.17 具有较低无弹簧质量的盘式电机示意图[113]
1—轮 2—盘式转子 3—定子 4—轴 5—阻尼器 6—弹簧 7—底盘

到车身上，而永磁转子可以自由地径向移动。可以观察到，车轮和圆盘转子形成了无弹簧质量，而电机的定子则成为支撑在底盘的弹簧质量[113]。

永磁盘式转子必须确保其具有足够的机械完整性，可将转子永磁体部件"罐装"在一个非铁磁钢盖内来实现。非铁磁钢盖（1.2mm）造成的附加气隙必须通过增加永磁体厚度（增加约 2mm）来补偿[113]。

现代轴向磁通永磁无刷电机可以满足功率受限汽车对于高性能的需求，例如太阳能汽车[237,257]。图 7.18 为外径为 0.26m 的轴向磁通电机[237]。

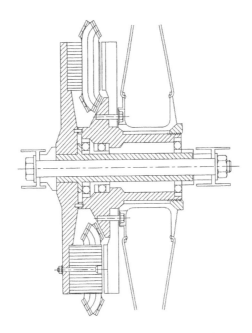

图 7.18　安装在太阳能汽车辐条轮上的盘式转子电机[237]

7.8.2　无齿轮电梯曳引系统

电梯无齿轮电机驱动由芬兰许温凯市 Kone 公司于 1992 年提出[134]。借助盘式低速紧密型永磁无刷电机（见表 7.3），顶层机房可以由节省空间的电机直驱取代。与低速轴向磁通笼型异步电机相比：当直径相似时，永磁无刷电机有两倍的效率和三倍以上的功率因数。

图 7.19a 为电梯曳引系统；图 7.19b 显示电梯曳引系统的盘式永磁无刷电机如何安装在小车导轨和井道壁之间。

表 7.6 为不同提升方式的关键参数对比[134]。直驱永磁无刷电机具有明显的优势。

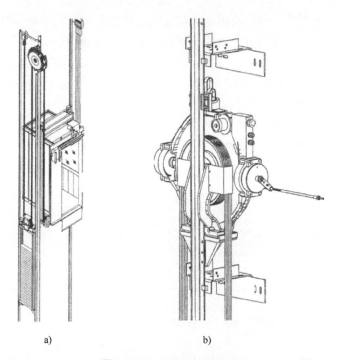

a)   b)

图 7.19   MonoSpace^{TM}电梯：a）电梯曳引系统；b）Ecodisk^{TM}电机
（由芬兰许温凯市 Kone 公司提供）

表 7.6   630kg 电梯曳引技术比较

参　　　数	液压电梯	带齿轮的电梯	永磁无刷电机直驱的电梯
电梯速度/（m/s）	0.63	1.0	1.0
电机轴功率/kW	11.0	5.5	3.7
电机转速/（r/min）	1500	1500	95
电机熔丝/A	50	35	16
年能耗/kWh	7200	6000	3000
起重效率	0.3	0.4	0.6
油要求/L	200	3.5	0
质量/kg	530	100	170
噪声级/dB（A）	60~65	70~75	50~55

7.8.3   无人潜艇推进

潜艇的电力推进系统需要高输出功率、高效率、低噪声和紧凑的电机[69, 223]。盘式无刷电机可以满足这些要求并且仅在周围海水冷却的条件下运行超过 10 万小时没有故障。同时，该电机噪声小、振动极低。额定工作条件下的输出功率可超过 2.2kW/kg，转矩密度为 5.5N·m/kg。大型船用推进电机的典型转子线速度为 20～30m/s[223]。

7.8.4　船舶对转推进系统

轴向磁通永磁电机可设计为两个转子[50]。这种电机拓扑结构可以应用于具有对转螺旋桨的船舶推进系统中，从主螺旋桨的旋转流中回收能量。该情况下，使用对转螺旋桨的轴向磁通电机可以消除运动反转外周齿轮。

定子绕组线圈为矩形，其面积取决于环形铁心的截面积，如图 7.5 所示。每个线圈有两个有效面，有效面与永磁转子相互作用。为了实现两个转子的对转运动，定子绕组线圈必须以使电机产生反向旋转的气隙磁场的方式布置。定子位于两个由软钢圆盘和轴向磁化的钕铁硼永磁体组成的转子之间。靠近定子的侧面将永磁体安装在磁盘的表面上。每个转子都有单独的轴驱动各自的螺旋桨，即电机有两个同心的轴，它们由一个径向轴承分开，其排列方式如图 7.20 所示[50]。

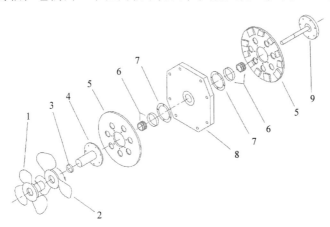

图 7.20　具有反转转子的轴向磁通永磁电机爆炸图[50]
1—主螺旋桨　2—对转螺旋桨　3—径向轴承　4—外轴　5—永磁转子
6—电机轴承　7—装配环　8—定子　9—内轴

案例

例 7.1

计算三相双边双定子盘式永磁无刷电机的主要尺寸、每相匝数和定子槽截面积。额定值为：$P_{out} = 75kW$，$V_{1L} = 460V$（星形联结），$f = 100Hz$，$n_s = 1550r/min$。定子绕组采用串联连接方式。

解:

对于 $f = 100\text{Hz}$ 和 $n_s = 1500\text{r/min} = 25\text{r/s}$，极数是 $2p = 8$。假设 $D_{ext}/D_{in} = \sqrt{3}^{[4]}$，根据式 (7.9) 得到参数 k_D 为

$$k_D = \frac{1}{8} \times \left(1 + \frac{1}{\sqrt{3}}\right) \times \left[1 - \left(\frac{1}{\sqrt{3}}\right)^2\right] = 0.131$$

对于 75kW 电机，$\eta\cos\phi \approx 0.9$。串联连接的定子绕组的相电流为

$$I_a = \frac{P_{out}}{m_1(2V_1)\eta\cos\phi} = \frac{75000}{3 \times 265.6 \times 0.9} = 104.6\text{A}$$

式中，$2V_1 = 460/\sqrt{3} = 265.6\text{V}$。电磁负荷可假定为 $B_{mg} = 0.65\text{T}$ 和 $A_m = 40000\text{A/m}$。比率 $\epsilon = E_f/V_1 \approx 0.9$，定子绕组因数假定为 $k_{w1} = 0.96$。因此，根据式 (7.10) 得到定子外径为

$$D_{ext} = \sqrt[3]{\frac{0.9 \times 75000}{\pi^2 \times 0.96 \times 0.131 \times 25 \times 0.65 \times 40000 \times 0.9}} = 0.453\text{m}$$

根据式 (7.3)、式 (7.4) 和式 (7.8) 得到内径、平均直径、极距和有效定子长度分别为

$$D_{in} = \frac{D_{ext}}{\sqrt{3}} = \frac{0.453}{\sqrt{3}} = 0.262\text{m}, D_{av} = 0.5 \times (0.453 + 0.262) = 0.3575\text{m}$$

$$\tau = \frac{\pi \times 0.3575}{8} = 0.14\text{m}, L_i = 0.5 \times (0.453 - 0.262) = 0.0955\text{m}$$

根据式 (5.13) 得到基于线电流密度计算的定子每相匝数为

$$N_1 = \frac{A_m p\tau}{m_1\sqrt{2}I_a} = \frac{40000 \times 4 \times 0.14}{3\sqrt{2} \times 104.6} \approx 50$$

根据电动势式 (7.5) 和磁通式 (7.6) 得到定子每相匝数为

$$N_1 = \frac{\epsilon V_1}{2\sqrt{2}fk_{w1}\tau L_i B_{mg}} = \frac{0.9 \times 265.6/2}{2\sqrt{2} \times 100 \times 0.96 \times 0.14 \times 0.0955 \times 0.65} \approx 49$$

每相的双层绕组位于 16 个槽中，对于三相电机，$s_1 = 48$ 个槽。匝数应该四舍五入到 48 匝。这是一个近似的匝数，只有进行详细的电磁和热计算后才能精确得到。

根据式 (A.5) 得到每极每相槽数为

$$q_1 = \frac{40}{8 \times 3} = 2$$

定子线圈数（双层绕组）与槽数相同，例如，$2pq_1m_1 = 8 \times 2 \times 3 = 48$。如果定子绕组并联支路数 $a_w = 4$，则单个线圈中的导体数为

$$N_{1c} = \frac{a_w N_1}{(s_1/m_1)} = \frac{4 \times 48}{(48/3)} = 12$$

定子导体的电流密度为 $J_a \approx 4.5 \times 10^6 \, \text{A/m}^2$（全封闭交流电机，额定功率为 100kW）。定子导体的横截面面积为

$$s_a = \frac{I_a}{a_w J_a} = \frac{104.6}{4 \times 4.5} = 5.811 \, \text{mm}^2$$

75kW 电机的定子绕组由矩形截面的铜导体组成。矩形导体和低压电机的槽满率可假定为 0.6。定子槽的横截面应近似为

$$\frac{5.811 \times 12 \times 2}{0.6} \approx 233 \, \text{mm}^2$$

式中，单个槽中的导体数为 $12 \times 2 = 24$。定子槽间距最小为

$$t_{1\text{min}} = \frac{\pi D_{\text{in}}}{s_1} = \frac{\pi \times 0.262}{48} = 0.0171 \, \text{m} = 17.1 \, \text{mm}$$

定子槽宽可选择为 11.9mm。这意味着定子槽深为 $233/11.9 \approx 20$mm，定子最窄齿宽为 $c_{1\text{min}} = 17.1 - 11.9 = 5.2$mm。定子齿最窄位置的磁通密度为

$$B_{1\text{tmax}} \approx \frac{B_{\text{mg}} t_{1\text{min}}}{c_{1\text{min}}} = \frac{0.65 \times 17.1}{5.2} = 2.14 \, \text{T}$$

这是齿最窄位置的允许值。定子最大槽间距为

$$t_{1\text{max}} = \frac{\pi D_{\text{ext}}}{s_1} = \frac{\pi \times 0.453}{48} = 0.0296 \, \text{m} = 29.6 \, \text{mm}$$

定子齿最宽位置的磁通密度为

$$B_{1\text{tmin}} \approx \frac{B_{\text{mg}} t_{1\text{max}}}{c_{1\text{max}}} = \frac{0.65 \times 29.6}{29.6 - 11.9} = 1.09 \, \text{T}$$

例 7.2

三相 2.2kW，50Hz，380V（线间电压），星形联结，750r/min，$\eta = 78\%$，$\cos\phi = 0.83$，双边盘式永磁同步电机有以下磁路尺寸：转子外直径 $D_{\text{ext}} = 0.28$m，转子内直径 $D_{\text{in}} = 0.16$m，转子（永磁体）厚度 $2h_M = 8$mm，单边电机气隙 $g = 1.5$mm。永磁体表贴式均匀分布。该转子无软磁材料。转子的外径和内径对应于永磁体和定子叠片的内外轮廓。半封闭矩形槽的尺寸（见图 A.2b）是：$h_{11} = 11$mm，$h_{12} = 0.5$mm，$h_{13} = 1$mm，$h_{14} = 1$mm，$b_{12} = 13$mm，$b_{14} = 3$mm。定子槽数（一个单元）为 $s_1 = 24$，单个定子每相的电枢匝数为 $N_1 = 456$，定子铜导线直径为 0.5mm（不包括绝缘），定子并联支路数为 $a = 2$，气隙磁通密度为 $B_{\text{mg}} = 0.65$T。旋转损耗为 $\Delta P_{\text{rot}} = 80$W。铁心损耗和额外损耗为 $\Delta P_{\text{Fe}} + \Delta P_{\text{str}} = 0.05 P_{\text{out}}$。每个定子槽为双层绕组。两个双定子星形联结绕组并联。计算负载角 $\delta = 11°$ 的电机性能，将磁路方法得到的结果与 FEM 得到的结果进行比较。

解：

相电压为 $V_1 = 380/\sqrt{3} = 220$V。极对数为 $p = f/n_s = 50 \times 60/750 = 4$ 和 $2p = 8$。

最小槽间距为

$$t_{1\min} = \frac{\pi D_{in}}{s_1} = \frac{\pi \times 0.16}{24} = 0.0209 \text{m} \approx 21 \text{mm}$$

槽的宽度为 $b_{12} = 13\text{mm}$，这意味着最窄齿宽 $c_{1\min} = t_{1\min} - b_{12} = 21 - 13 = 8\text{mm}$。定子齿最窄位置的磁通密度相当低：

$$B_{1t\max} \approx \frac{B_{mg}t_{1\min}}{c_{1\min}} = \frac{0.65 \times 21}{8} = 1.7 \text{T}$$

根据式（7.3）和式（7.4），定子叠片的平均直径、平均极距和有效长度是

$$D_{av} = 0.5 \times (0.28 + 0.16) = 0.22 \text{m}$$

$$\tau = \frac{\pi \times 0.22}{8} = 0.0864 \text{m}, L_i = 0.5 \times (0.28 - 0.16) = 0.06 \text{m}$$

定子每极每相槽数（A.5）为

$$q_1 = \frac{24}{8 \times 3} = 1$$

根据式（A.1）、式（A.6）和式（A.3）得到绕组因数为 $k_{w1} = k_{d1}k_{p1} = 1 \times 1 = 1$。

根据式（5.6）和式（5.5）得到转子励磁系统产生的磁链和感应电动势为

$$\Phi_f = \frac{2}{\pi} \times 0.0864 \times 0.06 \times 0.65 = 0.002145 \text{Wb}$$

$$E_f = \pi\sqrt{2} \times 50 \times 456 \times 1 \times 0.002145 = 217.3 \text{V}$$

假设 $B_{mg1} \approx B_{mg}$。

接下来核算定子槽的电负荷、电流密度和槽满率。对于并联支路数 $a_w = 2$，每个双层绕组线圈的导体数为

$$N_{1c} = \frac{a_w N_1}{(s_1/m_1)} = \frac{2 \times 456}{(24/3)} = 114$$

因此，单个槽中的导体数等于（层数）×（每线圈 N_{1c} 的导体数）= 2 × 114 = 228。

单个定子中的额定输入电流为

$$I_a = \frac{P_{out}}{2m_1 V_1 \eta \cos\phi} = \frac{2200}{2 \times 3 \times 220 \times 0.78 \times 0.83} = 2.57 \text{A}$$

根据式（5.13）得到定子线电流密度（峰值）为

$$A_m = \frac{3\sqrt{2} \times 456 \times 2.57}{0.0864 \times 4} = 14386 \text{A/m}$$

即使是小型永磁电机，这也是相当低的值。定子（电枢）导线的横截面为

$$s_a = \frac{\pi d_a^2}{4} = \frac{\pi 0.5^2}{4} = 0.197 \text{mm}^2$$

在额定条件下的电流密度为

$$J_a = \frac{2.57}{2 \times 0.197} = 6.54 \text{A/mm}^2$$

这是额定值从 $1 \sim 10 \text{kW}$ 盘式转子交流电机可接受的电流密度。

对于 F 绝缘级的电枢导线，带绝缘材料的导线直径为 0.548mm。因此，定子槽中导体的总横截面积为

$$228 \times \frac{\pi 0.548^2}{4} \approx 54 \text{mm}^2$$

单个槽的横截面积约为 $h_{11}b_{12} = 11 \times 13 = 143 \text{mm}^2$。槽满率 $54/143 = 0.38$ 表明，定子绕组易于缠绕，因为具有圆形定子导线的低压电机平均槽满率约为 0.4。

盘式转子电机定子端部连接的平均长度［比较式（A.20）］为

$$l_{1e} \approx (0.083p + 1.217)\tau + 0.02 = (0.083 \times 4 + 1.217) \times 0.0864 + 0.02$$
$$= 0.154 \text{m}$$

根据式（B.2）得到每匝定子导线的平均长度为

$$l_{1av} = 2(L_i + l_{1e}) = 2 \times (0.06 + 0.154) = 0.428 \text{m}$$

根据式（B.1）和式（B.11）得到温度为 75℃ 时每相定子绕组的电阻为

$$R_1 = \frac{N_1 l_{1av}}{a\sigma_1 s_a} = \frac{456 \times 0.428}{47 \times 10^6 \times 2 \times 0.1965} = 10.57\Omega$$

根据式（A.27）和式（A.28）得到卡氏系数为

$$k_C = \left(\frac{28.8}{28.8 - 0.00526 \times 11}\right)^2 = 1.004$$

$$\gamma = \frac{4}{\pi}\left[\frac{3}{2 \times 11}\arctan\left(\frac{3}{2 \times 11}\right) - \ln\sqrt{1 + \left(\frac{3}{2 \times 11}\right)}\right] = 0.00526$$

式中，$t_1 = \pi D_{av}/s_1 = \pi \times 0.22/24 = 0.0288 \text{m} = 28.8 \text{mm}$。计算卡氏系数时，非导磁气隙为 $g_t = 2g + 2h_M = 2 \times 1.5 + 8 = 11 \text{mm}$。由于双定子铁心有两个开槽面，因此卡氏系数必须平方。

根据式（A.30）得到定子漏电抗为

$$X_1 = 4 \times 0.4\pi \times 10^{-6}\pi \times 50 \times \frac{456^2 \times 0.06}{4 \times 1}\left(0.779 + \frac{0.154}{0.06} \times 0.218\right.$$
$$\left. + 0.2297 + 0.9322\right) = 6.158\Omega$$

式中

1）根据式（A.12）得到的槽比漏磁导为

$$\lambda_{1s} = \frac{11}{3 \times 13} + \frac{0.5}{13} + \frac{2 \times 1}{13 + 3} + \frac{1}{3} = 0.779$$

2）根据式（A.19）得到的端部比漏磁导为（其中 $w_c = \tau$）

$$\lambda_{1e} \approx 0.34 \times 1 \times \left(1 - \frac{2}{\pi} \frac{0.0864}{0.154}\right) = 0.218$$

3）根据式（A.24）和式（A.26）得到的谐波比漏磁导为

$$\lambda_{1d} = \frac{3 \times 1 \times 0.0864 \times 1^2}{\pi^2 \times 0.011 \times 1.004} \times 0.0966 = 0.2297$$

$$\tau_{d1} = \frac{\pi^2 (10 \times 1^2 + 2)}{27} \sin \frac{30°}{1} - 1 = 0.0966$$

4）根据式（A.29）得到的齿顶比漏磁导为

$$\lambda_{1t} = \frac{5 \times 11/3}{5 + 4 \times 11/3} = 0.9322$$

根据式（5.31）和式（5.33），其中 $k_{fd} = k_{fq}$，表贴式永磁转子以及且不饱和电机的电枢反应电抗分别为

$$X_{ad} = X_{aq} = 4 \times 3 \times 0.4 \times \pi \times 10^{-6} \times \frac{0.0864 \times 0.06}{1.004 \times 0.011} = 5.856\Omega$$

式中，分母中的电枢磁通气隙等于 $g_t \approx 2 \times 1.5 + 8 = 11\text{mm}$（$\mu_{rrec} \approx 1$）。同步电抗为

$$X_{sd} = X_{sq} = 6.158 + 5.856 = 12.01\Omega$$

根据式（5.40）、式（5.41）和式（5.43）得到电枢电流。对于 $\delta = 11°$（$\cos\delta = 0.982$，$\sin\delta = 0.191$），电流分量是 $I_{ad} = -1.82\text{A}$、$I_{aq} = 1.88\text{A}$ 和 $I_a = 2.62\text{A}$。

输入功率用式（5.44）表示。两个定子并联的输入功率是单定子输入功率的两倍，例如

$$P_{in} = 2 \times 3 \times 220 \times [1.88 \times 0.982 - (-1.82) \times 0.191] = 2892.4\text{W}$$

双定子的输入视在功率为

$$S_{in} = 2 \times 3 \times 220 \times 2.62 = 3458.4\text{V} \cdot \text{A}$$

功率因数为

$$\cos\phi = \frac{2892.4}{3458.4} = 0.836$$

集肤效应系数为 $k_{1R} = 1$ 时，根据式（B.12）得到两个定子绕组中的损耗为

$$\Delta P_a = 2 \times 3 \times 2.62^2 \times 10.57 = 435.2\text{W}$$

假设 $\Delta P_{Fe} + \Delta P_{str} = 0.05 P_{out}$，则输出功率为

$$P_{out} = \frac{1}{1.05}(P_{in} - \Delta P_{1w} - \Delta P_{rot}) = \frac{1}{1.05} \times (2892.4 - 435.2 - 80.0) = 2264\text{W}$$

电机效率为

$$\eta = \frac{2264.0}{2892.4} = 0.783 \quad \text{或} \quad \eta = 78.3\%$$

轴转矩为

$$T_{sh} = \frac{2264}{2\pi(750/60)} = 28.83 \text{N} \cdot \text{m}$$

根据式（5.45）得到电磁功率为

$$P_{elm} = 2892.4 - 435.2 = 2457.2 \text{W}$$

由电机产生的电磁转矩为

$$T_d = \frac{2457.2}{2\pi \times 750/60} = 31.2 \text{N} \cdot \text{m}$$

FEM 分析结果如图7.21、图7.22 和图7.23 所示。FEM 给出的平均转矩值略高于解析法。式（5.15）、式（5.31）、式（5.33）和式（A.25）没有给出盘式转子电机 X_{sd} 和 X_{sq} 的准确值。图7.23 中可看出电磁转矩具有显著的周期分量（周期等于30°）。

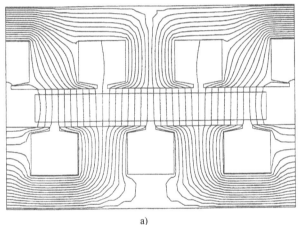

a)

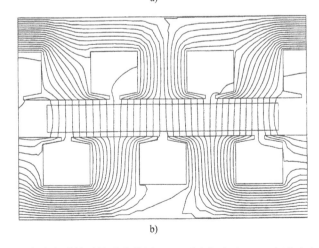

b)

图7.21　盘式永磁转子的磁力线图：a) 零电枢电流；b) 额定电枢电流

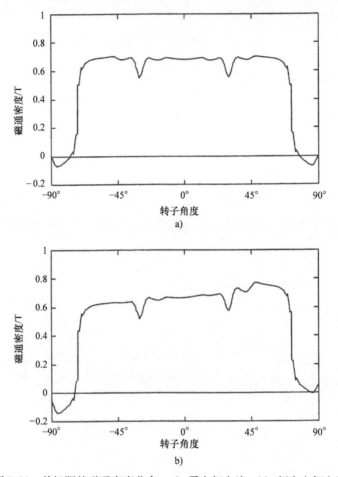

图 7.22 单极距的磁通密度分布：a）零电枢电流；b）额定电枢电流

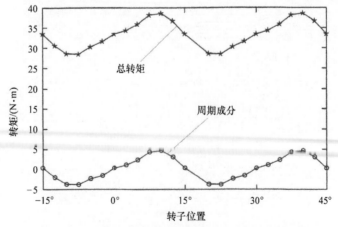

图 7.23 盘式转子永磁电机转矩随转子位置变化曲线

例 7.3

三相 2400r/min 中间无铁心定子双永磁外转子的永磁盘式电机。采用 $B_r = 1.3T$ 和 $H_c = 1000kA/m$ 的钕铁硼永磁体安装在两个旋转的低碳钢盘上。双转子的质量为 $m_r = 3.8kg$，轴的质量为 $m_{sh} = 0.64kg$。永磁体之间的非导磁距离为 $d = 12mm$，绕组厚度为 $t_w = 9mm$，永磁体（轴向）高度为 $h_M = 6mm$。永磁体的外径等于定子导体的外径，参数为 $D_{ext} = 0.24m$，参数为 $k_d = 1/\sqrt{3}$。极数为 $2p = 6$，单层绕组（相当于槽数）为 $s_1 = 54$，每相的匝数为 $N_1 = 270$，并联根数为 $a_w = 2$，导线直径 $d_w = 0.912mm$（AWG 19），线圈节距 $w_c = 7$。铜线的电导率为 $\sigma = 47 \times 10^6 S/m$。

假设总电枢电流 $I_a = 8.2A$ 都产生转矩（即 $I_{ad} = 0$），计算电机的稳态性能，即输出功率、转矩、效率、功率因数。磁路为不饱和（$k_{sat} \approx 1.0$），电机采用正弦电压供电，导体中的涡流损耗为 $\Delta P_e = 60W$，式（B.31）中的轴承摩擦系数 $k_{fb} = 2.5W/(kg \cdot r/min)$。风摩损耗可忽略不计。

解：

单层绕组的每相线圈数为 $0.5s_1/m_1 = 0.5 \times 54/3 = 9$。每个线圈的匝数为 $N_c = 270/9 = 30$。每极每相的绕组数（相当于每极每相槽数）$q_1 = s_1/(2pm_1) = 54/(6 \times 3) = 3$。

气隙（机械间隙）为 $g = 0.5(d - t_w) = 0.5 \times (12 - 9) = 1.5mm$，极距为 $\tau = s_1/(2p) = 54/6 = 9$。

在 2400r/min 时的输入频率为

$$f = n_s p = \frac{2400}{60} \times 3 = 120Hz$$

根据式（2.5）得到永磁体的相对磁导率为

$$\mu_{rrec} = \frac{1}{\mu_0} \frac{\Delta B}{\Delta H} = \frac{1}{0.4\pi \times 10^{-6}} \times \frac{1.3 - 0}{1000000 - 0} = 1.035$$

每对极的磁压降方程为

$$4 \frac{B_r}{\mu_0 \mu_{rrec}} h_M = 4 \frac{B_{mg}}{\mu_0} \left[\frac{h_M}{\mu_{rrec}} + \left(g + \frac{1}{2} t_w \right) k_{sat} \right]$$

因此

$$B_{mg} = \frac{B_r}{1 + [\mu_{rrec}(g + 0.5t_w)/h_M] k_{sat}}$$

$$= \frac{1.3}{1 + [1.035 \times (1.5 + 0.5 \times 9)/6] \times 1.0} = 0.639T$$

根据式（7.12）得到的磁通为

$$\Phi_f = \frac{1}{8} \times \frac{2}{\pi} \times \frac{\pi}{3} \times 0.639 \times 0.24^2 \times \left[1 - \left(\frac{1}{\sqrt{3}} \right)^2 \right] = 0.00204Wb$$

根据式（A.1）、式（A.6）和式（A.3）得到绕组因数

$$k_{d1} = \frac{\sin\pi/(2\times 3)}{3\sin\pi/(2\times 3\times 3)} = 0.9598; \quad k_{p1} = \sin\left(\frac{7}{9}\times\frac{\pi}{2}\right) = 0.9397$$

$$k_{w1} = 0.9598 \times 0.9397 = 0.9019$$

根据式（7.17）和式（7.15）得到电动势常数和转矩常数

$$k_E = \pi\sqrt{2}\times 3\times 270\times 0.9019\times 0.00204 = 6.637\text{V/r/s} = 0.111\text{V/r/min}$$

$$k_T = k_E\frac{m_1}{2\pi} = 6.637\times\frac{3}{2\pi} = 3.169\text{N}\cdot\text{m/A}$$

在 2400r/min 时的电动势为

$$E_f = k_E n_s = 0.111\times 2400 = 265.5\text{V}$$

在 $I_a = I_{aq} = 8.2\text{A}$ 时的电磁转矩为

$$T_d = k_T I_a = 3.169\times 8.2 = 25.98\text{N}\cdot\text{m}$$

电磁功率

$$P_{elm} = 2\pi n_s T_d = 2\pi\times\frac{2400}{60}\times 25.98 = 6530.5\text{W}$$

内径 $D_{in} = D_{ext}/\sqrt{3} = 0.24/\sqrt{3} = 0.139\text{m}$[4]，平均直径 $D_{av} = 0.5\cdot(D_{ext} + D_{in}) = 0.5\cdot(0.24 + 0.138) = 0.1893\text{m}$，平均极距 $\tau_{av} = \pi 0.189/6 = 0.099\text{m}$，导体有效长度（等于永磁体的径向长度）$L_i = 0.5(D_{ext} - D_{in}) = 0.5\cdot(0.24 - 0.139) = 0.051\text{m}$，短端部长度为 $l_{1emin} = (7/9)\pi D_{in}/(2p) = (7/9)\pi\times 0.139/6 = 0.0564\text{m}$，长端部长度为 $l_{1emax} = 0.0564\times 0.24/0.139 = 0.0977\text{m}$。

定子每匝平均长度为

$$l_{1av} \approx 2L_i + l_{1emin} + l_{1emax} + 4\times 0.015$$
$$= 2\times 0.051 + 0.0564 + 0.0977 + 0.06 = 0.3156\text{m}$$

根据式（B.1）得到 75℃ 下的定子绕组电阻为

$$R_1 = \frac{270\times 0.3156}{47\times 10^6\times 2\times\pi\times(0.912\times 10^{-3})^2/4} = 1.3877\Omega$$

线圈在直径 D_{in} 处的最大宽度为 $w_w = \pi 0.138/54 = 0.0081\text{m} = 8.1\text{mm}$。线圈的厚度为 $t_w = 8\text{mm}$。每个线圈的匝数为 $a_w\times N_c = 2\times 30 = 60$。在 D_{in} 处的槽满率最大值为

$$\frac{d_w^2\times N_c}{t_w w_w} = \frac{0.912^2\times 60}{9\times 8.1} = 0.688$$

定子电流密度

$$j_a = \frac{8.2}{2\times\pi 0.912^2/4} = 6.28\text{A/mm}^2$$

根据式（B.12）得到 75℃ 下的电枢绕组损耗为

$$\Delta P_a = 3 \times 8.2^2 \times 1.3877 = 279.9 \text{W}$$

根据式（B.31）得到轴承摩擦损耗为

$$\Delta P_{fr} = 2.5 \times (3.8 + 0.64) \times 2400 \times 10^{-3} = 26.6 \text{W}$$

输出功率

$$P_{out} = P_{elm} - \Delta P_{fr} = 6530.5 - 26.6 = 6503.8 \text{W}$$

轴转矩

$$T_{sh} = \frac{6503.8}{2\pi \times 2400/60} = 25.88 \text{N} \cdot \text{m}$$

输入功率

$$P_{in} = P_{elm} + \Delta P_a + \Delta p_e = 6530.5 + 279.9 + 60 = 6870.4 \text{W}$$

效率

$$\eta = \frac{6503.8}{6870.4} = 0.947$$

端部绕组的比漏磁导大约为

$$\lambda_{1e} \approx 0.3 q_1 = 0.3 \times 3 = 0.9$$

导体径向部分的比漏磁导为

$$\lambda_{1s} \approx \lambda_{1e}$$

谐波比漏磁导为

$$\lambda_{1d} = \frac{3 \times 3 \times 0.099 \times 0.9019^2}{\pi^2 (2 \times 0.0015 + 0.009) \times 1.0} \times 0.011 = 0.068$$

定子绕组的漏电抗为

$$X_1 = 4\pi \times 0.4\pi \times 10^{-6} \times 120 \times \frac{270^2 \times 0.051}{3 \times 3} \left(0.9 + \frac{0.0564}{0.051} \times \right.$$

$$\left. \frac{0.9}{2} + \frac{0.0977}{0.051} \times \frac{0.9}{2} + 0.068 \right)$$

$$= 1.818 \Omega$$

式中，$k_C = 1$；谐波漏磁因子 $\tau_{d1} = 0.011$（见图 A.3）。

根据参考文献 [122] 得到电枢反应电抗：

1）在 d 轴

$$X_{ad} = 2 m_1 \mu_0 f \left(\frac{N_1 k_{w1}}{p} \right)^2 \frac{(0.5 D_{ext})^2 - (0.5 D_{in})^2}{g_{eq}} k_{fd}$$

$$= 2 \times 3 \times 0.4\pi \times 10^{-6} \times 120 \times \left(\frac{270 \times 0.9019}{3} \right)^2 \frac{(0.5 \times 0.24)^2 - (0.5 \times 0.139)^2}{0.0236}$$

$$\times 1.0 = 2.425 \Omega$$

式中，$k_{fd} = 1$ 且等效气隙为

$$g_{eq} = 2\left[(g + 0.5t_w)k_{sat} + \frac{h_M}{\mu_{rrec}}\right] = 2 \times \left[(1.5 + 0.5 \times 9) \times 1.0 + \frac{6}{1.035}\right]$$

$$= 23.6mm$$

2）在 q 轴

$$X_{aq} = 2m_1\mu_0 f\left(\frac{N_1 k_{w1}}{p}\right)^2 \frac{(0.5D_{ext})^2 - (0.5D_{in})^2}{g_{eqq}}k_{fq}$$

$$= 2 \times 3 \times 0.4\pi \times 10^{-6} \times 120 \times \left(\frac{270 \times 0.9019}{3}\right)^2$$

$$\frac{(0.5 \times 0.24)^2 - (0.5 \times 0.139)^2}{0.024} \times 1.0$$

$$= 2.385\Omega$$

式中，$k_{fq} = 1$，且等效气隙为

$$g_{eqq} = 2 \times (g + 0.5t_w + h_M) = 2 \times (1.5 + 0.5 \times 9 + 6) = 24.25mm$$

根据式（5.15）得到同步电抗为

$$X_{sd} = 1.818 + 2.425 = 4.243\Omega$$

$$X_{sq} = 1.818 + 2.385 = 4.203\Omega$$

根据式（5.48）得到输入相电压为

$$V_1 = \sqrt{(E_f + I_a R_1)^2 + (I_a X_{sq})^2}$$

$$= \sqrt{(265.5 + 8.2 \times 1.3877)^2 + (8.2 \times 4.203)^2} = 279V$$

线电压为

$$V_{1L-L} = \sqrt{3} \times 279 = 483.2V$$

根据式（5.47）得到功率因数为

$$\cos\phi = \frac{E_f + I_a R_1}{V_1} = \frac{265.5 + 8.2 \times 1.3877}{279} = 0.992$$

第8章

高功率密度无刷电机

8.1　设计注意事项

电机有效材料利用可表征为：

1）功率密度，即输出功率 – 质量比或输出功率 – 体积比；

2）转矩密度，即轴转矩 – 质量比或轴转矩 – 体积比。

对于低速电机而言，转矩密度是比功率密度更重要的首选参数，例如，无齿轮机电驱动器、起重机械、旋转执行机构等。随着冷却系统增强，绝缘和永磁体使用温度的增加，额定功率、额定转速和电磁负载的增加，有效材料的利用率也会增加。由式（5.67）和式（5.70）表示为 $P_{out}/(D_{1in}^2 L_i) \propto S_{elm}/(D_{1in}^2 L_i) = 0.5\pi^2 k_{w1} B_{mg} A_m n_s$。

各型电机和电磁设备都具有较低的能量损失和输出功率比，即电机的效率随着额定功率的增加而增加。大型永磁无刷电机可以实现比任何其他电机（具有超导励磁绕组除外）更高的预期效率。然而，其限制是永磁材料的价格很高。钕铁硼永磁体以合理的成本提供最高的能量密度。与钐钴相比，它们的主要缺点是对温度更为敏感。在设计电机时，必须考虑温度升高导致的性能降低。在一定温度以上，永磁体将发生不可逆退磁。因此，当使用钕铁硼永磁体时，必须保持电机温度在有效工作温度以下（大多数钕铁硼永磁体为180°，最大为200℃）。有时，自然空气冷却系统无法有效冷却电机，定子必须通过定子外壳的循环水或油来冷却。永磁同步电机的转子损耗很小，所以大多数永磁电机的转子采用被动冷却方式。

电机的主要尺寸（定子内径 D_{1in} 和铁心有效长度 L_i）由其额定功率 $P_{out} \propto S_{elm}$、速度 n_s、气隙磁通密度 B_{mg} 和电枢线电流密度 A_m 决定，见式（5.70）。气隙磁通密度受永磁体剩余磁通密度和铁心饱和磁通密度的限制。如果加强冷却，可以增加线电流密度。

当给定定子内径时，电机的质量可以通过增加磁极来减少。图8.1比较4极和16极电机的横截面来说明该效应[99]。每极的磁通随极数的倒数成比例减少。

因此，在相同气隙磁通密度的前提下，电机的磁极越多，定子铁心的外径越小。相同定子内径的永磁电机质量与极数的关系如图 8.2 所示[99]。根据式（5.67），电磁功率随着极数的增加而降低，即 $S_{elm} = 0.5\pi^2 k_{w1} D_{1in}^2 L_i B_{mg} A_m f/p$ 。

无需励磁机的大型永磁无刷电机可以显著降低电机的体积。例如，3.8MW 永磁同步电机可以节省大约 15% 的体积[132]。

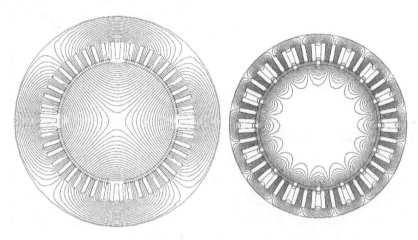

图 8.1   4 极和 16 极电机的磁力线分布

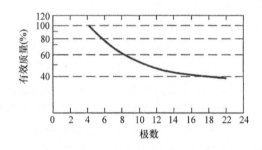

图 8.2   定子内径固定的永磁电机质量与极数的关系[99]

8.2   要求

在无换向器的驱动中，兆瓦级永磁无刷电机将取代传统的直流电机，应用于高速（压缩机、泵、鼓风机）和低速（磨机、卷机、电动汽车、船舶机电驱动）。

自 20 世纪 70 年代末以来，船舶已经由电机推进和操纵。近年来，稀土永磁体确保无刷电机在很宽的速度范围内具有非常高的效率。这是船舶和道路车辆推进技术中最重要的因素。船舶推进的典型转矩 - 转速特性曲线如图 8.3 所示[23,24,223]。电机和逆变器必须设计为在额定点 N 具有最高效率。与汽车的双曲特性不同，在船舶推进中使用恒磁通电机是有利的。因为铁心损耗和绕组损耗均在 N 点达到其最大值，N 点代表效率的"最坏情况"。此外，在部分负载、转速下降到额定转速的 20% 时（$0.2n_r$），效率不应显著降低，因为该速度是长途旅行的常用速度[23,24]。

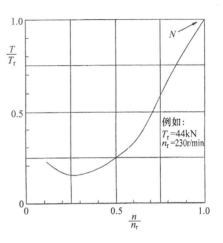

图 8.3 船舶推进的典型转矩 - 转速
特性曲线

固态变换器的工作方式应尽可能地减小绕组和开关的损耗。最后需要根据速度重新排列绕组和逆变器组件。出于可靠性考虑，需要将定子绕组和变换器细分为模块。当驱动系统出现故障时，最好的解决方案是模块化概念，损坏的模块可以迅速被新模块取代，多相电枢绕组是很好的选择[23,24]。

与大多数永磁无刷电机一样，大型电机应由位置角度来控制并获得与电枢电流成正比的电磁转矩。电流与感应电压的波形一致时，定子损耗达到最小值。

8.3 多相电机

部分大型永磁无刷电机建议设计为电枢相数 $m_1 > 3$ 的形式。电枢相电流与相数成反比，即 $I_a = P_{out}/(m_1 V_1 \eta \cos\phi)$。当输出功率恒定（$P_{out}$ = 常量）、输入相电压恒定（V_1 = 常量）、功率因数 $\cos\phi$ 和效率 η 相近时，相数越多，电枢电流就越小，即具有相同尺寸的多相电机与三相电机具有相似的力学特性，但具有更小的相电流。

多相电机的另一个显著特征是改变供电电压的相序可能导致速度发生阶跃变化。同步速度与相电压序列的数量 k 成反比，即

$$n_s = \frac{f}{kp} \tag{8.1}$$

式中，f 为输入频率。对于三相电机，只有两种可能的电压序列，开关只能导致电机反转。对于 m_1 为奇数的 m_1 相电机，前 $k = (m_1 - 1)/2$ 序列能够改变同步速度。对于九相电机，$k = 1$、2、3、4[91,92]。除零序外的其余频率均产生相反方向

的旋转（对于九相电机，$k = 5$、6、7、8）。当相数为偶数，改变速度的序列数为 $k = m_1/2^{[91,92]}$，这是由谐波场引起的。此外，同步电机需要满足转子极数与转速匹配。

多相电机（m_1 相）的电压可以用下式表示[91]：

$$v_l = \sqrt{2}\cos\left[2\pi ft - (l - 1)k2\pi/m_1\right] \tag{8.2}$$

式中，$l = 1, 2, 3, \cdots, m_1$ 或 $l = A, B, C, \cdots, m_1$。电压 v_l 产生一个星形联结的 m_1 相电压源。改变相电压的顺序可通过选择适当的 k 值来完成。电压源 v_l 或 v_A，v_B，v_C，$\cdots$ 可被模拟逆变器输出电压的 VSI 或电压源代替。

在三相电机中，多相电机的电枢绕组可以是星形或多边形联结的。星形联结的线电压、相电压和电枢电流之间存在以下关系：

$$V_{1L} = 2V_1\sin\left(\frac{360°}{2m_1}\right), \quad I_{aL} = I_a \tag{8.3}$$

对于多边形联结

$$I_{aL} = 2I_a\sin\left(\frac{360°}{2m_1}\right), \quad V_{1L} = V_1 \tag{8.4}$$

定子坐标系中，电机的运行可以用如下电压方程表示：

$$[v] = [R_a][i_a] + \frac{d}{dt}\{[\Psi_a] + [\Psi_f]\} = [R_a][i_a] + [L_s]\frac{d[i_a]}{dt} + [e_f] \tag{8.5}$$

式中，R_a 是电枢电阻矩阵；$[\Psi_a] = [L_s][i_a]$ 是由电枢电流 $[i_a]$ 引起的电枢反应磁链矩阵；$[\Psi_f]$ 是永磁磁链矩阵，它产生空载电动势 $[e_f] = d[\Psi_f]/dt$。同步电感矩阵包含漏感和互感。

多相同步电机产生的瞬时电磁转矩为

$$T_d = \frac{p_{elm}}{2\pi n_s} = \frac{1}{2\pi n_s}\sum_{l=1}^{l=m_1} e_{fl}i_{al} \tag{8.6}$$

式中，瞬时电磁功率为

$$p_{elm} = \sum_{l=1}^{l=m_1} e_{fl}i_{al} \tag{8.7}$$

由于九相电机的绕组可以放置在大多数三相电机的定子铁心之中，九相电机很容易设计。如前所述，九相电机对于四种相电压序列有四种不同的同步速度。速度的值取决于定子绕组的类型，可以是对称的，也可以是不对称的（见图 8.4）。绕组可以通过磁动势的傅里叶频谱进行区分[91]。对称绕组产生的磁动势谐波是极对数 p 的奇数倍。而非对称绕组的极对数无法区分。

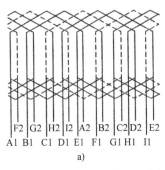 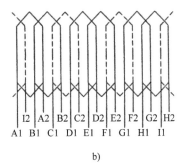

图 8.4　18 个定子槽中的 9 相绕组：a）对称；b）不对称

8.4　容错永磁无刷电机

20 世纪 80 年代末，首台模块化结构容错永磁无刷电机的原型机在德国设计和测试[23,24]。在电机和相关的电力电子装置中可能会发生许多潜在的故障[93]，最常见的故障是：

1）定子绕组开路；

2）定子绕组短路；

3）逆变开关开路（类似于绕组开路）；

4）逆变开关短路（类似于绕组短路）；

5）直流电容器故障。

最成功的方法是使用多相电机 – 固态变换器系统，每相都可视为单个模块。当发生单相故障时，电机仍须输出额定转矩。因此，电机需根据容错等级系数 k_{fault} 来增加容量，k_{fault} 取决于定子独立相绕组的数量 m_1，即

$$k_{\text{fault}} = \frac{m_1}{m_1 - 1} \tag{8.8}$$

式（8.8）表明，如果剩余的两相（$m_1 = 3$）要弥补失去一相的功率损失，那么三相电机（$m_1 = 3$）必须增容 50%。定子相数越高，容错性越好。标准永磁无刷电机和容错永磁无刷电机的区别如表 8.1 所示。

表 8.1　标准永磁无刷电机和容错永磁无刷电机的区别

参　　数	标准电机	容错电机
相数	3	超过 3
定子结构	圆柱形单元	单元结构
绕组结构	分布式	集中式（每槽一个线圈）

（续）

参　　数	标准电机	容错电机
归一化单相电抗	小于 1	1
互感	达到相自感的 50%	小于相自感的 5%
短路电流	高于额定电流	等于额定电流
谐波产生的转矩	基波	可能会产生高次谐波
相电流的相互作用	一相中的电流对其他相几乎没有影响	一相中的电流会影响其余相中的电流
气隙中开槽磁导谐波	低谐波含量（槽数多）	高谐波含量（集中线圈）
永磁体损耗	只有在高速时才有问题	低速时永磁体中有显著涡流损耗

8.5　表贴式永磁转子与凸极转子

永磁转子的设计对输出功率 - 体积比有很大的影响。

表贴和凸极结构的两种永磁电机已被广泛研究，如图 8.5 所示[10]。由于稀土永磁体相当昂贵，功率密度应最大化。

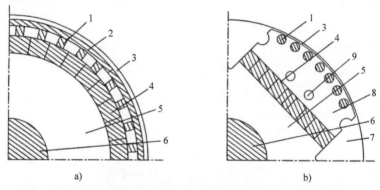

图 8.5　大型永磁电机截面图：a）表贴式永磁转子；b）凸极转子
1—阻尼条　2—绑线（固定套）　3—气隙　4—永磁体　5—转子铁心
6—转子轴　7—磁极之间的间隙　8—极靴　9—轴向螺栓

根据图 8.5 设计的两台 50kW、200V、200Hz、6000r/min 的电机，对其进行测试的结果如下所示[10]：

1）凸极式电机的气隙中空间谐波比表贴式转子的永磁电机更多；

2）表贴式转子永磁电机（$X_{sd} = X_{sq} = 0.56\Omega$）的同步电抗小于凸极式转子电机（$X_{sd} = 1.05\Omega$ 和 $X_{sq} = 1.96\Omega$）；

3）表贴式永磁转子电机的 d 轴上的次瞬态电抗 $X''_{sd} = 0.248\Omega$；凸极式永磁转子电机的次瞬态电抗 $X''_{sd} = 0.497\Omega$，这导致不同的换向角（21.0°和 29.8°）；

4）表贴式永磁电机的额定负载角小于凸极式永磁电机的额定负载角

（14.4°和 36.6°）；

5）具有相对较大负载角的凸极永磁电机产生较大的转矩振荡（约为平均转矩的 70%），而表贴式永磁电机仅为 35%；

6）凸极式永磁电机的输出功率为 42.9kW，表贴式永磁电机的输出功率为 57.4kW；

7）表贴式永磁电机比凸极式永磁电机有更好的效率（95.3% 和 94.4%）；

8）永磁体的体积与输出功率成正比，凸极式永磁电机为 445cm^3，表贴式永磁电机为 638cm^3。

两个测试电机的定子尺寸和视在功率保持相同。

凸极式永磁电机的气隙磁场为矩形而非正弦形状，并在定子齿中产生附加的高次谐波铁耗[10]。定子槽引发的气隙磁场谐波和载流绕组在转子磁极表面和定子铁心内表面产生涡流损耗。在表贴式永磁电机中，磁场谐波在阻尼条中引起高频涡流损耗。阻尼导体通常由铜圆柱体制成，并具有轴向槽，以减少涡流效应。

8.6　电磁效应

8.6.1　电枢反应

相绕组中电枢电流会在气隙中产生磁场，这将使永磁励磁场发生畸变。合成磁通在电枢绕组中感应相应的电动势。在气隙的某些位置，直流电压与感应电动势之间的差异可能会显著降低，从而降低相应相中电枢电流的增长率[199]。

电枢反应还会使合成气隙磁场分布的中轴线移动一定角度，该角度取决于电枢电流。电流和磁场分布之间的位移将使电磁转矩减小[199]。此外，d 轴畸变的磁场将产生噪声、振动和转矩波动。

电枢反应和换向效应会在相电流波形中产生凹陷，从而降低电枢电流和电磁转矩的平均值。

电枢反应对电磁转矩的影响可以通过增加空隙或在磁路 q 轴上使用磁阻较大的各向异性材料来最小化。西门子公司提出了图 8.6 所示的转子磁路结构[23,24]。非磁性部分抑制了电枢电流磁场，从而降低了电枢反应的影响。因此，电动势波形畸变小，逆变器利用率高。

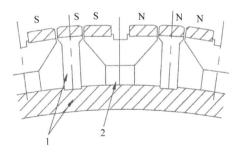

图 8.6　西门子公司生产的大型交流电机转子，图中显示了表贴式永磁体和非铁磁部件
1—铁磁心　2—非铁磁心

8.6.2　阻尼条

与电激励同步电机一样，阻尼条能够减少磁通波动、转矩脉动、铁心损耗和噪声。另一方面，由于阻尼条被设计成笼型绕组或高导电性圆筒的形式，阻尼条会增加由高次谐波感应电流造成的损耗。

阻尼条可以最大限度地减少由于电枢反应和换向引起的电流波形下降，并增加电磁转矩。阻尼条可以降低与相应电枢绕组的电感，并减少换向的影响。因此，采用完整的阻尼条（每极具有若干导条的笼型）可以显著增加输出功率。

从电路理论可知，当短路线圈与磁耦合时，磁耦合电路的自感减小。两个磁耦合电路之间的互感也会降低。显然，如果短路线圈与磁路之间的耦合发生变化，自感和互感也会发生变化。

图 8.7 显示六相、75kW、60Hz、900r/min 永磁电机的电感测试结果[129,199]。d 轴和 q 轴之间的角度等于 22.5° 机械角度（8 极），相当于 90° 电角度。自感 L_{11} 和互感 M_{12}、M_{13}、…、M_{16} 根据各相轴线与电机 d 轴之间的夹角绘制出来。

由于磁路几乎是各向同性的，所以没有阻尼条时，相移 90° 电角度的互感 M_{14} 几乎为零。然而，阻尼条在相 1 和相 4 之间引入了磁耦合，所以 M_{14} 随转子位置变化。其中一相在阻尼条中引起的感应电流将产生磁链，将该相与其他相交链，从而使互感大于零。

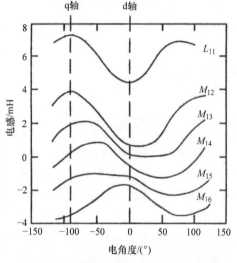

图 8.7　六相、75kW、60Hz、900r/min、8 极永磁电机的自感和互感作为各相轴线与电机 d 轴之间转子位置角的函数[129,199]

如果磁路由各向异性材料制成，并去除阻尼条，则图 8.7 中绘制的所有电感也会随转子角度的变化而变化。在这种情况下，自感 L_{11} 在零位置处为最大值，即当相 1 的中心轴和 d 轴重合时具有最大值[199]。

8.6.3　大型电机中的绕组损耗

假设电枢电流为方波形状，平顶值为 $I_a^{(sq)}$。这样的矩形函数可以分解为傅里叶级数：

1）对于 120° 方波

$$i_a(t) = \frac{4}{\pi} I_a^{(sq)} \left(\cos\frac{\pi}{6}\sin\omega t + \frac{1}{3}\cos 3\frac{\pi}{6}\sin 3\omega t + \right.$$
$$\left. \frac{1}{5}\cos 5\frac{\pi}{6}\sin 5\omega t + \cdots + \frac{1}{n}\cos n\frac{\pi}{6}\sin n\omega t \right)$$

2）对于 180°方波

$$i_a(t) = \frac{4}{\pi} I_a^{(sq)} \left(\sin\omega t + \frac{1}{3}\sin 3\omega t + \frac{1}{5}\sin 5\omega t + \cdots + \frac{1}{n}\sin n\omega t \right)$$

式中，$\omega = 2\pi f$；n 是高次时间谐波。电枢绕组损耗可以表示为高次谐波损耗之和。对于三相绕组，谐波次数为 5、7、11、13、$\cdots$因此

$$\Delta P_a = m_1 \frac{1}{2} R_{1dc}(I_{am1}^2 k_{1R1} + I_{am5}^2 k_{1R5} + \cdots + I_{amn}^2 k_{1Rn})$$

式中，I_{amn} 是高次谐波电流的幅值。对于 120°方波

$$\Delta P_a = m_1 [I_a^{(sq)}]^2 R_{1dc} k_{1R1} \frac{8}{\pi^2} \left[\cos^2\left(\frac{\pi}{6}\right) + \frac{1}{5^2}\cos^2\left(5\frac{\pi}{6}\right)\frac{k_{1R5}}{k_{1R1}} + \right.$$
$$\left. \frac{1}{7^2}\cos^2\left(7\frac{\pi}{6}\right)\frac{k_{1R7}}{k_{1R1}} + \cdots + \frac{1}{n^2}\cos^2\left(n\frac{\pi}{6}\right)\frac{k_{1Rn}}{k_{1R1}} \right] \tag{8.9}$$

对于 180°方波

$$\Delta P_a = m_1 [I_a^{(sq)}]^2 R_{1dc} k_{1R1} \frac{8}{\pi^2} \left(1 + \frac{1}{5^2}\frac{k_{1R5}}{k_{1R1}} + \frac{1}{7^2}\frac{k_{1R7}}{k_{1R1}} + \cdots + \frac{1}{n^2}\frac{k_{1Rn}}{k_{1R1}} \right) \tag{8.10}$$

系数 k_{1R1}、k_{1R5}、k_{1R7}、$\cdots$、k_{1Rn} 是根据式（B.8）得到的 n 次谐波的集肤效应系数，即

$$k_{1Rn} = \varphi_1(\xi_n) + \left(\frac{m_{sl}^2 - 1}{3} - \frac{m_{sl}^2}{16} \right)\Psi_1(\xi_n) \tag{8.11}$$

式中，ξ_n 是根据式（B.7）得到，方程中 $f = nf$。对于 $\xi_n > 1.5$，系数 $\varphi_1(\xi_n) \approx \xi_n$ 和 $\Psi_1(\xi_n) \approx 2\xi_n$，因此

$$k_{1Rn} = \xi_n + 2\left(\frac{m_{sl}^2 - 1}{3} - \frac{m_{sl}^2}{16} \right)\xi_n = \left(\frac{1 + 2m_{sl}^2}{3} - \frac{m_{sl}^2}{8} \right)\xi_n \tag{8.12}$$

和

$$\frac{k_{1Rn}}{k_{1R1}} \approx \sqrt{n} \tag{8.13}$$

因为 $\xi_n/\xi_1 \approx \sqrt{n}$。电枢绕组损耗可以用系数 K_{1R} 来表示，即

$$\Delta P_a = m_1 [I_a^{(sq)}]^2 R_1 K_{1R} \tag{8.14}$$

式中

1）对于 120°方波

$$K_{1R} = k_{1R1} \frac{8}{\pi^2} \left[\cos^2\left(\frac{\pi}{6}\right) + \cos^2\left(5\frac{\pi}{6}\right)\frac{1}{5\sqrt{5}} + \cos^2\left(7\frac{\pi}{6}\right)\frac{1}{7\sqrt{7}} + \cdots + \right.$$
$$\left. \cos^2\left(n\frac{\pi}{6}\right)\frac{1}{n\sqrt{n}} \right]$$

2）对于180°方波

$$K_{1R} = k_{1R1} \frac{8}{\pi^2} \left(1 + \frac{1}{5\sqrt{5}} + \frac{1}{7\sqrt{7}} + \cdots + \frac{1}{n\sqrt{n}} \right)$$

将括号中的高次谐波项加起来，$n = 1000$，对于120°方波，级数之和等于1.0；对于180°方波，级数之和等于1.3973。采用矩形电枢绕组的三相直流无刷电机的集肤效应系数为：

1）对于120°方波

$$K_{1R} \approx 0.811 \left[\varphi_1(\xi_1) + \left(\frac{m_{sl}^2 - 1}{3} - \frac{m_{sl}^2}{16} \right) \Psi_1(\xi_1) \right] \tag{8.15}$$

2）对于180°方波

$$K_{1R} \approx 1.133 \left[\varphi_1(\xi_1) + \left(\frac{m_{sl}^2 - 1}{3} - \frac{m_{sl}^2}{16} \right) \Psi_1(\xi_1) \right] \tag{8.16}$$

假设频率、平顶电流和绕组结构相同，120°方波的绕组损耗仅为180°方波的 $0.811/1.133 = 0.716$。

8.6.4　降低损耗

由螺栓、紧固件、夹具、棒材、壁架、三脚架等辅助钢构件组装的铁心的体积很大，高气隙磁通密度和包括高次谐波场在内的漏磁场导致磁路和结构铁磁构件产生功率损耗。通过使用非常薄的定子（0.1mm）可以显著降低铁心损耗。此外，建议转子上使用叠片代替实心钢。为了避免局部饱和，必须仔细注意磁场需均匀的分布。

对于多相模块化电机，通过重新排列定子绕组连接，可以减少电枢绕组的损耗。为避免过多的高次谐波损耗，磁动势空间分布和电枢电流波形都应接近正弦，或者至少应减少低频的高次谐波。

多相模块化电机也可以设计为线圈槽距为1，而非一个极距。这种绕组称为非重叠定子集中绕组（见图8.8）。非重叠定子集中绕组必须满足条件（6.18）。此类绕组具有端部连接短、绕组损耗明显降低、槽满率高的优点。

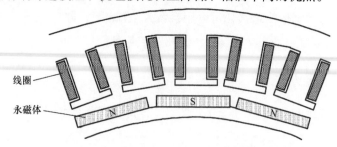

图8.8　非重叠定子集中绕组（线圈槽距为1）

8.7　冷却

有效材料的利用率与冷却强度成正比。永磁电机的效率较高，$2p > 4$ 电机的定子轭较薄，转子损耗较小，使永磁无刷电机可以通过间接冷却实现良好的性能，即定子绕组的热量通过定子轭传导到机壳的外表面。定子导体的直接液体冷却可显著增加功率密度。另一方面，这需要空心定子导体和液压装置的支撑。

由于定子通过气隙向转子传导热量，永磁体和转子铁心中的涡流损耗，转子也会发热。尽管转子冷却系统比较简单，但必须注意永磁体的温度，因为永磁体的剩余磁通密度 B_r 和矫顽力 H_c 会随着温度的升高而降低，电机性能也会随之降低。表 8.2 总结了永磁电机冷却方法[223]。

表 8.2　大型永磁电机冷却方法[223]

方　法	描　述	说　明
定子（电枢）		
间接传导	电枢热量通过定子轭传导到热交换表面，外部表面可以是周围的空气、水或油	1. 冷却剂与导体完全隔离 2. 由于某些永磁电机的磁轭较薄，因此可以达到较高的热导率 3. 水冷却吊舱电机（船舶推进）
直接传导	绕组充满介质流体，跨绕组绝缘的热传导	1. 实现非常高的热导率 2. 必须使用绝缘液体 3. 折中的槽满率
直接冷却	绕组内部冷却，直接流体接触	1. 最高传热 2. 必须使用绝缘液体 3. 折中的槽满率 4. 复杂的流体管道
转子		
被动空冷	转子运动驱动转子腔内的空气循环	最简单，需要轴旋转，很好地匹配二次负载
强迫通风	独立鼓风机驱动的转子腔内空气循环	需要额外的电机和相关的管道
开环喷雾	转子表面的液体喷雾	湿转子，需要泵系统
闭环内冷	转子内部循环的液体（油）	最高传热，需要旋转轴密封

8.8　圆柱形转子电机结构

首台额定功率高达 1MW 的船舶推进用稀土永磁电机样机出现在 20 世纪 80

年代早期。本节包含德国设计的大型永磁电机结构和相关电力电子变换器的回顾[23,24,132,276]。虽然一些制造技术和控制技术已经过时，但设计和生产获得的经验和数据已经成为现代大型永磁无刷电机设计的基础。

8.8.1 电枢反应降低的电机

由西门子公司在德国纽伦堡制造的首批大型永磁无刷电机之一，如图 8.6 所示，其额定值为 1.1MW、230r/min[23,24]。$2p = 32$ 极的转子结构如图 8.6 所示。在 q 轴上设计了较大的非铁磁极来降低电枢反应。为了减少齿槽转矩，转子采用斜极。六相可拆卸绕组的定子（内径 1.25m，层叠长度 0.54m）由 8 个可更换模块（每个模块有 4 极）组成，可以采用在线维修。任一模块包含 2×6 线圈，位于单层整极距绕组的 24 个槽中。单模块的绕组如图 8.9 所示。

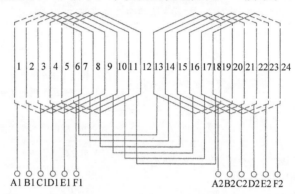

图 8.9 由西门子公司制造的六相、1.1MW 大型永磁电机的一个模块化定子绕组

由于偶数相设计可以将电机划分为两个相等的冗余系统（两台逆变器），并且相对于可实现的换向时间来说，梯形电流的持续时间可以高达 150°甚至 180°[23,24]，因此选择六相。每相绕组由两部分相同的线圈组成，在小于额定转速的 55% 的低速下串联（图 8.10b 中开关 S2 闭合）并且在高速时并联（图 8.10b 中的开关 S1 关闭）（降低同步电抗）。

如图 8.10a 所示，每相分别配备一个单独的 PWM 逆变器。三个逆变器并联地连接到一个恒定的直流链路。两路变换器由 660V 三相电源供电。逆变器模块由一个四象限桥组成，它根据转子位置的设定值来控制相电流。采用 1.6kV、1.2kA 的 GTO 晶闸管和二极管。在 230r/min 和 $f = 61.33Hz$ 时，换向角度相当大。通过 PWM 的应用，电枢电流保持在大约 120°以内，并与感应电压 e_f 一致。总电流持续时间约为 160°。定子采用了带有轴向管道的水冷系统。

根据式（8.6）和式（8.7），每相的瞬时电磁功率和电磁转矩可通过电动势和电枢电流的乘积得到。

与直流有刷电机相比[23,24]，大型永磁无刷电机的质量、机壳长度和体积减

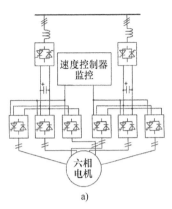
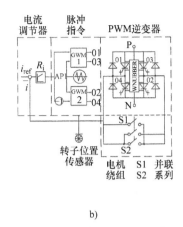

图 8.10　西门子公司制造的带有大型变速驱动装置的六相永磁电机系统：
a）电源电路；b）逆变器模块的相电流控制

少了约 40%，功率损失减少了 20% ~ 40%。

8.8.2　具有模块化定子的电机

德国曼海姆的 ABB 公司与斯坦伯格的 Magnet Motor GmbH 公司合作生产的大型永磁电机如图 8.11 所示[23,24]。定子由 $Z = N_c = 88$ 个相同的元件和 $Z/2$ 定子

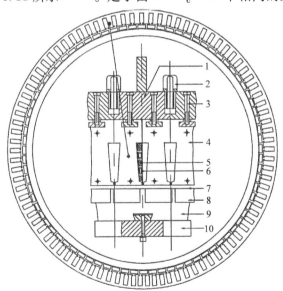

图 8.11　ABB 公司与 Magnet Motor GmbH 公司合作制造的大型永磁电机截面
1—定子机壳部分　2—固定定子的壁架　3—安装定子的螺栓　4—定子铁心　5—定子绕组
6—冷却管道　7—玻璃纤维绷带　8—永磁体　9—转子轭　10—转子环

部分（两个齿或两个元件拧在一起）组成。定子槽数为 $s_1 = Z$。定子集中线圈数 $N_c = s_1 = Z$。定子相数 $m_1 = 11$，即每相由 $p_a = Z/m_1 = 8$ 个单元组成，每个相的空间角位移为 $360°/8 = 45°$。线圈跨度为 $Z/(2m_1)$，末端连接非常短。根据式（6.18），其中 $k = 1$，有

$$\frac{N_c}{GCD(N_c, 2p)} = \frac{88}{GCD(88, 80)} = 11 = m_1$$

定子内径为 1.3m，叠片长为 0.5m。为了减少铁心损耗，使用了 0.1mm 的层压厚度。设计带有空心定子导线的直接水冷却系统。转子由 $2p = 80$ 个稀土永磁极组成，由玻璃纤维绷带固定。

电机的工作原理可以通过图 8.12 来解释，图 8.12 为五相、12 极和 10 个单元的电机。根据式（6.18），其中 $k = 1$，有

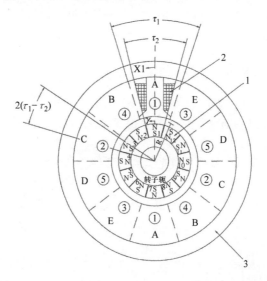

图 8.12 $m_1 = 5$、$2p = 12$、$Z = 10$ 的多相永磁电机截面
1—永磁体   2—定子单元（齿和绕组）   3—定子轭部

$$\frac{N_c}{GCD(N_c, 2p)} = \frac{10}{GCD(10, 12)} = 5 = m_1$$

对于奇数相，定子线圈数为 $N_c = Z = p_a m_1$，其中 p_a 为每相的定子（电枢）极对数，m_1 为相数。定子线圈间距为 $\tau_1 - 2\pi/s_1$，转子极距为 $\tau_2 = 2\pi/(2p) = \pi/p$。在 m_1 个角距离（$\tau_1 - \tau_2$）之后，B 相与 A 相处于相同的情况。可行的相数可以根据以下方程来确定[24]：

$$m_1(\tau_1 - \tau_2) = \tau_2$$

由于 $m_1 p(\tau_1 - \tau_2) = p\tau_2$，相同的情形可以用电角度 $m_1 p(\tau_1 - \tau_2) = \pm\pi$ 表

示。因此

$$\frac{s_1}{2p} = \frac{m_1}{m_1 \pm 1} \qquad (8.17)$$

符号"+"表示 $2p < Z$；符号"-"表示 $2p > Z$。实际上，对于 $s_1 = 88$、$2p = 80$、$m_1 = 11$ 的电机

$$\frac{s_1}{2p} = \frac{88}{80} = 1.1 \qquad \frac{m_1}{m_1 - 1} = \frac{11}{11 - 1} = 1.1$$

对于 $s_1 = 10$、$2p = 12$、$m_1 = 11$ 的电机

$$\frac{s_1}{2p} = \frac{10}{12} = 0.833 \qquad \frac{m_1}{m_1 + 1} = \frac{5}{5 + 1} = 0.833$$

通过对励磁磁通密度和定子线电流密度的时空谐波分析，可以推导出谐波转矩方程[23,24]。

大型永磁电机结构简单、紧凑、定子绕组短、相间磁耦合少。每相绕组单独通电，不受相邻相控制开关的影响。

每个定子单元都可以通过单独的逆变器供电，因此逆变器容量可以很小。为获得更好的模块化驱动系统，每个定子单元的绕组被分成三个相同的子单元，如图 8.13 所示。每个子单元通过 5kVA 容量的小型 PWM 逆变器模块给电机供电，共使用 $88 \times 3 = 264$ 个逆变器模块。利用这种先进的模块化技术，可实现驱动器的高度可靠性。由于对称性，任一逆变器模块的故障导致另外 7 个模块关闭。这些模块处于备用模式，用来替代其他有故障的逆变器模块。在此模式下，当最多 8 个逆变器模块出现故障时，仍可获得 97% 的额定输出功率。基本控制单元（见图 8.13）被分配给两个相邻的定子单元。它包含 6 个逆变器模块和带微处理器的指令装置。

电机在额定转速下的效率高达 96%，从 20% 额定转速到额定转速的速度范围内，效率超过 94%。在低速时，通过连接定子绕组子单元，可以使绕组损耗最小[23,24]。

1.5MW 永磁无刷电机（见图 8.14），即所谓的"MEP 电机"（多电永磁电机）应用于潜艇和水面舰艇已在参考文献 [276] 中描述。转子由一个钢制十字轴结构组成，有叠层铁心、表贴式钐钴永磁体。转子和定子叠层均由 0.1mm 厚的叠片铁心组成。定子采用水冷，转子采用自然对流冷却。所有转子部件（包括永磁体）都采用玻璃纤维绷带和环氧漆保护。电机绝缘按 F 级要求进行设计。电力电子模块集成在电机外壳中，并连接到相应的定子单元。霍尔传感器为电力电子变换器控制提供速度和位置信号。为了提高电机的起动能力，定子和转子的极数有所不同。速度在 0 ～ 180r/min 范围内，直流逆变器输入电压在 285 ～ 650V 范围内，转矩为 76kN·m，电枢齿数 $Z = 112$，转子永磁体极数为 $2p = 114$，电力

电子模块数为 28 个，电机的直径为 2.25m，长度为 2.3m，气隙（机械间隙）为 4mm，质量为22000kg[276]。在 10% ~100% 的额定速度范围内，可以获得非常高的效率。

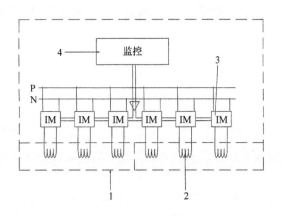

图 8.13　基本控制单元

1—定子单元　2—绕组子单元　3—逆变器模块　4—微处理器

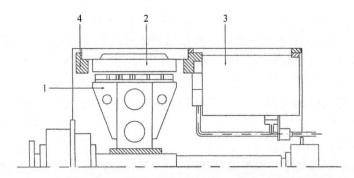

图 8.14　由 ABB 公司设计并用于船舶推进的 1.5MW 永磁电机的纵截面

1—转子　2—电枢　3—电子设备　4—外壳

8.8.3　不同转子配置的大型永磁电机

德国柏林 AEG 公司研究了 3.8MW、4 极、钐钴永磁体、负载换相、逆变器供电的永磁同步电机[132]。

首台表贴式转子根据图 8.15a 进行设计，没有阻尼条。护套（绷带和坏氧树脂）用于保护永磁体免受离心力的影响。气隙受到机械约束和转子表面损耗的限制。

计算得到的次瞬态电感等于同步电感。两者都达到了 40% 。较高的次瞬态电感是由于没有阻尼条所致。具有这种转子设计和参数的永磁同步电机不适合作为负载换相控制的永磁同步电机（大的次瞬态电感）运行。在这种情况下，强制换相变换器（PWM 逆变器）是最合适的供电变换器。当气隙增加 1. 5 倍时，同步和次瞬态电感都降低到 30% 。另一方面，该设计需要增加 30% 以上的钐钴材料，才能保持气隙磁通密度不变。

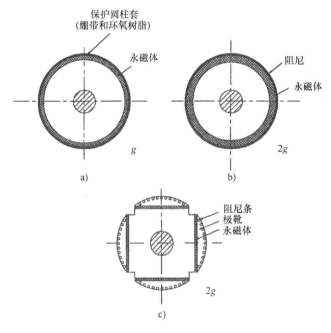

图 8.15　由 AEG 公司设计的大型永磁同步电机转子：a）表贴式无阻尼条；
b）表贴式永磁体和阻尼圆柱；c）凸极结构和笼型阻尼条

为了采用负载换相 CSI 控制永磁同步电机，次瞬态电感必须降低到 10% 左右。这可以通过采用阻尼条来实现。图 8.15b 为带有阻尼圆柱的永磁转子横截面。气隙 g 是图 8.15a 中的两倍，用来减少阻尼圆柱的损耗。所需的永磁材料将增加两倍。计算得到的次瞬态电感约为 6% ，非常适用于负载换相的变换器。为了减少阻尼圆柱的涡流损耗，可以在导电圆柱表面做凹槽。这需要更厚的阻尼圆柱，将进一步增加永磁材料的体积，才能获得相同的气隙磁通密度。

使用图 8.15c 所示的转子结构，可以实现低次瞬态电感并减少永磁材料，图中使用径向磁化的嵌入式永磁体和极靴。极靴不仅用于保护永磁体不退磁，而且还用于安装阻尼条。永磁材料的体积减少到阻尼圆柱转子结构所需体积的 70% 左右，但它仍然比没有阻尼条的表贴式永磁材料的体积大。次瞬态电感相当于 6% 。

表 8.3 比较了大型变速永磁电机驱动[132]。

表 8.3 大型变速永磁电机驱动比较

参 数	负载换相晶闸管 CSI（见图 1.4b）	带 GTO 晶闸管的强制换相 VSI（见图 1.4c）	负载换相晶闸管 VSI（类似于图 1.4d）
功率因数 $\cos\phi$	超前 $\phi = 30°$	$\cos\phi = 1$	超前 $\phi = 5° \sim 10°$
阻尼条	有	没有	没有或有
次瞬态电感	6%	40%	20% ~ 30%
相同转矩下的电机体积或质量	100%	80%	85%
转子结构	相对复杂	简单	简单
钐钴永磁体的质量	100%	50%	70%
逆变器	带直流电抗器的 CSI 简单晶闸管电桥	带反向电流二极管和直流电容器的 VSI GTO 电桥	带反并联二极管和直流电容器的 VSI 晶闸管电桥
变换器体积	相对较小	相对较大	中等
电流谐波	显著	细微	中等
电机谐波损耗	相对高	低	中等
转矩波动	显著	低	中等
四象限运行	带有附加单元时有可能	可能但再生能力是必要的	可能但再生能力是必要的
起动	具有脉冲电流	没有任何问题	具有脉冲电流和低起动转矩
速度范围	1:10	1:1000	1:5

8.9 盘式转子的电机结构

盘式转子的大型轴向磁通永磁无刷电机的转子通常有三个基本部分[54]：

1) 铝制冷却板；

2) 栓接铁磁心；

3) 多相绕组。

冷却板是机壳的一部分，并将热量从定子传递到换热表面。铜绕组放置在槽中，然后用灌封剂浸渍。图 8.16 为美国马萨诸塞州哈德逊市卡曼航空航天公司开发的双盘永磁电机结构[54]。卡曼航空航天公司制造的大型轴向磁通永磁电机的数据见表 8.4。

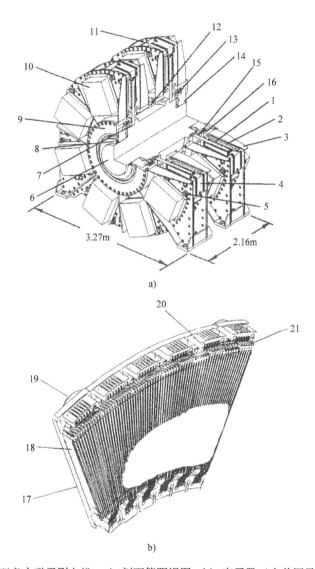

图 8.16　双盘永磁无刷电机：a) 剖面等距视图；b) 定子段（由美国马萨诸塞州
哈德逊市卡曼航空航天公司提供）

1—永磁体　2—定子　3—外壳　4—减振器　5—减振座　6—转子轴　7—转子盘夹　8—轴密封组件
9—轴承护圈　10—定子段　11—中心机壳壳体　12—垫片外壳　13—转子盘　14—轴承组（合）件
15—转子密封转轮　16—转子密封组件　17—冷却盘　18—开槽铁心　19—绕组端部
20—端部连接冷却块　21—带导体的槽

表 8.4 美国马萨诸塞州哈德逊市卡曼航空航天公司制造的
大型轴向磁通永磁无刷电机设计数据

参　　　数	PA44 - 5W - 002	PA44 - 5W - 001	PA57 - 2W - 001
输出功率 P_{out}/kW	336	445	746
额定转速/(r/min)	2860	5200	3600
最大转速/(r/min)	3600	6000	4000
额定速度下的效率	0.95	0.96	0.96
额定转速下的转矩/(N·m)	1120	822	1980
失速转矩/(N·m)	1627	1288	2712
质量/kg	195	195	340
功率密度/(kW/kg)	1.723	2.282	2.194
转矩密度/(N·m/kg)	5.743	4.215	5.823
机壳直径/m	0.648	0.648	0.787
机壳长度/m	0.224	0.224	0.259
应用	钻井工业，牵引		通用目的

8.10　横向磁通电机

8.10.1　工作原理

在横向磁通电机（TFM）中，电磁力矢量垂直于磁力线。在所有标准或纵向磁通电机中，电磁力矢量都平行于磁力线。横向磁通电机可设计为单边（见图 8.17a）或双边电机（见图 8.17b）。单边电机易于制造，在实际应用中具有

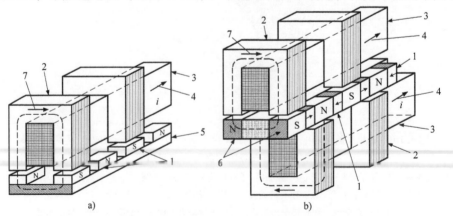

图 8.17　永磁横向磁通电机：a）单边；b）双边
1—永磁体　2—定子铁心　3—定子绕组　4—定子电流　5—转子轭部　6—极靴　7—磁力线

很好的应用前景。

定子由一个环形单相绕组组成，该绕组由 U 形铁心环绕。U 形铁心中的磁通垂直于定子导体和旋转方向。转子由表贴式或内嵌式永磁体和叠压或实心组成。三相电机可以由三个相同的单相单元组成（见图 8.18）。每个单相单元的定子或转子的磁路应移动 $360°/(pm_1)$ 机械角度，其中 p 为转子极对数，m_1 为相数。内定子的横向磁通电机（见图 8.18a）的外径较小，绕组和内定子铁心也更容易组装。另一方面，内定子的传热性能不如外定子。

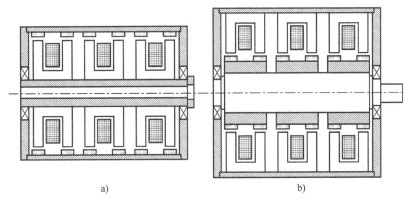

a)　　　　　　　　　　　　　　　b)

图 8.18　三相横向磁通电机由三个单相单元组成：a）内定子；b）外定子

如果转子永磁体极数为 $2p$，则定子 U 形铁心数等于 p，即定子 U 形铁心的数量等于转子极对数 p。每个 U 形磁心产生一对磁极，在轴向上有两个磁极。磁极数越多，电机的利用率越好，运行越平稳。功率因数也随着极数的增加而增加。横向磁通电机通常有 $2p = 24 \sim 72$ 个极。输入频率高于工频 50Hz 或 60Hz，且速度较低。例如，$2p = 36$，输入频率为 180Hz 的横向磁通电机，工作速度为 $n_s = f/p = 180/18 = 10r/s = 600r/min$。

瑞士比拉赫的 Landert - Motoren AG 公司制造的小型两相和三相横向磁通电机数据见表 8.5[266]。

单相线电流密度峰值为[146]

$$A_m = \frac{\sqrt{2}I_a N_1}{2\tau} = \frac{p\sqrt{2}I_a N_1}{\pi D_g} \tag{8.18}$$

式中，I_a 为定子（电枢）电流有效值；N_1 为每相匝数；τ 为定子极距；D_g 为平均气隙直径。恒定安匝 - 直径比时，可以通过增加极对数来增加线电流密度。由于力密度（剪应力）与 $A_m B_{mg}$ 成正比，因此横向磁通电机的电磁转矩与极对数成正比。极对数越多，横向磁通电机的转矩密度就越高。

由于极对数多、速度低、电磁转矩高，横向磁通电机非常适合无齿轮驱动的推进电机。单边横向磁通电机磁路设计如图 8.19 所示。在所有设计中，气隙磁通密度几乎相同。然而，带磁桥的横向磁通电机的转子可以径向层叠[146]。

表 8.5　瑞士比拉赫的 Landert – Motoren AG 公司制造的横向磁通电机

型　　号	SERVAX MDD1 – 91 – 2	SERVAX MDD1 – 91 – 3	SERVAX MDD1 – 133 – 2	SERVAX MDD1 – 133 – 3
相数	2	3	2	3
连续转矩（无主动冷却）				
1. 静止/(N·m)	3.5	4.5	12	16
2. 300r/min/(N·m)	2.5	3.3	8	10
3. 600r/min/(N·m)	1.5	2	5	7
效率				
1. 300r/min	0.60	0.65	0.68	0.76
2. 600r/min	0.65	0.68	0.70	0.80
电动势常数/[V/(r/min)]	0.07	0.07	0.16	0.15
转矩常数/(N·m/A)	1.8	2.7	2.8	4
转子	外部的			
外径/mm	91	91	133	133
保护	IP54			
绝缘等级	F			
冷却	IC410			

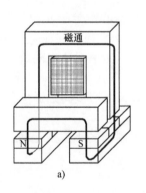
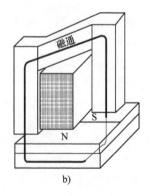

a)　　　　　　　　　　　　　　b)

图 8.19　单边横向磁通电机：a) 磁桥和表贴式永磁体；b) 扭曲定子铁心和表贴式永磁体

8.10.2　电动势和电磁转矩

根据式 (5.6)，由横向磁通电机的永磁体产生的每极每相磁通基波为

$$\Phi_{f1} = \frac{2}{\pi}\tau l_{p}B_{mg1} \tag{8.19}$$

式中，τ 为极距（沿旋转方向），$\tau = \pi D_{g}/(2p)$；l_{p} 为定子极靴的轴向长度（见图 8.20）；B_{mg1} 是气隙磁通密度基波幅值。当转子以恒定转速 $n_{s} = f/p$ 旋转时，

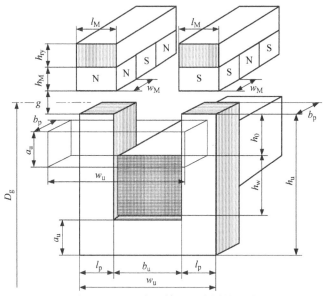

图 8.20　U 形定子铁心和线圈的尺寸

磁通基波为

$$\phi_{\mathrm{f1}} = \Phi_{\mathrm{f1}}\sin(\omega t) = \frac{2}{\pi}\tau l_{\mathrm{p}}B_{\mathrm{mg1}}\sin(\omega t) = \frac{2}{\pi}\tau l_{\mathrm{p}}k_{\mathrm{f}}B_{\mathrm{mg}}\sin(\omega t) \qquad (8.20)$$

式中，励磁的波形系数 $k_{\mathrm{f}} = B_{\mathrm{mg1}}/B_{\mathrm{mg}}$ 由式（5.2）和式（5.23）得到，其中 b_{p} 为定子极靴（凸极定子）的宽度。对于图 8.19a 和图 8.19b 所示的磁回路，采用式（2.14）可以得到近似的气隙磁通密度 B_{mg}。转子励磁磁通 Φ_{f1} 在 N_1 匝电枢绕组中感应的空载正弦电动势瞬时值为

$$e_{\mathrm{f}} = N_{1p}\frac{\mathrm{d}\Phi_{\mathrm{f1}}}{\mathrm{d}t} = \omega N_1 p\Phi_{\mathrm{f1}}\cos(\omega t) = 2\pi fN_1 p\Phi_{\mathrm{f1}}\cos(\omega t)$$

式中，p 为定子极对数（U 形铁心数）。感应电动势的峰值为 $2\pi fN_1 p\Phi_{\mathrm{f1}}$。因此，感应电动势有效值为

$$E_{\mathrm{f}} = \frac{2\pi fN_1 p\Phi_{\mathrm{f1}}}{\sqrt{2}} = \pi\sqrt{2}N_1 p^2\Phi_{\mathrm{f1}}n_{\mathrm{s}} \qquad (8.21)$$

或

$$E_{\mathrm{f}} = 2\sqrt{2}fN_1 p\tau l_{\mathrm{p}}k_{\mathrm{f}}B_{\mathrm{mg}} \qquad (8.22)$$

电磁功率为

$$P_{\mathrm{elm}} = m_1 E_{\mathrm{f}}I_{\mathrm{a}}\cos\psi = 2\sqrt{2}m_1 fN_1 p\tau l_{\mathrm{p}}k_{\mathrm{f}}B_{\mathrm{mg}}I_{\mathrm{a}}\cos\psi \qquad (8.23)$$

式中，ψ 为电枢电流 I_{a} 和感应电动势 E_{f} 之间的夹角。横向磁通电机产生的电磁转矩为

$$T_{\mathrm{d}} = \frac{P_{\mathrm{elm}}}{2\pi n_{\mathrm{s}}} = \frac{m_1}{2\pi n_{\mathrm{s}}}E_{\mathrm{f}}I_{\mathrm{a}}\cos\psi = \frac{m_1}{\sqrt{2}}N_1 p^2 \Phi_{\mathrm{fl}} I_{\mathrm{a}}\cos\psi \tag{8.24}$$

与其他电机一样，感应电动势和电磁转矩可以用更简单的形式表示为

$$E_{\mathrm{f}} = k_{\mathrm{E}} n_{\mathrm{s}} \quad \text{和} \quad T_{\mathrm{d}} = k_{\mathrm{T}} I_{\mathrm{a}} \tag{8.25}$$

假设 $\Phi_{\mathrm{fl}} =$ 常量，感应电动势常数和转矩常数分别为

$$k_{\mathrm{E}} = \pi\sqrt{2}N_1 p^2 \Phi_{\mathrm{fl}} \tag{8.26}$$

$$k_{\mathrm{T}} = \frac{m_1}{2\pi}k_{\mathrm{E}}\cos\psi = \frac{m_1}{\sqrt{2}}N_1 p^2 \Phi_{\mathrm{fl}}\cos\psi \tag{8.27}$$

对于 $I_{\mathrm{ad}} = 0$，总电流 $I_{\mathrm{a}} = I_{\mathrm{aq}}$ 都产生转矩，且 $\cos\psi = 1$。

8.10.3 电枢绕组电阻

电枢绕组电阻可以近似地由下式计算：

$$R_1 \approx k_{1\mathrm{R}}\pi\big[D_{\mathrm{g}} \pm g \pm (h_{\mathrm{w}} + h_{\mathrm{o}})\big]\frac{N_1}{a_{\mathrm{w}}\sigma_1 s_{\mathrm{a}}} \tag{8.28}$$

式中，$k_{1\mathrm{R}}$ 为电阻的集肤效应系数（附录 B）；h_{w} 为线圈的高度；h_{o} 是"槽"的顶部部分；$h_{\mathrm{o}} = h_{\mathrm{u}} - h_{\mathrm{w}} - a_{\mathrm{u}}$；$a_{\mathrm{w}}$ 是并联支路数；σ_1 是在给定温度下的电枢导体的电导率；s_{a} 是电枢导体的横截面；符号"+"用于外定子，符号"−"用于内定子。

8.10.4 电枢反应和漏电抗

同步电机中电枢反应电抗对应的互电抗可以用近似方法解析计算。定子的 U 形铁心（极对）可看作带有 N_1 匝线圈的交流电磁铁，当以正弦电流 I_{a} 供电时，其产生的峰值磁动势等于 $\sqrt{2}I_{\mathrm{a}}N_1$。电枢反应磁动势激励出相同磁通密度的等效 d 轴每极每相磁动势为

$$\sqrt{2}I_{\mathrm{ad}}N_1 = \frac{B_{\mathrm{ad}}}{\mu_0}g' = \frac{B_{\mathrm{ad1}}}{\mu_0 k_{\mathrm{fd}}}g'$$

式中，g' 为等效气隙；k_{fd} 为根据式（5.24）得到的 d 轴电枢反应波形系数，$k_{\mathrm{fd}} = B_{\mathrm{ad1}}/B_{\mathrm{ad}}$。因此，d 轴电枢电流为

$$I_{\mathrm{ad}} = \frac{B_{\mathrm{ad1}}}{k_{\mathrm{fd}}\mu_0}\frac{g'}{\sqrt{2}N_1} \tag{8.29}$$

磁导率恒定时，d 轴电枢电动势为

$$E_{\mathrm{ad}} = 2\sqrt{2}fN_1 p\tau l_{\mathrm{p}}B_{\mathrm{ad1}} \tag{8.30}$$

d 轴电枢电动势与电枢电流 I_{ad} 成正比。因此，d 轴电枢反应电抗为

$$X_{\mathrm{ad}} = \frac{E_{\mathrm{ad}}}{I_{\mathrm{ad}}} = 4\mu_0 fN_1^2 p\frac{\tau l_{\mathrm{p}}}{g'}k_{\mathrm{fd}} \tag{8.31}$$

类似地，q 轴电枢电抗为

$$X_{aq} = \frac{E_{aq}}{I_{aq}} = 4\mu_0 f N_1^2 p \frac{\tau l_p}{g'} k_{fq} \tag{8.32}$$

电枢反应的 d 轴和 q 轴波形系数可以通过类似于第 5.6 节的方式得到。大多数横向磁通电机都采用表贴式结构设计和 $k_{fd} = k_{fq} = 1$，即 $X_{ad} = X_{aq}$。

忽略磁路饱和，等效气隙可通过下面方法计算：

1）对于带有磁桥的横向磁通电机（见图 8.19a）

$$g' = 4\left(g + \frac{h_M}{\mu_{rrec}}\right) \tag{8.33}$$

2）对于具有扭曲 U 形铁心的横向磁通电机（见图 8.19b）

$$g' = 2\left(g \frac{h_M}{\mu_{rrec}}\right) \tag{8.34}$$

式中，g 是 d 轴上的机械间隙；h_M 是永磁体的径向高度（一极）；μ_{rrec} 是永磁体的相对回复磁导率。考虑磁饱和度，等效气隙 g 应乘以 d 轴的饱和因子 k_{satd} 和 q 轴的饱和因子 k_{satq}。

电枢反应电感

$$L_{ad} = \frac{X_{ad}}{2\pi f} = \frac{2}{\pi}\mu_0 N_1^2 p \frac{\tau l_p}{g'} k_{fd} \tag{8.35}$$

$$L_{aq} = \frac{X_{aq}}{2\pi f} = \frac{2}{\pi}\mu_0 N_1^2 p \frac{\tau l_p}{g'} k_{fq} \tag{8.36}$$

定子绕组的漏电感近似等于"槽"漏电感和极顶漏电感之和。近似方程为

$$L_1 \approx \mu_0\pi\left[D_g \pm g \pm (h_w + h_o)\right]N_1^2(\lambda_{1s} + \lambda_{1p}) \tag{8.37}$$

式中，h_w 是线圈的高度；h_o 是"槽"的顶部部分，$h_o = h_u - h_w - a_u$；符号"+"用于外定子，符号"–"用于内定子。比漏磁导为：

1）"槽"比漏磁导

$$\lambda_{1s} = \frac{h_w}{3b_u} + \frac{h_o}{b_u} \tag{8.38}$$

2）极顶比漏磁导

$$\lambda_{1p} \approx \frac{5g/b_u}{5 + 4g/b_u} \tag{8.39}$$

式中，$b_u = w_u - 2l_p$（见图 8.20）。

根据式（8.37）得到的漏电感远小于由测量值和 FEM 得到的漏电感。如果式（8.37）乘以 3[147]，可以得到良好的结果。对于大多数横向磁通电机，$L_1 > L_{ad}$ 和 $L_1 > L_{aq}$。

漏电感也可由三种电感之和进行估算，即由于横向漏磁通、"槽"漏磁通、

未被铁磁铁心所包围的线圈部分的漏磁通[18]。

根据式（5.15），d 轴和 q 轴上的同步电抗为电枢反应电抗（8.31）、（8.32）和漏电抗 $X_1 = 2\pi f L_1$ 之和。

8.10.5　磁路

每对极的磁压降的基尔霍夫方程可以表示为：

1）对于带有磁桥的横向磁通电机（见图 8.19a）：

$$4\frac{B_r}{\mu_0\mu_{rrec}}h_M = 4\frac{B_{mg}}{\mu_0\mu_{rrec}}h_M + 4\frac{B_{mg}}{\mu_0}g + \sum_i H_{Fei}l_{Fei}$$

2）对于具有扭曲 U 形铁心的横向磁通电机（见图 8.19b）

$$2\frac{B_r}{\mu_0\mu_{rrec}}h_M = 2\frac{B_{mg}}{\mu_0\mu_{rrec}}h_M + 2\frac{B_{mg}}{\mu_0}g + \sum_i H_{Fei}l_{Fei}$$

式中，$H_c = B_r/(\mu_0\mu_{rrec})$ 和 $\sum_i H_{Fei}l_{Fei}$ 为磁路铁磁部分（定子和转子心）的磁电压降。上述方程可以利用磁路的饱和因子 k_{sat} 来表示：

1）对于带有磁桥的横向磁通电机（见图 8.19a）

$$4\frac{B_r}{\mu_0\mu_{rrec}}h_M = 4\frac{B_{mg}}{\mu_0}\left(\frac{h_M}{\mu_{rrec}} + gk_{sat}\right) \tag{8.40}$$

式中

$$k_{sat} = 1 + \frac{\sum_i H_{Fei}l_{Fei}}{4B_{mg}g/\mu_0} \tag{8.41}$$

2）对于具有扭曲 U 形铁心的横向磁通电机（见图 8.19b）

$$2\frac{B_r}{\mu_0\mu_{rrec}}h_M = 2\frac{B_{mg}}{\mu_0}\left(\frac{h_M}{\mu_{rrec}} + gk_{sat}\right) \tag{8.42}$$

式中

$$k_{sat} = 1 + \frac{\sum_i H_{Fei}l_{Fei}}{2B_{mg}g/\mu_0} \tag{8.43}$$

式（8.40）和式（8.42）得到的气隙磁通密度几乎相同，即

$$B_{mg} = \frac{B_r}{1 + (\mu_{rrec}g/h_M)k_{sat}} \tag{8.44}$$

请注意用式（8.41）和式（8.43）表示的饱和因子 k_{sat} 是不同的。

8.10.6　优缺点

与标准的永磁无刷电机相比，横向磁通电机有几个优点，即：

1）在转子转速较低时，定子（电枢）绕组的频率较高（磁极数多），即低

速电机表现为高速电机。冷却系统相同时，有效材料比标准（纵向磁通）永磁无刷电机利用率更高，即具有更高的转矩密度或更高的功率密度。

2）相同转矩下，绕组和铁磁材料少。

3）简单的定子线圈，包括单环形线圈（具有制造成本优势的定子绕组，无端部连接）。

4）绕组因数为 1（$k_{w1} = 1$）。

5）极数越多，转矩密度越高、功率因数越高、转矩脉动越小。

6）三相电机可由三个（或三的倍数）相同的单相单元组成。

7）三相横向磁通电机可以使用标准编码器，并使用永磁无刷电机的标准三相逆变器供电。

8）该电机可作为具有高频输出电流的低速发电机运行。

虽然定子绕组很简单，但电机由大量的磁极组成（$2p \geqslant 24$）。双凸极特性（定子和转子）：每个凸极都有单独的"横向磁通"磁路。必须仔细注意以下问题：

1）为了避免大量部件，有必要使用径向叠片（垂直于磁路某些部分的磁通路径）、烧结粉末或混合磁路（叠片和烧结粉末）。

2）在所谓的"反向设计"中，电机外径较小，即采用外永磁转子和内定子。

3）横向磁通电机比同等标准永磁无刷电机使用更多的永磁材料。

4）功率因数随着负荷的增加而减小，必须采取特殊措施来提高功率因数。

5）由于每个定子极面对转子极，且定子和转子极对数相同，必须采取特殊措施，尽量减少齿槽转矩。

8.11　应用

8.11.1　船舶推进

图 1.25 所示的船舶电力推进方案需要采用大型电机。例如，一艘总吨为 9 万的游轮使用两个 19.5MW 的同步电机。与具有电励磁和减速齿轮的高速同步电机相比，低速永磁无刷电机可显著节省质量（高达 50%）和提升效率（全负载 2%~4%，部分负载 15%~30%）。图 8.21 为世界上最强大的永磁无刷电机，其额定功率和转速分别为 36.5MW 和 127r/min。

借助吊舱推进器（见图 8.22），可以实现螺旋桨最佳无扰动进水，从而减少螺旋桨压力脉冲（导致振动和噪声），提高推进效率。减少振动和噪声，大大提高乘客的舒适度。螺旋桨充当位于吊舱前面的牵引装置。吊舱可以通过 360° 旋转，提供任何方向所需的推力。这消除了对船尾隧道推进器的要求，并确保船舶

图 8.21　额定功率为 36.5MW、转速为 127r/min 的永磁无刷电机，该电机用于先进船舶推进
（照片由美国新泽西州帕西帕尼的 DRS 技术公司提供）

可以在没有拖船协助的情况下驶入港口。

　　英国德比的 Rolls – Royce 公司已开发 20MW
的横向磁通电机（见图 8.23）[220]。横向磁通
电机被认为是满足高效和高功率密度要求的最
佳推进电机。每相由两个带有埋入式永磁体的
转子轮毂和两个电枢线圈（外相和内相）组成。
8 相横向磁通电机的噪声低，且 8 相都彼此独立
运行。定子组件由水冷铝框架支撑。横向磁通
永磁电机数据见表 8.6[220]。

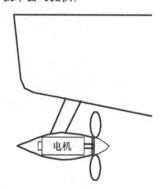

图 8.22　带有电机的吊舱推进器

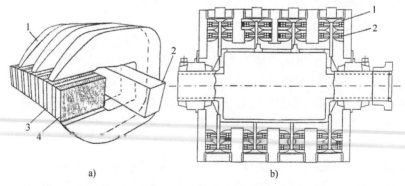

图 8.23　电力船舶推进用 20MW 横向磁通永磁电机：a）结构；b）纵切面
（由英国德比的 Rolls – Royce 公司提供）
1—U 形扭曲铁心　2—定子绕组　3—永磁体　4—低碳钢

表 8.6　海军舰艇推进用 20MW 横向磁通永磁电机数据

（由英国德比的 Rolls – Royce 公司提供）

额定功率/MW	20	
额定转速/(r/min)	180	
极数	130	
额定频率/Hz	195	
相数	8	
电源电压（直流链路）/V	5000	
转子盘数	4	
每个盘的转子轮毂数	4	
永磁材料	NdFeB	
额定载荷下的力密度/(kN/m^2)	120	
外径/m	2.6	
总长度/m	2.6	
轴直径/m	0.5	
估计总质量/t	39	
额定负荷下的功率密度/(kW/kg)	0.513	
平均边缘直径/m	外相	内相
	2.1	1.64
每个线圈的匝数	10	12
每相绕组匝数	2	2
绕组电流有效值/A	750	500
绕组峰值电流/A	1000	670
固态变换器的每相功率/kW	3200	1800
变换器类型	PWM IGBT VSI （隔离相）	

现在横向磁通电机主要用于常规（舱内）水面船或潜艇[33]。相比其他永磁无刷电机，该电机的质量轻，因此用于嵌入式机电驱动器的横向磁通电机具有很大的吸引力。

8.11.2　潜艇推进

有四个柴油发动机和四个电动机的"舰队"型潜艇如图 8.24 所示。柴油发动机与发电机相连，为大型电力推进电动机提供动力，驱动螺旋桨并为电池充电。大约 100m 长的潜艇使用 4 台 1.2MW 的柴油发动机和总功率 4MW 的电力推进电动机。柴油发动机分为两个舱室，两个舱室由水密舱壁隔开。如果其中一个舱室被水淹没，其他两台发动机仍然可以运行。

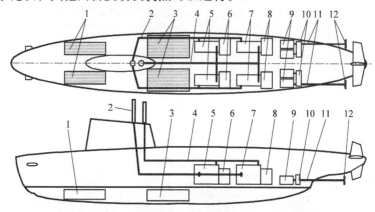

图 8.24 柴电潜艇

1—前电池　2—通气管（进气口）　3—后电池　4—排气　5—柴油发动机（舱室1）
6—发电机（舱室1）　7—柴油发动机（舱室2）　8—发电机（舱室2）　9—电力推进电机
10—减速齿轮　11—推进轴　12—螺旋桨

当潜艇沉入潜望镜深度以下时，柴油发动机停止工作，电动机继续由电池供电驱动螺旋桨。浮潜系统允许潜艇使用柴油发动机推进或电池充电，同时在潜望镜水平下进行水下操作。进气口和排气口都被设计为桅杆，并上升到水面以上的位置。

图 8.25 为德国汉堡的西门子公司专门为潜艇推进设计的低噪声、高效率、小质量和小体积的大型永磁同步电机。

图 8.25　潜艇推进用大型永磁同步电机（由德国汉堡的西门子公司提供）

8.11.3　混合动力电动公交

现代公交应减少污染排放，并采用低底盘设计，方便身体有问题的人乘坐。将驱动电机集成在四个驱动轮中的混合动力电动公交可以满足这些要求。

混合动力电动公交的动力部件（见图 8.26）包括用于从车轮供给或接受功率的无刷电机（感应、永磁或开关磁阻），电力电子变换器，储能电池，以及由柴油发动机、交流发电机、整流器和相关控制装置组成的辅助动力装置[177]。该公交是串联混合动力电动汽车，四个独立的无刷电机都集成在驱动轮中。

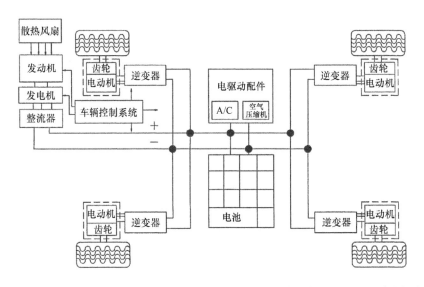

图 8.26　混合动力电动公交驱动系统，交流电机和减速齿轮集成在四个驱动车轮中

为了最大限度地减少排放和最大限度地提高燃油经济性，电力推进器由电池辅助的动力单元供电，它由小型内燃机和闭环控制下运行的交流发电机组成。每个电力推进器由 75kW 无刷油冷电动机组成，电动机与变速器集成到紧凑的车轮单元。由于变速箱是简单的单速装置，且集成式车轮单元位于驱动轮的右侧，因此转矩可以非常高效地传输到四个后驱动轮，并且不需要昂贵且笨重的多速变速箱和后轴差速器总成。每个推进电动机的输出转矩由基于微处理器的电力电子组件控制，该电力电子组件包含 DC – AC 逆变器和电动机控制电路。辅助动力单元除了为推进电池充电和为操作电气附件供电外，还为每个集成式电动机供电。实际上，辅助动力单元向推进器提供平均动力，而推进电池在车辆加速期间满足功率峰值，再生制动期间也接收能源。辅助动力单元的额定功率为 100kW，其控制装置可在 250 ~ 400V 的直流电压范围内工作。需要容量为 80Ah、总储能约为 25kWh 的电池[177]。

　　混合动力电动公交在减速或保持下坡速度时，使用其电子驱动控制器来控制交流电动机作为发电机，可以回收部分动能。回收的能量保存在电池中，降低燃料消耗和排放。

　　表 8.7 为一辆 12.2m 长的混合动力电动公交的性能[177]，其座位负载质量为 15909kg，车辆总质量为 20045kg。

表 8.7　混合动力电动公交性能

参　数	条　件	目　标
最高速度	连续运行	93.6km/h
爬坡能力	16% 等级	11.3 km/h
	2.5% 等级	71.0km/h
起动性能	满座负载	17% 等级
	空座负载	13% 等级
最大加速度和减速度（车辆总质量）	0% 等级	1.47m/s²
	0% 等级	1.27m/s²

　　表 8.8 为混合动力电动公交的 75kW 无刷电机比较[193]。

　　感应电机的转子为笼型绕组。开关磁阻电机的定子为 6 极（每相 2 极），转子为 4 极。

　　混合励磁同步电动机同时采用永磁激励和电励磁。永磁体位于转子表面，直流励磁绕组位于转子槽中。电励磁可提高起动速度，并可在较高转速范围内弱磁运行。

　　永磁同步电机采用永磁体表贴式转子。

表 8.8　用于混合动力电动公交的 75kW 无刷电机比较（由德国海登海姆的 Voith Turbo GmbH & Co. KG 公司提供）

参　数	感应电机	开关磁阻电机	混合励磁同步电机	永磁同步电机	多相永磁模块化同步电机	横向磁通电机
转子	内铜笼型	内转子	外转子	内转子	内转子	外转子
齿轮级	1	2	1	1	1	1
齿轮减速比	6.22	12.44	6.22	6.22	6.22	6.22
极数	2	6	20	24	40	44
额定转速/(r/min)	940	1232	616	616	616	570
额定频率/Hz	49	82	103	123	205	209
气隙/mm	1.00	1.00	2.00	2.00	3.00	1.2~2.0
直径/mm						
1. 内部	111	56	282	313	328	90

（续）

参　　数	感应电机	开关磁阻电机	混合励磁同步电机	永磁同步电机	多相永磁模块化同步电机	横向磁通电机
2. 气隙	266	278	351	341	354	354
3. 外部	413	400	410	410	410	366
叠片长度/mm	276	200	243	229	255	124
叠片 + 端部连接/mm	397	350	285	265	295	212
体积/(10^{-3}m^3)	53.2	44.0	37.6	35.0	38.9	22.3
有效部件的质量/kg	272	147	106	79	71	73
永磁体质量/kg	—	—	2.7	4.7	7.0	11.5
效率	0.900	0.930	0.932	0.941	0.949	0.976
逆变器功率/(kV·A)	396	984	254	361	385	455

多相永磁模块化同步电机的定子线圈跨距为一个齿，不是全极距，即集中非重叠线圈（见图 8.8）。因此，端部连接极短，绕组功率损耗可大大减少。简单的线圈形状易于采用自动化制造，并达到较高的槽满率。

双边横向磁通电机包括由粉末材料制成的 U 形定子铁心、埋入式永磁体和外转子[193]。

8.11.4　轻轨系统

与齿轮电机相比，无齿轮永磁无刷电机最重要的优点是：

1）转向架的重心低；

2）当电机从电车和齿轮箱中移除时，车轮直径可以减小；

3）可操纵的转向架很容易设计；

4）无齿轮的机电传动装置的维护减少（无油）；

5）噪声降低。

有轨电车的满载质量为 37t，车轮直径为 0.68m。四个额定转矩为 1150N·m 的无齿轮电机可以取代传统的推进系统。电动轮如图 8.27 所示[39]。电机是安装在车轮上，可减少整体尺寸并改善传热。为了达到 80km/h 的速度，电机的额定功率应为 75kW 左右。带永磁体的外转子与车轮集成，定子（电枢）与主轴集成。具体参数为：电枢直径为 0.45m，外电机直径为 0.5m，电枢叠片长度为 0.155m，气隙磁通密度为 0.8T，电枢线电流密度为 45kA/m[39]。电机位于外部，而制动盘位于内部。

与相同额定性能的感应电机比较，永磁横向磁通电机的直驱车轮尺寸如图 8.28 所示[305]。

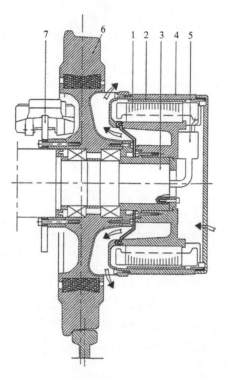

图 8.27　集成式永磁无刷电机的轻轨车辆用无齿轮电机车轮

1—定子　2—永磁外转子　3—轮轴　4—转子外壳　5—端子板　6—轮缘　7—制动器

20 世纪 90 年代，日本东京（国分寺）铁路技术研究所对窄轨特快列车的永磁无刷牵引电机进行了研究，最大速度达到 250km/h。日本有约 27000km 的 1067mm 窄轨，超过 2000km 的新干线标准 1435mm 轨道。21 世纪初，日本窄轨的目标速度增长超过 160km/h（1973 年在南非共和国实现了 1067mm 轨道上 256km/h 的速度记录）。

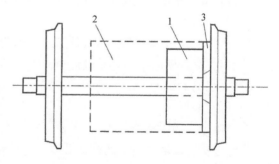

图 8.28　车轮直驱用无刷电机比较

1—永磁横向磁通电机　2—感应电机　3—离合器

表 8.9 给出了 80kW、580V、1480r/min 额定值的 RMT1A 表贴式永磁电机数据；图 8.29 是永磁无刷电机在恒速 $n=1480$r/min 的稳态负载特性[210]。轮毂式内定子（电枢）无齿轮电机如图 8.30 所示[210]。

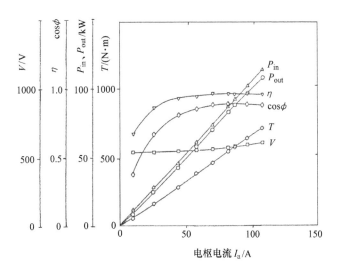

图 8.29　RMT1A 永磁无刷电机在恒速 $n = 1480 \mathrm{r/min}$ 的稳态特性[210]

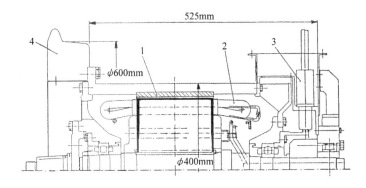

图 8.30　RMT1A 永磁无刷牵引电机（由日本国分寺铁路技术研究所
K. Matsuoka 和 K. Kondou 提供[210]）

1—表贴式永磁体　2—内定子　3—位置传感器　4—车轮

表 8.9　日本国分寺铁路技术研究所 K. Matsuoka 和 K. Kondou 开发的窄轨
特快列车 RMT1A 永磁无刷电机数据[210]

额定连续功率/kW	80
额定连续转矩/(N·m)	516
额定电压/V	580
额定电流/A	86
额定转速/(r/min)	1480
额定频率/Hz	74

（续）

极数 2p	6
转矩常数/(N·m/A)	6
冷却	强制通风
无轴质量/kg	280
功率密度/(kW/kg)	0.286
转矩密度/(N·m/kg)	1.843

案例

例 8.1

大型三相 24 极无刷电机的速度为 2000r/min。整距电枢绕组为方形截面的 AWG 铜导体。单导体的高度为 $h_c = 3.264$mm，每个槽的双层导体数为 $m_{sl} = 8$，75℃时铜电导率为 $\sigma_1 = 47 \times 10^6$ S/m。绕组端部长度与有效铁心长度之比为 $l_{1e}/L_i = 1.75$。计算集肤效应系数。

解：

电枢导体中的电流频率为

$$f = \frac{2000}{60} \times 12 = 400\text{Hz}$$

根据式（B.7）计算出电枢导体减小的高度为

$$\zeta_1 \approx h_c \sqrt{\pi\mu_0\sigma_1} \sqrt{f}$$

$$= 0.003264 \sqrt{\pi \times 0.4\pi \times 10^{-6} \times 47 \times 10^6} \sqrt{400} = 0.888$$

根据式（B.5）和式（B.6）得到的系数 $\varphi_1(\xi_1)$ 和 $\Psi_1(\xi_1)$ 为

$$\varphi_1(\zeta_1) = 1.05399 \qquad \Psi_1(\xi_1) = 0.20216$$

根据式（8.15）和式（8.16）得到的集肤效应系数为：

1）对于 120°方波

$$K_{1R} = 0.811 \times \left[1.05399 + \left(\frac{8^2 - 1}{3} - \frac{8^2}{16} \right) \times 0.20216 \right] = 3.642$$

2）对于 180°方波

$$K_{1R} = 1.133 \times \left[1.05399 + \left(\frac{8^2 - 1}{3} - \frac{8^2}{16} \right) \times 0.20216 \right] = 5.088$$

由于集肤效应仅位于槽内的导体部分，因此实际的集肤效应系数将较小，即：

1）对于 120°方波

$$K'_{1R} = \frac{K_{1R} + l_{le}/L_i}{1 + l_{le}/L_i} = \frac{3.642 + 1.75}{1 + 1.75} = 1.961$$

2）对于 180°方波

$$K'_{1R} = \frac{5.088 + 1.75}{1 + 1.75} = 2.486$$

集肤效应系数偏高，须使用绞合圆导线或带换位的矩形导线。由于在 400Hz 时，绕组损耗超过直流损耗的 1.961 倍（120°方波）和 2.486 倍（180°方波），因此绕组设计有误。

例 8.2

三相 50kW、6000r/min、200Hz、346V（线间）、星形联结永磁同步电机的定子绕组阻抗 $Z_1 = R_1 + jX_1 = 0.027 + j0.026\Omega$，定子内直径 $D_{1in} = 0.18m$，定子铁心有效长度 $L_i = 0.125m$，定子每相匝数 $N_1 = 32$，定子绕组因数 $k_{w1} = 0.96$，气隙磁通密度 $B_{mg} = 0.7T$。永磁体均匀分布在转子表面。总气隙（永磁体、阻尼条、绷带、机械间隙）乘以卡氏系数 k_C 和饱和系数 k_{sat} 为 $g_t = gk_Ck_{sat} + h_M/\mu_{rrec} = 15mm$。定子铁心损耗等于输出功率的 2%，附加损耗等于输出功率的 1%，机械旋转损耗等于 436W。计算负载角 $\delta = 14.4°$ 的输出功率、效率和功率因数。

解：

电机与参考文献［10］中描述的电机非常相似。极对数为 $p = f/n_s = (200/6000) \times 60 = 2$。极距为

$$\tau = \frac{\pi D_{1in}}{2p} = \frac{\pi \times 0.18}{4} = 0.1414m$$

对于表贴式永磁转子，电枢磁场的波形系数 $k_{fd} = k_{fq} = 1$。根据式（5.31）、式（5.32）和式（5.33），电枢反应电抗为

$$X_{ad} \approx X_{aq}$$

$$= 4 \times 3 \times 0.4\pi \times 10^{-6} \times 200 \times \frac{(32 \times 0.96)^2}{2\pi} \frac{0.1414 \times 0.125}{0.015} = 0.534\Omega$$

根据式（5.15）得到同步电抗为

$$X_{sd} \approx X_{sq} = 0.026 + 0.534 = 0.56\Omega$$

根据式（5.6）得到转子励磁的磁通为

$$\Phi_f = \frac{2}{\pi}0.1414 \times 0.125 \times 0.7 = 0.007876Wb$$

假设励磁磁场的波形系数为 $k_f \approx 1$。

根据式（5.5），由转子励磁场产生的电动势为

$$E_f = \pi\sqrt{2} \times 200 \times 32 \times 0.96 \times 0.007876 = 215V$$

相电压为 $V_1 = 346/\sqrt{3} \approx 200V$。

根据式（5.40）得到 d 轴电枢电流为

$$I_{ad} = \frac{200 \times (0.56 \times 0.9686 - 0.027 \times 0.2487) - 215 \times 0.56}{0.56 \times 0.56 + 0.027^2} = -42.18A$$

式中，$\cos\delta = \cos 14.4° = 0.9686$ 和 $\sin\delta = \sin 14.4° = 0.2487$。

根据式（5.41）得到 q 轴电枢电流为

$$I_{aq} = \frac{200 \times (0.027 \times 0.9686 + 0.56 \times 0.2487) - 215 \times 0.027}{0.56 \times 0.56 + 0.027^2} = 86.79A$$

根据式（5.43）得到电枢电流为

$$I_a = \sqrt{(-42.18)^2 + 86.79^2} = 96.5A$$

E_f 与 I_a 之间的夹角 ψ 为（见图 5.4）

$$\psi = \arctan \frac{I_{ad}}{I_{aq}} = \arctan \frac{(-42.18)}{86.79} = \arctan(-0.486) = -25.9°$$

由于 $E_f > V_1$，d 轴电枢电流 I_{ad} 为负，角度 ψ 为负。这意味着电机过励（见图 5.4b）。根据式（5.44）得到输入功率为

$$\begin{aligned} P_{in} &= 3V_1 (I_{aq}\cos\delta - I_{ad}\sin\delta) \\ &= 3 \times 200 \times [86.79 \times 0.9686 - (-42.18) \times 0.2487] \\ &= 56733W \approx 56.7kW \end{aligned}$$

输入视在功率为

$$S_{in} = m_1 V_1 I_a = 3 \times 200 \times 96.5 = 57900V \cdot A = 57.9kV \cdot A$$

功率因数 $\cos\phi$ 为

$$\cos\phi = \frac{P_{in}}{S_{in}} = \frac{56733}{57900} = 0.9798 \quad 和 \quad \phi = 11.52°$$

根据式（B.12）得到定子（电枢）绕组损耗为

$$\Delta P_a = m_1 I_a^2 R_1 = 3 \times 96.5^2 \times 0.027 = 754.3W$$

输入功率是输出功率和损耗之和，即

$$P_{in} = P_{out} + \Delta P_a + 0.02P_{out} + 0.01P_{out} + \Delta P_{rot}$$

$\Delta P_{Fe} = 0.02 P_{out}$ 和 $\Delta P_{str} = 0.01 P_{out}$。因此，输出功率为

$$P_{out} = \frac{1}{1.03}(P_{in} - \Delta P_a - \Delta P_{rot})$$

$$= \frac{1}{1.03} \times (56733 - 754.3 - 436) = 53924.9W \approx 54kW$$

定子铁心损耗为

$$\Delta P_{Fe} = 0.02 \times 53924.9 = 1078.5W$$

附加损耗为

$$\Delta P_{str} = 0.01 \times 53924.9 = 539.2W$$

负载角为 $\delta = 14.4°$ 的总损耗为

$$\sum \Delta P = \Delta P_a + \Delta P_{Fe} + \Delta P_{str} + \Delta P_{rot}$$
$$= 754.3 + 1078.5 + 539.2 + 436 = 2808W$$

效率为

$$\eta = \frac{53924.9}{56733} = 0.95 \quad 或 \quad 95\%$$

计算功率损耗的方法在附录 B 和许多文献中均给出，如参考文献
[10，185]。

例 8.3

三相 160kW、180Hz、346V（线间）、星形联结、3600r/min、300A、表贴式
永磁同步电机的电枢绕组参数为：槽数 $s_1 = 72$、绕组极距 $w_c/\tau = 10$、单层电枢
绕组、每相匝数 $N_1 = 24$。电枢电阻为 $R_1 = 0.011\Omega$，d 轴同步电感为 $L_{sd} = 296 \times 10^{-6}H$，q 轴同步电感为 $L_{sq} = 336 \times 10^{-6}H$。定子内径为 $D_{1in} = 0.33m$，定子铁心
有效长度为 $L_i = 0.19m$。气隙磁通密度为 $B_{mg} = 0.65T$，铁心和附加损耗为
$\Delta P_{Fe} + \Delta P_{str} = 0.02P_{out}$，机械旋转损耗为 $\Delta P_{rot} = 1200W$。

1）在负载角 $\delta = 26°$ 下计算电磁转矩、功率因数、效率和轴转矩；

2）将该电机重新设计为六相电机，并保持相似的额定值。

解：

此三相电机与参考文献［9］中的电机非常相似。

1）三相电机

对于 $f = 180Hz$ 和 $n_s = 3600r/min = 60r/s$，极对数为 $p = 180/60 = 3$，极数为
$2p = 6$。极距为 $\tau = \pi \times 0.33/6 = 0.1728m$。每极槽数为 $72/6 = 12$。相电压为 $V_1 = 346/\sqrt{3} = 200V$。

同步电抗为

$$X_{sd} = 2\pi f L_{sd} = 2\pi \times 180 \times 296 \times 10^{-6} = 0.3348\Omega$$
$$X_{sq} = 2\pi f L_{sq} = 2\pi \times 180 \times 333 \times 10^{-6} = 0.3766\Omega$$

根据式（5.6）得到转子磁通为

$$\Phi_f = \frac{2}{\pi} \times 0.1728 \times 0.19 \times 0.65 = 0.013586Wb$$

假设励磁场的波形系数为 $k_f \approx 1$。

每极每相槽数 $q_1 = s_1/(2pm_1) = 72/(6 \times 3) = 4$，根据式（A.1）~式（A.3）
得到绕组系数为

$$k_{w1} = k_{d1}k_{p1} = 0.9578 \times 0.966 = 0.925$$

式中，分布系数为

$$k_{d1} = \frac{\sin[\pi/(2m_1)]}{q_1\sin[\pi/(2m_1q_1)]} = \frac{\sin[\pi/(2 \times 3)]}{4\sin[\pi/(2 \times 3 \times 4)]} = 0.9578$$

短距系数为

$$k_{p1} = \sin\left(\frac{w_c}{\tau}\frac{\pi}{2}\right) = \sin\left(\frac{10}{12}\frac{\pi}{2}\right) = 0.966$$

根据式（5.5）得到转子励磁产生的电动势为

$$E_f = \pi\sqrt{2} \times 180 \times 24 \times 0.925 \times 0.013586 = 241.2\text{V}$$

根据式（5.40）～式（5.43），负载角 $\delta = 26°(\sin\delta = 0.4384,\ \cos\delta = 0.8988)$ 的电枢电流为

$$I_{ad} = \frac{200 \times (0.3766 \times 0.8988 - 0.011 \times 0.4384) - 241.2 \times 0.3766}{0.3348 \times 0.3766 + 0.011^2} = -191.6\text{A}$$

$$I_{aq} = \frac{200 \times (0.011 \times 0.8988 + 0.3348 \times 0.4384) - 241.2 \times 0.011}{0.3348 \times 0.3766 + 0.011^2} = 226.9\text{A}$$

$$\psi = \arctan\frac{I_{ad}}{I_{aq}} = \arctan\frac{-191.6}{226.9} = \arctan(-0.8444) = -40.18°$$

$$I_a = \sqrt{(-191.6)^2 + 226.9^2} = 296.98\text{A}$$

根据式（5.44）得到输入有功功率为

$$P_{in} = 3 \times 200 \times [226.9 \times 0.8988 - (-191.6) \times 0.4384] = 172560.8\text{W} \approx 172.6\text{kW}$$

输入视在功率为

$$S_{in} = 3 \times 200 \times 296.98 = 178188\text{V}\cdot\text{A} \approx 178.2\text{kV}\cdot\text{A}$$

功率因数为

$$\cos\phi = \frac{P_{in}}{S_{in}} = \frac{172560.8}{178188.0} = 0.97 \quad \text{和} \quad \phi = 14.1°$$

根据式（5.45）得到电磁功率为

$$P_{elm} = 3 \times [226.9 \times 241.2 + (-191.6) \times 226.9 \times (0.3348 - 0.3766)]$$
$$= 169657.8\text{W} \approx 169.7\text{kW}$$

根据式（5.19）和式（5.46）得到电磁转矩为

$$T_d = T_{syn} + T_{drel} = \frac{P_{elm}}{2\pi n_s} = m_1\frac{I_{aq}E_f}{2\pi n_s} + m_1\frac{I_{ad}I_{aq}}{2\pi n_s}(X_{sd} - X_{sq})$$

$$- 3 \times \frac{226.9 \times 241.2}{2\pi \times 60} + 3 \times \frac{(-191.6) \times 226.9}{2\pi \times 60} \times (0.3348 - 0.3766)$$

$$= 435.5 + 14.5 = 450\text{N}\cdot\text{m}$$

磁阻转矩 $T_{drel} = 14.5\text{N}\cdot\text{m}$ 比同步转矩 $T_{ds} = 435.5\text{N}\cdot\text{m}$ 小很多。

根据式（B.12）得到电枢绕组损耗为

$$\Delta P_a = 3 \times 296.98^2 \times 0.011 = 2910.4\text{W}$$

机械旋转损耗为 $\Delta P_{rot} = 1200W$。铁心和附加损耗等于 $0.02P_{out}$。因此，输入功率为

$$P_{in} = P_{out} + \Delta P_{rot} + \Delta P_{str} + \Delta P_{Fe} + \Delta P_a$$

或

$$P_{in} = P_{out} + 0.02P_{out} + \Delta P_{rot} + \Delta P_a$$

输出功率为

$$P_{out} = \frac{1}{1.02}(P_{in} - \Delta P_{rot} - \Delta P_a)$$

$$= \frac{1}{1.02} \times (172560.8 - 1200 - 2910.4)$$

$$= 165147.4W \approx 165.1kW$$

效率为

$$\eta = \frac{165147.4}{172560.8} = 0.957 \quad 或 \quad 95.7\%$$

轴转矩为

$$T_{sh} = \frac{P_{out}}{2\pi n_s} = \frac{165147.4}{2\pi \times 60} = 438.1N \cdot m$$

2）六相电机

每极每相槽数将是三相电机的 $1/2$，即

$$q_1 = \frac{72}{6 \times 6} = 2$$

对于相同的绕组极距（$w_c/\tau = 10/12$ 或 10 个槽），短距因数保持不变，即 $k_{p1} = 0.966$，而基于式（A.6）得到的分布系数将增加，即

$$k_{d1} = \frac{\sin[\pi/(2 \times 6)]}{2\sin[\pi/(2 \times 6 \times 2)]} = 0.9916$$

根据式（A.1）得到的绕组因数为

$$k_{w1} = 0.9916 \times 0.996 = 0.958$$

每相匝数应相同，即 $N_1 = 24$。这是因为气隙磁通密度须保持不变（即 $B_{mg} = 0.65T$），才能保持输出三相电机相同的转矩。转子励磁磁通相同，即 $\Phi_f = 0.013586Wb$。

单层绕组的线圈数等于槽数的一半，即 $c_1 = s_1/2 = 36$。每相线圈数为 6。如果并联支路数 $a_w = 2$，则每个绕组的线圈匝数为

$$N_{1c} = \frac{a_w N_1}{c_1/m_1} = \frac{2 \times 24}{36/6} = 8$$

之前三相电机是每相 12 匝线圈，并联支路数 $a_w = 4$，因此 $N_{1c} = 8$，因为电枢电流大约是它的两倍。在六相电机中，电枢导体的横截面是三相电机的 $1/2$，

因为每个线圈必须有两倍的导线空间才能容纳同一槽中的线圈。

每相绕组的串联匝数不变，于是每相具有相同跨距的线圈数不变，即导线的长度不变，而导线的横截面也已经减半，六相电机的每相电枢电阻将为三相电机的每相电阻的两倍。这意味着 $R_1 \approx 0.022\Omega$。

假设以电枢反应电抗为主的前提下，对六相电机的同步电抗进行估计。采用式（5.31）和式（5.33）时，只有相数和绕组系数会发生变化。由于气隙磁通密度没有变化，电枢电路的饱和系数近似相同。六相电机的同步电抗 $X_s^{(6)}$ 将增加到

$$X_s^{(6)} \approx \frac{6}{3} \times \left(\frac{0.958}{0.925}\right) X_s^{(3)} = 2.145 X_s^{(3)}$$

因此

$$X_{sd} = 2.145 \times 0.3348 = 0.7182\Omega \ \text{和} \ X_{sq} = 2.145 \times 0.3766 = 0.8078\Omega$$

相电压应保持不变，即 $V_1 = 200\text{V}$。对于星形联结，根据式（8.3）得到线电压为

$$V_{1L} = 2V_1 \sin\left(\frac{360°}{2m_1}\right) = 2 \times 200 \times \sin\left(\frac{360°}{2 \times 6}\right) = 200\text{V}$$

对于六相和多边形联结的电机，线电压等于相电压。类似地，对于六相和星形联结的电机，线电流等于相电流。

根据式（5.5），转子励磁磁通产生的电动势将随着绕组系数的增加而增加，即

$$E_f = \pi\sqrt{2} \times 180 \times 24 \times 0.958 \times 0.013586 = 249.8\text{V}$$

对于相同的负载角 $\delta = 26°$，六相电机的电枢电流分别为 $I_{ad} = -99.15\text{A}$、$I_{aq} = 107.18\text{A}$ 和 $I_a = 141.6\text{A}$。电枢电流下降一半以上。q 轴与电枢电流 I_a 之间的夹角为 $\psi = -42.8°$。

六相电机的输入有功功率为 $P_{in} = 167761.4\text{W}$，输入视在功率为 $S_{in} = 175212\text{V} \cdot \text{A}$，功率因数为 $\cos\phi = 0.9575$（$\phi = 16.7°$）。与三相电机相比，功率因数略有下降。

电磁功率为 $P_{elm} = 166354.4\text{W}$，电磁转矩为 $T_d = 441.3\text{N} \cdot \text{m}$（三相电机为 $T_d = 450\text{N} \cdot \text{m}$）。同步转矩为 $T_{ds} = 426.1\text{N} \cdot \text{m}$，磁阻转矩为 $T_{drel} = 15.15\text{N} \cdot \text{m}$。虽然相数增加了一倍，但由于电枢电流减少了一半以上，相电阻增加一倍，电枢绕组的损耗基本不变，即

$$\Delta P_a = 6 \times 146.01^2 \times 0.022 = 2814.2\text{W}$$

输出功率为

$$P_{out} = \frac{1}{1.02} \times (167761.4 - 1200 - 2814.2) = 160536.5\text{W}$$

效率为

$$\eta = \frac{160536.5}{167761.4} = 0.957 \quad 或 \quad 95.7\%$$

与三相电机相比，六相电机的效率不变。轴转矩为

$$T_{sh} = \frac{160536.5}{2\pi \times 60} = 425.8 \text{N} \cdot \text{m}$$

例 8.4

单边三相表贴式永磁横向磁通外转子电机的设计数据如表 8.10 所示。定子绕组星形联结，定子磁路由 U 形铁心组成，铁心之间有 I 形磁桥（见图 8.19a）。U 形和 I 形铁心均由冷轧电工钢制造。转子永磁体粘在与永磁体相同轴向宽度的叠压环（每相两个环）上。计算 $I_{ad} = 0$ 的横向磁通电机的稳态性能。可忽略磁路饱和以及电枢反应对转子励磁的影响。

表 8.10　单边三相表贴式永磁横向磁通外转子电机的设计数据

定子相数	$m_1 = 3$
额定转速/(r/min)	480
额定电枢电流/A	$I_a = 22.0$
极对数（每相 U 形或 I 形铁心）	$p = 18$
转子极数	$2p = 36$
平均气隙直径/m	$D_g = 0.207$
d 轴气隙/mm	$g = 0.8$
定子极靴厚度（周向）/m	$b_p = 0.012$
U 形铁心的轴向宽度/mm	$w_u = 52$
I 形铁心的轴向宽度/mm	$w_u = 52$
U 形铁心高度/mm	$h_u = 52$
U 形铁心杆的轴向宽度/mm	$l_p = 15$
U 形铁心的支腿宽度和轭部高度/mm	$a_u = 15$
I 形铁心高度/mm	15
I 形铁心厚度（周向）/mm	12
每相匝数	$N_1 = 70$
并联支路数	$a_w = 1$
定子导线在 20℃时的电导率/(S/m)	$\sigma_1 = 57 \times 10^6$
定子导线高度/mm	$h_c = 2.304$
定子导线宽度/mm	$w_c = 2.304$
永磁体高度/mm	$h_M = 4.0$
永磁体宽度（周向）/mm	$w_M = 17.0$
永磁体长度（轴向）/m	$l_M = 17.0$
转子叠压磁轭高度/mm	$h_{ry} = 8.0$
永磁体剩余磁通密度/T	$B_r = 1.25$
矫顽力/(A/m)	$H_c = 923 \times 10^3$
在 480r/min 时机械旋转损耗/W	$\Delta P_{rot} = 200$
叠压系数	$k_i = 0.95$
定子绕组温度/℃	75
转子温度/℃	40

解：

平均极距为

$$\tau = \frac{\pi D_g}{2p} = \frac{\pi \times 207}{36} = 18.06\text{mm}$$

无转子外壳的电机转子外径为

$$D_{out} = D_g + g + 2(h_M + h_{ry}) = 207 + 0.8 + 2 \times (4 + 8) = 231.8\text{mm}$$

没有转子轴承盘的电机长度

$$L = m_1 w_u + (0.6 \sim 1.0 l_p)(m_1 - 1) = 3 \times 52 + 0.8 \times 15 \times 2 = 180\text{mm}$$

根据式（8.44）得到不饱和磁路（$k_{sat} = 1$）的空载气隙磁通密度为

$$B_{mg} = \frac{1.25}{1 + 1.078 \times 0.8/4.0} = 1.0283\text{T}$$

式中

$$\mu_{rrec} = \frac{1}{\mu_0} \frac{B_r}{H_c} = \frac{1}{0.4\pi \times 10^{-6}} \times 1.25923 \times 10^3 = 1.078$$

U 形和 I 形铁心的磁通密度大致相同。增加频率也能确保铁心损耗较低。转子铁心的磁通密度为

$$B_{ry} = \frac{1}{2} B_{mg} \frac{w_M}{h_{ry}} = \frac{1}{2} \times 1.0283 \times \frac{17}{8} = 1.0925\text{T}$$

电枢绕组的电流密度为

$$J_a = \frac{I_a}{a_w h_c w_c} = \frac{22}{1 \times 2.304 \times 2.304} = 4.14\text{A/mm}^2$$

槽满率为

$$\frac{N_1 a_w h_c w_c}{h_w b_u} = \frac{70 \times 1 \times 2.304 \times 2.304}{22 \times 22} = 0.768$$

式中

$$h_w = h_u - 2a_u = 52 - 2 \times 15 = 22\text{mm}$$

$$b_u = w_u - 2l_p = 522 \times 15 = 22\text{mm}$$

对于低压横向磁通电机和方形导线并根据绝缘厚度，槽满率约为 0.75 ~ 0.85。

气隙磁阻为

$$R_g = \frac{g}{\mu_0 b_p l_p} = \frac{0.0008}{0.4\pi \times 10^{-6} \times 0.015 \times 0.012} = 3.5368 \times 10^6 \text{ 1/H}$$

永磁体磁阻为

$$R_{PM} \approx \frac{h_M}{\mu_0 \mu_{rrec} b_p l_p} = \frac{0.004}{0.4\pi \times 10^{-6} \times 1.078 \times 0.015 \times 0.012} = 16.4 \times 10^6 \text{ 1/H}$$

忽略铁磁叠片的每对极磁阻为

$$R_{pole} = 4(R_g + R_{PM}) = 4 \times (3.5368 + 16.4) \times 10^{-6} = 79.745 \times 10^6 \, 1/H$$

根据磁阻计算的 d 轴电枢反应电感为

$$L_{ad} = pN_1^2 \frac{1}{R_{pole}} = 18 \times 70^2 \times \frac{1}{79.745 \times 10^6} = 0.001106H$$

线电流密度为

$$A = \frac{I_a N_1}{2\tau} = \frac{22 \times 70}{2 \times 0.01806} = 42635.6 \text{A/m}$$

线电流密度峰值为

$$A_m = \sqrt{2}A = \sqrt{2} \times 42635.6 = 60295.9 \text{A/m}$$

切向力密度（剪应力）为

$$f_{sh} = \alpha_{PM} B_{mg} A = 0.623 \times 1.0283 \times 42635.6 = 27313.7 \text{N/m}^2$$

式中，永磁体覆盖系数为

$$\alpha_{PM} = \frac{b_p l_p}{w_M l_M} = \frac{12 \times 15}{17 \times 17} = 0.623$$

极弧系数为

$$\alpha_i = \frac{b_p}{\tau} = \frac{12.0}{18.06} = 0.664$$

根据式（5.23）得到励磁波形系数为

$$k_f = \frac{4}{\pi} \sin \frac{0.664 \times \pi}{2} \approx 1.1$$

气隙磁通密度基波峰值为

$$B_{mg1} = k_f B_{mg} = 1.1 \times 1.0283 = 1.131T$$

根据式（8.19）得到磁通基波为

$$\Phi_{f1} = \frac{2}{\pi} \times 0.01806 \times 0.015 \times 1.131 = 1.952 \times 10^{-4} \text{Wb}$$

根据式（8.21），额定速度 $n_s = 480/60 = 8$r/s 时的空载电动势为

$$E_f = \pi \sqrt{2} \times 70 \times 18^2 \times 1.952 \times 10^{-4} \times 8 = 157.3V$$

根据式（8.38）得到槽比漏磁导为

$$\lambda_{1s} = \frac{22}{3 \times 22} + \frac{15}{22} = 1.015$$

式中

$$h_o = 52 - 22 - 15 = 15 \text{mm}$$

根据式（8.39）得到极顶比漏磁导为

$$\lambda_{1p} = \frac{5 \times (0.8/22)}{5 + 4 \times (0.8/22)} = 0.0353$$

根据式（8.37）乘以 3（校正系数）得到漏电感为

$$L_1 \approx 3 \times 0.4\pi \times 10^{-6} \times \pi[0.207 - 0.0008 - (0.022 + 0.015)] \times$$
$$70^2 \times (1.015 + 0.0353) = 0.010313\text{H}$$

根据式（8.33）得到等效气隙为

$$g' = 4 \times \left(0.0008 + \frac{0.004}{1.078}\right) = 0.01804\text{mm}$$

$k_{fd} = k_{fq} = 1$ 时，根据式（8.35）得到 d 轴电枢反应电感为

$$L_{ad} = \frac{2}{\pi}0.4\pi \times 10^{-6} \times 70^2 \times 18 \times \frac{0.01806 \times 0.015}{0.01804} \times 1.0 = 0.0010596\text{H}$$

这与基于磁阻计算的结果几乎相同。对于表贴式永磁体，q 轴电枢反应电感 $L_{aq} = L_{ad} = 0.0010596\text{H}$。

同步电感为

$$L_{sd} = L_1 + L_{ad} = 0.010313 + 0.0010596 = 0.011372\text{H}$$
$$L_{sq} = L_1 + L_{aq} = 0.010313 + 0.0010596 = 0.011372\text{H}$$

同步电抗为

$$X_{sd} = 2\pi f L_{sd} = 2\pi \times 144 \times 0.011372 = 10.29\Omega \quad \text{和} \quad X_{sq} = X_{sd} = 10.29\Omega$$

输入频率为

$$f = n_s p = \frac{480}{60} \times 18 = 144\text{Hz}$$

$I_{ad} = 0$ 时的电磁功率为

$$P_{elm} = m_1 E_f I_a = 3 \times 157.3 \times 22 = 10381.8\text{W}$$

$I_{ad} = 0$ 时的电磁转矩为

$$T_d = \frac{10381.8}{2\pi \times 8} = 206.54\text{N} \cdot \text{m}$$

式中，$n_s = 480\text{r/min} = 8\text{r/s}$。电动势常数为

$$k_E = \frac{E_f}{n_s} = \frac{157.3}{480} = 0.3277\text{V/(r/min)}$$

根据式（8.27），$I_{ad} = 0$（$\cos\psi = 1$）时的转矩常数为

$$k_T = \frac{3}{2\pi} \times (0.3277 \times 60) \times 1 = 9.39\text{N} \cdot \text{m/A}$$

带 I 形磁桥的电枢绕组平均匝长为

$$l_{1av} \approx \pi(D_g - h_u) = \pi(0.207 - 0.052) = 0.487\text{m}$$

铜线在 75℃时的电导率为

$$\sigma_1 = \frac{57 \times 10^6}{1 + 0.00393 \times (75 - 20)} = 46.87 \times 10^6\text{S/m}$$

根据式（B.5）、式（B.6）和式（B.7）可以得到

$$\xi_1 = h_c \sqrt{\pi \times f \times \mu_0 \times \sigma_1} = 0.002304 \times \sqrt{\pi \times 144 \times 0.4 \times \pi \times 10^{-6} \times 46.87 \times 10^6}$$
$$= 0.002304 \times 163.23 = 0.376$$

$$\varphi_1(\xi_1) = 0.376 \times \frac{\sinh(2 \times 0.376) + \sin(2 \times 0.376)}{\cosh(2 \times 0.376) - \cos(2 \times 0.376)} = 1.00178$$

$$\Psi_1(\xi_1) = 2 \times 0.376 \times \frac{\sinh(0.376) - \sin(0.376)}{\cosh(0.376) + \cos(0.376)} = 0.00666$$

导体层数为

$$m_{sl} \approx \frac{h_u - 2a_u - 0.003}{a_w h_c} = \frac{0.052 - 2 \times 0.015 - 0.003}{1 \times 0.002304} = 8$$

根据式（B.10）得电枢电阻的集肤效应系数为

$$k_{1R} \approx 1.00178 + \frac{8^2 - 1}{3} \times 0.00666 = 1.1416$$

电枢绕组电阻为

$$R_1 = k_{1R} \frac{N_1 l_{1av}}{a_w \sigma_1 h_c w_c} = 1.1416 \times \frac{70 \times 0.487}{1 \times 46.87 \times 10^6 \times 0.2304 \times 0.2304} = 0.1564\Omega$$

集肤效应导致的电阻增加约为 4%。由于 $\xi_1 < 1$，集肤效应对槽漏电感几乎没有影响。

定子绕组损耗为
$$\Delta P_a = 3 \times 0.1564 \times 22^2 = 227.1W$$

每相定子 U 形铁心的质量为
$$m_U = 7700 p b_p k_i [w_u h_u - (h_u - a_u) b_u]$$
$$= 7700 \times 18 \times 0.012 \times 0.95 \times [0.052 \times 0.052 - (0.052 - 0.015) \times 0.022]$$
$$= 2.986kg$$

定子 I 形铁心的质量为
$$m_I = 7700 p b_p k_i w_u a_u = 7700 \times 18 \times 0.012 \times 0.95 \times 0.052 \times 0.015 = 1.232kg$$

U 形铁心中的磁通密度为 $B_{1U} \approx B_{mg} = 1.0283T$（均匀横截面）。在 1.0283T 和 50Hz 时，对应的特定铁心损耗为 $\Delta p_{FeU} = 2.55W/kg$。假设 I 形铁心中的磁通密度为 $B_{FeI} \approx 1.1 B_{mg} = 1.131T$（由于定子凹槽，增加了 10%）。在 1.131T 和 50Hz 下相应的铁心损耗密度是 $\Delta p_{FeI} = 3.25W/kg$。根据附录 B 的式（B.19）得到定子铁心损耗为

$$\Delta P_{Fe} = m_1 (\Delta p_{FeU} m_U + \Delta p_{FeI} m_I) \left(\frac{f}{50}\right)^{1.333}$$
$$= 3 \times (2.55 \times 2.986 + 3.25 \times 1.232) \times \left(\frac{144}{50}\right)^{1.333} = 206.5W$$

附加损耗为
$$\Delta P_{str} \approx 0.0125 P_{elm} = 0.0125 \times 10381.8 = 129.8W$$

输出功率为

$$P_{\text{out}} = P_{\text{elm}} - \Delta P_{\text{rot}} - \Delta P_{\text{str}} = 10381.8 - 200 - 129.8 = 10052.0\text{W}$$

轴转矩为

$$T_{\text{sh}} = \frac{P_{\text{out}}}{2\pi n_{\text{s}}} = \frac{10052.0}{2\pi \times 8} = 200\text{N} \cdot \text{m}$$

输入功率为

$$P_{\text{in}} = P_{\text{elm}} + \Delta P_{\text{a}} + \Delta P_{\text{Fe}} = 10381.8 + 227.1 + 206.5 = 10815.4\text{W}$$

效率为

$$\eta = \frac{10052.0}{10815.4} = 0.929$$

根据式（5.48）得到输入相电压（$I_{\text{a}} = I_{\text{aq}}$，$\psi = 0°$）为

$$
\begin{aligned}
V_1 &= \sqrt{(E_{\text{f}} + I_{\text{a}}R_1)^2 + (I_{\text{a}}X_{\text{sq}})^2} \\
&= \sqrt{(157.3 + 22.0 \times 0.1564)^1 + (22.0 \times 10.29)^2} \\
&= 277.8\text{V}
\end{aligned}
$$

线间电压为 $V_{1\text{L-L}} = \sqrt{3} \times 277.8 = 481\text{V}$。

根据式（5.47）得到功率因数为

$$\cos\phi \approx \frac{E_{\text{f}} + I_{\text{a}}R_1}{V_1} = \frac{157.3 + 22.0 \times 0.1564}{277.8} = 0.579$$

每相转子轭的质量为

$$
\begin{aligned}
m_{\text{y}} &= 2 \times 7700\pi(D_{\text{g}} + g + 2h_{\text{M}} + h_{\text{ry}})h_{\text{ry}}l_{\text{M}} \\
&= 2 \times 7700\pi(0.207 + 0.0008 + 2 \times 0.004 + 0.008) \times 0.008 \times 0.017 \\
&= 1.472\text{kg}
\end{aligned}
$$

永磁体质量为

$$m_{\text{PM}} = 7500N_{\text{PM}}h_{\text{M}}l_{\text{M}}\omega_{\text{M}} = 7500 \times 72 \times 0.004 \times 0.017 \times 0.017 = 0.642\text{kg}$$

式中，每相永磁体的数量为 $N_{\text{PM}} = 2 \times (2p) = 2 \times 36 = 72$。

每相电枢绕组的质量为

$$
\begin{aligned}
m_{\text{a}} &= 8200N_1l_{1\text{av}}a_{\text{w}}h_{\text{c}}w_{\text{c}} \\
&= 8200 \times 70 \times 0.487 \times 1 \times 0.002304 \times 0.002304 = 1.484\text{kg}
\end{aligned}
$$

每台电机的有效材料质量为

$$
\begin{aligned}
m &= m_1(m_{\text{U}} + m_{\text{I}} + m_{\text{a}} + m_{\text{PM}} + m_{\text{y}}) \\
&= 3 \times (2.986 + 1.232 + 1.484 + 0.624 + 1.472) = 23.39\text{kg}
\end{aligned}
$$

功率密度和转矩密度为

$$\frac{P_{\text{out}}}{m} = \frac{10052}{23.39} = 429.7\text{W/kg} \qquad \frac{T_{\text{sh}}}{m} = \frac{200}{23.39} = 8.55\text{N} \cdot \text{m/kg}$$

$n_{\text{s}} = 480\text{r/min}$ 时的稳态性能特性如图 8.31 所示。图中数值的计算方法与额

定电流的计算方法相同。

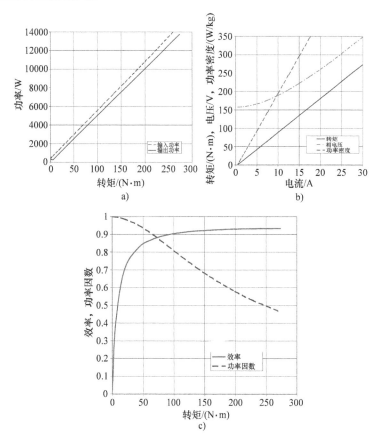

图 8.31　在 $n_s = 480\mathrm{r/min}$ 时的稳态特性：a）输入功率和输出功率与转矩的关系；
b）转矩和相电压与电流的关系；c）效率和功率因数与转矩的关系（例 8.4）

如果注入的 d 轴电流为负，则输入电压降低，功率因数增加。例如，在 $\psi = -10°$ 处

$$I_{ad} = I_a \sin\psi = 22.0\sin(-10°) = -3.82\mathrm{A}$$
$$I_{aq} = I_a \cos\psi = 22.0\cos(-10°) = 21.67\mathrm{A}$$

根据相位图得到输入相电压为

$$V_1 \approx \sqrt{(E_f + I_{ad}X_{sd})^2 + (L_{aq}X_{sq} - I_{ad}R_1)^2}$$
$$= \sqrt{(157.3 - 3.82 \times 10.29)^2 + (21.67 \times 10.29 + 3.82 \times 0.1564)^2}$$
$$= 252.8\mathrm{V}$$

在 $\psi = -10°$ 时，线间电压 $V_{1\mathrm{L-L}} = \sqrt{3} \times 252.8 = 437.9\mathrm{V}$。

负载角为

$$\delta = \sin^{-1}\frac{I_{aq}X_{sq} - I_{ad}R_1}{V_1} = \sin^{-1}\frac{21.67 \times 10.29 + 3.82 \times 0.1564}{252.8} = 62.18°$$

功率因数为

$$\cos\phi = \cos(\delta + \psi) = \cos(62.18° - 10°) = 0.613$$

根据式（5.45），对于 $X_{sd} = X_{sq}$ 的电磁功率为

$$P_{elm} = m_1 I_{aq} E_f = 3 \times 21.67 \times 157.3 = 10226W$$

输入功率为

$$P_{in} = P_{elm} + \Delta P_{Fe} + \Delta P_a = 10226.0 + 206.5 + 227.1 = 10659.7W$$

输出功率为

$$P_{out} = P_{elm} - \Delta P_{rot} - \Delta P_{str} = 10226.0 - 200.0 - 129.8 = 9896.2W$$

轴转矩为

$$T_{sh} = \frac{9896.2}{2\pi \times 8} = 196.9N \cdot m$$

效率为

$$\eta = \frac{9896.2}{10659.7} = 0.928$$

虽然功率因数增加，但轴转矩和效率都略有下降。

第9章

高 速 电 机

转速超过 5000r/min 的高速电机可应用于离心式和螺杆式压缩机、磨床、搅拌机、泵、机床、纺织机、钻头、手机、航空航天、飞轮储能装置等。使用永磁无刷电机、实心转子感应电机或开关磁阻电机是现阶段高速机电驱动技术的发展趋势。其中，永磁无刷电机的效率和功率密度最高。

9.1 使用高速电机的原因

永磁同步电机（第5章）的输出功率方程（5.67）表明，电机的功率基本与转子的速度和体积成正比，即输出系数（5.70）取决于转子的尺寸和速度。因此，为了得到与同步速度 n_s、气隙磁通密度峰值 B_{mg} 和电枢绕组线电流密度峰值 A_m 成比例的同步电机单位转子体积的输出功率，式（5.70）可以变换为

$$\frac{P_{out}}{\pi D_{1in}^2 L_i} = \frac{0.5}{\epsilon} k_{w1} n_s B_{mg} A_m \eta \cos\phi \propto n_s B_{mg} A_m \qquad (9.1)$$

可见，速度越高，电机的功率密度就越高。在相同的输出功率 P_{out} 条件下，增加速度 n_s（频率）可以降低电机的体积和质量。式（9.1）还表明，提高的气隙磁通密度 B_{mg} 和电枢绕组线电流密度 A_m，有助于提高功率密度。其中，高磁通密度 B_{mg} 可以通过采用具有高饱和磁通密度的磁性材料（如钴合金）实现。高线电流密度 A_m 可以通过使用强化冷却系统来实现，如液体冷却系统。

钴含量在 15%～50% 之间的铁钴（铁钴钒）合金具有很高的饱和磁通密度，在室温下可达 2.4T。铁钴钒合金是航空航天等严格限制质量和空间的应用领域的最佳选择。此外，铁钴钒合金具有铁磁合金中最高的居里温度，并已被应用于高温应用。例如，美国宾夕法尼亚州卡彭特的 Hiperco 50 的标称成分为 49% 铁、48.75% 钴、1.9% 钒、0.05% 锰、0.05% 铌和 0.05% 硅。与 Hyperco 50 类似铁磁材料的是来自德国哈瑙 Vacuumschmelze 的 Vacoflux 50（50% 钴）和 Vacodur 50 钴铁合金[295]。

9.2 机械要求

转子直径在设计速度下受到强离心应力的限制。转子轴向长度受其刚度和第

一临界（旋转）速度的限制。

由于作用于旋转质量上的离心力与线速度的二次方成正比，与旋转半径成反比，因此转子的设计直径必须很小，并且必须具有非常高的机械强度。转子表面线速度（叶尖速度）

$$v = \pi(D_{1\text{in}} - 2g)n_s \tag{9.2}$$

是离心力作用下转子机械应力的工程测量值。最大允许的表面线速取决于转子的结构和材料。

当轴旋转时，离心力会使轴弯曲。对于单独的质量为 m 的旋转物体（图9.1a），根据式（1.10），第一临界（旋转）转速和第一临界角速度分别为（其中 $i=1$）：

$$n_{\text{cr}} = \frac{1}{2\pi}\sqrt{\frac{K}{m}} \qquad \Omega_{\text{cr}} = \sqrt{\frac{K}{m}} \tag{9.3}$$

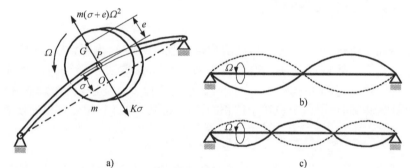

图9.1 不平衡单质量柔性转子及其可能的振荡模态：a) 一阶模态；b) 二阶模态；c) 三阶模态

O—转动中心　G—重心　P—几何中心

根据式（1.11），$a_i = 0.5L$ 的静态偏角可根据以下方程得到：

$$\sigma = \frac{mgL^3}{48EI} = \frac{mg}{K} \tag{9.4}$$

式中，刚度为

$$K = 48\frac{EI}{L^3} \tag{9.5}$$

面积惯性矩 I 由式（1.12）给出，$i=1$；EI 是弯曲刚度；L 是支承跨度（见图9.1a）。区分转子组（E、I、L_i）和轴（E_{sh}、I_{sh}、L），带有转子的轴刚度为

$$K = 48\frac{EI}{L_i^3} + 48\frac{E_{\text{sh}}I_{\text{sh}}}{L^3} \tag{9.6}$$

层压叠层的弹性模量 E 为钢轴弹性模量 E_{sh} 的20%～100%。硅钢片叠压越紧，弹性模量 E 越高。

忽略阻尼，离心力为 $m\Omega^2(\sigma + e)$，恢复力（偏转力）为 $K\sigma$，其中 σ 为轴

偏移量，e 为不平衡距离（偏心率），$\sigma + e$ 为旋转中心到重心的距离。根据力的平衡方程

$$K\sigma = m\Omega^2(\sigma + e) \tag{9.7}$$

可以得到轴偏移量为

$$\sigma = \frac{m\Omega^2 e}{K(1 - m\Omega^2/K)^2} = \frac{e}{(\Omega_{cr}/\Omega)^2 - 1} \tag{9.8}$$

如果 $\Omega = \Omega_{cr}$，轴偏移量为 $\sigma \to \infty$。无论不平衡距离 e 有多小，轴都会以固有频率旋转。如果 $\Omega < \Omega_{cr}$，物体绕旋转中心 O 旋转。O 点和 G 点彼此相反。如果 $\Omega > \Omega_{cr}$，物体就会围绕重心 G 旋转。O 点接近 G 点。

建议在设定电机的同步（额定）转速时，应满足以下条件[77]：

1）如果 $n_s < n_{cr}$，则

$$n_s > 0.75\frac{n_{cr}}{2p} \quad 或 \quad n_s < 1.33\frac{n_{cr}}{2p} \tag{9.9}$$

2）如果 $n_s > n_{cr}$，则

$$n_s > 1.33n_{cr} \tag{9.10}$$

加入径向磁拉力后，第一临界速度为[110]

$$n_{cr} = \frac{1}{2\pi}\sqrt{\frac{K - K_e}{m}} \tag{9.11}$$

式中，K_e 是由电磁场（磁拉力）引起的负弹簧系数（刚度）。该系数在参考文献 [110] 中给出。

9.3　高速永磁无刷电机的结构

高速永磁无刷电机的设计准则包括：

1）设计紧凑，功率密度高；

2）部件数量最少；

3）在整个变速范围内，效率较高；

4）在整个速度和负荷范围内的功率因数接近 1；

5）永磁转子的耐高温能力；

6）最佳成本 - 效率比，最小化系统成本 - 输出功率比；

7）可靠性高（80000h 内故障率低于 5%）；

8）低总谐波失真率（THD）。

以下是高速永磁无刷电机电磁、机械和热设计的基本问题：

1）体积和质量：速度越快，功率密度越高；

2）电损耗和效率：必须特别注意空气摩擦和铁心损耗；

3）叠压片：钴合金、非取向硅钢或非晶合金叠压片；

4）定子导线：小直径绞股导线或 Litz 导线；

5）逆变器产生的高次谐波：损耗、振动和噪声的寄生效应取决于谐波含量；

6）冷却系统：强制风冷或油冷却系统；

7）永磁励磁系统：如果轴的温度超过150℃，则必须使用钐钴永磁体；

8）转子护套应力：适当选择转子直径、径长比和转子固定套筒（材料和厚度）；

9）转子材料的热兼容性：转子护套和转子磁心的热膨胀产生压缩应力，随温度波动；

10）转子动力学：转子的第一临界转速应远高于或远低于额定转速。

高速电机的定子铁心由有槽或无槽铁心材料叠压而成。当输入频率低于400Hz 时，使用 0.2mm 厚的叠压片。对于更高的频率，需要 0.1mm 的叠压片。由绞合导体制成的真空浸渍线圈放入槽中。为了减少空间谐波，定子绕组采用短距的双层绕组。当速度非常快、电压非常低时，单匝定子线圈感应的电动势过高，必须采用少线圈、单层绕组或并联支路数的方法。对于额定功率低于200kW 的电机来说，空心导体和直接水冷却太昂贵了。定子体积受到绕组损耗和散热的影响。

高速电机的永磁转子设计包括面包型（见图 5.1g）、表贴式（见图 5.1c、h）、嵌入式（见图 5.1d）或内置型转子（见图 5.1b、i、j）。表贴式永磁转子的特点是漏磁通最小。此外，面包型表贴式永磁转子在气隙中提供最高的磁通密度（大量永磁材料）。所有表贴式永磁转子（包括面包型和表面插入式）必须与外部转子固定套筒（罐）一起使用。而内部型永磁转子则无需固定套筒，但相邻永磁体之间转子铁心磁桥必须谨慎设计。从电磁角度来看，该磁桥应非常窄以达到完全饱和，进而减小相邻转子磁极之间的漏磁通。从机械的角度来看，磁桥不能太窄，否则无法承受较高的机械应力。实际上，在不超过 6000r/min 下使用的内部型永磁转子无需护套。

护套的良好材料为非铁磁性材料且具有较高的许用应力、低密度和良好的导热性。如果有效利用磁饱和效应，低功率电机中的薄钢套有时比非铁磁材料护套更好。典型材料、最高工作温度和最快表面线性速度见表 9.1。金属和碳－石墨护套的最大转子外径如图 9.2 所示。图 9.3 为带有金属护套永磁转子的 110kW、70000r/min 永磁无刷电机。加强塑料和黄铜也可用于转子护套。

表9.1 高速永磁无刷电机护套的特性

参　　数	非磁性金属套管	非金属缠绕套管
材料	钛合金、不锈钢、铬镍铁 718（镍钴铬基合金）	碳石墨、碳纤维、玻璃纤维
最高温度/℃	290	180
最快表面线性速度/（m/s）	240	320

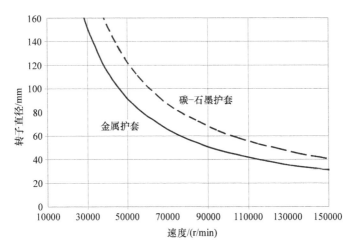

图 9.2 作为设计速度函数的金属和碳–石墨护套的最大转子外径

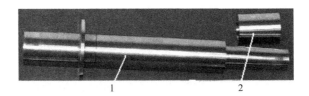

图 9.3 用于无油压缩机的 110kW、70000r/min 永磁无刷电机转子
（照片由美国纽约州奥尔巴尼的 Mohawk Innovative Technology 公司提供）
1—带有护套的永磁转子 2—箔轴承轴颈套

为增加永磁体和定子之间的电磁耦合，机械气隙应尽可能小。然而，如果护套由导电材料制成，则小气隙会增加护套中的齿谐波损耗。

为减少护套和永磁体的损耗、转矩脉动和噪声，定子槽应具有非常小的槽开口或无槽口（见图 6.16c）。在闭合定子槽的情况下，槽闭合处在正常运行条件下会高度饱和。

主动径向和轴向磁轴承（见图 1.14）或空气轴承常用于高速电机。集成磁轴承和逆变器装置的高速永磁无刷电机可用于气体压缩机，这是一个真正的无油系统并减少维护、提高效率。

由金属或碳石墨护套固定的四极面包

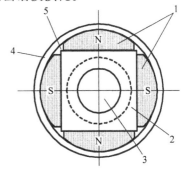

图 9.4 具有面包型永磁体和护套的
四极高速永磁无刷电机转子
1—永磁体 2—转子铁磁心 3—轴承
4—非磁性护套 5—非磁性材料

型高速永磁无刷电机转子如图 9.4 所示。四极永磁无刷电机二维磁场分布如图 9.5所示。六极转子如图 9.6 所示。

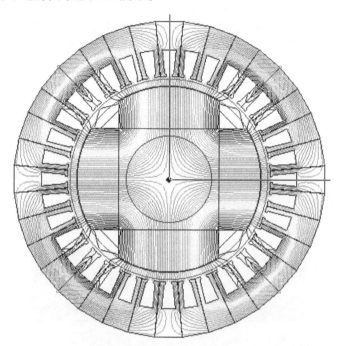

图 9.5　带铁磁轴的四极高速永磁无刷电机二维磁力线分布

图 9.6　带有金属护套的六极高速永磁无刷电机转子
（照片由美国宾夕法尼亚州兰迪斯维尔 Electron Energy 公司提供）

图 9.7 为美国马萨诸塞州剑桥 SatCon Technology 公司提出的带护套的永磁转子。该转子被分为若干部分。在每个段内,护套固定径向磁化的粘结钕铁硼永磁体。虽然粘结钕铁硼的剩余磁通密度仅为烧结钕铁硼的一半,但较低的电导率限制了高速转子涡流损耗。SatCon Technology 公司为离心式压缩机开发的 21kW、47000r/min、1567Hz 高速电机的转子直径为 46mm,效率为 93% ~95%,功率因数为 $\cos\phi \approx 0.91$[176]。转子和定子组(单独装配)的预测可靠性为 30000h 使用寿命,成本为 13.4 美元/kW(10 美元/hp)[176]。

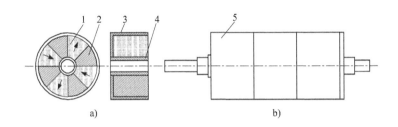

图 9.7 分段结构的永磁转子: a) 单段转子; b) 三段转子
(由美国马萨诸塞州剑桥 SatCon Technology 公司提供)
1—永磁体 2—非铁磁材料 3—护套 4—钢套管 5—由三个部分组成的完整的转子

表 9.2 给出了美国俄亥俄州温彻斯特 Koford 工程公司制造的带无槽绕组的小型两极高速电机规格。无槽设计减少了金属固定套筒和永磁体中的齿谐波损耗,并可以减少定子外径。该电机设计有霍尔位置传感器或无位置传感器控制器。表 9.2 中所示的高速无槽电机可用于实验泵、航空航天、无人驾驶飞机、军用机器人、手机和医疗器械。

表 9.2 美国俄亥俄州温彻斯特 Koford 工程公司制造的小型高速无槽永磁无刷电机规格

绕组类型	101	102	103
峰值输出功率/W	109	181	22
额定供电电压/V	12	12	24
空载速度/(r/min)	155000	200000	48900
失速转矩/($\times 10^{-3}$N·m)	28.8	36.8	17.6
堵转电流/A	40	66	8
连续转矩/($\times 10^{-3}$N·m)	4.45	2.54	5.72
无负载电流/[(1±50%)A]	0.492	0.770	0.115
电动势常数/[$\times 10^{-5}$(1±12%)V]	7.74	6.00	49.10
转矩常数/($\times 10^{-3}$N·m/A)	0.72	0.558	4.38

（续）

绕组类型	101	102	103
最大效率	0.79	0.80	0.67
绕组电阻/[（1±15%）Ω]	0.3	0.18	3.0
电枢电感/mH	0.13	0.10	2.4
机械时间常数/ms	17	17	9
转子惯性矩/（×10⁻⁷kg·m²）	0.3		
静摩擦/（×10⁻³N·m）	0.092		
绕组至机壳的热阻/（℃/W）	7.0	7.0	8.0
机壳到环境的热阻/（℃/W）	24.0		
最高绕组温度/℃	125		
外部尺寸/mm	直径16，长度26		

9.4　高速永磁无刷电机的设计

目标函数通常是一个特定的高速电机在给定速度下可获得的最大输出功率。功率受到热约束和机械约束的限制。

在设计高速永磁无刷电机时，应考虑以下几个方面：

1）由于转子组件上的高旋转离心力，机械设计约束很重要。具有高疲劳寿命的材料受到青睐。应避免或限制铝等熔点较低的材料。

2）成本和运营成本通常是直接相关的。使用磁轴承替代传统的滚珠轴承或油润滑轴承是一个非常重要的考虑因素。磁轴承的成本较高，但由于旋转损耗和功耗减少，无需维护，运行成本较低。

3）采用三维FEM模拟对轴、铁心叠压片、护套等转子组件进行动态分析。

4）静态和动态不平衡。即使是非常小的不平衡也会产生高振动。例如，在100000r/min的速度下，一个0.05N的静态不平衡会产生超过600N的额外离心力。

当一个旋转物体的重心与旋转中心不一致时，就会发生不平衡。静态不平衡是指转子质心（主惯性轴）平行于转子几何旋转轴的位置。动态不平衡是指转子质心与旋转轴不重合。

一般来说，设计功率几千瓦、转速7000～20000r/min、效率93%～95%的高速永磁无刷电机是十分困难的。额定功率大于80kW和转速高于70000～90000r/min的高速永磁无刷电机的效率超过96%。铁心损耗、风阻损耗和金属护套损耗都很高。采用无槽定子、非晶磁心和箔片轴承可以将效率提高到98%。

图 9.8a 为一个 5kW、150000r/min 且具有表贴式永磁体和非铁磁性不锈钢护套的电机[283]。输入电压 $V_1 = 200\text{V}$，输入频率 $f = 2500\text{Hz}$，极数 $2p = 2$，有效气隙 6mm，定子外径 90mm，定子叠片厚度 0.1mm，定子绕组每相直流电阻为 $R_1 = 0.093\Omega$，定子绕组漏电感为 $L_1 = 0.09\text{mH}$。通过扩大气隙可以大大减少槽谐波损耗。因此，需要高能钕铁硼永磁体。

在额定转速为 150000r/min 时，转子表面速度将接近 200m/s，计算的合成应力高达 200N/mm²。这远远超过了磁铁的容许应力（80N/mm²），为了防止永磁体脱落，使用非铁磁性不锈钢护套保护永磁体[283]。虽然不锈钢的电导率很低，但在超过 100000r/min 的速度下，相对较厚的不锈钢造成的损耗仍然相当大。此时，考虑使用非导电纤维增强塑料[283]。

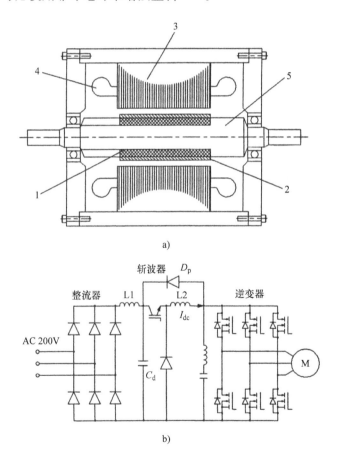

图 9.8 高速 5kW、150000r/min 永磁无刷电机：a）纵断面；b）准电流源逆变器的电路配置。$D_\text{p}$on = 逆变器作为 VSI 运行，$D_\text{p}$off = 逆变器作为 CSI 工作[283]

1—永磁体 2—护套 3—定子铁心 4—定子绕组 5—轴

为提供高频（$f = 2500\text{Hz}$）并紧凑的功率电路，采用了准电流源逆变器（CSI）。该逆变器由二极管整流器、电流控制直流斩波器和电压型逆变器（见图9.8b）组成[283]。为提高输入功率因数，滤波器的大电解电容 C_d 已被薄膜电容取代，这是通过斩波器的电流控制实现的。

9.5 超高速电机

图9.9为500000r/min超高速永磁同步电机的概念[74]。转子由一个径向磁化的稀土永磁材料的圆筒组成，并由不锈钢等非铁磁高强度材料加强，形成一个外部罐（护套）。定子有三个齿（凸极）、三个槽和三或六个线圈。

在评估特定转速下的功率极限时，重要的是建立转子直径和定子外径之间的最佳关系，以及考虑绕组损耗和输出功率限制的机械和旋转复杂耦合。相对于定子外径，最佳的几何形状更倾向于一个较小的转子直径[74]。

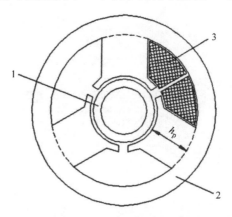

图9.9　带圆柱永磁体和三个定子槽的高速永磁同步电机截面[74]
1—永磁体　2—定子铁心　3—定子绕组

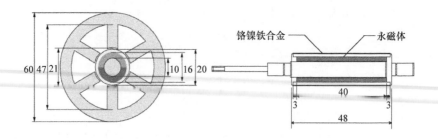

图9.10　超高速5kW、240000r/min永磁无刷电机。所有尺寸均以 mm 为单位
（由日本长崎大学提供）[234]

5kW、240000r/min 和 4kHz 小型超高速双极永磁无刷电机如图 9.10 所示。该直接耦合电机用于起动共轴系统的燃气轮机。在燃气轮机被点燃并成为机械动力源后,电机作为发电机运行。带表贴式永磁体的双极转子配备有 2mm 厚的金属护套。定子外径为 60mm,定子叠片长度为 40mm,额定电压为 200V。机油循环系统用于轴承和电机冷却。该系统由过滤器、储罐和螺旋泵组成。电机由机油循环冷却,机油由循环水冷却[234]。控制电子设备由具有 DSP TMS320C32 的控制单元组成。该电源单元由 PWM 控制的电压源逆变器(VSI)组成。

9.6 应用

9.6.1 高速航空航天驱动器

高速永磁无刷电机用于以下航空航天机电驱动器:

1)电动燃油泵;
2)飞行控制用电动驱动系统;
3)电动机舱空气压缩机;
4)氮气生成系统;
5)隔间制冷装置;
6)补充冷却装置。

多电飞机(MEA)的概念是消除液压、气动和变速箱驱动子系统,采用电驱动子系统,多电飞机趋向于开发高性能紧凑轻型电机驱动和起动器/发电机系统[306]。表 9.3 给出了多电战斗机所需电机驱动系统的数量和功率[306]。

航空航天机电驱动系统需要高功率密度(小型电机)、高可靠性、低 EMI 和 RFI 干扰水平、高效率、精确速度控制、高起动转矩、快加速度和线性转矩 - 转速特性。飞机机电驱动的结构设计要求特殊的优化设计和组装、电机冷却以及材料兼容性。

图 9.11 为飞机中使用的永磁无刷直流电机的磁路[216]。为提高齿磁通密度,常使用饱和磁通密度接近 2.4T 的钴合金叠压片。转子具有对称的磁路,对称磁路数等于转子极数。此设计具有提高功率质量比、改进传热冷却系统、降低间隔力矩(高机械时间常数)、降低转子铁心损耗等优点。

在高速电机中,铁心损耗占总损耗的很大一部分。这些损耗可以通过设计磁场均匀分布的叠压铁心来最小化。图 9.11 为磁路横截面内的磁场分布,转子内的磁场分布均匀。为避免定子齿饱和,需要更宽的齿[216]。对于额定功率为 200W 的永磁无刷电机,其效率可达到 90%,比具有实心转子铁心的电机高出 9%[216]。

表 9.3　多电战斗机的电力需求[306]

系统描述	连续最大 总功率/kW	电机驱动器的 数量	最大电机 驱动功率/kW
飞机操纵系统	80	28	50
环境控制系统	40	10	10
燃料管理系统	35	10	9
气动系统	30	2	15
着陆辅助设备	30	20	5
其他项	20	10	1
发动机起动器/发电机系统	每通道125	6	125
电力调节机组总数	—	86	—

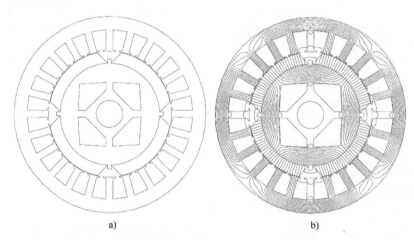

a)　　　　　　　　　　　　　　b)

图 9.11　航空航天用带叠压转子的永磁无刷直流电机：a) 轮廓；b) 磁场分布[216]

　　矩形块或分段形式的永磁体固定在叠压铁心上，并使用非铁磁护套（金属或碳石墨）固定。护套的厚度应能保护永磁体免受离心力的影响，并提供所需的气隙（机械间隙）。

　　航空航天永磁无刷电机的转子结构如图 9.12 所示。Halbach 永磁体阵列可以使气隙磁通密度提高 3% ~ 5%。图 9.12 所示的转子有时配备内部热交换器，用于空气强迫冷却。

　　飞机机电驱动系统中的大多数无刷直流电机使用编码器或霍尔传感器，但有利于位置估算技术的重大发展已经到来[216]。无传感器控制方法增加了电子设备的复杂性，但提高了可靠性，并允许电机在高温下运行。

　　航空航天无刷直流电机易于与驱动电子设备一起集成在紧凑的安装盒内（集成机电驱动器）。这可以减少子组件的数量、连接线、生产成本、空间和质量。电机完全可控，并防止故障。使用寿命仅受轴承的限制。

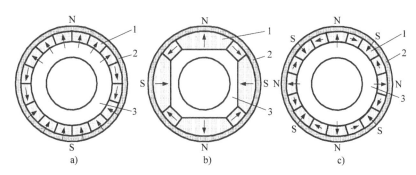

图 9.12 采用 Halbach 永磁体阵列的航空航天永磁无刷电机转子:
a) 两极转子; b) 四极转子; c) 八极转子

航空航天和国防用电机设计中的一个主要问题是狭小的空间限制了电机的体积。例如,一个航空航天永磁无刷电机的额定功率为 90kW,32000r/min,效率为 95%,其铁心外直径为 125mm,叠压长度为 100mm(无绕组悬垂)。

9.6.2 高速电主轴驱动器

随着电力电子和控制技术的改进,电主轴驱动器已有重大的发展。目前,超高速主轴驱动器的速度范围在 10000 ~ 100000r/min 之间[32]。此外,某些特殊应用中还需要将速度提高到 300000r/min。制造过程中使用的高速金属切削、铣削和磨削机床推动了高速电机的发展,例如,应用于航空航天的轻型合金的加工。商用飞机制造商常用高速电主轴钻孔铆钉孔和铣削纵梁、桅杆和精密部件。对高速电主轴的主要要求为[32]:

1) 与常规应用相比,需要更高"功率 – 速度"的产品,特别是铣床和磨床;

2) 加工过程中的高机械应力,需要增强轴承的鲁棒性;

3) 需要在零速度下实现位置控制,以便自动更换工具;

4) 需要高效冷却系统,达到与实际磁性和绝缘材料技术兼容的最高输出功率 – 体积比;

5) 合适的润滑系统,以获得高质量的性能和较小的摩擦;

6) 能够在不同的位置上工作;

7) 工作循环要求与工件的大尺寸成比例。

与感应电机相比,机床用永磁无刷主轴电机在低速、高转矩范围内显示出更高的效率,这可以减少主轴单元的尺寸并简化冷却结构[171]。图 9.13 为嵌入式永磁转子模型[171]。带嵌入式永磁转子的无刷电机可以产生同步转矩和磁阻转矩。

图 9.14 为带有水冷系统的 12kW、4 极、500 ~ 20000r/min、65A 永磁无刷主

图 9.13 无刷主轴电机的转子与嵌入式永磁体（照片由日本名古屋三菱公司提供）[171]
1—永磁体 2—叠压铁心 3—内套筒

轴电机的输出功率 - 速度和转矩 - 速度特性。电机外壳长度为 516.5mm，外壳外径为 119mm。带绕组悬垂的定子长度约为外壳长度的四分之一。

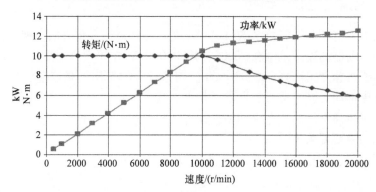

图 9.14 美国威斯康星州拉辛 Fischer Precise 公司生产的 12kW、500 ~ 20000r/min
永磁无刷主轴电机（SD60124 型）的稳态特性

9.6.3 飞轮储能

飞轮储能（FES）系统从一次能源中提取电能，如公用电网，并将其存储在高速旋转的飞轮中。飞轮系统实际上是一个以非常高转速旋转的（ > 20000r/min）动力电池或机械电池，其存储能量可以在需要时立即释放。在断电时，驱动飞轮的电机充当发电机。当飞轮继续旋转时，该发电机向客户负荷供电。

先进的飞轮储能系统具有由高强度碳复合纤维制成的转子，在真空外壳中旋转的转速从 20000r/min 到超过 50000r/min，并使用磁轴承。重量轻、强度高的复合材料是飞轮的理想材料。高速转子具有两大优点：超低摩擦轴承组件的成本较低，并且在高转速下引起材料应力的惯性载荷最小化。需要高强度才能达到最大转速。

飞轮周向速度高于表 9.1 所示的速度。例如，直径 $D = 0.5\mathrm{m}$ 和 $50000\mathrm{r/min}$ 时，表面线速度为 $1308\mathrm{m/s}$。

外径 D、厚度 t 和密度 ρ 的旋转均匀圆盘中存储的动能为

$$E_k = \frac{1}{2}J\Omega^2 = \frac{\pi}{64}\rho t D^4 \Omega^2 \tag{9.12}$$

式中，圆盘的惯性矩和质量分别为

$$J = \frac{\pi}{32}\rho t D^4 \qquad m = \frac{\pi}{4}\rho t D^2 \tag{9.13}$$

飞轮的能量密度是选择材料的首要标准，即

$$\frac{E_{kin}}{m} = \frac{1}{16}D^2\Omega^2 \tag{9.14}$$

随着角速度 Ω 的增加，飞轮中存储的能量和离心力引起的径向拉应力也会增加。在旋转圆盘上的最大拉应力为

$$\sigma_{max} = \frac{3+\nu}{8}\rho\frac{D^2}{4}\Omega^2 \approx \frac{1}{8}\rho D^2\Omega^2 \tag{9.15}$$

式中，ν 为泊松比。在式（9.15）中，$\nu \approx 1/3$。最大应力 $\sigma_{max} < \sigma_f$，其中 σ_f 为失效应力，应包括适当的安全系数。将式（9.15）中的 $D^2\Omega^2 = 8\sigma_f/\rho$ 代入式（9.14）中，可得

$$\frac{E_{kin}}{m} = \frac{1}{2}\frac{\sigma_f}{\rho} \tag{9.16}$$

旋转质量 m 的最大能量密度仅取决于材料的失效应力 σ_f 及其密度 ρ。高性能飞轮的最佳材料是具有高失效应力 - 质量密度比（材料指数）的材料[19]。例如玻璃纤维增强聚合物（GFRP）或碳纤维增强聚合物（CFRP）等复合材料的性能远优于金属或金属合金（见表 9.4）。

表 9.4 金属与复合材料的力学性能比较

材　　料	比质量密度 ρ/ ($\mathrm{kg/m^3}$)	杨氏模量/ GPa	泊松比	失效应力 σ_f/ MPa	材料指数 σ_f/ρ/ ($\mathrm{MN \cdot m/kg}$)
钢 AISI 4340	7800	190 ~ 210	0.27 ~ 0.30	1800	0.22
铝合金 AlMnMg	2700	70 ~ 79	0.33	600	0.22
钛合金 TiAl6Zr5	4500	105 ~ 120	0.34	1200	0.27
玻璃纤维增强聚合物 60% 体积的电气级玻璃（E 级）	2550	70 ~ 80	0.22	1600	0.60
碳纤维增强聚合物 60% 体积的高韧性（HT）碳	1500	225 ~ 240	0.28 ~ 0.36	2400	1.60

图 9.15 为具有永磁无刷电机和磁轴承的飞轮储能。为减少护套和永磁体中的齿谐波损耗，有时使用无槽定子。当机械能存储在飞轮中时，永磁无刷电机以

电动机模式运行；当飞轮中存储的能量作为电能被利用时，永磁无刷电机以发电机模式运行。

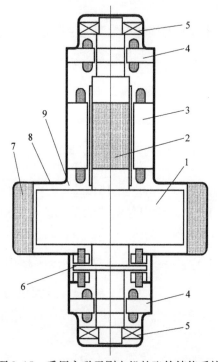

图 9.15　采用永磁无刷电机的飞轮储能系统

1—飞轮　2—永磁无刷电机/发电机的转子　3—永磁无刷电机/发电机的定子
4—径向磁轴承　5—备用轴承　6—推力磁轴承　7—防护罩　8—真空安全壳　9—真空

飞轮的功率密度高达电池的5～10倍（见图9.16）。虽然电池可以比飞轮提供备用电源的时间要长得多，并且消耗更少的备用电源，但飞轮也具有很多优势，例如：

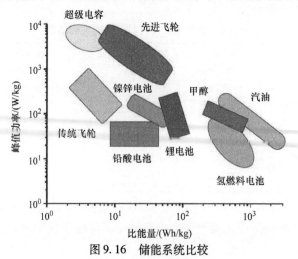

图 9.16　储能系统比较

1）飞轮的设计寿命通常为 20 年左右，而应用于不间断电源（UPS）的大多数电池只能使用 3～5 年；

2）电池必须放在接近室温的工作温度范围内，而飞轮可以容忍正常的室外环境温度条件；

3）频繁充放电对飞轮寿命影响较小，而频繁充放电会显著降低电池寿命；

4）飞轮的可靠性是单电池组或等效双并联电池组的 5～10 倍；

5）飞轮更紧凑，仅需提供相同输出功率电池占用空间的 10%～20%；

6）飞轮的维护通常比电池更少，也更简单；

7）飞轮避免与化学物质释放相关的电池安全问题。

9.6.4　牙科机头

电机驱动的牙科机头正快速取代传统的空气涡轮机驱动的机头。空气涡轮机驱动的高速机头转速在 250000～420000r/min 之间，并且转矩相对较低。电机驱动的机头速度可达 200000r/min 且转矩更大。说明空气涡轮机驱动的机头比电机头更快。然而，当空气涡轮机驱动的机头中牙钻接触要切割的材料时，其速度将下降 40% 或更多（取决于材料的硬度），由于气压不足以在高负荷下保持涡轮的速度[191]。电机头能够提供平稳、恒定的转矩，不会随着钻头遇到阻力而变化。由于没有空气，电机头更安静，也消除了手术部位发生空气栓塞的可能性[191]。电机头提供 33～45W 的切割功率（大于空气涡轮机驱动的机头）。

在电机头中，钻头通过机头头部的齿轮连接到由电机转动的中央驱动轴（见图 9.17）。电机头的变速比通常为 5:1。美国伊利诺伊州苏黎世湖 Kavo Dental 公司的永磁无刷电机驱动的电机头（见图 9.17）在电机轴上提供的速度范围为 2000～40000r/min。当与 25LPA 机头（5:1 齿轮比）结合使用时，速度可以提高到 200000r/min。

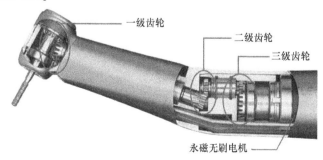

一级齿轮
二级齿轮
三级齿轮
永磁无刷电机

图 9.17　带有永磁无刷电机的牙科机头（由美国伊利诺伊州苏黎世湖 Kavo Dental 公司提供）

牙科和电动手术器械用直径为 13mm、4 极、73.6mN·m、50V 直流的开槽永磁无刷电机如图 9.18 所示。它可以承受超过 1000 次高压灭菌器循环。其转速 - 转矩特性如图 9.19 所示。

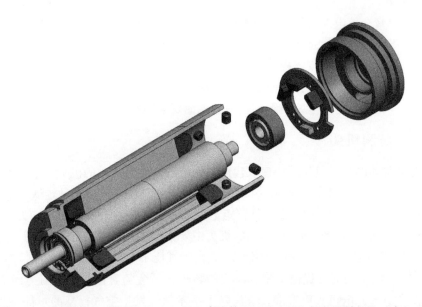

图 9.18　直径 13mm、73.6mN·m、50V 直流的 BO512 - 050 永磁无刷电机（表 9.5）
（由美国宾夕法尼亚州西切斯特 Danaher Motion 公司 Portescap™ 提供）

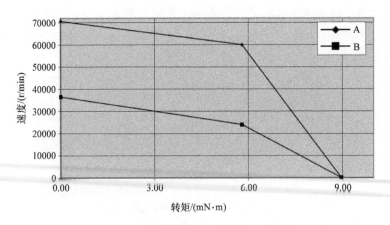

图 9.19　BO512 - 050 永磁无刷电机的转速 - 转矩特性（表 9.5）
（由美国宾夕法尼亚州西切斯特 Danaher Motion 公司 Portescap™ 提供）

表9.5 美国宾夕法尼亚州西切斯特 Danaher Motion 公司 Portescap™ 制造的牙科和
电动手术器械用小直径无刷开槽 BO512-050 永磁无刷电机[219]

参　数	电机类型	
	设计 A	设计 B
外壳直径/mm	12.7	
外壳长度/mm	47.0	
额定直流电压/V	50	50
峰值转矩（转矩常数×峰值电流）/(mN·m)	72.3	35.7
连续失速转矩/(mN·m)	8.98	8.98
最大连续电流/A	1.33	0.67
峰值电流/A	10.7	2.73
24V 下的空载转速/(r/min)	70600	36500
线间电阻/Ω	4.64	18.3
线间电感/mH	0.22	0.89
电动势常数/[V/(kr/min)]	0.708	1.37
转矩常数/(mN·m/A)	6.76	13.1
转子惯性矩/(10^{-8}kg·m²)	4.94	4.94
机械时间常数/ms	5.02	5.02
电气时间常数/ms	0.05	0.05
热阻/(℃/W)	15.9	15.9
最大连续功耗/W	8.18	8.18
质量/g	44	44

　　为了降低定子的铁心损耗和温度，磁路采用了低损耗的铁磁合金，例如
Megaperm ©40L，在1T 和50Hz 条件下损耗密度为0.2W/kg 的非晶合金[221]。

电动牙科机头具有以下优点[66]：

1）转矩大，速度损失少；

2）手术安静平稳，病人听力损害可能性小，刺激性声音小；

3）振动低；

4）高同心度精密切割；

5）单台电机具有多项手持式功能（高速和低速）；

6）电机的低速功能可以轻松切割假牙、临时树脂修复、正畸器械、咬合夹
板、石膏或石头。

高速电动牙科机头的缺点包括[66]：

1）与高速空气转子机头相比，价格和重量都更高；

2）拐角头部比较大；

3）由于转矩大，牙医在切割过程中无意中给牙齿造成过大的负荷；

4）必须仔细遵守感染控制措施，以避免反复灭菌损坏机头。

9.6.5 剪羊毛机头

通过限制刀具上的齿数和增加刀具的行程，可以减少移动机头剪羊毛所需的力[256]。整体尺寸和温升要求内置驱动器和电机具有至少96%的效率[256]。可行性研究表明，2极永磁无刷直流电机可以满足这些要求[256]。最适用的驱动器是具有非晶定子铁心和无倾斜绕组的无槽齿轮驱动器（见图9.20）。为了减小电机损耗，控制器提供正弦电压来匹配反电动势波形，位置传感器具有锁相环可以电子调整电源的相位。

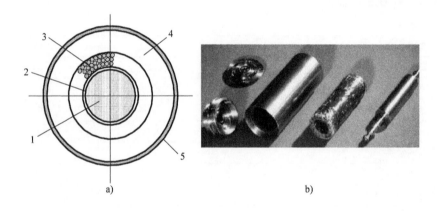

图9.20 剪羊毛机头用永磁无刷电机：a) 截面；b) 电机零件

（由澳大利亚新南威尔士州纽卡斯尔 CSIRO 公司提供）

1—2 极钕铁硼转子 2—气隙（机械间隙） 3—无槽电枢绕组 4—无槽非晶叠压片 5—外壳

通过增加气隙磁通密度（采用钕铁硼永磁体）和轴向直导体可以降低定子绕组的损耗。通过选择两极转子来减少磁通变化频率可以降低铁心损耗。使用非晶合金代替硅钢或通过消除定子齿采用无槽铁心可进一步减少铁损。电枢绕组中的杂散损耗可以通过绞合导线来减少。

采用钕铁硼永磁体和无槽非晶定子铁心（Metglas 2605 - S2）的三相双极 13300r/min、150W 无刷直流电机剪羊毛，其测试数据如下：满载相电流 I_a = 0.347A，总损耗6.25W，21℃时相电阻 R_1 = 7Ω，定子铁心平均磁通密度1.57T，满载效率 η = 0.96[256]。

案例

例 9.1

计算 100kW、60000r/min 永磁无刷电机的外径和叠压片长度。效率 $\eta = 96\%$，功率因数 $\cos\phi = 0.95$，定子绕组因数 $k_{w1} = 0.96$，电动势与电压比 $\epsilon = 0.85$，气隙磁通密度峰值 $B_{mg} = 0.72\text{T}$，定子线电流密度峰值 $A_m = 120000\text{A/m}$，极数 $2p = 4$，气隙（机械间隙）$g = 1.5\text{mm}$，转子长度等于定子叠压长度 $L_i = 1.5D$，轴承间距离 $L \approx 1.8L_i$，轴直径 $d_{sh} = 0.35D$。假设轴比质量密度为 $\rho_{sh} = 7700\text{kg/m}^3$，转子平均比质量密度 $\rho = 7200\text{kg/m}^3$，轴弹性模量 $E_{sh} = 200\text{GPa}$，转子弹性模量 $E = 8\text{GPa}$。

解：

对于 $L_i \approx 1.5D_{1in}$，由式（9.1）确定的定子内径为

$$D_{1in} = \sqrt[3]{\frac{\epsilon P_{out}}{0.75\pi k_{w1} n_s A_m \eta \cos\phi}}$$

$$= \sqrt[3]{\frac{0.85 \times 100000}{0.75\pi \times 0.96 \times (60000/60) \times 0.72 \times 120000 \times 0.96 \times 0.95}}$$

$$= 0.078\text{m} = 78\text{mm}$$

转子外径为

$$D_{2out} = D_{1in} - 2g = 78 - 2 \times 1.5 = 75\text{mm}$$

转子表面线速度为

$$v = \pi \times 0.075 \times \frac{60000}{60} = 236\text{m/s}$$

金属和碳 – 石墨护套的线性表面速度都是可接受的。转子叠片的长度等于定子叠层的长度 $L_i = 1.5D_{1in} = 1.5 \times 78 = 117\text{mm}$，轴承之间的距离为 $L \approx 1.8L_i = 1.8 \times 116 = 211\text{mm}$，轴的直径 $d_{sh} = 0.35D = 0.35 \times 75 = 26\text{mm}$。转子的质量和转子轴的质量分别为

$$m = \rho \frac{\pi}{4}(D_{2out}^2 - d_{sh}^2)L_i = 7200 \times \frac{\pi}{4} \times (0.075^2 - 0.026^2) \times 0.117 = 3.28\text{kg}$$

$$m_{sh} = \rho_{sh} \frac{\pi}{4} d_{sh}^2 L_i = 7700 \times \frac{\pi}{4} \times 0.026^2 \times 0.211 = 0.88\text{kg}$$

转子和轴的第二面积惯性矩分别为

$$I = \pi \frac{D_{2out}^2 - d_{sh}^2}{64} = \pi \frac{0.075^4 - 0.026^4}{64} = 1.54 \times 10^{-6}\text{m}^4$$

$$I_{sh} = \pi \frac{d_{sh}^2}{64} = \pi \frac{0.026^4}{64} = 0.023 \times 10^{-6}\text{m}^4$$

根据式（9.6）可得转子的刚度为

$$K = 48 \times \frac{8 \times 10^9 \times 1.54 \times 10^{-6}}{0.117^3} + 48 \times \frac{200 \times 10^9 \times 0.023 \times 10^{-6}}{0.211^3} = 391.5 \times 10^6 \text{N/m}$$

第一个临界速度为

$$n_{\text{cr}} = \frac{30}{\pi} \sqrt{\frac{K}{m + m_{\text{sh}}}} = \frac{30}{\pi} \sqrt{\frac{391.6 \times 10^6}{3.28 + 0.88}} = 92590 \text{r/min}$$

转子转速低于临界转速，即 $n_{\text{s}} < n_{\text{cr}}$。在这种情况下，须应用不等式（9.9），即 $0.75 n_{\text{cr}}/(2p) = 0.75 \times 92590/4 = 17360 \text{r/min} < n_{\text{s}}$。因此，$60000 \text{r/min} > 0.75 n_{\text{cr}}/(2p)$ 和从机械的角度来看，转子的尺寸已经正确。在电机的工业设计中，应借助结构 FEM 计算来验证第一临界速度。

例 9.2

对于图 9.21 所示的 10kW、4 极、40000r/min 高速永磁无刷电机，在温度 $\vartheta = 100$℃ 条件下求护套损耗、风损耗和轴承损耗。该电机的尺寸如下：转子外径 $D_{2\text{out}} = 50$mm，轴直径 $d_{\text{sh}} = 12$mm，叠片长度 $L_{\text{i}} = 50$mm，非磁性气隙（包括固定套筒）$g = 3$mm，定子槽开口 $b_{14} = 3$mm，护套厚度 $d_{\text{sl}} = 1.8$mm。护套在 20℃ 下的电导率为 $\sigma_{\text{sl}} = 0.826 \times 10^6 \text{S/m}$，转子的平均密度为 7200kg/m³，转子轴的密度为 7800kg/m³。气隙磁通密度的峰值为 $B_{\text{mg}} = 0.71$T。定子槽数为 $s_1 = 6$。冷却空气的轴向速度为 $v_{\text{ax}} = 10$m/s。

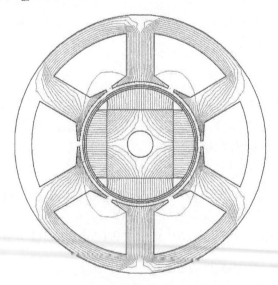

图 9.21　10kW、4 极、40000r/min 的高速永磁无刷电机的横截面和磁力线分布

解：

1）护套的损耗

定子内径

$$D_{1in} = D_{2out} + 2g = 50 + 2 \times 3 = 56mm$$

定子槽距

$$t_1 = \frac{\pi 56}{6} = 29mm$$

根据式（B.21），考虑护套切向方向的涡流系数为

$$k_r = 1 + \frac{1}{\pi}\frac{29}{50} = 1.187$$

根据式（B.24）得到辅助函数为

$$u = \frac{3}{2 \times 3} + \sqrt{1 + \left(\frac{3}{2 \times 3}\right)^2} = 1.618$$

根据式（A.28）得到卡氏系数的辅助函数为

$$\gamma_1 = \frac{4}{\pi}\left\{\left(\frac{3}{2 \times 3}\right)\arctan\left(\frac{3}{2 \times 3}\right) - \ln\left[\sqrt{1 + \left(\frac{3}{2 \times 3}\right)^2}\right]\right\} = 0.153$$

根据式（A.27）得到卡氏系数为

$$k_C = \frac{29}{1 - 0.153 \times 3} = 1.016$$

根据式（B.22）和式（B.23），由槽开口引起的磁通密度幅值为

$$B_{msl} = \frac{1 + 1.618^2 - 2 \times 1.618}{1 + 1.618^2} \times 1.016 \times \frac{2}{\pi} \times 0.71 = 0.048T$$

在 $\vartheta = 100℃$ 时，护套的电导率为

$$\sigma_{sl} = \frac{0.826 \times 10^6}{1 + 0.007 \times (100 - 20)} = 0.5295 \times 10^6 S/m$$

由式（B.20）计算的槽引起的护套涡流损耗为

$$\Delta P_{sl} = \frac{\pi^3}{2}B_{msl}^2\left(\frac{40000}{60}\right)^2 \times 0.5295 \times 106 \times 0.003 \times 0.05 \times 0.187 = 114.5W$$

2）风摩损耗

根据式（B.37），在 $\vartheta = 100℃$ 下的空气密度为

$$\rho = -10^{-8} \times 100^3 + 10^{-5} \times 100^2 - 0.0045 \times 100 + 1.2777 = 0.918kg/m^3$$

根据式（B.39），在 $\vartheta = 100℃$ 下空气的动态黏度为

$$\rho = -2.1664 \times 10^{-11} \times 100^2 + 4.7336 \times 10^{-8} \times 100 + 2 \times 10^{-5} = 0.2452 \times 10^{-6}Pa \cdot s$$

转子的角速度为

$$\Omega = 2\pi \times \frac{40000}{60} = 4188.8rad/s$$

根据式（B.43）得到的雷诺数为

$$Re = \frac{1}{2} \times \frac{0.918 \times 4188.8 \times 0.05 \times (0.003 - 0.0018)}{0.2452 \times 10^{-6}} = 47 \times 10^4$$

由于 $Re = 47 \times 10^4 > 10^4$，根据式（B.38）得到摩擦系数为

$$c_{\mathrm{f}} = 0.0325 \frac{\left[2 \times (0.003 - 0.0018)/0.05\right]^{0.3}}{(47 \times 10^4)^{0.2}} = 0.00096$$

根据式（B.36）得到抗阻力转矩造成的气隙摩擦损耗为

$$\Delta P_{\mathrm{a}} = \frac{1}{16} \times 0.00096\pi \times 0.918 \times 4188.8^3 \times 0.05^4 \times 0.05 = 4.0\mathrm{W}$$

根据式（B.46）得到旋转圆盘的雷诺数为

$$R_{\mathrm{ed}} = \frac{1}{4} \times \frac{0.918 \times 4188.8 \times 0.052^2}{0.2452 \times 10^{-6}} = 0.98 \times 10^5$$

由于 $R_{\mathrm{e}} = 0.98 \times 10^5 < 3 \times 10^5$，根据式（B.45）得到旋转圆盘的摩擦系数为

$$c_{\mathrm{fd}} = \frac{3.87}{(0.98 \times 10^5)^{0.5}} = 0.012$$

根据式（B.44），由于阻力转矩导致的转子（两侧）平面圆形表面的摩擦损耗为

$$\Delta P_{\mathrm{ad}} = \frac{1}{64} \times 0.012 \times 0.918 \times 4188.8^3 \times (0.05^5 - 0.012^5) = 4.1\mathrm{W}$$

冷却空气在气隙中的平均切向速度为 $v_{\mathrm{t}} \approx 0.5v = 0.5 \times 104.72 = 52.36\mathrm{m/s}$。通过气隙的轴向速度为 $v_{\mathrm{ax}} = 10\mathrm{m/s}$。根据式（B.47），由于轴向冷却介质流而造成的损耗为

$$\Delta P_{\mathrm{c}} = \frac{1}{12}\pi \times 0.918 \times 52.36 \times 10 \times 4188.8 \times (0.056^3 - 0.05^2) = 26.7\mathrm{W}$$

因此，由式（B.35）得到的总风摩损耗为

$$\Delta P_{\mathrm{wind}} = 4.0 + 4.1 + 26.7 \approx 34.8\mathrm{W}$$

3）轴承损耗

假设轴的长度为 $2L_{\mathrm{i}}$，则转子的质量为

$$m_{\mathrm{rot}} = 7200 \frac{\pi D_{\mathrm{2out}}^2}{4}L_{\mathrm{i}} + 7800 \frac{\pi d_{\mathrm{sh}}^2}{4}(2L_{\mathrm{i}})$$

$$= 7200 \times \frac{\pi 0.05^2}{4} \times 0.05 + 7800 \times \frac{\pi 0.012^2}{4} \times (2 \times 0.05) = 0.795\mathrm{kg}$$

假设 $k_{\mathrm{fb}} \sim 2$，利用式（B.31）得出轴承摩擦损耗为

$$P_{\mathrm{fr}} = 2 \times 0.795 \times 40000 \times 10^{-3} = 63.6\mathrm{W}$$

例 9.3

计算图 9.21 中所示的 10kW、40000r/min 高速永磁无刷电机的性能。该电机由 PWM 电压源逆变器供电。例 9.2 给出了电机的尺寸、极数和定子槽数。每个线圈的匝数为 $N_{\mathrm{c}} = 15$，以槽数表示的线圈间距为 $w_{\mathrm{sl}} = 1$，气隙中的磁通密度

$B_{mg} = 0.71T$，永磁体极弧系数 $\alpha_i = 0.833$，直流电压 $V_{dc} = 376V$，调幅指数 $m_a = 1.0$，热态下电机的定子相电阻 $R_1 = 0.0154\Omega$，d 轴同步电抗 $X_{sd} = 1.526\Omega$，q 轴同步电抗 $X_{sq} = 1.517\Omega$，负载角 $\delta = 15.7°$ 和铁心损耗 $\Delta P_{Fe} = 197W$。

解：

每极槽数 $Q_1 = 6/4 = 1.5$，每极每相槽数 $q_1 = 6/(4 \times 3) = 0.5$，每相匝数 $N_1 = (s_1/m_1)N_c = (6/3) \times 15 = 30$，频率 $f = pn_s = 2 \times (40000/60) = 1333.3Hz$，定子内径 $D_{1in} = D_{2out} + 2g = 50 + 2 \times 3 = 56mm$，极距 $\tau = \pi D_{1in}/(2p) = \pi 56/4 = 44mm$，转子表面线性速度 $v = \pi D_{2out} n_s = \pi 0.05 \times 40000/60 = 104.7m/s$。根据式 (6.9) 得到的线间交流电压为

$$V_{1L} \approx 0.612 \times 1.0 \times 376 \approx 230V$$

因此，相电压 $V_1 = 230/\sqrt{3} \approx 133V$。该电机的定子绕组分布系数 $k_{d1} = 1$，线圈节距槽数为 $w_{sl} = 1$。根据式 (A.3) 得出的定子绕组短距因数为 $k_{p1} = \sin[\pi w_{sl}/(2Q_1)] = \sin[\pi \times 1/(2 \times 1.5)] = 0.866$；根据式 (A.1) 得出的合成的绕组因数为 $k_{w1} = 1 \times 0.866 = 0.866$。根据式 (5.6) 和式 (5.5) 计算得出的磁通和相电动势分别为

$$\Phi_f = \frac{2}{\pi} 0.71 \times 0.044 \times 0.05 = 0.994 \times 10^{-5}Wb$$

$$E_f = \pi\sqrt{2} \times 1333.3 \times 30 \times 0.866 \times 10.944 \times 10^{-5} = 153V$$

因为 $E_f > V_1 = 133V$，所以该电机作为过励电机运行。定子绕组电流根据式 (5.40)、式 (5.41) 和式 (5.43) 计算，即

$$I_{ad} = \frac{133 \times (1.517\cos15.7° - 0.0154\sin15.7°) - 153 \times 1.517}{1.526 \times 1.517 + 0.0154} = -16.9A$$

$$I_{aq} = \frac{133 \times (0.0154\cos15.7° + 1.526\sin15.7°) - 153 \times 0.0154}{1.526 \times 1.517 + 0.0154} = 23.5A$$

$$I_a = \sqrt{(-16.9)^2 + 23.5^2} = 28.9A$$

可以通过式 (5.39) 进行验证，即

$$E_f = V_1\cos\delta + I_{ad}X_{sd} - I_{aq}R_1$$
$$= 133\cos15.7° + |-16.9| \times 1.526 - 23.5 \times 0.0154 = 153V$$

通过式 (5.44) 或式 (5.3) 计算输入功率，即

$$P_{in} = 3 \times 133 \times [23.5\cos15.7° - (-16.9)\sin15.7°] = 10826W$$

或

$$P_{in} = 3 \times [23.5 \times 153 + 0.0154 \times 28.9^2 + (-16.9) \times 23.5 \times (1.526 - 1.517)]$$
$$= 10826W$$

输入视在功率为

$$S_{in} = 3 \times 133 \times 28.9 = 11494V \cdot A$$

功率因数为

$$\cos\phi = \frac{10826}{11531} = 0.94$$

过励电机的电流 I_a 和 q 轴之间的夹角为

$$\psi = \arccos\phi + \delta = \arccos 0.94 + 15.7 = 35.3°$$

根据式（B.12）得到定子绕组损耗为

$$\Delta P_a = 3 \times 28.9^2 \times 0.0154 = 38.4\text{W}$$

输出（轴）功率为

$$P_{out} = P_{in} - \Delta P_a - \Delta P_{Fe} - \Delta P_{sl} - \Delta P_{wind} - \Delta P_{fr}$$
$$= 10826 - 197 - 114.5 - 34.8 - 63.6 = 10378\text{W}$$

效率为

$$\eta = \frac{10378}{10826} = 0.959$$

在例 9.2 中计算的护套损耗 $\Delta P_{sl} = 114.5\text{W}$、风阻损耗 $\Delta P_{wind} = 34.8\text{W}$ 和轴承摩擦损耗 $\Delta P_{fr} = 63.6\text{W}$。轴转矩为

$$T_{sh} = \frac{10826}{2\pi 40000/60} = 2.5\text{N} \cdot \text{m}$$

例 9.4

比较两个由钢和玻璃纤维增强聚合物（E 级）制造的圆盘式飞轮的性能，飞轮由永磁无刷电机驱动。两个圆盘的厚度都为 $t = 45\text{mm}$。其他参数如下：

1）钢飞轮：外径 $D = 0.32\text{m}$，40000r/min，比质量密度 $\rho = 7800\text{kg/m}^3$，泊松比 $\nu = 0.30$；

2）玻璃纤维增强聚合物飞轮：外径 $D = 0.46\text{m}$，50000r/min，比质量密度 $\rho = 2550\text{kg/m}^3$，泊松比 $\nu = 0.22$。

解：

1）钢飞轮：

根据式（9.13）得到圆盘的质量为

$$m = \frac{\pi}{4} 7800 \times 0.045 \times 0.32^2 = 28.32\text{kg}$$

根据式（9.13）得到钢盘的惯性矩为

$$J = \frac{\pi}{32} 7800 \times 0.045 \times 0.32^4 = 0.369\text{kg}^2$$

飞轮的角速度为

$$\Omega = 2\pi \frac{40000}{60} = 4118.8\text{rad/s}$$

根据式（9.12）计算钢飞轮的动能为

$$E_k = \frac{1}{2} \times 0.369 \times 4188.8^2 = 3169963J = 3.17MJ$$

能量密度为

$$e_k = \frac{3169963}{28.23} = 112294J/kg \approx 112kJ/kg$$

根据式（9.15）得到的径向拉伸应力为

$$\sigma = \frac{3 + 0.3}{8} \times 7800 \times \frac{0.32^2}{4} \times 4188.8^2 = 1445225912Pa = 1.445GPa$$

拉伸应力与密度之比为

$$\frac{\sigma}{\rho} = \frac{1445225912}{7800} = 185185.4N \cdot m/kg \approx 0.185MN \cdot m/kg$$

所谓的飞轮的形状系数为

$$k_{sh} = e_k \frac{\rho}{\sigma} = 112294 \times \frac{7800}{1445225912} = 0.606$$

2）玻璃纤维增强聚合物飞轮：

对于玻璃纤维增强聚合物飞轮，与钢飞轮相同的计算参数为：$m = 19.1kg$，$J = 0.504kg \cdot m^2$，$\Omega = 5236rad/s$，$E_k = 6.9MJ$，$e_k = 362.6kJ/kg$，$\sigma = 1.488GPa$，$\sigma/\rho = 0.584MN \cdot m/kg$，$k_{sh} = 0.606$。

尽管直径更大，但玻璃纤维增强聚合物飞轮更轻，可以更高的速度旋转，存储更多的能量（钢飞轮为 3.17MJ，玻璃纤维增强聚合物飞轮为 6.9MJ），并且具有更高的材料指数 σ/ρ（钢飞轮为 0.185MN · m，玻璃纤维增强聚合物飞轮为 0.584MN · m/kg）。材料指数值不超过表 9.4 中给出的最大值。

第 10 章

特殊结构的无刷电机

10.1 单相电机

许多工业和家庭中应用的计算机、办公设备和仪器需要由 50Hz 或 60Hz 单相电源供电的小型单相辅助电机，其额定功率最高约 200W。十年前，风扇、音响设备和小型水泵等应用场景均由低效率的罩极感应电机所占据。如今，随着永磁体和电力电子设备成本效益的提升，永磁无刷电机逐渐取代笼型感应电机在这些领域中的应用。永磁无刷电机的效率更高、尺寸更小，可降低设备的能耗、体积和质量。

10.1.1 非均匀气隙的单相两极电机

凸极永磁同步电机可以设计为具有非均匀气隙的自起动电机。按定子磁路可分为两种结构：两极非对称 U 形定子磁路（见图 10.1）和两极对称定子磁路（见图 10.2）。在两种电机中，非均匀气隙可以是平滑的（见图 10.1a 和图 10.2a）或阶梯状的（见图 10.1b 和图 10.2b），U 形定子的漏磁通要高于对称定子。由于在零电流状态下定子和转子磁场的轴未对准，气隙不均匀，即极靴一侧边缘比另一侧边缘更宽，这种结构特点为该类电机提供了起动转矩。

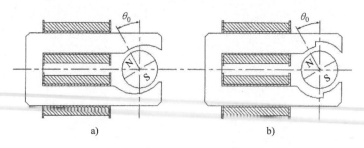

图 10.1　定子磁路不对称的单相永磁同步电机：a）平滑非均匀气隙；b）阶梯非均匀气隙

转子的静止角 θ_0 是定子磁极中心轴与永磁转子磁通轴之间的夹角。只有在

电枢电流 $I_a = 0$ 且角度 $\theta_0 > 0$ 时，该类电机才能够实现自起动。当静止角 $\theta_0 = 90°$ 时，起动转矩最大。图 10.1 中所示的电机结构将静止角限制为 $\theta_0 \leqslant 5° \sim 12°$，因此导致起动转矩较小。图 10.2 所示的电机理论上可以实现 θ_0 接近 $90°$[8]。

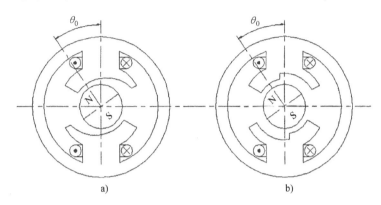

图 10.2　定子磁路对称的单相永磁同步电机：a) 平滑非均匀气隙；b) 阶梯非均匀气隙

　　当定子绕组中的电流为零时，静止角 $\theta_0 > 0$，永磁体磁极和定子之间的吸引力使转子中心轴与最小气隙（最小磁阻）对齐。接通定子电压后，定子磁通会将永磁转子推向定子磁极的中心轴，转子则以其特征频率振荡。如果转子特征频率足够接近定子绕组的供电频率，转子的机械振荡幅度将增加，电机将开始连续旋转。特征频率取决于转子的转动惯量和机械参数。因此，具有较低特征频率的电机往往需要较低的电源频率。在设计阶段了解此类电机的动态特性以确保所需的速度特性非常重要。

　　此类电机的优点是机械结构简单，在小尺寸和额定功率下效率相对较高。由于制造工艺简单，非对称定子比对称定子更容易制造。对称设计几乎可以实现最大可能的起动转矩（θ_0 接近 $90°$），而非对称设计具有相对较小的起动转矩。应该注意的是，两种设计中的旋转方向都不能预先确定。

　　如果在自起动模式下使用，缺点是电机的尺寸有限。图 10.3 为轻载小型电机起动期间速度和电流的振荡[285]。如果负载增加，速度的波动要比图 10.3 下降得更快。

　　根据式（3.75），电机产生的电磁转矩可以通过磁共能对转子角位置 θ 的导数求得。如果忽略磁饱和，电机在极对数 $p = 1$ 时产生的转矩为[8]

$$T_d = i_a \Psi_f \sin\theta - T_{drelm}\sin[2(\theta - \theta_0)] \tag{10.1}$$

式中，第一项为电磁转矩；第二项为磁阻转矩；Ψ_f 是磁链峰值，$\Psi_f = N_1 \Phi_f$；θ 是与 d 轴相关的旋转角度；T_{drelm} 是磁阻转矩的峰值。当考虑与被驱动机械耦合的电机特性时，可以写出以下电气和机械平衡的微分方程[7]：

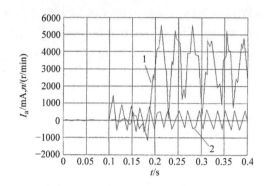

图 10.3　具有振荡起动的两极同步电机在自起动模式下的速度和电流与时间的关系
1—速度　2—电流

$$V_{1m}\sin(\omega t + \varphi_v) = i_a R_1 + L_1 \frac{di_a}{dt} + \frac{d\theta}{dt}\Psi_f\sin\theta \tag{10.2}$$

$$J_s \frac{d^2\theta}{dt^2} = i_a \Psi_f\sin\theta - T_{drelm}\sin[2(\theta - \theta_0)] - T_{sh} \tag{10.3}$$

式中，V_{1m} 是峰值端电压；φ_v 是电压相角；i_a 是瞬时定子（电枢）电流；R_1 是定子绕组电阻；L_1 是定子绕组电感；J_s 是驱动系统和负载的惯性；T_{sh} 是外部负载（轴）转矩。

为了简化分析，建议计算空载电机的特性，即 $T_{sh} = 0$，忽略磁阻转矩 $T_{drelm} = 0$。空载时的机械平衡方程（1.16）采用以下简单形式[7]：

$$J_s \frac{d^2\theta}{dt^2} = i_a \Psi_f\sin\theta \tag{10.4}$$

求出 $i_a(t)$ 并将式（10.4）带入式（10.2），然后对 θ 进行微分得到[7]

$$\frac{V_{1m}}{2}\sin(\omega t + \varphi_v) = \frac{V_{1m}}{4}[\sin(\omega t + \varphi_v + 2\theta) + \sin(\omega t + \varphi_v - 2\theta)] +$$

$$\frac{J_s R_1}{\Psi_f}\frac{d^2\theta}{dt^2}\sin\theta + \frac{J_s L_1}{\Psi_f}\left(\frac{d^3\theta}{dt^3}\sin\theta - \frac{d^2\theta}{dt^2}\frac{d\theta}{dt}\cos\theta\right) +$$

$$\frac{d\theta}{dt}\frac{\Psi_f}{4}[3\sin\theta - \sin(3\theta)] \tag{10.5}$$

式（10.5）用于确定电机是否可以起动并进入同步状态，以及它运行的静音程度[7]。

10.1.2　振荡起动的单相多极电机

额定功率高达几瓦的单相永磁电机也可以设计为圆柱形磁路、多极定子和转子以及利用机械振荡实现自起动。图 10.4a 示意性地描绘了该类电机的磁路，其中永磁转子的形状为六点星形。每个极分为两部分,两极之间的距离不相等:每隔一个极之间的距离等于 2τ;对于其余极距为 1.5τ。定子环形绕组由单相电源供电并产生 36 个磁极,极数等于齿数。在交流电流的作用下,定子磁极周期性地改变其极性,并交替吸引转子星形点,使得转子开始摆动,随着机械振荡幅度的增加,转子将被拉入同步状态。

由于旋转方向不确定,为了获得所需的方向,电机必须配备机械阻挡系统,以对抗不需要的旋转方向,例如螺旋弹簧、锁止爪等。

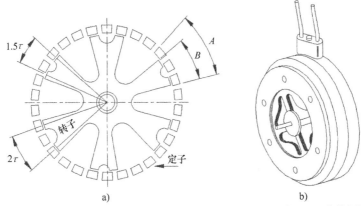

图 10.4 具有振荡起动的单相多极永磁同步电机:a) 磁路;b) 总体视图

由于速度恒定,这些电机已被用于自动控制系统、电子钟、音像设备、电影放映机、脉冲计数器等。

AEG 公司制造的用于脉冲计数器的带振荡起动的永磁单相电机具有一个轴向磁化的盘形转子,如图 10.5 所示。低碳钢爪极放置在圆盘形永磁体的两侧(见图 10.6)。为了获得要求的旋转方向,每个磁极都是不对称的。

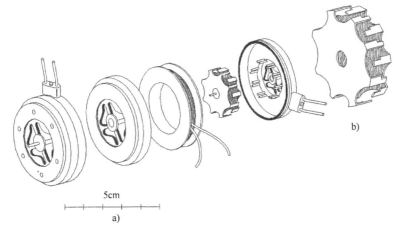

5cm

a)

图 10.5 AEG 公司制造的具有振荡起动的单相多极永磁同步电机:a) 拆卸的电机;b) 转子结构

定子由一个带内凸极的环形单相绕组组成，凸极的数量等于转子的极数。定子磁极成对地不对称分布。每对极中的一个极被一个环短路。每对极的极性相同，并根据定子交流电流而变化。振荡起动与图 10.4 所示的电机类似。SSLK – 375 AEG 电机规格数据为：$P_{out} \approx 0.15W$，$P_{in} \approx 2W$，$V_1 = 110/220V$，$2p = 16$，$f = 50Hz$，$n_s = 375r/min$，$\eta = 7.5\%$，起动转矩

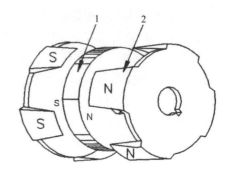

图 10.6 永磁爪型转子
1—轴向磁化的盘形永磁体 2—低碳钢磁极

$T_{st} = 0.785N \cdot m$，相对于 1r/min，同步转速下的轴转矩 $T_{sh} = 1.47N \cdot m$。该电机可用于测量直流脉冲。用直流脉冲馈电的定子绕组可以在气隙中产生磁场，使转子转动一个极距，即每个脉冲使转子转动 22.5°，因为电机有 16 个磁极和 360°/16 = 22.5°。因此，一整圈对应于 16 个脉冲。这种电机有时配备有机械减速器。在这种情况下，旋转角度由传动比决定。

振荡起动永磁多极同步电机的特点是可靠性高、体积小、功率因数较好、效率较差，而额定功率和价格较低。

10.1.3 单相高性价比的永磁无刷电机

单相和两相永磁无刷电机应用广泛，包括计算机风扇、条码扫描器（见表 10.1）、卫浴设备、视听设备、无线电遥控玩具、手机（振动电机）、汽车等。

表 10.1 中国台湾省高雄建准电机工业有限公司生产的条码扫描器永磁无刷电机规格

模 型	BC105007	M11CBC03	M11BBC01	M12DBC02
直径/mm	19	19	17.8	32
长度/mm	11	11	8.8	19.3
电压/V	4.8	5	3.5	12
空载转速/(r/min)	7600	8200	9000	9900
空载电流/mA	87	109	47	200
起动转矩/(10^{-3}N·m)	0.54	0.59	0.31	8.33
轴承类型	套筒	滚珠	套筒	滚珠
噪声/dBA	45（5cm）	45（5cm）	50（5cm）	50（10cm）
工作温度/℃	5~70	5~70	-10~60	-10~60

如果根据转子位置控制输入电压，则单相永磁无刷电机的行为类似于自起动电机。电机自起动独立于放置在定子 q 轴上的面向北或南转子极的霍尔传感器。

借助于产生定子磁场的电子电路，可以实现所需的旋转方向，该磁场具有与转子位置相关的适当相移[151]。

带三端双向晶闸管开关的最简单电子电路如图 10.7a 所示。只有当电源电压和电机电动势都为正或负时，双向晶闸管才开启[151]。电子电路的任务是在起动和瞬态操作（例如突然过载）时为电机供电。电机还配备了一个同步电路，该电路绕过电力电子变换器，以额定速度将电机直接连接到电源[151]。

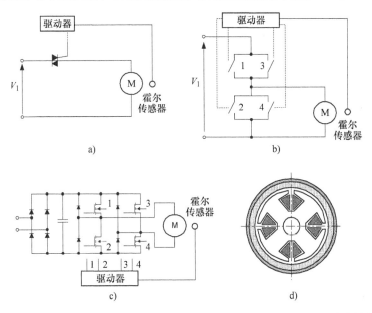

图 10.7　单相永磁无刷电机驱动：a）双向晶闸管变换器；b）四开关变换器；c）全桥变换器；d）成本效益高的单相永磁无刷电机

在图 10.7b 所示的工频可变电压变换器中，当电源电压和电机电动势均为正或负时，开关 1 和 3 处于接通状态[151]。当电源电压和电机电动势符号相反且电机端子上的电压为零时，开关 2 和 4 传导电流。图 10.7a、b 所示的变换器产生脉冲电压波形、低频谐波（转矩脉动），并且起动时的瞬态相对较长。

图 10.7c 所示的直流环节中电力电子变换器提供了与电源频率无关的起动暂态，并降低了逆变器输入电流的谐波失真。电机以可变频方波电压供电。

成本效益高的单相无刷电机具有凸极定子和环形永磁电机。图 10.7d 所示为一台带有外转子的四极电机，其设计用于驱动冷却计算机和仪器的风扇（见图 6.41）。

成本效益高的单相永磁无刷电机也可以设计为横向磁通电机，其带有包含单线圈绕组的星形定子铁心[156]。在图 10.8 所示的单相电机中，定子有六个齿，即转子永磁体磁极的一半。定子左侧和右侧星形钢盘移动30°机械角度，即一个磁极距朝向极性相反的转子磁极。这样就形成了封闭的横向磁通路径。定子凸极的适当成形可以降低齿槽转矩。

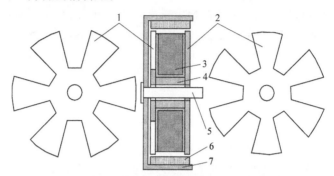

图 10.8　具有成本效益的单相永磁横向磁通电机
1—定子左星形钢盘　2—定子右星形钢盘　3—定子绕组（单线圈）
4—钢衬套　5—轴　6—环形永磁径向磁化　7—钢轮毂

10.2　汽车应用的执行机构

永磁无刷驱动器可以提供高转矩密度，并将电能高效转换为机械能。机动车辆的大多数旋转机电执行器必须满足以下要求[240,241,242]：

1）工作行程小于一整圈（小于 360°）；

2）高转矩；

3）左右旋转方向对称；

4）永磁齿槽转矩和电磁转矩的稳定平衡位置相同。

永磁无刷执行器的基本拓扑如图 10.9 所示[240,241,242]。定子由外部磁路和励磁线圈组成。转子由两个机械耦合的齿形铁磁结构和一个多极永磁环或圆盘组成，该多极永磁环或圆盘插入其中（圆形和圆盘驱动器）或插入其下方（爪极驱动器）。磁性部件的凸齿数等于永磁体极数的一半，取决于所需的有限角运动角度。除了转子的完全旋转运动外，还执行永磁体相对于齿形铁磁部件的有限角运动[241]。该特性要求定子和转子之间有额外的气隙，这会降低性能。由于转矩与独立磁路段的数量成正比，等于永磁体极对数，多极旋转驱动器提供所谓的"齿轮效应"。

随着永磁能量和外加磁场强度的增加，当接近饱和水平时，气隙中的磁通密度分布从正弦变为梯形。图 10.9 所示的驱动器已成功应用于通用汽车的 Magnasteer 动力转向辅助系统[240,241,242]。烧结和模具淬火（见表 2.4）钕铁硼磁体均已得到应用。

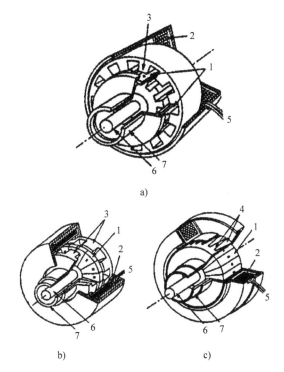

图 10.9　用于汽车应用的旋转式永磁驱动器：a）圆形；b）盘式；c）爪极

（由美国密苏里州谢尔比市 Delphi Technology 有限公司提供）

1—永磁体　2—励磁线圈　3—齿磁路　4—爪极　5—端子引线　6—扭杆　7—小齿轮

10.3　集成起动发电机

集成起动发电机（ISG）替代了发动机传统的起动机、发电机和飞轮，将起动和发电集成在一个机电装置中，并提供以下辅助功能：

1）车辆自动起停系统，在零负载时（在红绿灯处）关闭内燃机，并在踩下油门踏板时在不到 0.3s 内自动重新起动发动机；

2）内燃机脉冲起动加速到所需的空转速度，然后才开始燃烧过程；

3）增压模式运行，即集成起动发电机作为电动辅助电机运行，以低速短时间驱动或加速车辆；

4）再生模式运行，即当车辆制动时，集成起动发电机作为发电机运行，将机械能转化为电能并帮助蓄电池充电；

5）扭转振动的主动阻尼提高了驾驶性能。

车辆自动起停系统和脉冲起动加速可将燃油经济性提高 20%，并将排放降低 15% 。集成起动发电机的转子像飞轮一样，轴向固定在内燃机和离合器（变速器）之间的曲轴上，如图 10.10 所示。由于集成起动发电机的应用消除了传统的发电机（交流发电机）、起动机、飞轮、皮带轮和发电机皮带，车辆推进系统的部件数量减少。

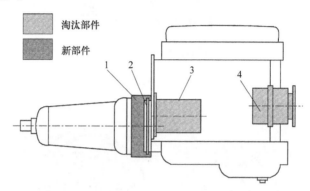

图 10.10 直驱集成起动发电机取代了传统的发电机（交流发电机）、
起动机、飞轮、皮带轮和发电机皮带

1—集成起动发电机 2—飞轮 3—经典起动机 4—经典发电机（交流发电机）

集成起动发电机的额定功率在 8 ~ 20kW 之间，在 42V 电气系统上运行。感应电机和永磁无刷电机均可作为集成起动发电机使用。实际应用中，常采用铁氧体永磁体来降低集成起动发电机的成本。集成起动发电机是一台平板电机，定子外径约为 0.3 m，极数为 $2p \geqslant 10$。建议采用图 5.1j 所示的内置式磁转子拓扑。例如，对于三相 12 极电机，定子槽的数量为 72。集成起动发电机通过 42V 直流六开关逆变器与车辆电气系统连接。

10.4 大直径电机

直径与长度之比较大的薄环形电机便于缠绕在从动轴上，进而电机与负载实现直接连接，可以有效地消除联轴器引起的扭转共振问题。同时，省去齿轮部件可以消除摩擦和齿隙造成的误差，适用于高性能定位系统。与轴直接集成还可以有效降低电机的体积。带有内定子的大直径永磁无刷电机如图 10.11 所示。

外径高达 850mm，外径与轴向堆叠宽度之比为 20 ~ 80，极数 $2p$ 为 16 ~ 64。表 10.2 给出了大直径 20N·m、800r/min 永磁无刷电机、感应电机和开关磁阻电机的比较。永磁无刷电机具有最高的效率、最低的定子绕组电流密度、最低的质量和最高的转矩密度。

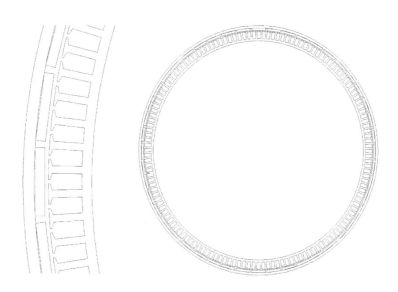

图 10.11　$2p = 48$、$s_1 = 144$ 的大直径永磁无刷电机外形

表 10.2　大直径 20N·m、800r/min 永磁无刷电机、感应电机和开关磁阻电机的比较

规　格	永磁无刷电机	笼型感应电机	开关磁阻电机
极数	48	48	48（定子）
定子槽数	144	144	48
转子槽数	—	131	36
外径/mm	468	540	540
内径/mm	411	470	470
堆叠轴向宽度/mm	6	6	6
峰值转矩/(N·m)	36.7	38.0	37.0
峰值转矩电流/A	11.0	28.6	12.0
峰值转矩电流密度/(A/mm²)	10.6	11.0	11.6
连续转矩/(N·m)	20.0	22.5	19.0
连续转矩电流密度/(A/mm²)	6.0	6.5	19.0
峰值转矩效率（%）	85.5	70.9	77.2
连续转矩效率（%）	85.0	65.7	78.3
电机质量/kg	2.41	7.15	4.15
峰值转矩密度/(N·m/kg)	15.2	5.3	8.9

直驱大直径永磁无刷电机在需要高动态响应、快速起停的高加速度场合中具有良好的应用前景，例如半导体制造、激光扫描和打印、机床轴驱动、机器人基座和关节、坐标测量系统、稳定火炮平台和其他国防力量设备。

10.5 三轴力矩电机

三轴力矩电机通常设计为永磁或磁阻球形电机，可以用于机载望远镜等场合。该类电机具有双边定子线圈，类似于盘式电机。通常设计为无槽定子以减少转矩脉动。转子可以绕 x 轴旋转 $360°$，并且在 y 轴和 z 轴上仅旋转几度。

图 10.12 为在达姆施塔特技术大学设计和测试的三轴力矩电机的示例[11, 12]。转子段比定子段覆盖更大的角度。悬垂确保在 y 轴和 z 轴运动范围内产生恒定的转矩——该电机在 y 轴和 z 轴的范围为 $10°$（见图 10.12）。

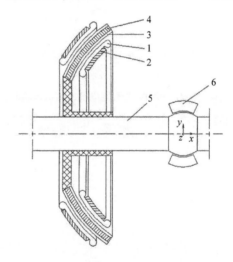

图 10.12 带永磁转子的球形三轴电机（由德国达姆施塔特技术大学提供）[11,12]
1—电枢绕组 2—电枢铁心 3—永磁体 4—转子铁心 5—轴 6—球形轴承

在带有完整球形转子的设计中，三个形状为球形截面的定子绕组必须包围转子。三个绕组对应于三个空间轴，因此彼此垂直对齐。如图 10.12 所示，当球形转子和定子的直径小于球体的直径时，这三个定子绕组可以只用一个绕组代替。定子绕组可分为四个部分，每个部分单独控制。根据励磁绕组段的数量和磁动势的方向，可以产生三个转矩中的任意一个。为绕组段供电的四个逆变器如图 10.13所示。

由于该电机为三维球形结构，其性能计算通常采用有限元法（FEM）。

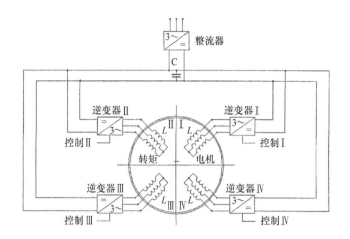

图 10.13　四个逆变器为球形电机的绕组部分供电（由德国达姆施塔特技术大学提供）[11,12]

10.6　无槽电机

　　将永磁无刷电机设计为无定子槽，即绕组固定在叠片定子磁轭的内表面，可以消除齿槽效应。对于小型电机来说，环形绕组（例如绕在圆柱形定子铁心上的线圈）的加工更为方便。除零齿槽转矩外，无槽永磁无刷电机与有槽电机相比具有以下优点：

　　1）在更高的速度范围内具有更高的效率，这使其成为优秀的小功率高速电机（见表9.2）；

　　2）小尺寸绕组成本更低；

　　3）绕组到机壳的热导率更高；

　　4）由于较大的气隙以及气隙磁通密度分布中较少的高次谐波含量，转子固定环和永磁体中的涡流损耗较小；

　　5）低噪声。

　　其缺点包括转矩密度较低、需要较多的永磁材料、在较低转速范围内效率较低以及电枢电流较大。随着总气隙（机械间隙加上绕组径向厚度）的增加，根据式（2.14），气隙磁通密度减小，因此电磁转矩也减小。永磁体的体积（径向高度）必须显著增加，以保持转矩接近等效开槽电机的转矩[149]。

　　高速无槽永磁无刷电机如图 10.14 所示[97]。永磁体借助复合材料固定套筒免受离心力的影响。两个由玻璃纤维增强聚合物制成的环可以插入定子铁心中，定子两端各有一个环。玻璃纤维增强聚合物环的外径等于定子铁心的内径，玻璃纤维增强聚合物环的内径由定子和转子之间的机械间隙决定。然后，在导体位置的玻璃纤维增强聚合物环上钻孔，并将导体穿过这些孔[97]。

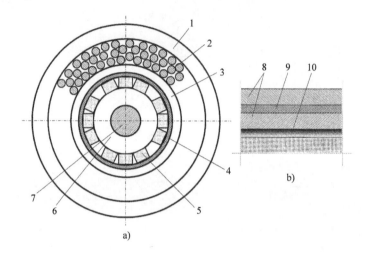

图 10.14　高速无槽永磁无刷电机的构造：a）横截面；b）转子复合材料固定套筒（绷带）[97]
1—定子轭（背铁）　2—定子导体　3—气隙　4—固定套筒　5—永磁体
6—转子磁心　7—轴　8—碳纤维　9—碳编织物　10—玻璃纤维

　　表贴式永磁体的无槽电机的电枢反应电抗 X_{ad} 和 X_{aq} 可借助式（5.31）和式（5.33）进行计算，其中 $g' = g + h_M/\mu_{rrec}$ 且 $q'_q = g_q$，前提是 g 和 g_q 均包含电枢绕组的径向厚度。由于大的非铁磁间隙，d 轴和 q 轴上的磁饱和都可以忽略。

　　无槽电机的应用包括医疗设备（手机、钻头和锯子）、机器人系统、测试和测量设备、泵、扫描仪、数据存储、半导体处理。表 9.2 给出了带无槽电枢绕组的小型两极高速电机的规格。

10.7　尖端驱动风扇电机

　　在尖端驱动风扇（TDF）中，永磁无刷电机的外定子由四个部分组成，每个角一个（见图 10.15a）。一个圆柱形永磁体包裹着风扇叶片的尖端。与传统风扇相比，电机轮毂面积减少了 75%，空气流量增加了 30%，散热效率提高了15%。CPU 冷却器的尖端驱动风扇的典型规格（见图 10.15b）为：尺寸75mm×75mm×75mm，极数 $2p = 12$，功耗 2W，额定电流 0.17A，额定转速 4500r/min，额定电压 12V 直流，最大空气流量 0.014m³/s，噪声级 34dB（A）。位于角落的永磁无刷电机额定功率为 120~600W，转速为 2700r/min，用于冷却体积流量为 0.335~0.8m³/s 的尖端驱动风扇（瑞典 Flakt Oy 的 ABB 公司）。

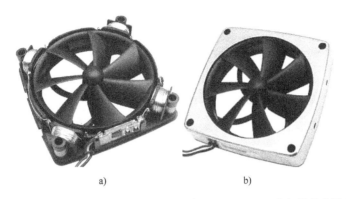

图 10.15 尖端驱动风扇的构造：a）永磁无刷电机；b）CPU 冷却器的尖端驱动风扇
（由中国台湾省高雄元山科技有限公司首席执行官 C. J. Chen 提供）

案例

例 10.1

求图 10.16a 所示的具有振荡起动的单相两极永磁同步电机的特性。输入电压为 $V_1 = 220V$，输入频率为 $f = 50Hz$，导体直径为 $d_a = 0.28mm$，每个线圈的匝数为 $N_1 = 3000$，线圈数为 $N_c = 2$，钕铁硼永磁体直径为 $d_M = 23mm$。

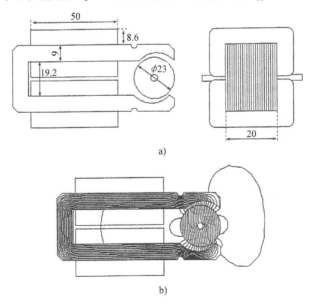

a)

b)

图 10.16 具有不对称定子磁路和平滑不均匀气隙的单相永磁同步电机：a）尺寸；
b）转子静止位置 $\theta_0 = 5°$ 的磁通图（静止角见图 10.1）

解：

对于 0.28mm 导线的 F 级漆包绝缘，其绝缘直径为 0.315mm。如果导体分布在 20 层（$20 \times 0.315 = 6.3$mm），每层 150 匝（$150 \times 0.315 = 47.25$mm），它们需要 $6.3 \times 47.25 = 297.7$mm^2 的空间。假设线轴厚度为 1mm，九层厚度为 0.1mm 的绝缘纸（每第二层）和一层厚度为 0.6mm 的外部保护绝缘层，线圈的尺寸为：长度 $47.25 + 2 \times 1.0 \approx 50$mm，厚度为 $6.3 + 9 \times 0.1 + 0.6 = 7.8$mm，加上必要的间距，径向厚度总计约为 8.6mm。

根据图 10.16a，定子匝的平均长度为 $l_{1av} = 2 \times (9 + 8.6 + 20 + 8.6) = 92.4$mm。

定子绕组的电阻是在 75℃的温度下计算的。75℃下铜的导电率为 $\sigma_1 = 47 \times 10^6$S/m。导体的横截面积 $s_a = \pi d_a^2 / 4 = \pi \times (0.28 \times 10^{-3})^2 / 4 = 0.0616 \times 10^{-6}$m^2。

两个线圈的总电阻为

$$R_1 = \frac{2 l_{1av} N_1}{\sigma_1 s_a} = \frac{2 \times 0.0924 \times 3000}{47 \times 10^6 \times 0.0616 \times 10^{-6}} = 191.5\Omega$$

使用二维有限元模型和电流/能量扰动法（第 3 章，第 3.12.2 节）计算绕组电感和磁阻转矩。图 10.16b 为电机静止位置为 5°时的磁通图。作为转子角度函数的磁阻转矩和总转矩如图 10.17a 所示。电压 $V_1 = 220$V 时的定子电流约为 0.26A，对应于电流密度 $J_a = 0.26/0.0616 = 4.22$A/mm^2。自感作为转子角度的函数绘制在图 10.17b 中。

例 10.2

1.5kW、1500r/min、50Hz 永磁无刷电机的定子内径 $D_{1in} = 82.5$mm，d 轴气隙（机械间隙）$g = 0.5$mm。表面钕铁硼永磁体的高度为 $h_M = 5$mm，剩余磁通密度 $B_r = 1.25$T，矫顽力 $H_c = 965$kA/M。标准开槽定子被无槽定子取代，内径 $D'_{in} = 94$mm（绕组内径），绕组厚度 $t_w = 6.5$mm。转子轭直径成比例增加，以保持磁铁和定子绕组之间相同的机械间隙 $g = 0.5$mm。忽略磁路饱和以及电枢反应，求无槽电机的转矩。应该如何重新设计转子以获得标准有槽电机 80% 的转矩？

解：

有槽电机的轴转矩

$$T_{sh} = \frac{1500}{2\pi(1500/60)} = 9.55\text{N} \cdot \text{m}$$

根据式（2.14）得到开槽电机气隙中的磁通密度

$$B_g \approx \frac{1.25}{1 + 1.03 \times 0.5/5} = 1.133\text{T}$$

式中，相对磁导率 $\mu_{rrec} = 1.25/(0.4\pi \times 10^{-6} \times 965000) = 1.03$。无槽电机的磁通密度

$$B'_g \approx \frac{1.25}{1 + 1.03 \times 7/5} = 0.512\text{T}$$

式中，总非铁磁气隙 $t_w + g = 6.5 + 0.5 = 7\text{mm}$。

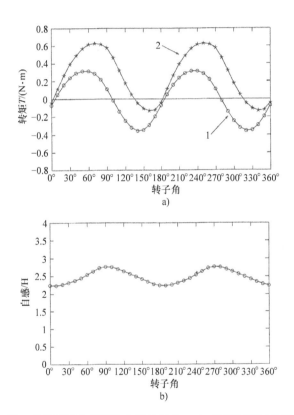

图 10.17　单相两极永磁同步电机的特性：a）转矩与转子角的关系；
b）$I_a = 0.275\text{A}$ 时自感与转子角的关系

1—I_a 为 0 时的磁阻转矩　2—I_a 为 0.26A 时的总转矩

使用相同高度永磁体的无槽电机的轴转矩为

$$T'_{sh} \approx \frac{D'_{in}}{D_{in}} \frac{B'_{mg}}{B_{mg}} T_{sh} = \frac{94}{82.5} \times \frac{0.512}{1.133} \times 9.55 = 4.917\text{N} \cdot \text{m}$$

无槽电机可以产生开槽电机80%的转矩，如果磁通密度将增加到：

$$B''_{mg} = \frac{T'_{sh}}{T_{sh}} \frac{D_{1in}}{D'_{1in}} B_{mg} = 0.8 \times \frac{82.5}{94} \times 1.133 = 0.7955\text{T}$$

为了得到上式中的磁通密度，根据式（2.14）得到永磁体的高度为

$$h'_M = \frac{B''_{mg} g' \mu_{rrec}}{B_r - B''_{mg}} = \frac{0.7955 \times 7 \times 1.03}{1.25 - 0.7955} \approx 12.6\text{mm}$$

永磁体的体积和成本将大约增加 $h'_M / h_M = 12.6/5.0 = 2.52$ 倍。

第 11 章

步 进 电 机

11.1 步进电机的特点

旋转式步进电机是指将电脉冲转换为离散角位移的单激励电机，其定子和转子都有凸极，但只有一个多相绕组。通常情况下，该绕组也被称为控制绕组。输入信号（脉冲）能够直接转换为要求的轴位置，无需任何转子位置传感器或反馈。步进电机是与现代数字设备兼容的高可靠性、低成本电机。

步进电机在众多无昂贵反馈回路（即开环控制）的速度和位置控制系统中得到广泛应用，例如计算机外围设备（打印机、扫描仪、绘图仪）、摄像头、望远镜和卫星天线定位系统、机械臂、数控（NC）机床等。步进电机的典型控制电路（见图 1.7）包括输入控制器、逻辑序列发生器和功率驱动器。逻辑序列发生器的输出信号（矩形脉冲）被传输到功率驱动器的输入端子，功率驱动器将其分配到每个相绕组（换向）。步进电机可分为三类：

1）带主动转子（永磁转子）；
2）带被动转子（磁阻型）；
3）混合型。

步进电机应满足以下要求：步距很小，双向运行，定位误差不累积（小于步距角的 ±5%），运行时不漏步，电气和机械时间常数小，可以在不损坏电机的情况下停转。步进电机能够在低速时提供非常高的转矩（高达相同尺寸有刷直流电机的连续转矩的 5 倍或同等无刷电机转矩的 2 倍），进而其应用过程中略去变速箱。步进电机最大的优点为：

1）转速与输入脉冲的频率成正比；
2）速度和位置的数字控制；
3）开环控制（特殊应用除外）；
4）对步进命令、加速和减速的出色响应；
5）优异的低速 – 高转矩特性；
6）无需机械齿轮即可实现非常小的步距（每 24h 可以得到一个步数）；

7）电机能够简单成组同步；

8）无故障，寿命长。

另一方面，步进电机可能会表现出失去同步的趋势，发生与输入频率成倍数共振，以及每一步结束时会有振荡。步进电机的效率和速度低于无刷电机。

步进电机的典型应用是打印机、绘图仪、X – Y 表、传真机、条形码扫描仪、图像扫描仪、复印机、医疗设备等。

11.2 基本方程

11.2.1 步进

旋转式步进电机的步进是由于单个输入脉冲引起的转子角位移，即：

1）对于永磁步进电机

$$\theta_s = \frac{360°}{2pm_1} \quad 或 \quad \theta_s = \frac{\pi}{pm_1} \tag{11.1}$$

2）对于磁阻步进电机

$$\theta_s = \frac{360°}{s_2 m_1 n} \quad 或 \quad \theta_s = \frac{2\pi}{s_2 m_1 n} \tag{11.2}$$

式中，p 是转子极对数；m_1 是定子相数；s_2 是转子齿数；$n = 1$ 表示对称换向，$n = 2$ 表示非对称换向。

11.2.2 稳态转矩

在恒流励磁（$f = 0$）下，电机产生的稳态同步转矩 T_{dsyn} 随转子 d 轴和定子磁动势轴之间的失配角 $p\theta$（电角度）的变化而变化，即

$$T_{dsyn} = T_{dsynm}\sin(p\theta) \tag{11.3}$$

式中，T_{dsynm} 是 $p\theta = \pm 90°$ 的最大同步转矩。

11.2.3 最大同步转矩

最大同步转矩与定子磁动势 iN 和转子磁通 Φ_f 成正比，即

$$T_{dsynm} = piN\Phi_f = pi\Psi_f \tag{11.4}$$

式中，Ψ_f 是磁链峰值，$\Psi_f = N\Phi_f$。同步转矩随着转子磁极对数 p 的增加而增加。

11.2.4 转子振荡频率

转子振荡频率可以通过求解转子运动的微分方程（第 11.9 节）得到。近似解析解为

$$f_0 = \frac{1}{2\pi} \sqrt{\frac{pT_{\text{dsynm}}}{J}} \tag{11.5}$$

式中，J 是转子的惯性矩。在转矩 – 频率曲线为非线性的实际步进电机中（第 11.10.3 节），主共振频率略低于 f_0。

11.3 永磁步进电机

在永磁步进电机中，转子永磁体产生励磁磁通 Φ_f。位于定子凸极上的两相控制绕组接收输入矩形脉冲，如图 11.1 所示。同步转矩的产生与同步电机中的转矩类似。换向算法为 $(+A) \rightarrow (+B) \rightarrow (-A) \rightarrow (-B) \rightarrow (+A)\cdots$ 由于定子控制绕组由两相组成（每相两个极），该电机的步进值为 $\theta_s = 360°/(pm_1) = 360°/(1\times2) = 90°$。与同步转矩类似，每次输入脉冲后转子转动 90°，该电机的特点是四冲程换向（每整圈四冲程）。步长值也可以写成 $\theta_s = 360°/(2pm_1) = 360°/(kp) = 360°/(4\times1) = 90°$，其中 k 是每转的步数，$k = 2m_1$。

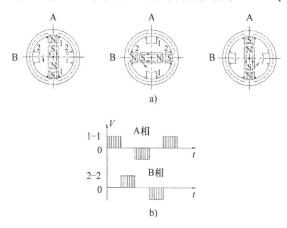

图 11.1 永磁步进电机的工作原理：a）输入脉冲作用下的转子位置；b）相电压波形

图 11.2 所示的爪极 Canstack 电机是一种永磁步进电机[70]。它本质上是一种低成本、低转矩、低速电机，非常适合计算机外围设备、办公自动化、阀门、流体计量和仪器仪表等领域的应用。定子看起来像一个金属罐，里面冲压齿形成爪极。在两相电机中，两相（绕组 A 和 B 以及两个爪极系统）产生异极磁通，转子由两个轴向安装在同一轴上的多极环形永磁体组成。两个环形磁铁的转子磁极间距相互对齐，而定子磁极间距移动了转子磁极间距的一半。极数使得 Canstack 电机的步距角在 7.5° ~ 20° 范围内。在两相配置中，控制电流波形如图 11.1b 所示。

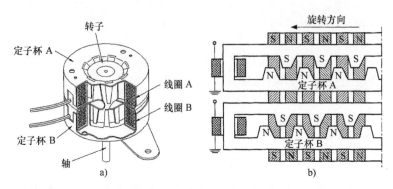

图 11.2　Canstack 永磁步进电机：a）总体视图；b）工作原理

图 11.2b 为 Canstack 电机的工作原理。当 A 相以正电流激励时，转子向左移动以达到平衡位置。然后，A 相电流被切断，B 相以正电流通电。由于 B 相的定子爪极偏移转子半个极距，因此转子继续朝同一方向转动。在下一步中，B 相被关闭，A 相被负电流激励，从而继续推动转子向左移动，直到达到下一个平衡位置。根据图 11.1b 的换向算法提供连续的四步旋转。

Canstack 结构的阶梯角相对较大，但其整体结构简单、量产成本低。缺点包括共振效应和设置时间较长，电机低速时性能不佳，若不采用微步驱动，易于出现由开环导致的位置误差。图 11.2 所示的电机电流实际上与负载条件无关。全速下的绕组损耗相对较高，可能会导致过热。此外，高速运转时电机噪声较大。

Canstack 步进电机由美国康涅狄格州柴郡 Thomson Airpax Mechatronics LLC 制造，其规格如表 11.1 所示。

表 11.1　美国康涅狄格州柴郡 Thomson Airpax Mechatronics LLC 制造的
Canstack 步进电机的规格

规　格	单极 42M048C		双极 42M048C	
	1U	2U	1B	2B
步距角/(°)	7.5			
步距角精度（%）	±5			
直流工作电压/V	5	12	5	12
铅片数量	6	6	4	4
绕组电阻/Ω	9.1	52.4	9.1	52.4
绕组电感/mH	7.5	46.8	14.3	77.9
保持转矩（两相接通）/(10^{-2}N·m)	7.34		8.75	
制动转矩/(10^{-2}N·m)	0.92			

（续）

规 格	单极 42M048C		双极 42M048C	
	1U	2U	1B	2B
转子转动惯量/(10^{-7}kg·m²)	12.5			
旋转	双向			
工作环境温度/℃	$-20 \sim +70$			
质量/kg	0.144			
尺寸/mm	直径42，长度22			

11.4 磁阻步进电机

带有被动转子的步进电机（磁阻步进电机）基于磁阻最小原理产生磁阻转矩，磁阻转矩倾向于使转子与定子凸极的对称轴对齐。

磁阻步进电机的转子由低碳钢制成，凸极定子上绕有多相控制绕组。图11.3所示的电机有三相定子绕组。在部分时间间隔内，相邻两相同时供电。其换向算法为：A→A + B→B→B + C→C→C + A→A…这是一个不对称的六冲程换向，步长值为 $\theta_s = 360°/(s_2 m_1 n) = 360°/(2 \times 3 \times 2) = 30°$。

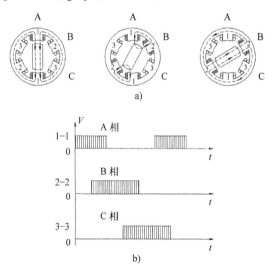

图 11.3 磁阻步进电机（带无功转子）的工作原理：a）输入脉冲作用下的转子位置；
b）相电压波形

磁阻步进电机对电流极性不敏感（无永磁体），因此其驱动布置与其他电机不同。

为了在保持加速性能的情况下增加输出转矩，可增加并联定子和转子。三叠层步进电机有三个相互移位的定子和三个转子（见图 11.4a）。当三个（或更多）定子依次输入脉冲馈送时，可以获得具有小角位移的大量阶跃。图 11.4b 为按照顺序 A、A＋B、B、B＋C、C、C＋A…的后续定子的静态转矩分布。总转矩 $T_A＋T_B$、$T_B＋T_C$ 和 $T_C＋T_A$ 是两个定子产生的合成转矩。转矩/惯性比保持不变。

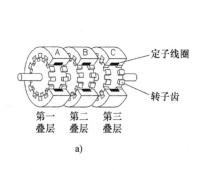

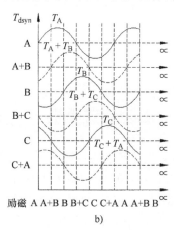

图 11.4　三叠层步进电机：a）结构；b）作为角位移函数的转矩

11.5　混合步进电机

混合步进电机是一种现代步进电机，如今在工业应用中越来越流行，其名称源于它结合了永磁步进电机和磁阻步进电机的工作原理。混合步进电机多为两相，也有部分为五相版本。最近的一项发展是"增强型混合"步进电机，它利用聚磁效应显著提高性能，也提升了电机的制造成本。

通过每转产生 12 步的简单模型（见图 11.5），可便于理解混合步进电机的工作原理。该电机的转子由两个星形低碳钢片组成，每片有三个齿。轴向磁化的圆柱形永磁体放置在低碳钢片之间，使转子一端为 N 极，另一端为 S 极。如图 11.5 所示，齿在 N 端和 S 端偏移。定子磁路由一个圆柱形

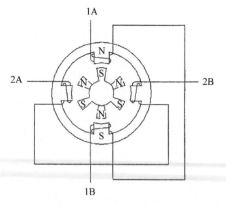

图 11.5　简单的 12 步/转混合步进电机

磁轭组成，该磁轭具有四个磁极，其长度与整个转子长度相同，线圈缠绕在定子
磁极上并成对连接。

11.5.1 全步进

在定子绕组全部开路的情况下，由于转子永磁体磁通总是试图通过最小磁阻
路径，转子将倾向于偏转至图 11.5 所示的平衡位置之一。当一对 N 极和 S 极转
子齿与两个定子极对齐时，即为平衡位置。将转子保持在平衡位置的转矩通常很
小，称为止动转矩。电机将有 12 个可能的止动位置。

如果一对定子绕组通电（见图 11.6a），则产生的 N 和 S 定子极将吸引转子
两端极性相反的齿。此时，转子只有三个稳定位置，与转子齿对的数量相同。使
转子偏离其稳定位置所需的转矩增大很多，称为保持转矩。通过将电流从第一组
定子绕组切换到第二组定子绕组，定子磁场旋转 90° 并吸引一对新的转子磁极。
这导致转子转动 30°，相当于一整步。重新切回到第一组定子绕组通入反向电流
后，定子磁场再移动 90°，转子再移动 30°。之后，切换至第二组绕组通入反向
电流，将提供第三步位置。最后，转子和定子磁场回到第一个状态，在这四个步
骤之后，转子将移动两个齿距或 120°。电机每转执行 12 步。反转电流脉冲序
列，转子将朝相反方向移动。

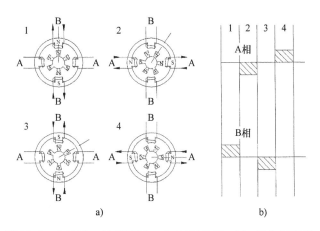

图 11.6 全步进，单相导通：a）转子位置；b）相电压波形

如果两个线圈同时通电（见图 11.7），转子将占据中间位置，因为它被两个
定子磁极所吸引。在这些条件下，会产生更大的转矩，因为所有定子磁极都会影
响转子。只需将一组绕组中的电流反转，即可使电机完全步进，这会导致定子磁
场像以前一样移动 90°。事实上，这是以全步模式驱动电机的正常方式，始终保
持两个绕组通电，并交替反转每个绕组中的电流。当电机以全步模式驱动时，一

次给两个绕组或"相位"通电（见图11.7b），每一步上的可用转矩将是相同的（电机和驱动特性的变化非常小）。

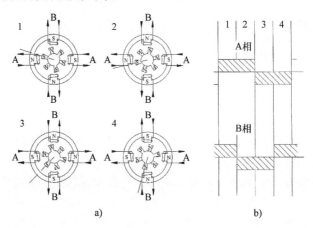

图11.7 全步进，两相导通：a）转子位置；b）相电压波形

11.5.2 半步进

通过单相绕组通电和两相绕组通电交替进行（见图11.8），转子在每个阶段仅移动15°，旋转一周所需的步数增加一倍。这种模式被称为半步进，大多数工业应用都使用这种步进模式。尽管这种驱动模式有时会有轻微的转矩损失，但在低速时产生更好的平滑度，并且在每一步结束时减少过冲。

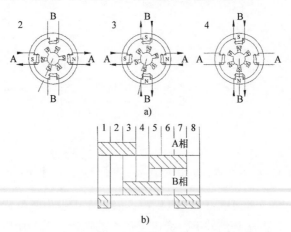

图11.8 半步进：a）转子位置；b）相电流波形

在半步模式下，两相交替通电，然后只有一相通电（见图11.8b）。假设驱动器在每种情况下提供相同的绕组电流，当有两个绕组通电时，这将导致产生更

大的转矩,即交替的步骤将有强弱区别。但是这种现象并不严重,可用转矩明显受到较弱步进的限制,同时与全步进模式相比,低速下平滑度会有显著改善。

当只有一个绕组通电时,通过增大电流,可以在每一步上产生近似相等的转矩。因此,电机设计时必须能承受两相额定电流。单相通电时,如果电流增加40%[70],相同的总功率将被消耗。在单相接通状态下使用较大的电流,在交替步进上产生大致相等的转矩(见图 11.9a)。

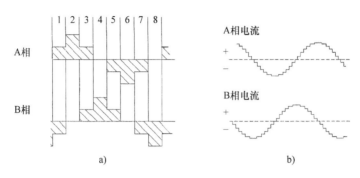

图 11.9 产生近似相等转矩的电流波形:a)半步电流,轮廓;b)微步电机的波形

11.5.3 微步进

用相等的电流为两相供电会在单相接通位置的中间产生中间步进位置。如果两相电流不相等,转子位置将移向强磁极。这种效应在微步进驱动中得到了利用,它通过使两个绕组中的电流成比例来细分基本的电机步进。通过这种方式减小了步长,显著提高低速平滑度。高分辨率微步驱动器将整个电机步分为多达500 个微步,每转有 100000 步。在这种情况下,绕组中的电流模式非常类似于两个正弦波,它们之间互相相移 90°(见图 11.9b)。此时,电机的驱动方式非常类似于传统的交流两相同步电机。事实上,步进电机可以这种方式从 50Hz 或60Hz 的正弦波源驱动,方法是包含一个与一相串联的电容器。

11.5.4 实用混合步进电机

实用混合步进电机的工作原理与图 11.5 所示的简单模型相同。定子和转子上的齿数越多,基本步长就越小。定子具有两相绕组。每个相绕组由两部分组成。图 11.10 所示的定子有 8 个磁极,每个磁极有 5 个齿,总共有 40 个齿[70]。如果在定子磁极之间的每个区域都放置一个齿,那么总共会有 $s_1 = 48$个齿。转子由位于两个铁磁盘(见图 11.10)之间的轴向磁化永磁体组成,每个磁盘 $s_2 = 50$ 个齿,比均匀分布的定子齿数多两个[70]。转子的两个部分之间存在半齿位移。

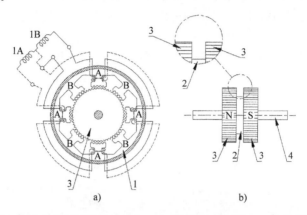

图 11. 10　混合步进电机每转执行 200 步：a）横截面（仅显示 A 相绕组）；b）转子
1—定子铁心　2—永磁体　3—带齿的铁磁盘　4—轴

如果转子和定子的齿在 12 点方向对齐，它们也将在 6 点方向对齐。在 3 点和 9 点位置，牙齿会错位。但是，由于转子齿组之间的位移，转子另一端的 3 点和 9 点位置会发生对齐。

绕组按四个一组排列，并将相对的极绕成相同。参考图 11.5，12 点和 6 点的北极吸引转子前部的南极齿；3 点和 9 点的南极吸引着后面的北极齿。通过将电流切换到第二组线圈，定子磁场模式旋转 45°，但为了与新磁场对齐，转子只需转动 $\theta_s = 360°/(100 \times 2) = 1.8°$，其中 $2p = 100$（两个磁盘各有 50 个齿）并且 $m_1 = 2$。这相当于转子齿距的四分之一或 7.2°，每转 200 步。

止动位置与每转的整步数一样多，通常是 200 步。止动位置对应于转子齿，与定子齿完全对齐。通电时，两个相位通常都有电流（零相位状态）。由此产生的转子位置与自然止动位置不一致，因此空载电机在通电时总是至少移动半步。当然，如果系统不是在零相位状态下关闭，或者如果电机同时移动，通电时可能会看到更大的移动。

对于绕组中给定的电流模式，稳定位置的数量与转子齿的数量相同（200 步进电机为 50 个）。如果电机失步，产生的位置误差将始终是转子齿数的整数或 7.2° 的倍数。电机不能 "错过" 单个步骤——一个或两个步骤的位置误差必须是由噪声、杂散步冲脉冲或控制器故障引起的。

定子和转子的齿距应满足以下条件[126]：

$$t_1 = \frac{t_2}{180° - t_2} 180° \tag{11.6}$$

式中，$t_1 = 360°/s_1$ 和 $t_2 = 360°/s_2$ 分别是以度（°）为单位的定子和转子齿距。

表 11.2 是意大利奥法嫩戈市 MAE 公司制造的选定两相混合步进电机的设计

数据。图 11.11 是用于移动喷墨打印机打印头组件的两相混合步进电机。

表 11.2　意大利奥法嫩戈市 MAE 公司制造的两相混合步进电机的规格

规　格	0150AX08 0150BX08	0100AX08 0100BX08	0033AX04 0033BX04	0220AX04 0220BX04
步进角/(°)	1.8			
步进角精度（%）	5			
额定相电流/A	1.5	1.0	0.33	2.2
最大适用电压/V	75			
铅片数量	8	8	4	4
相电阻/Ω	1.5	3.4	33.8	0.7
相电感/mH	1.5	3.8	54.6	1.2
保持转矩（单极，两相导通）/(10^{-2}N·m)	25	27	—	—
保持转矩（两极，两相导通）/(10^{-2}N·m)	33	34	32	31
制动转矩/(10^{-2}N·m)	3.4			
转子转动惯量/(10^{-7}kg·m²)	56			
绝缘等级	B			
旋转	双向			
工作环境温度/℃	−20 ~ +40			
质量/kg	0.34			
尺寸/mm	直径57.2，长度40			

a)　　　　　　　　　　b)

图 11.11　喷墨打印机用混合步进电机：a) 定子；b) 转子

11.5.5　双极和单极步进电机

在双极永磁和混合步进电机中，两相绕组没有中心抽头，只有 4 根引线（见图 11.12a）。

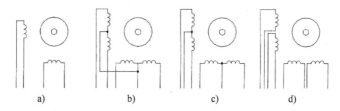

图 11.12　两相绕组引线配置：a) 4 根引线；b) 5 根引线；c) 6 根引线；d) 8 根引线

为了在不增加半导体开关数量的情况下反转电流，在永磁和混合步进电机中使用了所谓的单极或双线绕组，两个绕组上各有一个中心抽头（见图 11.12b ~ d）。中心抽头通常连接到正极电源，每个绕组的两端交替接地，以反转该绕组提供的磁场方向。双线绕组由两个方向相反的平行绕组组成。如果所有绕组单独引出，则总共有 8 根引线（见图 11.12d）。虽然这种配置提供了最大的灵活性，但有很多电机只有 6 根引线，一根引线作为每个绕组的公共连接。这种布置限制了电机的应用范围，因为绕组不能并联。

11.6　步进电机运动方程

控制电路接通和断开每个绕组中的电流，并控制旋转方向。步进电机的基本控制方法为[309]：

1）全相绕组接通时的双极控制（见图 11.13a）；

2）当只有一半相绕组同时接通时的单极控制（见图 11.13b）。

控制方法会影响转矩步进频率特性。在双极控制中，因为整个绕组承载电流，电机转矩高。缺点是半导体开关增多（为了逆转电流，需要八个半导体开关）。单极控制方法简单，所需的半导体开关更少。另一方面，由于只有一半绕组承载电流，因此永远不会产生全转矩。图 11.13 中的二极管用于保护开关免受反向电压瞬变的影响。

对于单极控制，每个绕组的电流低于 0.5A，以下 IC 达林顿阵列可以直接从逻辑输入驱动多个电机绕组：Allegro Microsystems 公司的 ULN200X 系列、美国国家半导体公司的 DS200X 或摩托罗拉公司的 MC1413。双极 IC（H 桥驱动器）的例子有：国际整流器公司的 IR210X、SGS 汤普森公司的 L298（高达 2A）和美国国家半导体公司的 LMD18200（高达 3A）。

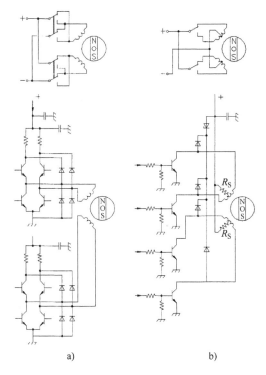

图 11.13　两相步进电机的控制方法：a）双极控制；b）单极控制

11.7　有转子位置传感器的永磁步进电机

带有表贴式永磁转子的步进电机通常比混合步进电机产生更高的转矩。另一方面，具有表贴式永磁转子结构的步进电机的位置分辨率低于混合步进电机。转子位置传感器可以提高分辨率。

图 11.14 为一种称为 Sensorimotor 的两相永磁步进电机，其定子上均匀间隔排布 24 个极，转子表面有 18 个永磁体[154]。两相定子绕组仅使用其中的 20 个极，余下 4 个用于安装测量电感的轴位置传感器。当电机运行时，每个线圈的电感以正弦波的形式变化。传感器线圈在定子上的位置应确保一对线圈中一个线圈的电感最大，另一个线圈的电感最小（线圈或 90°之间的六极间距）。每对线圈串联在 120kHz 方波源上。每对线圈之间中心点的电压信号用于感应轴位置。成对线圈产生的交流方波信号彼此偏移 90°。位置检测器通过采样技术将两个信号转换为相应的直流信号。产生的值提供给 A/D 转换器，该转换器产生代表轴位置的十六进制信号，位置分辨率高达 1:9000。传感器的运行类似于直流无刷电机。

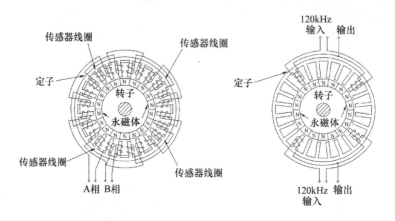

图 11.14　带有轴位置传感器的两相永磁步进电机：a）功率绕组；b）传感器布置

11.8　单相步进电机

　　单相步进电机广泛应用于钟表、计时器和计数器中。常见的定子由 U 形叠层铁心制成，带有两极以及轭部，集中绕组位于磁轭上，气隙不均匀，如图 11.15 所示。转子为两极永磁环。定子绕组未通电时，转子磁极稳定静止在气隙最窄的位置，如图 11.15a 或图 11.15b所示。如果励磁绕组通电并产生图 11.15a所示方向的磁通，转子将从位

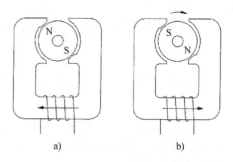

图 11.15　单相步进电机的制动位置 a）和 b）

置 a）到位置 b）顺时针旋转 180°。定子磁极（气隙最窄部分）和永磁体的磁极相互排斥。要将转子从位置 b）转到位置 a），必须按照图 11.15b 所示对定子绕组进行励磁。

　　腕表步进电机的工作原理相同（见图 11.16）。直径约为 1.5mm 的稀土永磁转子位于定子软钢心内。当绕组励磁时，两个外部电桥高度饱和，使得磁通通过转子。均匀的气隙由两个内槽产生。定子电压波形由正负极性的短矩形脉冲（几毫秒）组成（见图 11.16c）。为了在与标准时间同步后起动手表时不错过第一步，需要使用一个能够存储转子位置并以正确极性励磁的电路。

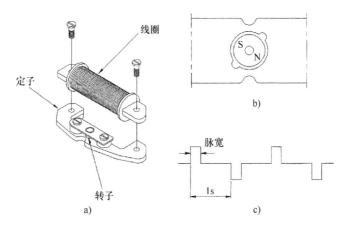

图 11.16　单相腕表步进电机：a）总体视图；b）气隙和定子极；c）输入电压波形

11.9　电压方程和电磁转矩

两相步进电机相绕组中的感应电动势：

1）A 相

$$e_A = N\frac{\mathrm{d}\phi}{\mathrm{d}t} = N\frac{\mathrm{d}\phi}{\mathrm{d}\theta}\frac{\mathrm{d}\theta}{\mathrm{d}t} = -pN\Phi_f\sin(p\theta)\frac{\mathrm{d}\theta}{\mathrm{d}t} \tag{11.7}$$

2）B 相

$$e_B = -pN\Phi_f\sin[p(\theta-\gamma)]\frac{\mathrm{d}(\theta-\gamma)}{\mathrm{d}t} \tag{11.8}$$

磁链瞬时值

$$N\phi = \Psi_f\cos(p\theta) = N\Phi_f\cos(p\theta) \tag{11.9}$$

$\theta=0$ 时，磁链峰值 $\Psi_f = N\Phi_f$（见图 11.17），因此，定子相绕组的电压平衡方程为

$$v = Ri_A + L\frac{\mathrm{d}i_A}{\mathrm{d}t} + M\frac{\mathrm{d}i_B}{\mathrm{d}t} - \frac{\mathrm{d}}{\mathrm{d}t}[N\Phi_f\cos(p\theta)] \tag{11.10}$$

$$v = Ri_B + L\frac{\mathrm{d}i_B}{\mathrm{d}t} + M\frac{\mathrm{d}i_A}{\mathrm{d}t} - \frac{\mathrm{d}}{\mathrm{d}t}N\Phi_f\cos[p(\theta-\gamma)] \tag{11.11}$$

式中，v 为直流输入电压；L 为每相自感；M 为相间互感；R 为每相定子电路电阻。假设 L 和 M 与 α 无关。

A 相绕组电流 i_A 产生的电磁转矩（见图 11.17）为[157]

$$T_{dsyn}^{(A)} = -pi_A\Psi_f\sin(p\theta) = -pi_AN\Phi_f\sin(p\theta) \tag{11.12}$$

式中，p 是转子磁极对数；N 是每相定子匝数；Φ_f 是永磁体产生的每极磁通峰值；θ 是旋转角度。可以根据退磁曲线和磁导（第 2 章）或使用 FEM（第 3 章）得到磁通 Φ_f。磁链峰值为 $\Psi_f = N\Phi_f$。以类似的方式，可以得到电流 i_B 产生的电磁转矩[157]

$$T_{dsyn}^{(B)} = -pi_B N\Phi_f \sin[p(\theta - \gamma)]$$

$$(11.13)$$

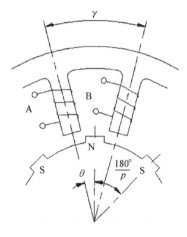

图 11.17　用于电磁分析的永磁步进电机模型

式中，γ 是相邻定子相绕组中心轴之间的空间角（见图 11.17）。对于单相励磁，$\gamma = 0$ 且 $T_{dsyn}^{(B)} = T_{dsyn}^{(A)}$（两个极点重合）。式（11.12）和式（11.13）也适用于混合步进电机，但 p 必须由转子齿数 s_2 代替[174]。

两相步进电机产生的转矩是各相单独产生的转矩的叠加，即

$$T_{dsyn} = T_{dsyn}^{(A)} + T_{dsyn}^{(B)} = -pNi_A\Phi_f\sin(p\theta) - pNi_B\Phi_f\sin[p(\theta-\gamma)]$$

$$(11.14)$$

忽略刚度常数，转矩平衡方程（1.16）的形式如下：

$$J\frac{d^2\theta}{dt^2} + D\frac{d\theta}{dt} \pm T_{sh} = T_{dsyn}$$

$$(11.15)$$

式中，J 是包括转子在内的所有旋转质量的转动惯量；D 是阻尼系数，考虑了转子磁通和定子磁场之间的相互吸引交流分量、空气摩擦、涡流和磁滞效应。

式（11.7）、式（11.10）和式（11.11）是非线性方程，只能通过数值求解；也可以通过简化来解析求解[174]。

11.10　特性

11.10.1　矩 - 角特性

稳态矩 - 角特性是励磁电机的外部转矩与转子角位移之间的关系（见图 11.18a）。最大稳态转矩称为保持转矩，对应角度 θ_m。当位移大于 θ_m 时，稳态转矩不会朝着原始平衡位置的方向作用，而是朝着下一个平衡位置的相反方向作用。保持转矩是在不引起连续运动的情况下，可以施加到励磁电机轴上的最大转矩。

11.10.2　转矩 – 电流特性

步进电机产生的电磁转矩与定子输入电流成正比（见图 11.18b）。根据每相定子电流绘制的保持转矩图称为转矩 – 电流特性。

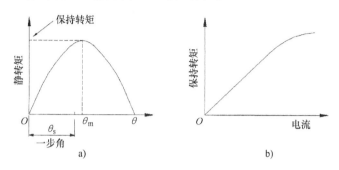

图 11.18　稳态特性：a）矩 – 角特性；b）转矩 – 电流特性

11.10.3　转矩 – 频率特性

步进电机的性能最好用转矩 – 频率特性来描述（见图 11.19）。频率等于每秒的步数（步/s）。有两个工作范围：起动 – 停止（或拉入）范围和回转（或拉出）范围。

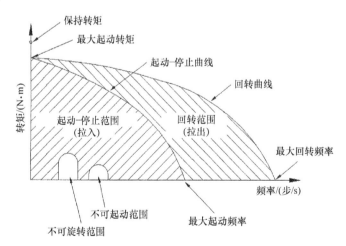

图 11.19　步进电机的转矩 – 频率特性

步进电机的转矩随着频率的增加而减小，这可归因于以下因素：①在恒定功率下，转矩与频率成反比；②旋转电动势产生的阻尼转矩的作用；③定子绕组电动势接近电源电压，通过定子绕组的电流没有足够的时间在一个步进周期内达到稳态值，从而降低了定子磁链。

最大起动频率定义为空载电机可以在不失步的情况下起动和停止的最大控制频率。

最大回转频率定义为空载电机可以运行而不失步的最大频率（步进率）。

最大起动转矩或最大吸合转矩定义为最大负载转矩，通电电机可以在恒定速度下起动并与极低频率（几赫兹）的脉冲序列同步，而不会失步。

起动－停止范围是指步进电机在不失步的情况下，通过施加恒定频率的脉冲来起动、停止和反转方向的范围。如果增加惯性负载，该速度范围将减小。因此，起动－停止速度范围取决于负载惯性。起动－停止范围的上限通常在200～500整步/s（1.0～2.5r/s）之间[70]。

要以更快的速度运行电机，必须以起动－停止范围内的速度起动，然后将电机加速到回转区域。同样，当停止电机时，必须在时钟脉冲终止之前将其减速到起动－停止范围。使用加速和减速"斜坡"可以实现更高的速度，在工业应用中，有用的速度范围可以扩展到大约10000整步/s（3000r/min）[70]。由于转子发热，步进电机通常无法在高速下连续运行，但高速可以成功地用于定位应用。

回转范围内可用的转矩不取决于负载惯量。转矩－频率曲线通常是通过将电机加速到最高速度然后增加负载直到电机停止来测量的。对于较高的负载惯量，必须使用较低的加速度，但最终速度下的可用转矩不受影响。

11.11　应用

步进电机用于数控（NC）机床、机器人、机械手、计算机打印机、电子打字机、X－Y绘图仪、传真机、扫描仪、时钟、收银机、测量仪器、计量泵、远程控制系统以及许多其他机器。

图11.20为带有三个步进电机的自动平面磨床。在需要大转矩的数字控制工业驱动器中，自1960年以来一直使用电液步进电机（见图11.21）[309]。

近年来，喷墨打印机取得了快速的技术进步。喷墨打印机是将极小的墨滴置于纸张上以生成图像的打印机。三色打印机已经问世挺多年了，它成功地使彩色喷墨打印成为一种价格合理的选择。打印头是打印机的主要部件。它包含一系列喷嘴，可以将墨水喷到纸张上。

打印头步进电机在打印时在纸张上来回移动打印头组件（打印头和墨盒）。皮带将打印头连接到步进电机，稳定杆用于稳定打印头。另一个步进电机驱动送纸器和纸辊（见图11.22）。该步进电机使纸张的运动与打印头的运动同步，以便打印的图像出现在页面的正确位置。

图11.23所示的带菊瓣轮的电子打字机使用四个步进电机。到20世纪80年

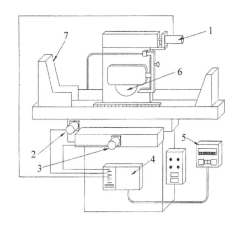

图 11.20   现代平面磨床（由美国加利福尼亚州罗纳特公园 Parker Hannifin 公司提供）

1、2、3—步进电机 4—运动控制器 5—控制面板 6—砂轮 7—安全防护装置

代末，个人计算机上的文字处理器应用程序已经基本上取代了以前用打字机完成的任务。在今天的办公室里，电子打字机仍然可以发挥许多有用的功能，例如，当涉及标签、信封、打印表格和计算机难以打印的其他物品时，电子打字机可以提高效率、精度和控制力。

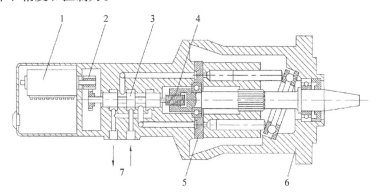

图 11.21   电液步进电机

1—电动步进电机 2—齿轮 3—四边控制滑块 4—螺钉 5—配油盘
6—带轴向活塞系统的液压电机 7—进油口和出油口

绘图仪是一种矢量图形打印设备。早期绘图仪的工作原理是将纸张放在滚轮上，滚轮来回移动纸张进行 X 运动，而笔在单臂上来回移动进行 Y 运动。20 世纪 80 年代，小巧轻便的惠普 7470 绘图仪使用了一种创新的"砂轮"机制，只移动纸张。Hewlett Packard X - Y 绘图仪驱动机构如图 11.24 所示[238]。笔式绘图仪基本上已经过时，被喷墨打印机取代。

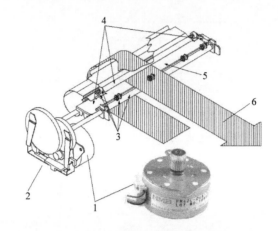

图 11.22 喷墨打印机的送纸器[44]

1—步进电机 2—主驱动系统 3—夹送/驱动辊 4—纸张控制垫片 5—打印区域 6—介质方向

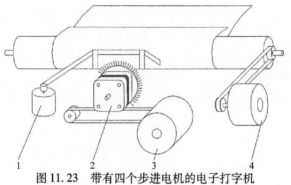

图 11.23 带有四个步进电机的电子打字机

1—色带传输 2—菊瓣轮 3—托架 4—进纸

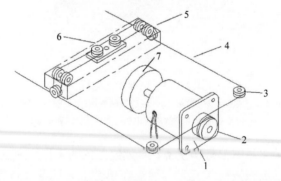

图 11.24 使用步进电机的 X - Y 绘图仪驱动机构

1—步进电机 2—滑轮 3—滚珠轴承上的塑料滑轮 4—尼龙涂层不锈钢绞合光缆
5—Y 臂外壳 6—拉动笔架上的安装块 7—阻尼器

　　医学研究实验室使用的光学显微镜（见图11.25）需要亚微米定位，以实现视觉检查过程的自动化[70]。这可以借助高分辨率微步电机来实现（见图11.9）。

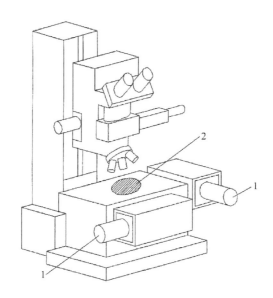

图 11.25　用于光学显微镜中样本定位的步进电机
（美国加利福尼亚州罗纳特公园 Parker Hannifin 公司提供）
1—微步进电机　2—样本

案例

例 11.1

　　两相两极永磁步进电机（见图 11.1a）每相 $N = 1200$ 圈，并加载外部转矩 $T_{sh} = 0.1N \cdot m$。电机以矩形波形（见图 11.1b）供电，其幅值为 $i_A = i_B = 1.5A$。一次仅向一个相位 A 或 B 供电。求在 $\Delta t = 0.08s$ 期间，将惯性负载 $J = 1.5 \times 10^{-4} kg \cdot m^2$ 从 $\Omega_1 = 50rad/s$ 加速到 $\Omega_2 = 250rad/s$ 所需的峰值磁通 Φ_f。

　　假设：忽略定子磁场对转子磁场、漏磁通和阻尼系数的影响。

　　解：

　　1）角加速度

$$\frac{d\Omega}{dt} = \frac{\Omega_2 - \Omega_1}{\Delta t} = \frac{250 - 50}{0.08} = 2500rad/s^2$$

　　2）根据式（11.15）得到所需的电磁转矩为

$$T_{dsyn} = J\frac{d\Omega}{dt} + T_{sh} = 1.5 \times 10^{-4} \times 2500 + 0.1 = 0.375 + 0.1 = 0.475N \cdot m$$

第一项占主导地位，步进电机产生的转矩主要取决于动态转矩（加速转子和其他旋转质量惯性所需的转矩）。

3）磁通。最大磁链在 $p\theta = 0$ 时出现。根据式（11.1），$2p = 2$ 和 $m_1 = 2$ 的步进角为 $\theta_s = 90°$。这意味着对于四步换向，电机产生的必要转矩应计算为 $\theta = \theta_s = 90°$。因此，所需的磁通是

$$\Phi_f = \frac{T_{dsyn}}{pNi_A \sin(p\theta)} = \frac{0.475}{1 \times 1200 \times 1.5 \sin(1 \times 90°)} = 2.64 \times 10^{-4} \text{Wb}$$

如果永磁体的尺寸为 $w_M = 25\text{mm}$，$l_M = 35\text{mm}$，且漏磁通被忽略，则气隙磁通密度应为

$$B_g \approx \frac{\Phi_f}{w_m l_M} = \frac{2.64 \times 10^{-4}}{25 \times 10^{-3} \times 35 \times 10^{-3}} \approx 0.3\text{T}$$

各向异性钡铁氧体可用于转子结构。要设计磁路，请遵循例 2.2 或例 3.2 的所有步骤。

例 11.2

图 11.10 所示的混合步进电机的转子外径 $D_{2\text{out}} = 51.9\text{mm}$，定子外径 $D_{1\text{out}} = 92\text{mm}$，气隙 $g = 0.25\text{mm}$。定子有 8 个磁极，每个磁极有 5 个齿，转子在每个铁磁盘上有 $s_2 = 50$ 个齿。计算理想定子齿距。使用 FEM 计算了在定子和转子齿对齐以及完全未对齐情况下转子盘的磁通分布。假设定子绕组中没有电流。

解：

转子齿距为 50 齿，$t_2 = 360°/50 = 7.2°$。最合适的定子齿距由式（11.6）得到

$$t_1 = \frac{7.2°}{180° - 7.2°} \times 180° = 7.5°$$

电机单极的二维横截面 FEM 分析足以显示磁通分布。定子齿为矩形，而转子齿为梯形。图 11.26a 为定子和转子齿对齐时的磁通分布；图 11.26b 为定子和转子齿未对齐时的磁通分布。

例 11.3

图 11.27a 为源自参考文献 [286] 的永磁步进微电机。由各向同性钡铁氧体制成的四极圆柱形转子外径为 1.0mm，内径为 0.25mm，长度为 0.5mm。定子绕组由一个 $N = 1000$ 匝的单个线圈组成，该线圈由直径 $d = 25 \times 10^{-6}\text{m} = 25\mu\text{m}$ 的铜导体制成。定子匝的平均长度为 3.4mm。电机由 3V 矩形脉冲供电。输入脉冲的频率是可变的，但假设 100Hz 为额定频率。求出电机纵截面上的磁通分布，以及作为转子位置函数的稳态同步转矩。

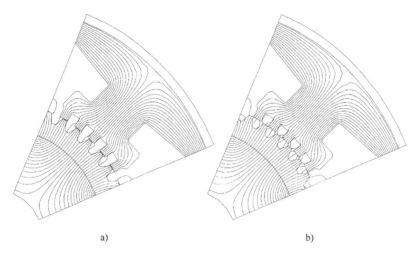

图 11.26　混合步进电机的磁通分布：a）定子和转子齿对齐；
b）定子和转子齿未对齐（例 11.2）

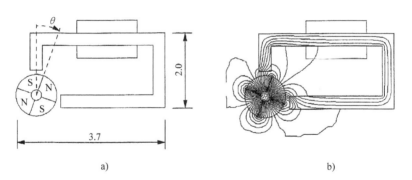

图 11.27　永磁步进微电机：a）轮廓；b）在 $\theta = 20°$ 和 $i_a = 0.02\text{A}$
时纵向截面中的磁通分布（例 11.3）

解：

定子导体截面积为 $s = \pi d^2/4 = \pi(25 \times 10^{-6})^2/4 = 490.87 \times 10^{-12}\text{m}^2$。

根据式（B.1）得到 75 ℃时的定子绕组电阻

$$R = \frac{1000 \times 0.0034}{47 \times 10^6 \times 490.87 \times 10^{-12}} = 147.4\Omega$$

电流脉冲的幅度

$$i = I_\text{m} = \frac{V}{R} = \frac{3}{147.4} = 0.02\text{A}$$

电流密度

$$J = \frac{0.02}{490.87 \times 10^{-12}} = 40.74 \times 10^6 \, \text{A/m}^2$$

与其他类型的电机一样，微电机的电流密度非常高。

建立了二维 FEM 模型，$\theta = 20°$ 和 $i = 0.02\text{A}$ 时磁通分布如图 11.27b 所示。

同步转矩采用麦克斯韦应力张量线积分法计算。永磁转子以 5° 的增量移动，直到完成整个电气循环。图 11.28 为未励磁电机的磁阻转矩和励磁电机的总同步转矩，即磁阻转矩和电磁同步转矩之和。零转子角 $\theta = 0$ 对应于与垂直定子磁极中心轴对齐的转子 q 轴。

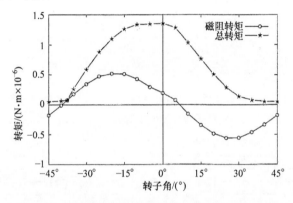

图 11.28　作为转子位置函数的同步转矩和磁阻转矩（例 11.3）

第 12 章

微　电　机

12.1　微电机的定义

微电机是一种非常小的机电设备（1μm～1cm），主要用于电能与机械能的相互转换。大多数微电机、微发电机或微执行器的外形尺寸都在毫米或亚毫米范围内；然而，其产生的转矩或推力应足够高，以克服损耗。

实用的旋转微电机、微发电机和微执行器通常利用磁场能量变化产生力，用作电磁装置或静电装置工作。

静电微电机是用硅微加工而成的。它的弹性模量为 110.3GPa，为碳钢的 52%～60%；屈服强度高于不锈钢；质量密度低，约为 2330kg/m³；强度/质量比高于铝；导热系数高，约为 148W/(m·K)；热膨胀系数低，约为 2.8×10^{-6} 1/K。虽然硅很难用普通刀具加工，但它可以被化学腐蚀成各种形状。

硅材料早为大众熟知，其可用性和加工专业知识在集成电路行业有 40 多年的发展经验，对应的制造和开发基础设施已经完善。这些基础设施和技术已经应用于先进的微机电系统（MEMS）中，使得在微电机制造上可享受批量处理的优势，即降低成本和提高产量。

静电微电机的大多数应用都集中在典型转子直径为 100μm 的静电微驱动器上。静电微电机完全是在硅片的范围内通过平面 IC 工艺制造的，通过选择性地去除晶片材料来实现，大多数硅压力传感器已经使用多年。在过去的 20 年里，表面微加工、硅熔合、键合以及一种称为 LIGA[⊖]的工艺（基于深度刻蚀 X 射线光刻、电铸和成型工艺的组合）也已发展成为主要的微加工技术。这些方法可以通过离子注入、光刻、扩散、外延和薄膜沉积等标准 IC 处理技术来补充[46]。

12.2　永磁无刷微电机

在尺寸超过 1mm 且静电微电机所需的高电压不可接受或无法实现的应用中，磁

⊖　LIGA 一词是德语术语的首字母缩写词，意思是光刻（Litogra phie）、电铸（Galvanoformung）和成型（Abformung）。

性微电机是一种有吸引力的选择。永磁无刷微电机作为圆柱或圆盘结构的微机械，在转子尺寸大于1mm时占主导地位。磁性微电机种高能稀土永磁体用于转子，磁体与旋转磁场同步运动，旋转磁场由极小的铜导体线圈或硅基片上的电流产生[300]。

12.2.1 圆柱形微电机

圆柱形微电机通常设计为具有少量转子极数的三相或两相永磁无刷微电机。定子可以是无槽的（见图12.1a）或有槽的（见图12.1b）。通常，定子绕组的电阻远高于同步电抗，即$R_1 \gg X_{sd}$和$R_1 \gg X_{sq}$，特别是在绕组电感非常小的无槽电机中。这就是为什么在过励磁微电机（负d轴电流）中，相电压$V_1 > E_f$（见图12.2）。

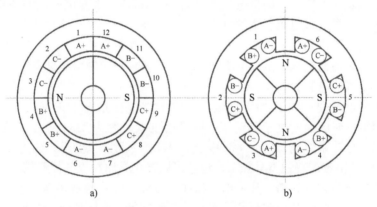

图 12.1 定子外径大于2mm的圆柱形永磁无刷微电机的横截面：a）无槽定子；b）带槽定子

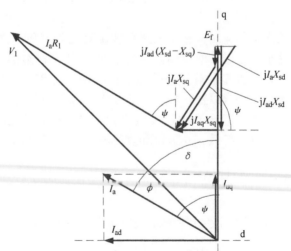

图 12.2 过励磁微电机的相量图（其中$R_1 \gg X_{sd}$，$R_1 \gg X_{sq}$，$V_1 > E_f$，$\psi = \varphi + \delta$）

根据图 12.2，式（5.58）和式（5.59）可化为以下形式：

$$V_1 \cos\delta = E_f - I_{ad}X_{sd} + I_aR_1\cos(\phi + \delta)$$
$$= E_f - I_aX_{sd}\sin(\phi + \delta) + I_aR_1\cos(\phi + \delta) \tag{12.1}$$
$$V_1 \sin\delta = I_aX_{sq}\cos(\phi + \delta) + I_aR_1(\phi + \delta) \tag{12.2}$$
$$X_{sd} = \frac{E_f - V_1\cos\delta + I_aR_1\cos(\phi + \delta)}{I_a\sin(\phi + \delta)} \tag{12.3}$$
$$X_{sq} = \frac{V_1\sin\delta - I_aR_1\sin(\phi + \delta)}{I_a\cos(\phi + \delta)} \tag{12.4}$$

电枢电流 I_a 和 q 轴之间的角度为 $\psi = \phi + \delta$。给定类型的永磁无刷微电机的转矩常数［见式（6.21）］对负载角 δ 非常敏感（见图 12.3）。

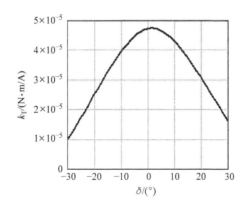

图 12.3　对于 0.1 ~ 0.2W、80000r/min、1V 永磁无刷微电机，
转矩常数 k_T 是负载角 δ 的函数

定子外径在几毫米范围内的圆柱形微电机磁路横截面如图 12.1 所示。图 12.1a 所示的微电机是带分布参数的无槽定子绕组。这种薄壁圆筒形状的绕组是用封装在树脂中的圆形铜线和永磁体制成的。然后，将定子铁磁环的两半放在定子绕组周围。定子铁心可以由非常薄的叠片（坡莫合金、非晶合金或钴合金）制成。转子永磁体为圆柱形，轴上有圆孔。为了获得足够的转子刚度，转子永磁体后面的轴与永磁体的直径相同。

在图 12.1b 所示的微电机中，定子线圈与定子铁磁极一起制造，然后放置在定子环形铁心（轭）内。定子的外径大于图 12.1a 所示的无槽微电机的直径。

图 12.4 为低速圆柱形永磁无刷微电机的原型示例[139]。定子（电枢）线圈由几圈扁平铜线（典型厚度 35μm）组成。

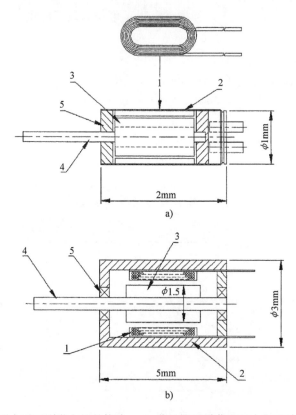

图 12.4　圆柱形永磁无刷微电机的构造：a) 荷兰埃因霍芬理工大学设计的同步微电机；
b) 东芝公司设计的 4mW、2V 微电机
1—定子线圈　2—定子轭　3—转子永磁体　4—不锈钢轴　5—轴承

表 12.1 为用于外科设备、电动导管和其他临床工程设备的小型永磁无刷微电机的规格。图 12.5 为世界上最小的机电驱动系统，带有永磁无刷微电机和微型行星齿轮头。转子在连续主轴上有一个 2 极钕铁硼永磁同步电机。最大输出功率为 0.13W，空载转速为 100000r/min，最大电流为 0.2A（热极限），最大转矩为 0.012mN·m（见表 12.1）[289]。

表 12.1　由瑞士 Croglio 的 Faulhaber 集团 Minimotor SA 制造的永磁无刷微电机

规　　格	电机类型		
	001B	006D	012B
外壳直径/mm	1.9	6.0	6.0
外壳长度/mm	5.5	20.0	20.0
额定电压/V	1.0	6.0	12.00
额定转矩/(mN·m)	0.012	0.37	0.37

（续）

规 格	电机类型		
	001B	006B	012B
失速转矩/(mN·m)	0.0095	0.73	0.58
最大输出功率/W	0.13	1.56	1.58
最大效率（%）	26.7	57.0	55.0
空载速度/(r/min)	100000	47000	36400
空载电流/A	0.032	0.047	0.016
线间电阻/Ω	7.2	9.1	59.0
线间电感/μH	3.9	26.0	187.0
电动势常数/［mV/(r/min)］	0.00792	0.119	0.305
转矩常数/(mN·m/A)	0.0756	1.13	2.91
转子转动惯量/(g·cm^2)	0.00007	0.0095	0.0095
角加速度/(rad/s^2)	1350×10^3	772×10^3	607×10^3
机械时间常数/ms	9.0	6.0	6.0
温度范围/℃	−30～+125	−20～+100	−20～+100
质量/g	0.09	2.5	2.5

12.2.2 带平面线圈磁性微电机的制造

平面线圈可以通过例如局部电镀⊖金的方式制造。为了将功耗和热负荷保持在可接受的水平，需要大截面的金线。对于典型尺寸为1mm的钕铁硼磁体，可实现150μN的力、100nN·m的转矩和2000r/min的最大转速[300]。永磁体安装在硅本身或附加玻璃层的通道或开口中。

磁性微电机（见图12.6）的制造过程将从硅晶片作为衬底开始，在其上沉积氮化硅。使用电子束蒸发在该基板上沉积铬－铜－铬层，以形成电镀种子层。然后在晶圆上旋转聚酰亚胺，为底部磁心制作电镀模具。形成40μm厚的聚酰亚胺层。固化后，对包含底部磁心的孔进行刻蚀，直到露出铜籽晶层。然后用镍铁坡莫合金填充电镀模板[65]。

定子绕组也可以由交错的电镀铜线圈制成，这些线圈通过5μm的聚酰亚胺（高温工程聚合物）层与1mm厚的镍铁钼基板绝缘（见图12.7）。

⊖ 电镀是利用电流减少溶液中的金属阳离子并在导电物体上覆盖一薄层金属的过程。

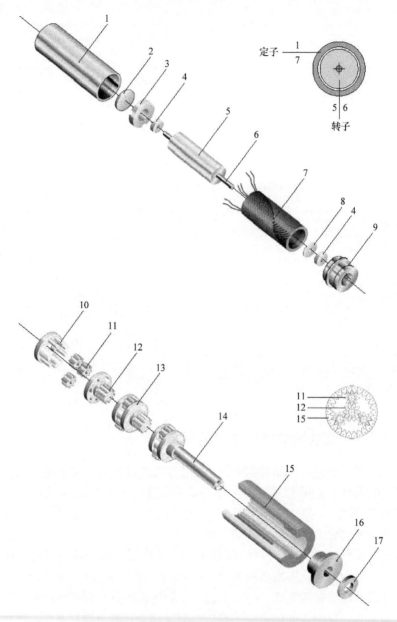

图 12.5　世界上最小的带有永磁无刷微电机和微型行星齿轮箱的机电驱动系统的扩展视图（外壳外径为 1.9mm）

1—微电机外壳（外壳）　2—端盖　3—轴承支架　4—微电机轴承　5—永磁电机　6—轴
7—电枢绕组　8—垫圈　9—端盖　10—卫星托架　11—卫星齿轮　12—太阳齿轮
13—行星级　14—输出轴　15—微型行星齿轮头外壳　16—轴承盖　17—挡圈
资料来源：Faulhaber Micro Drive Systems and Technologies - Technical Library,
Croglio, Switzerland。

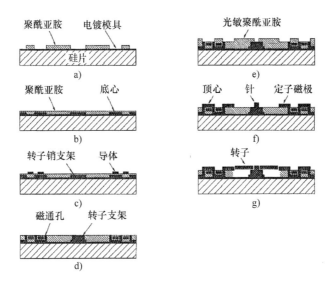

图 12.6 磁性微电机的制造顺序：a）聚酰亚胺沉积，干法刻蚀；b）底心电镀；
c）导体的图形化；d）磁通孔和转子销电镀；e）光敏聚酰亚胺沉积和显影；
f）顶部铁心和定子磁极电镀；g）转子和定子微装配[65]

图 12.7　8 极微电机的定子绕组形式：a）每极 2 圈；b）每极 3 圈[16]
（由美国佐治亚州亚特兰大市佐治亚理工学院提供）

12.2.3　盘式微电机

图 12.8 所示为径向磁化的圆盘状稀土永磁材料，由四个周围的平面线圈[300]驱动，在硅芯片表面旋转。硅基板上的平面线圈产生一个旋转磁场，旋转磁场主要是水平的，而磁铁通过玻璃板上的导孔固定在适当位置。

根据参考文献［300］，高度为 1.0mm、直径为 1.4mm 的微型永磁体可用于平面线圈微电机。导向孔直径为 1.4mm。每个平面线圈的延伸角度为 80°，电阻为1.4Ω。在0.5A的电流下获得2000r/min的同步速度。两个相对线圈中的电流产生90A/m的平均横向磁场。对于磁场和磁化的垂直方向，图12.8中所示的电机产生的最大转矩为116nN·m。

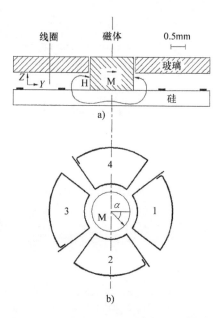

图12.8 带有旋转永磁体的微电机[300]

由于永磁微电机的结构简单，随着集成电路（IC）制造技术的进步，此类电机的尺寸有可能进一步缩小，目前已制造出直径为0.3mm的永磁体[300]。

刻蚀绕组也用于部分无槽轴向磁通微电机[138,139,140]。无槽绕组设计的优点是消除了齿槽转矩、齿饱和、齿损耗。缺点是线圈受到电磁力和机械振动的应力。因此，此类微电机对于所有应用来说都不够坚固。

图12.9为一个四层刻蚀绕组[140]。原型机的导电材料是添加了少量钯的金。在使用厚膜技术的多层绕组的刻蚀过程中，需要极高的精度。对于基板，已经使用了不同的陶瓷材料和玻璃。导体的横截面为$3750 \sim 7500 \mu m^2$，导电路径之间的距离为$150 \sim 200 \mu m$不等。多层刻蚀绕组中的电流密度非常高：$1000 \sim 10000 A/mm^2$[138,140]。为了减少非铁磁气隙，可以添加一个具有$\mu_r \approx 10$的薄铁磁液体层[138]。

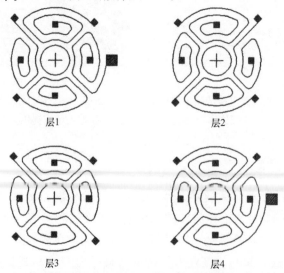

图12.9 永磁微电机的四层绕组示例（由德国柏林大学提供）[140]

图 12.10 为带有刻蚀绕组的盘式 8 极原型微电机[138]。钕铁硼永磁材料的尺寸为：厚度 3mm，外径 32mm，内径 9mm。虽然定子叠片铁心能够减少损耗，但制造十分困难。在图 12.10b 所示的四层刻蚀定子绕组中，电流传导路径的宽度为 0.4mm，厚度为 0.1mm。每相定子绕组的时间常数为 $L_1/R_1 = 0.7\mu s$。四相定子绕组由四个晶体管供电。已使用磁阻位置传感器。传感器永磁体的尺寸为 $3 \times 3 \times 1mm$。在 1000r/min 的转速和 3.4V 的输入电压下，转矩为 0.32mN·m。

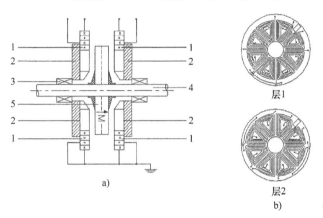

图 12.10 刻蚀绕组盘式永磁电机：a）示意图；b）刻蚀绕组的布局

（由德国柏林工业大学提供）[138]

1—绕组（2 + 2 相） 2—背铁 3—轴承 4—轴 5—永磁体

图 12.11 所示为超扁平永磁微电机[178]，即所谓的硬币电机。它的厚度为 1.4 ~ 3.0mm，外径约 12mm，转矩常数高达 0.4μN·m/mA，转速高达 60000r/min。已使用 400μm 八极永磁体和三股 110μm 圆盘形光刻生产的定子绕组[178]。可塑粘结钕铁硼磁体是一种经济高效的解决方案，但烧结钕铁硼磁体可获得最大转矩。微型滚珠轴承的直径为 3mm。硬币电机可应用于小型硬盘驱动器、手机的振动电机、移动扫描仪和消费电子产品等。

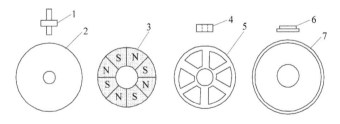

图 12.11 硬币电机结构

1—轴 2—软钢轭盖 3—永磁环 4—滚珠轴承 5—定子绕组 6—法兰 7—底部钢轭

12.3　应用

微电机和微执行器用于高精度制造、玻璃纤维和激光镜调整、军事和航空航天工业、医疗工程、生物工程和显微外科。通过在血管内插入微电机，手术可以在无大血管开口的情况下完成。

12.3.1　电动导管

具有行星齿轮头且外径小于2mm的无刷电机具有许多潜在的应用，例如电动导管⊖、微创手术设备、植入式药物输送系统和人造器官[289]。图12.12a所示的超声导管由一个导管以及和一个用于电源和数据线的导管组成，该导管头在电机/齿轮头单元上带有一个超声换能器。可以通过动脉或尿道⊜等腔体到达要检查的部位。通过滑环向发送/接收头提供电力和数据。

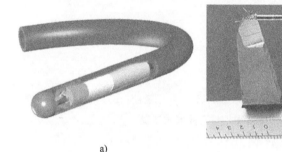

a)　　　　　　　　　b)

图12.12　超声电动导管：a）一般视图；b）1.9mm直径永磁无刷电机（表12.1）[289]

资料来源：Faulhaber Micro Drive Systems and Technologies – Technical Library，Croglio，Switzerland。

无刷电机的定子是一种无铁心的斜绕组定子。电机的外径为1.9mm，电机本身的长度为5.5mm，连同齿轮头的长度为9.6mm（见图12.5和图12.12b、表12.1）。高精度旋转速度设置允许分析接收到的超声回波，以创建复杂的超声图像。

12.3.2　胶囊内窥镜

胶囊内窥镜检查帮助医生评估小肠的状况。传统的上消化道内窥镜检查⊜或结肠镜检查㊃无法到达肠道的这一部分。进行胶囊内窥镜检查的最常见原因是寻

⊖　导管是一种可以插入体腔、导管或血管的导管。

⊜　尿道是将膀胱连接到体外的管道。

⊜　内窥镜检查是通过内窥镜检查身体内部器官、关节或腔体。内窥镜是一种使用光纤和强大的透镜系统来提供照明和关节内部可视化的设备。

㊃　结肠镜检查是一种使胃肠科医生能够通过将带摄像头的软管插入直肠并穿过结肠来评估结肠（大肠）内部外观的手段。

找小肠出血的原因。它还可用于检测息肉、炎症性肠病（克罗恩病）、溃疡和小肠肿瘤。

胶囊内窥镜的体积与维生素胶囊的大小相近，包括微型彩色摄像机、灯、电池和发射器。摄像机捕获的图像被传输到连接到患者躯干的多个传感器，并以数字方式记录在类似于佩戴在患者腰部的随身听或寻呼机的记录设备上。

在下一代胶囊内窥镜中，例如 Sayaka 胶囊内窥镜[260]，当胶囊通过消化道时，一个微型步进电机会旋转相机，使其能够从各个角度捕捉图像。Sayaka 胶囊的特点是由外胶囊和内胶囊组成的双重结构。外胶囊穿过胃肠道，而内胶囊则单独旋转。旋转由步进角为 7.5° 的小型永磁步进电机产生。这种步进旋转可以防止图像波动或模糊。从入口到出口的 8h、8m 通道将产生 870000 张照片，然后通过软件将这些照片组合成高分辨率图像。

自主体内视频探头（IVP）系统包含一个 CMOS 图像传感器，带有摄像头、光学和照明部件、收发器、带有图像数据压缩单元的系统控制器以及电源[14]。光学部件位于可倾斜板上，由摆动电机驱动（见图 12.13）。基本概念是使用视觉角度高达 120° 的前视系统和能够在一个平面内将视觉系统（光学、照明和图像传感器）控制在大约 ±30° 之间的倾斜机构（见图 12.14）。利用这项技术，设备将在 x - y 平面上实现 ±90° 的最佳视图。倾斜机构由摆动电机（见图 12.15a）和简单的机械部件组成，例如凸轮和固定在视觉系统上的轴（国际专利公告 WO2006/105932）。凸轮系统将电机的旋转作用转化为轴的线性作用（见图 12.15b）。所谓的 Q - PEM 步进电机可以以每转 340 步的精度进行控制。此电机

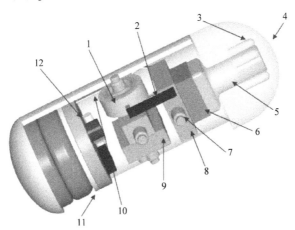

图 12.13　体内视频探头 IVP2（由意大利比萨市 Scuola Superiore Sant' Anna 公司提供）

1—Q - PEM 电机　2—传动轴　3—发光二极管　4—透明罩　5—光学器件　6—CMOS 传感器　7—固定点
8—摄像头芯片　9—定位芯片　10—电线　11—电池　12—数据传输芯片

外径为4mm、厚度为3mm，可获得约100mW的功率。

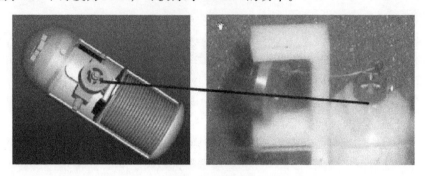

图 12.14　带有摆动电机的相机倾斜机构[14]

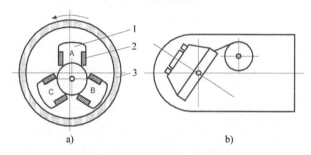

a)　　　　　　　　　　　　　b)

图 12.15　摆动电机：a）横截面；b）凸轮机构
1—定子铁心　2—定子线圈　3—永磁转子轮

案例

例 12.1

三相0.15W、80000r/min、两极无槽永磁无刷微电机具有单层定子绕组，每相由两个全螺距定子线圈组成。每相绕有 $N_1 = 8$ 匝，导线直径 $d_a = 0.1024$mm。在负载角 $\delta = 3°$ 时，并联导线的数量为 $a_w = 2$，直流母线电压 $V_{dc} = 1.0$V，振幅调制指数 $m_a = 0.96$，电枢电流 $I_a = 0.448$a，输入功率 $P_{in} = 0.455$W。空载时，气隙中的磁通密度峰值为 $B_{mg} = 0.65$T；定子铁心损耗 $\Delta P_{Fe} = 0.1$W；在75℃时，定子绕组相电阻 $R_1 = 0.28\Omega$。电机的尺寸（见图12.1a）如下：转子外径 $D_{2out} = 1$mm，永磁体内的轴直径 $d_{sh} = 0.4$mm，气隙（机械间隙）$g = 0.2$mm，绕组的径向厚度 $h_w = 0.2$mm，定子外径 $D_{1out} = 2.4$mm，定子叠层的长度等于永磁体的轴向长度 $L_i = 4$mm。求d轴和q轴上的同步电抗、输出功率、效率、功率因数、轴转矩、电动势常数和转矩常数。电枢反应、风阻损耗和永磁体（无槽定子）中的损耗可以忽略不计。

解：

线圈总数为 $N_c = 2 \times 3 = 6$。对于单层绕组，"槽"的数量为 $2N_c = 2 \times 6 = 12$。每极每相的"槽"数为 $q_1 = 2N_c/(2pm_1) = 12/(2 \times 3) = 2$。根据式（A.1）、式（A.6）和式（A.3）的绕组系数为 $k_{w1} = 0.966 \times 1 = 0.966$。定子铁心内径 $D_{1in} = D_{2out} + 2(g + h_w) = 1.0 + 2 \times (0.2 + 0.2) = 1.8\text{mm}$，极距 $\tau = \pi \times 1.8/2 = 2.83\text{mm}$。输入频率为 $f = 1 \times 80000/60 = 1333.3\text{Hz}$。因此，根据式（5.6），在没有电枢反应的情况下，磁通的基波为

$$\Phi_{fl} = \frac{2}{\pi} \times 0.65 \times 0.00283 \times 0.004 = 4.68^{-6}\text{Wb}$$

根据式（5.5），由转子磁通激励的每相定子电动势为

$$E_f = \pi\sqrt{2} \times 1333.3 \times 8 \times 0.966 \times 4.68^{-6} = 0.214\text{V}$$

根据式（6.9）得到线间电压和相电压分别为

$$V_{1L} \approx 0.612 \times 0.96 \times 1.0 = 0.588\text{V} \quad V_1 = \frac{V_{1L}}{\sqrt{3}} = 0.339\text{V}$$

电动势 $E_f < V_1$，并且与 E_f、V_1 以及感应电压降相比，电枢电阻压降 $I_a R_1 = 0.448 \times 0.28 = 0.126\text{V}$ 较大，如图 12.2 的相量图所示。电枢绕组的电流密度

$$j_a = \frac{I_a}{0.25\pi d_a^2 a_w} = \frac{0.448}{0.25\pi \times 0.1024^2 \times 2} = 27.64 \times 10^6\text{A/m}^2$$

其远高于普通尺寸的风冷永磁无刷电机。功率因数以及电流与电压之间的夹角分别为

$$\cos\phi = \frac{0.455}{3 \times 0.339 \times 0.448} = 0.999; \quad \phi = \arccos\phi = 2.72°$$

输入视在功率为

$$S_{in} = \frac{0.455}{0.999} = 0.456\text{V} \cdot \text{A}$$

根据图 12.2 所示的相量图，电枢电流和 q 轴之间的角度为

$$\psi = \phi + \delta = 2.72 + 3.0 = 5.72°$$

根据式（12.3）和式（12.4）计算 d 轴和 q 轴同步电抗，即

$$X_{sd} = \frac{0.214 - 0.339\cos 3.0 + 0.448 \times 0.28\cos(2.72 + 3.0)}{0.448\sin(2.72 + 3.0)} = 0.012\Omega$$

$$X_{sq} = \frac{0.339\sin 3.0 - 0.448 \times 0.28\sin(2.72 + 3.0)}{0.448\cos(2.73 + 3.0)} = 0.012\Omega$$

d 轴和 q 轴电枢电流（过励磁电机）分别为

$$I_{ad} = -I_a\sin\psi = -0.448\sin 5.72 = -0.045\text{A}$$

$$I_{aq} = I_q\cos\psi = -0.448\cos 5.72 = 0.446\text{A}$$

现在，借助式（5.3）验证输入功率，即

$$P_{in} = 3 \times [0.446 \times 0.214 + 0.28 \times 0.448^2 + (-0.045) \times 0.446 \times (0.012 - 0.012)]$$
$$= 0.455 W$$

电枢绕组损耗为

$$\Delta P_a = 3 \times 0.448^2 \times 0.28 = 0.169 W$$

带轴转子的质量为

$$m_r \approx 7700 \frac{\pi D_{2out}}{4}(2L_i) = 7700 \times \frac{\pi 0.001^2}{4} \times 2 \times 0.004 = 0.00005 kg = 50 mg$$

根据式（B. 31）得到轴承摩擦损失（其中 $k_{fb} = 2.5$）

$$\Delta P_{fr} = 2.5 \times 0.00005 \times 80000 \times 10^{-3} = 0.0097 W$$

输出功率为

$$P_{out} = P_{in} - \Delta P_a - \Delta P_{Fe} - \Delta P_{fr} = 0.455 - 0.169 - 0.1 - 0.0097 \approx 0.177 W$$

效率为

$$\eta = \frac{0.177}{0.455} \approx 0.388$$

轴转矩为

$$T_{sh} = \frac{0.177}{2\pi 80000/60} = 21.1 \times 10^{-6} N \cdot m = 0.0211 mN \cdot m$$

电动势常数和转矩常数分别为

$$k_E = \frac{0.214}{80000} = 2.678 \times 10^{-6} V/(r/min)$$

$$k_T = \frac{21.1 \times 10^{-6}}{0.448} = 47.12 \times 10^{-6} N \cdot m/A = 0.04712 mN \cdot m/A$$

例 12.2

三相 0.05W、10000r/min、四极永磁无刷微电机具有六线圈定子绕组，如图 12.1b 所示。集中参数线圈与铁磁心一起制作，然后插入定子圆柱轭中。每个线圈有 12 圈。电枢导体的横截面为 0.008107mm²。空载时气隙中的磁通密度峰值为 $B_{mg} = 0.725 T$，定子铁心损耗 $\Delta P_{Fe} = 0.02 W$，75℃时定子绕组电阻为 $R_1 = 1.276 \Omega$，d 轴同步电感 $L_{sd} = 0.0058 mH$，q 轴同步电感 $L_{sq} = 0.0058 mH$。电机的尺寸（见图 12.1b）如下所示：转子外径 $D_{2out} = 1 mm$，永磁体内部的轴直径 $d_{sh} = 0.4 mm$，气隙（机械间隙）$g = 0.2 mm$，定子外径 $D_{1out} = 3.6 mm$，与永磁体轴向长度相等的定子叠层长度为 $L_i = 7 mm$。对于直流母线电压 $V_{dc} = 1.1 V$，调幅指数 $m_a = 1.0$，负载角 $\delta = 6°$。求电枢电流、输入功率、输出功率、功率因数、效率、电动势常数和转矩常数。电枢反应、风阻损耗和永磁体（无槽定子）中的损耗可以忽略不计。

解：

每相的匝数为 $N_1 = 2 \times 12 = 24$。槽数与线圈数相同，即 $s_1 = 6$。每极每相的

槽数为 $q_1 = 6/(4 \times 3) = 0.5$。根据式（A.1）、式（A.6）和式（A.3）得到绕组系数为 $k_{w1} = 1 \times 1 = 1$。定子铁心内径 $D_{1in} = D_{2out} + 2g = 1.0 + 2 \times 0.2 = 1.4mm$，极距 $\tau = \pi \times 1.4/4 = 1.13mm$。输入频率为 $f = 1 \times 10000/60 = 333.3Hz$。根据式（5.6），无电枢反应的磁通基波为 $\Phi_{f1} = (2/\pi) \times 0.725 \times 0.00113 \times 0.007 = 3.553^{-6}Wb$。根据式（5.5），由转子磁通感应的每相定子电动势为 $E_f = \pi \sqrt{2} \times 333.3 \times 24 \times 1.0 \times 3.553^{-6} = 0.1263V$。根据式（6.9）得到交流线电压为 $V_{1L} \approx 0.612 \times 1.0 \times 1.1 = 0.673V$。相电压为 $V_1 = 0.673/\sqrt{3} = 0.389V$。同步电抗为 $X_{sd} = 2\pi \times 333.3 \times 0.0058 \times 10^{-3} = 0.012\Omega$，$X_{sq} = 2\pi \times 333.3 \times 0.0058 \times 10^{-3} = 0.012\Omega$。

根据式（5.40）、式（5.41）和式（5.43）分别计算得到电枢电流 I_{ad}、I_{aq} 和 I_a 为

$$I_{ad} = \frac{0.389 \times (0.012\cos6.0 - 1.276\sin6.0) - 0.1263 \times 0.012}{0.012 \times 0.012 + 1.276^2} = -0.03A$$

$$I_{aq} = \frac{0.389 \times (1.276\cos6.0 - 0.012\sin6.0) - 0.1263 \times 1.276}{0.012 \times 0.012 + 1.276^2} = 0.204A$$

$$I_a = \sqrt{(-0.03)^2 + 0.204^2} = 0.206A$$

电动势 $E_f < V_1$，并且与 E_f、V_1 以及感应电压降 $I_{ad}X_{sd} = 0.03 \times 0.012 = 0.00036V$ 和 $I_{aq}X_{sq} = 0.204 \times 0.012 = 0.00248V$ 相比，电枢电阻压降 $I_aR_1 = 0.206 \times 1.276 = 0.263V$ 较大，电枢绕组中的电流密度

$$j_a = \frac{0.206}{0.008107} = 25.47A/mm^2$$

远高于普通尺寸的风冷永磁无刷电机。现在使用相量图（见图 12.2）验证电动势，即

$$E_f = V_1\cos\delta + |I_{ad}|X_{sd} - I_{aq}R_1$$
$$= 0.389\cos6.0 + |-0.03| \times 0.012 - 0.204 \times 1.276 = 0.126V$$

根据式（5.44）得到输入功率为

$$P_{in} = 3 \times 0.389 \times [0.204\cos6.0 - (-0.03)\sin6.0] = 0.2405W$$

输入视在功率为

$$S_{in} = 3 \times 0.389 \times 0.206 = 0.2407V \cdot A$$

功率因数以及电流与电压之间的夹角分别为

$$\cos\phi = \frac{0.2405}{0.2407} = 0.999$$

$$\phi = \arccos\phi = 2.327°$$

根据图 12.2 所示的相量图，电枢电流与 q 轴之间的角度为

$$\psi = \phi + \delta = 2.327 + 6.0 = 8.327°$$

电枢绕组损耗为

$$\Delta P_a = 3 \times 0.206^2 \times 1.276 = 0.163\,\mathrm{W}$$

带轴转子的质量为

$$m_r \approx 7700\,\frac{\pi D_{2\mathrm{out}}}{4}(2L_i) = 7700 \times \frac{\pi 0.001^2}{4} \times 2 \times 0.007 = 0.00008\,\mathrm{kg} = 80\,\mathrm{mg}$$

根据式（B. 31）得到轴承摩擦损耗（其中 $k_{\mathrm{fb}} = 2.5$）

$$\Delta P_{\mathrm{fr}} = 2.5 \times 0.00008 \times 10000 \times 10^{-3} = 0.0021\,\mathrm{W}$$

输出功率为

$$\begin{aligned} P_{\mathrm{out}} &= P_{\mathrm{in}} - \Delta P_a - \Delta P_{\mathrm{Fe}} - \Delta P_{\mathrm{fr}} \\ &= 0.2405 - 0.163 - 0.02 - 0.0021 \approx 0.0553\,\mathrm{W} \end{aligned}$$

效率为

$$\eta = \frac{0.0553}{0.2405} \approx 0.23$$

轴转矩为

$$T_{\mathrm{sh}} = \frac{0.0553}{2\pi \times 10000/60} = 52.8 \times 10^{-6}\,\mathrm{N} \cdot \mathrm{m} = 0.0528\,\mathrm{mN} \cdot \mathrm{m}$$

电动势常数和转矩常数分别为

$$k_{\mathrm{E}} = \frac{0.1263}{10000} = 12.63 \times 10^{-6}\,\mathrm{V/(r/min)}$$

$$k_{\mathrm{T}} = \frac{52.8 \times 10^{-6}}{0.206} = 255.7 \times 10^{-6}\,\mathrm{N} \cdot \mathrm{m/A} = 0.256\,\mathrm{mN} \cdot \mathrm{m/A}$$

第 13 章

优 化

优化主要试图找到函数的最大值或最小值，过程中可能存在对自变量的限制或约束。寻找一个函数的最大值或最小值，或函数的全局最大值或最小值，是任何优化方法的复杂部分，也是相当困难的。在工程中，寻找局部解决方案进行替代是可行的。

在电机的优化中，可以使用经典（电路）方法或数值场计算方法［例如有限元法（FEM）］来计算目标函数和约束。FEM 比经典方法更准确，但需要更复杂的软件和计算时间。在数值场计算问题中，局部优化的标准先决条件（凸性、可微性、目标函数的准确性）通常难以得到保证。由于离散化误差和数值不准确导致导数的数值计算困难使得常用于解决局部优化的确定性优化工具，例如最速下降法、共轭梯度法和准牛顿法，并不非常适合数值电磁问题[130]。最近，已经提出了使用人工神经网络的非迭代优化方案。然而，随机优化方法在过去几年中变得越来越流行，因为它们找到全局最小值的概率很高[40]并且很简单。诸如模拟退火[259]、遗传算法（GA）[40]和进化策略[170]等随机方法已成功用于电机设计的不同方面。

基于人口的增量学习（PBIL）方法[21]是一种随机非线性规划方法，与现有的随机方法相比有许多优点。随机优化的缺点是效率不高，这个问题是由于数值计算需要大量计算时间造成的。该问题的解决方案是使用响应面方法[37]，该方法已成功用于优化永磁有刷直流电机[40]。

13.1 优化问题的数学公式

电机的优化可以表述为具有多个目标的一般约束优化问题，即成本最小化、永磁材料量最小化、效率和输出功率最大化等。向量优化问题的极值（Extr）的求解定义为

$$\text{Extr } F(\boldsymbol{x}) = \text{Extr}[f_1(\boldsymbol{x}), f_2(\boldsymbol{x}), \cdots, f_k(\boldsymbol{x})] \qquad (13.1)$$

式中

$$F : \mathfrak{R}^n \rightarrow \mathfrak{R}^k \quad g_i, h_j : \mathfrak{R}^n \rightarrow \mathfrak{R} \quad \boldsymbol{x} \in \mathfrak{R}^n \quad \boldsymbol{x} = (x_1, x_2, \cdots, x_n)$$

等式和不等式约束为

$$g_i(\boldsymbol{x}) \leqslant 0, \quad i = 1,2,\cdots,m \tag{13.2}$$

$$h_j(\boldsymbol{x}) = 0, \quad j = 1,2,\cdots,p \tag{13.3}$$

并对自变量指定限制

$$\boldsymbol{x}_{\min} \leqslant \boldsymbol{x} \leqslant \boldsymbol{x}_{\max} \tag{13.4}$$

在式（13.1）~式（13.3）中，$F(\boldsymbol{x})$ 是目标 $f_i(\boldsymbol{x})$ 被最小化的向量目标函数；$\boldsymbol{x}$ 是优化中使用的设计变量向量；g_i 是非线性不等式约束；h_j 是等式约束；$\boldsymbol{x}_{\min}$ 和 $\boldsymbol{x}_{\max}$ 是设计变量的下限和上限向量。

在向量优化问题中，各个目标函数 $f_i(\boldsymbol{x})$ 之间存在冲突，因为不存在所有目标都获得各自最小值的解向量 $\boldsymbol{x}$。向量优化问题可通过目标加权的方法从多目标优化转化为单目标优化。虽然客观加权总是导致非劣性（帕累托最优）可行解[68]，但加权因子和优化起点的估计是主观选择，它们的影响很少能提前估计。

一种更实用的优化方法是最小化一个目标函数，同时用适当的约束限制其他目标函数。大多数约束都是上界或下界不等式约束，这意味着需要约束优化程序。因此，优化是针对一个可行区域进行的，在该区域中，设计变量满足所有约束。

13.2　非线性规划方法

在非线性规划中，目标函数和约束函数都可能是非线性的。目前，对于最佳优化方法没有普遍的共识[106]。非线性规划这个极其庞大的主题已分为直接搜索方法、随机方法和梯度方法[38]。下面将简要介绍这三个类别。

大多数数值场问题都有某种形式的约束，下面还总结了主要的约束优化方法。

13.2.1　直接搜索方法

直接搜索方法是一种最小化技术，它不需要对函数的任何偏导数进行显式计算，而是完全依赖于目标函数的值以及从早期迭代中获得的信息。直接搜索方法大致可分为三类：制表方法、顺序方法和线性方法[38]。

制表方法假定最小值位于已知区域内。寻找最优值的方法是：①在覆盖不等式给出区域的网格点上计算函数；②随机搜索，假设在足够多的计算中找到最小值；③广义斐波那契搜索，通过使用一系列嵌套的单变量搜索找到多元最小化问题的解[106]。

顺序方法通过在自变量空间中计算某个几何配置的顶点处的函数来研究目标

函数。这种方法起源于进化操作（EVOP）。EVOP 基于因子设计。目标函数在自变量空间中的超立方体的顶点处进行计算。具有最小函数值的顶点成为下一次迭代的中心点，并围绕该点构建新的设计。这是一种突变类型的搜索机制，可将搜索引向最优。分数阶乘实验假设系统的和对称的顶点以减少目标函数评估的数量。

单纯形方法在 $n+1$ 个相互等距的点上计算 n 个自变量的目标函数，形成正则单纯形的顶点。具有最高值的顶点反映在剩余 n 个顶点的质心中，形成一个新的单纯形。如果一个顶点在超过 M 次连续迭代中保持不变，则单纯形的大小将减小，从而将搜索范围缩小到最小。

线性方法使用一组方向向量来指导搜索[107]，现有大量可用的线性方法，例如：

1）交替变量搜索方法，依次考虑每个自变量并对其进行更改，直到找到函数的最小值，而其余 $(n-1)$ 个变量保持固定。

2）Hooke 和 Jeeves 方法使用探索性移动和模式移动，通过尝试将搜索方向与目标函数的主轴对齐，将搜索导向最小值。

3）Rosenbrock 方法使用 n 个相互正交的方向向量。沿每个搜索方向依次进行扰动，如果结果不大于当前最佳值，则该试验点将替换当前点。重复此操作，直到获得最小值。

4）Davies、Swann 和 Campey 方法在每个方向上依次使用 n 个相互正交的方向向量和线性单变量搜索算法。在每个阶段完成后，重新定义方向向量。

5）二次收敛方法利用共轭方向最小化自变量中的二次函数。

6）Powell 方法基于相互共轭的方向，并确保只有在这样做可能获得一组新的方向向量（至少与当前向量集一样有效）时，才能替换方向。

13.2.2 随机方法

模拟退火（SA）方法。这种方法基于热力学类比生成一系列状态，其中系统缓慢冷却以达到其最低能量状态。这是通过使用基于玻尔兹曼概率分布的自然最小化算法来实现的。因此，设计配置从一个变为两个，目标函数为 f_1 和 f_2，概率为 $P=\exp[-(f_2-f_1)/kT]$。如果 $f_2>f_1$，则接受概率为 P 的状态。如果 $f_2<f_1$，则概率大于 1，新状态被接受。在给定温度下，使用随机数发生器任意改变配置，并且设计也以大于 1 的指定概率改变。因此，下一轮搜索的温度会降低。这使得数据爬坡的可能性降低，并限制了搜索空间。模拟退火方法最终收敛到全局最优。

多次随机重启爬山（MRSH）方法。该方法最初使用二进制向量生成自变量的解向量的随机列表。在迭代循环中使用与目标函数的最小结果对应的解向量。

解向量的一部分被切换和计算。将足够多迭代次数的最小值假定为目标函数的最小值。

遗传算法（GA）。这种搜索方法基于进化机制和自然遗传学。遗传算法将适者生存的原则与随机信息交换相结合。遗传算法通过选择机制生成一系列种群，并使用交叉作为搜索机制来引导搜索朝着最优解前进。

基于群体的增量学习（PBIL）方法。这是进化优化方法和爬山方法的结合[21]。PBIL 方法是对遗传算法的一种抽象，它维护遗传算法的统计信息，但抽象出交叉操作并重新定义种群的角色。

13.2.3 梯度方法

梯度方法使用目标函数 F 相对于自变量的偏导数的值、F 本身的值，以及从早期迭代中获得的信息，选择 n 维方向向量的方向 s_i。因此，解决方案得到了改进，即

$$F(x_{i+1}) \leqslant F(x_i) \qquad x_{i+1} = x_{i+1} = x_i + h_i s_i \tag{13.5}$$

式中，h_i 是步长增量；s_i 是搜索方向。梯度优化方法的类型有：

1）最速下降方法使用当前点的归一化梯度向量，使用指定的步长获得一个新点。

2）牛顿方法使用目标函数 $F(x)$ 的二阶泰勒级数展开。该方法需要函数在任意点的零阶、一阶和二阶导数。

3）柯西 - 牛顿方法使用函数二阶导数的近似值，该函数在每次迭代后更新。

13.2.4 约束优化方法

受约束的优化问题通常被转换为无约束的问题，然后使用上述非线性规划方法之一进行优化。用于约束问题的一些技术有：

1）可行方向方法试图通过沿可行弧从一个可行点搜索到另一个可行点来保持可行性。该方法假设程序开始时可以找到一个可行点。

2）罚函数将优化问题转化为包含使 F 得以保持的约束，同时通过惩罚约束来控制违反约束的情况。精确罚函数与经典罚函数类似，只是使用了约束的绝对值[106]。

3）序列无约束最小化方法也类似于经典的罚函数，只是罚系数在算法的每一步之后都会增加。

4）增广拉格朗日函数或多罚函数使用一个添加罚项的拉格朗日函数。将问题转化为一个最小化的增广拉格朗日函数。

13.3　基于群体的增量学习方法

根据达尔文的自然选择和进化模型，生命是一场斗争，只有适者生存才能繁衍后代。基于自然选择和基因重组的遗传算法最早由 Holland 提出[150]。遗传算法通过选择机制、交叉和变异作为搜索机制生成一系列种群。在自然界中，对食物等资源的竞争意味着一个物种中最适者生存的个体支配着较弱的个体。这种自然现象被称为"适者生存"。因此，最适者生存的个体有机会繁衍后代，从而确保最适者生存。生殖过程将来自父母的遗传物质（染色体）结合成一个新基因。染色体间部分遗传物质的交换称为交叉。

遗传算法将解决方案编码为一组二进制字符串。每个解决方案都与根据目标函数确定的适应度值相关联。遗传算法的主要操作是交叉，尽管突变通过引起二进制字符串位的零星和随机改变来发挥再生丢失遗传物质的作用。遗传算法通常以其种群大小、交叉类型、交叉率和精英选择来表征。这些控制参数会影响算法的执行情况。最佳参数集取决于被优化的应用程序。

PBIL 方法是遗传算法的一种抽象，它明确地维护了遗传算法总体中包含的统计信息，但抽象了交叉操作[21]。PBIL 方法实际上是进化优化方法和爬山方法的结合。PBIL 方法使用实值概率向量，当采样时，该向量以高概率显示高估值解向量。

PBIL 方法创建一个概率向量，从中抽取样本以产生下一代种群。与遗传算法一样，解决方案被编码为固定长度的二进制向量。最初，概率向量的值设置为0.5。根据概率向量的概率生成许多解向量，类似于遗传算法中的总体。概率向量被推向具有最高估值（适应值）的生成解向量。因此，这个概率向量可以被认为是正在搜索的函数空间的高估值向量的原型。概率向量的每一位更新的概率使用下式计算：

$$P_i = \left[P_i \times (1.0 - \delta l) \right] + (\delta l + \sigma_i) \tag{13.6}$$

式中，P_i 是在位 i 上生成 1 的概率；σ_i 是解向量中第 i 个改变概率向量的位置；δl 是学习率。学习率是每个周期后概率向量的变化量。在概率向量的每次更新之后，生成一组新的解向量。随着搜索的进展，概率向量中的条目开始向 0.0 或 1.0 漂移，以表示高估值解向量。

PBIL 方法中使用突变的原因与遗传算法中相同，以抑制过早收敛。突变以随机方向的小概率扰乱概率向量。PBIL 方法通常以样本数量、学习率、要更新的向量数量和突变率来表征。图 13.1 为 PBIL 方法的流程图表示。

PBIL 方法已被证明与遗传算法一样有效，甚至更好。与遗传算法相比，PBIL 方法的主要优势在于，由于其特点是参数较少，并且它们的值与问题相关性较小，因此只需要尽可能少的问题相关信息。

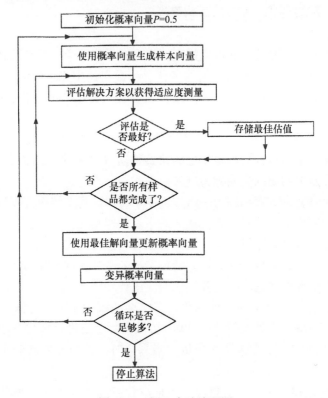

图 13.1　PBIL 方法流程图

13.4　响应面方法

当使用基于 FEM 分析数值计算时，优化的目标函数将需要较长的计算时间。由于计算时间较长，因此需要比基于群体的增量学习方法更快的方法。响应面方法（RSM）是一种数学和统计技术的集合，用于分析多个自变量的问题和模型开发。

通过仔细设计有限元实验，响应面方法试图将输出变量与影响它的输入变量联系起来。计算机实验结果 y 作为输入自变量 x_1，x_2，$\cdots$，x_n 的函数

$$y = f(x_1, x_2, \cdots, x_n) + \delta(x_1, x_2, \cdots, x_n) + \delta\epsilon \qquad (13.7)$$

式中，$\delta(x)$ 是偏置误差；$\delta\epsilon$ 是一个随机误差分量[37]。如果预期结果用 $E(y) = S$ 表示，则由 $S = f(x_1, x_2, \cdots, x_n)$ 表示的面称为响应面。

由于结果与自变量之间的关系形式未知，常使用多项式表达式作为 y 和自变量之间真正函数关系的适当近似。d 阶的多项式表达式可以被认为是真正的理论

函数 $f(x)$ 的泰勒级数展开，在 d 阶多项式之后截断。在有限的可操作性空间内，低阶多项式模型可以用来近似计算结果与自变量之间的关系，这是响应面法的基本假设。二阶多项式模型用于对响应面进行建模：

$$f(x) = b_0 + \sum_{i=1}^{n} b_i x_i + \sum_{i=1}^{n} b_{ii} x_i^2 + \sum_{i=1}^{n} \sum_{j=1}^{n} b_{ij} x_i x_j \tag{13.8}$$

式中，$i < j$；系数 b_0、b_i、b_{ii} 和 b_{ij} 使用最小二乘法求出。如果使用适当的计算机实验设计来收集数据，这些未知系数可以最有效地估计。拟合响应面的设计称为响应面设计。

13.4.1　响应面设计

用于拟合二阶模型的实验设计必须至少包含每个因素的三个级别，以便可以估计模型参数。可旋转设计是二阶响应面设计的首选类别[37]。在可旋转设计中，x 点处预测响应的方差仅是该点距离设计中心的函数，而不是方向的函数。

样本结果的收集是必不可少的，因为必须通过最少的实验找到足够准确的近似值。如果没有采用所有因子组合，则该设计称为不完全因子设计。已选择 Box – Behnken 三级设计来研究响应面。这是一个不完全因子设计，它是函数精度和所需计算次数之间的合理折中。该设计生成二阶可旋转设计或近可旋转设计，它们也具有高度正交性。

13.4.2　响应面拟合误差估计

实验方法设计中的误差通常分为两类[37]：①系统误差或偏差误差 $\delta(x)$，即响应 $E(y) = S$ 的预期值与近似目标函数 $f(x)$ 之间的差值；②抽样中的随机或实验误差 ϵ。

在数值计算机实验中，重复实验的结果相同，因此无法定义随机误差。由于多项式阶数不足，只能计算固定多项式与实际响应的系统偏离的偏差误差。偏差误差的方差估计为[217]

$$s_e^2 = \frac{1}{m-p} \sum_{i=1}^{m} (y_i - \hat{y}_i)^2 \tag{13.9}$$

式中，s_e 是估计的标准误差；m 是观测数；p 是多项式系数；y_i 是观察到的响应；$\hat{y}_i$ 是预测响应。归一化误差为[40]

$$\bar{\delta} = \frac{s_e}{y_0} \tag{13.10}$$

式中，$y_0 = (y_1 + y_2 + \cdots + y_n)/m$。由于只使用二阶多项式，响应面 $E(y)$ 的精度通过改变研究区域的大小而变化。

13.5 永磁电机现代优化方法

优化程序的目的是将电机有效材料的成本降至最低，同时确保额定功率和高效率。已提出了用 PBIL 方法和响应面方法优化永磁电机。PBIL 方法不直接优化性能特性，而是使用响应面方法生成的电机性能特性的多项式拟合。

电机特性是使用 FEM（第3章）和经典机器理论针对多种输入参数组合计算得出的。图 13.2 为控制程序遵循的逻辑顺序。输出特性和输入参数用于将二阶多项式方程拟合到每个输出特性。这些多项式用作 PBIL 方法优化中的目标函数和约束。

对 FEM 进行了以下简化：①端漏电抗的计算采用经典理论［附录 A 中式（A.10）］，因为使用二维 FEM 计算是非常困难的；②假设感应电动势和感应电抗在整个负载范围内保持恒定，并等于在额定电流下获得的值；③该模型与转子位置无关。

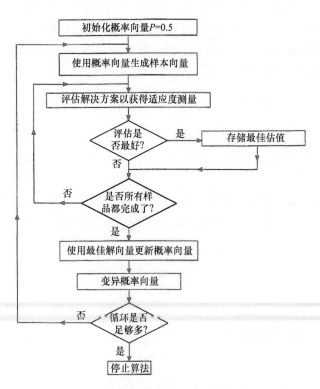

图 13.2 计算电机输出特性的控制程序流程图

13.5.1　永磁有刷直流电机

考虑带分段磁铁的永磁有刷直流电机，如图 4.1（第 4 章）所示。优化问题可以表述为最小化成本

$$C(x) = V_M c_{PM} + V_w c_w + V_c c_c \qquad (13.11)$$

式中，V_M、V_w、V_c 分别是永磁体、铜导线和电工钢的体积；c_{PM}、c_w、c_c 分别是永磁体、铜导线和电工钢的每立方米价格。优化受到以下约束：

$$T_d(x) \geqslant a$$
$$P_{out}(x) \geqslant b$$
$$\eta(x) \geqslant c$$
$$H_{max}(x) \leqslant d$$
$$D_{out}(x) \leqslant e$$

式中，T_d 是电磁转矩（N·m）；P_{out} 是输出功率（W）；η 是效率；H_{max} 是永磁体的最大磁场强度（kA/m）；D_{out} 是定子外径（mm）；a 是电磁转矩值；b 是输出功率值；c 是效率值；d 是磁场强度值；e 是定子外径值。这些输出特征是通过数值域解的后处理来计算的。

电磁转矩通过使用麦克斯韦应力张量法，根据式（3.71）乘以 $D_{2out}/2$（第 3 章第 3.11 节）计算得出，即

$$T_d = \frac{D_{2out} L_i}{2\mu_o} \oint_l B_n B_t dl \qquad (13.12)$$

式中，D_{2out} 是转子的外径；L_i 是转子叠层的有效长度；B_n 和 B_t 是位于气隙中间圆形轮廓上磁通密度的法向和切向分量。

有效材料，即永磁体、铜线和电工钢的成本根据式（13.11）计算。

电枢电流为额定电流 3 倍时，根据 FEM 计算结果计算出最大磁场强度 H_{max}。

转子钢和定子轭中的功率损耗使用制造商给出的特定损耗曲线进行计算。额外损耗因数乘以基本磁心损耗结果，考虑磁场中的高次谐波。

计算功率平衡，以评估输出功率 P_{out}、速度 n 和效率 η。电磁功率为

$$P_{elm} = V I_a - \sum R_a I_a^2 - \Delta P_{Fe} - I_a \Delta V_{br} \qquad (13.13)$$

式中，I_a 是电枢电流；$\sum R_a$ 是电枢电路电阻；ΔP_{Fe} 是电枢铁心损耗；$I_a \Delta V_{br}$ 是电刷压降损耗。那么效率为

$$\eta = \frac{P_{out}}{V I_a} \approx \frac{P_{elm}}{V I_a}$$

且速度 $n = P_{elm}/(2\pi T_d)$。

13.5.2 永磁同步电机

考虑表贴式永磁转子和内埋式永磁转子的同步电机。由于使用了现有感应电机的定子，因此仅优化了转子。目标函数试图最小化永磁材料的使用量。优化问题可以表示为：在约束条件下最小化 $V_M(x)$

$$P_{elm}(x) \geqslant P_{elm(d)} \qquad J_a(x) \leqslant J_{ath}$$
$$\eta(x) \geqslant \eta_d \qquad g \geqslant g_{min} \qquad (13.14)$$
$$h_M, w_M \geqslant h_{Mmin} \qquad D_{max} < D_{1in}$$

式中，V_M 是永磁体体积；$P_{elm(d)}$ 是所需的电磁功率；J_{ath} 是在电磁功率 $P_{elm(d)}$ 下的电流密度热极限；η_d 是 $P_{elm(d)}$ 下的所需电效率；g 和 h_M 分别是气隙和永磁体的机械最小尺寸；D_{max} 是永磁体外边缘的最大直径。

表贴式永磁转子设计中使用的自变量为气隙 g、永磁体厚度 h_M 和重叠角 β。内埋式永磁转子设计中使用的自变量为气隙 g、永磁体厚度 h_M 和永磁体宽度 w_M（见图 13.3）。使用磁链和磁化电抗，通过 FEM 获得的电机性能如第 5 章例 5.1 ~ 例 5.3 所示。

因目标函数不容易用自变量表示，响应面方法不用于直接对目标函数进行建模，而是用于根据自变量对用于约束的永磁同步电机的性能特征进行建模。

使用 FEM 计算多个自变量（因子）组合的特性。这些因素覆盖整个问题空间，它们的组合由 Box – Behnken 三级设计方法确定，三个因素和三级设计需要 15 次运行。为输出特征 E_f、X_{sd}、X_{sq}、X_{ad} 和 X_{aq} 创建响应面。使用最小二乘法将二阶多项式分别拟合到这五个特征中。然后使用这五个多项式方程来计算优化过程中的电磁功率、效率和定子电流。PBIL 优化用于在式（13.14）中规定的约束条件下最小化永磁体体积。

每极表贴式永磁体的体积为 $V_M/(2p) = (0.25\beta\pi/360°) \times (D_{out}^2 - D_{Min}^2)l_M$，其中 l_M 是永磁体轴向长度，D_{out} 和 D_{Min} 是图 13.3a 所示的永磁体直径。每极内埋式永磁体的体积为 $V_M/(2p) = 2h_M w_M l_M$（见图 13.3b）。

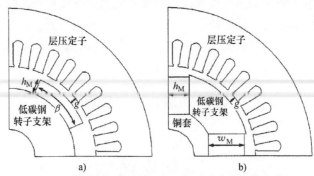

图 13.3　永磁转子的几何布局显示了以下设计变量：

a）表贴式永磁转子；b）内埋式永磁转子

案例

例 13.1

表贴式永磁转子的优化。利用商用 380V、50Hz、四极 1.5kW 异步电机的定子，设计一种表贴式永磁同步电机。表 13.1 为电磁输出功率、效率和功率因数的不同约束条件下的结果。结果表明，在低功率额定值（1.5kW）下，如果功率因数在额定功率下被限制在最小 0.9，则设计需要大幅增加永磁材料。在 2.5kW 的高功率额定值下，功率因数远远超过设计最小值。

该电机最优的额定功率应确保定子绕组电流密度保持远低于规范限制，但也应使功率输出最大化。因此，2.2kW 的额定功率被认为是合适的，因为在额定功率下具有良好的功率因数以及定子绕组的最大使用率。该电机中使用的定子来自 1.5kW 感应电机。当作为同步电机运行时，额定功率增加到 2.2kW，这是由于永磁同步电机中可能存在更高的定子绕组电流密度，同时效率和功率因数得到了提高。定子绕组电流密度已从感应电机的 9.93A/mm² 增加到永磁同步电机的 10.3A/mm²（强制通风）。

在整个优化过程中，较高的时间和空间谐波被忽略，齿槽转矩的影响也被忽略。使用适当的永磁体重叠角[197]可以显著降低齿槽转矩。由于使用现有定子，定子齿不可能倾斜。使用永磁体重叠角 $\beta = (k + 0.14)t_1$，可以实现最小齿槽转矩[197]，其中 k 为整数，$t_1 = 360°/s_1$ 是定子槽节距（角度）。因此，重叠角从 $\beta = 73.8°$ 减小到 71.4°。气隙和磁铁厚度再次针对该固定重叠角进行优化。表 13.1 为最终优化的转子细节。

表 13.1 表贴式永磁转子的响应面方法优化结果

P_{elm} /kW	η （%）	最小量 $\cos\phi$	g /mm	β /(°)	h_M /mm	$\cos\phi$	每极永磁体体积 /mm³
1.5	90	—	0.3	76.85°	0.77	0.754	4191
2.0	90	—	0.3	72.00°	1.15	0.871	5857
2.5	90	—	0.3	73.80°	1.75	0.974	9056
P_{elm} /kW	η （%）	最小量 $\cos\phi$	g /mm	β /(°)	h_M /mm	$\cos\phi$	每极永磁体体积 /mm³
1.5	90	0.90	0.3	74.78°	1.46	0.900	7669
2.0	90	0.90	0.3	70.23°	1.38	0.900	6793
2.5	90	0.90	0.3	73.80°	1.75	0.974	9056
最终结果							
2.2	90	0.90	0.3	71.40°	1.36	0.913	6838

　　该优化电机的性能与初始表贴式永磁设计进行了比较。图 13.4 比较了电磁功率；图 13.5 比较了两台电机的效率。优化后的表贴式永磁同步电机在理想额定功率下具有更高的效率，永磁体的体积从初始设计（例 5.1）的每极 15000mm³ 减少到优化电机的每极 6838mm³。

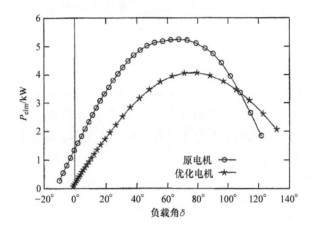

图 13.4　表贴式永磁同步电机的电磁功率与负载角的关系（例 13.1）

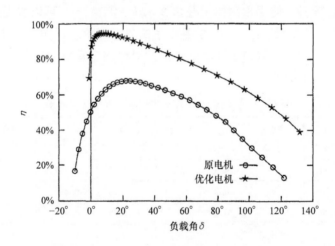

图 13.5　表贴式永磁同步电机的效率与负载角的关系（例 13.1）

例 13.2

内埋式永磁转子的优化。利用商用 380V、50Hz、四极 1.5kW 异步电机的定子设计了一台内置式永磁同步电机。表 13.2 为电磁输出功率、效率和功率因数的不同约束条件下的结果。

表 13.2 内埋式永磁转子的响应面方法优化结果

P_{elm}/kW	η(%)	最小量 $\cos\phi$	g/mm	w_M/mm	h_M/mm	$\cos\phi$	每极永磁体体积 /mm³
1.5	90	—	0.3	15.21	1.21	0.717	3672
2.0	90	—	0.3	16.90	1.35	0.817	4561
2.5	90	—	0.3	20.18	1.62	0.913	6535
P_{elm}/kW	η(%)	最小量 $\cos\phi$	g/mm	w_M/mm	h_M/mm	$\cos\phi$	每极永磁体体积 /mm³
1.5	90	0.90	0.3	21.54	2.01	0.910	8673
2.0	90	0.90	0.3	20.87	1.52	0.900	6329
2.5	90	0.90	0.3	19.32	1.72	0.910	6627
最终结果							
2.2	90	0.90	0.3	19.28	1.55	0.909	5977

再次选择最优的额定功率为 2.2kW。定子绕组中的电流密度为 $J_a \approx$ 10.4A/mm² （强制通风）。

通过制造不对称性的转子磁路，可以在最终设计中最小化齿槽转矩。这对优化点影响不大，因为它不会改变任何优化参数。

将该优化电机的性能与最初的内埋式永磁电机设计进行比较（见图 13.6 和图 13.7）。优化的内埋式永磁电机使用了 6627mm³ 的永磁材料，而初始设计使用了 16200mm³ （例 5.3）。它在额定输出功率下也具有卓越的效率。

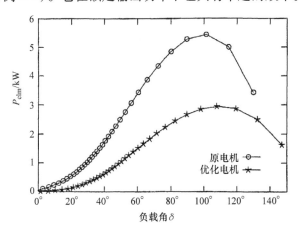

图 13.6 内埋式永磁同步电机的电磁功率与负载角的关系（例 13.2）

表面式和内埋式永磁同步电机的优化均显示出比初始设计更好的性能。在两种设计中，永磁材料的体积也有所减少。内埋式永磁同步电机的设计被认为是更好的设计，因为它使用了最少的永磁材料，并且在较宽的功率范围内具有较高的效率（见图 13.7）。

　　因此，使用 PBIL 的响应面方法被视为借助 FEM 优化永磁同步电机的合适方法。这种优化技术可以很容易地推广到整个同步电机的优化设计中。

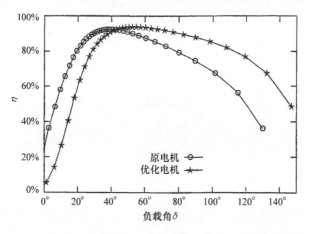

图 13.7　内埋式永磁同步电机的效率与负载角的关系（例 13.2）

第 14 章

维　护

14.1　电机基本要求

电机（包括交流和直流电机等）的形状和尺寸多种多样。部分电机是标准化的，用于一般用途。其他电机用于特定任务。不同的应用和要求导致了许多不同类型和拓扑的制造。客户对安全、舒适、经济、清洁环境和质量的需求是电机种类爆炸式增长的另一个原因。电机的基本技术和经济要求可分为以下几类：

1）一般要求：

① 低成本；

② 结构简单；

③ 制造简单；

④ 高效率和高功率因数；

⑤ 低 EMI 和 RFI 水平；

⑥ 使用寿命长；

⑦ 高可靠性。

2）取决于应用和操作条件的要求：

① 对中、大功率电机，可修复性至关重要；

② 电动汽车电机的扩速范围和能效；

③ 对公共生活和消费电子产品，低噪声至关重要；

④ 机载设备、手机以及电动手动工具要求在预期性能下具有最小尺寸和高质量；

⑤ 对运输和农业驱动以及机载设备，抗振动和冲击至关重要；

⑥ 在核反应堆、航天器、水下航行器和热带地区运行的机电驱动装置必须具有抗环境影响和辐射能力；

⑦ 对矿井驱动，防爆安全至关重要；

⑧ 对安装在真空设备中的机电驱动装置，气体溢出量低至关重要。

3）伺服驱动器和自动控制系统中使用的电机的附加要求：

① 快速响应；

② 响应与温度无关；

③ 高速且高转矩；

④ 高过载能力；

⑤ 性能稳定性。

14.2 可靠性

电机的可靠性是指电机在预期时间内、预期操作环境下充分运行的概率。在适当考虑经济因素的前提下，应确保电机在合理水平上长期可靠地使用，即以最低成本获得最佳可靠性水平。可利用概率论和数理统计方法对电机可靠性进行定量估计。

根据可靠性理论，所有设备都分为可维修或不可维修，即故障时可以维修的设备和不能维修的设备。故障（机械、热、电、磁或性能下降）是涉及全部或部分丧失使用能力的事件。根据用途的不同，任何电机都可归类于这两种。

可靠性理论通常将故障视为随机事件。因此，所有数量特征都具有概率性质。

失效密度 $f(t)$，是指在给定时间间隔 Δt 内发生故障的无条件概率 $\Delta tf(t)$。

无故障运行概率（可靠性）$P(t)$，是指机器在故障前的无故障运行时间大于或等于规定时间间隔 $\Delta t = t_2 - t_1$ 的概率，即

$$P(t) = \int_{t_1}^{t2} f(t)\,\mathrm{d}t \tag{14.1}$$

假设故障机器既不维修也不更换，则可以使用下式对非故障概率进行统计估计：

$$P^*(t) = \frac{N_0 - n(t)}{N_0} \tag{14.2}$$

式中，N_0 是测试开始时的机器数量（总体规模）；$n(t)$ 是在时间 t 内出现故障的机器数量。故障函数 $Q(t)$ 与可靠性函数 $P(t)$ 之间的关系为

$$Q(t) = 1 - P(t) \tag{14.3}$$

故障率 $\lambda(t)$，是指机器在预定时刻后每时间单位 Δt 内的故障概率。它可以简单地表示为

$$\lambda(t) = \frac{n(t)}{\Delta t} \tag{14.4}$$

式中，$n(t)$ 是在时间间隔 Δt 内发生故障的机器数量。根据下式对故障率进行统计估计：

$$\lambda^*(t) = \frac{n(t)}{\Delta t N_{av}} \tag{14.5}$$

式中，N_{av} 是在观察时间间隔 Δt 内无故障运行的机器的平均数量。

故障率表示为故障概率密度 $f(t)$ 与非故障概率 $P(t)$ 之比，即

$$\lambda(t) = \frac{f(t)}{P(t)} \tag{14.6}$$

从测试中获得的故障率的典型特征 $\lambda(t)$ 如图 14.1 所示。在 $0 \leqslant t \leqslant t_1$ 时间区间内故障率相对较高。该间隔说明存在早期故障期（所谓的 "婴儿死亡率"），此期间的故障通常由制造缺陷导致；随后，故障率急剧下降；区间 $t_1 \leqslant t \leqslant t_2$ 表示正常运行的时期；在时间 t_2 之后，由于机械磨损、电气磨损或材料特性的劣化，故障率突然增加。

因此，可以假设机器正常运行期间的故障率是恒定的，即 $\lambda =$ 常数。对于具有恒定故障率 λ 的机器，可靠性函数或无故障运行概率 $P(t)$ 与故障率 λ 成负指数分布，即

$$P(t) = e^{-\lambda t} \tag{14.7}$$

统计理论表明，随机故障率与时间无关，服从指数分布规律。故障密度为

$$f(t) = \frac{dQ(t)}{dt} = \frac{d[1 - P(t)]}{dt}$$

$$= \frac{d[1 - \exp(-\lambda t)]}{dt} = \lambda e^{-\lambda t} \tag{14.8}$$

式中，$Q(t)$ 由式（14.3）给出；$P(t)$ 由式（14.7）给出。将式（14.8）代入式（14.6）中，故障率 $\lambda(t) = \lambda$，这意味着电机及其部件或系统的特征为恒定故障率，即 λ 为常数。

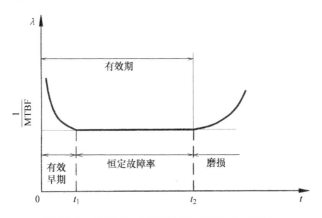

图 14.1 故障率 $\lambda(t)$ 的特征（"浴缸" 曲线）

平均故障间隔时间（MTBF）。可通过下式估计平均无故障时间：

$$\mathrm{MTBF}^* = t_{\mathrm{mean}}^* = \frac{1}{N_0}\sum_{i=1}^{N_0} t_{ti} \qquad (14.9)$$

式中，t_{ti} 是第 i 个样本的无故障时间。

MTBF（无故障运行）是无故障运行时间的数学期望值：

$$\mathrm{MTBF} = t_{\mathrm{mean}} = \int_0^\infty P(t)\,\mathrm{d}t \qquad (14.10)$$

它定义了从开始运行到第一次故障之间的平均时间间隔。λ 为常数时，MTBF为

$$\mathrm{MTBF} = t_{\mathrm{mean}} = \frac{1}{\lambda} \qquad (14.11)$$

表14.1给出了所选电磁和电子部件的故障密度 λ（λ 为常数）以及 MTBF。

威布尔分布是一种通用可靠性分布，用于模拟机械和电子部件、装置、系统和材料强度的故障时间。威布尔概率密度函数（PDF）的最一般表达式由三参数威布尔分布表达式给出：

$$f(t) = \frac{\beta}{\gamma}\left(\frac{t-\gamma}{\eta}\right)^{\beta-1}\exp\left[-\left(\frac{t-\gamma}{\eta}\right)^\beta\right] \qquad (14.12)$$

式中，β 是形状参数，也称为威布尔斜率，$\beta>0$；η 是尺度参数（以时间单位表示），$\eta>0$；γ 是位置参数，$-\infty<\gamma<\infty$。通常情况下，不使用位置参数（$\gamma=0$），式（14.12）简化为双参数威布尔分布。威布尔可靠性函数由下式给出：

$$P(t) = \exp\left[-\left(\frac{t-\gamma}{\eta}\right)^\beta\right] \qquad (14.13)$$

表 14.1   每小时电磁和电子部件的故障率 $\lambda(t)$ 以及 MTBF

机器、装置、部件和系统	$\lambda(t)$ /(1/h)	MTBF/h
小型电机	$(0.01\sim8.0)\times10^{-4}$	$1250\sim1000000$
变压器	$(0.0002\sim0.64)\times10^{-4}$	$15000\sim5\times10^7$
电阻器	$(0.0001\sim0.15)\times10^{-4}$	$67000\sim1\times10^8$
半导体器件	$(0.0012\sim5.0)\times10^{-4}$	$2000\sim8333000$
英特尔固态设备	0.01×10^{-4}	1000000
德州仪器 IC L293N	0.09×10^{-8}	1.07×10^9
不间断电源	$(0.017\sim2.5)\times10^{-4}$	$4000\sim580000$
计算机硬盘	0.01×10^{-4}	1000000
计算机 CD-DVD 驱动器	1×10^{-5}	100000

与式（14.6）类似，威布尔故障率函数为

$$\lambda(t) = \frac{f(t)}{P(t)} = \frac{\beta}{\eta}\left(\frac{t-\gamma}{\eta}\right)^{\beta-1} \tag{14.14}$$

威布尔平均寿命或平均无故障时间（MTTF）为

$$\text{MTTF} = t_{\text{Wmean}} = \gamma + \eta \Gamma\left(\frac{1}{\beta}+1\right) \tag{14.15}$$

式中，$\Gamma(1/\beta+1)$ 是伽马函数，定义为

$$\Gamma(n) = \int_0^\infty \mathrm{e}^{-x} x^{n-1}\mathrm{d}x \tag{14.16}$$

表 14.2 给出了所选机器、装置和部件的形状参数 β 和 MTTF 值。MTBF（部件、组件或系统发生故障前经过的小时数）是可修复部件可靠性的基本度量标准，而 MTTF（装置首次发生故障前的平均预期时间）是不可修复部件可靠性的基本度量标准。

表 14.2 威布尔数据库

机器、装置及部件	形状参数 β			MTTF/h		
	低值	典型值	高值	低值	典型值	高值
交流无刷电机	0.5	1.2	3.0	1000	100000	200000
直流有刷电机	0.5	1.2	3.0	100	50000	100000
变压器	0.5	1.1	3.0	14000	200000	420000
电磁阀	0.5	1.1	3.0	50000	75000	1000000
传感器	0.5	1.0	3.0	11000	20000	90000
磁性离合器	0.8	1.0	1.6	100000	150000	333000
滚珠轴承	0.7	1.3	3.5	14000	40000	250000
滚子轴承	0.7	1.3	3.5	9000	50000	125000
套筒轴承	0.7	1.0	3.0	10000	50000	143000
联轴器	0.8	2.0	6.0	25000	75000	333000
齿轮	0.5	2.0	6.0	33000	75000	500000
离心泵	0.5	1.2	3.0	1000	35000	125000
冷却剂	0.5	1.1	2.0	11000	15000	33000
矿物润滑油	0.5	1.1	3.0	3000	10000	25000
合成润滑油	0.5	1.1	3.0	33000	50000	250000
润滑脂	0.5	1.1	3.0	7000	10000	33000

14.3 电机故障

电机的预期使用寿命取决于电机类型、应用和运行条件。对于大功率和中等

功率的电机，其寿命通常超过 20 年；对于一般用途的小型直流和交流电机，其寿命可达 10 年；对于非常小型的直流有刷电机，其寿命约为 100h。

　　带有可移动部件的电机，其可靠性往往低于半导体器件或静态变换器，例如变压器（见表 14.1）。从经验中可以明显看出，大多数故障是由于电机的机械部件和绕组出现故障或其材料特性发生变化造成的。以下是最有可能出现故障的部件：

　　1）轴承：

　　① 异物或污垢造成的污染和划痕；

　　② 过负荷导致的过早疲劳；

　　③ 因过热导致的硬度损失、承载能力降低和球环变形；

　　④ 当载荷超过材料的弹性极限时产生布氏效应；

　　⑤ 由于润滑剂失效，球、环和保持架过度磨损；

　　⑥ 垫片或环断裂；

　　⑦ 巴氏合金疲劳、擦拭、蠕变和热棘轮；

　　⑧ 巴氏合金轴承中的孔隙和气泡。

　　2）如果减速齿轮箱为内置式：

　　① 齿裂；

　　② 齿磨损。

　　3）滑动触点：

　　① 由于电刷磨损或电刷螺柱对电刷的压力不足，换向器和电刷之间接触不良；

　　② 电刷架的机械损坏；

　　③ 电刷对换向器造成的损坏。

　　4）绕组：

　　① 尤其是在高湿度下，因过载而燃烧导致的线圈匝或导线断裂，由于温度波动或电腐蚀作用引起的机械应变；

　　② 焊接连接断开；

　　③ 由于电气强度差，特别是在严酷的热条件和高湿度条件下，导致绝缘接地或匝间故障；

　　④ 瞬态电压浪涌或尖峰。

　　5）磁系统：

　　① 由于高温、冲击、振动、应变和有害气体导致的永磁体性能变化；

　　② 由于叠片之间短路、电腐蚀等导致叠片特性的变化。

　　对于直流永磁有刷电机，最易损坏的部件是换向器和电刷。在无刷电机中，最脆弱的部件是轴承。轴承和滑动触点的状况在很大程度上取决于转子的旋转速度。大多数零件，尤其是换向器和电刷的磨损随着转速的增加而增加，因此，这些零件和电机整体的可靠性被降低。

图 14.2 说明了小型直流有刷电机的 MTBF t_{mean} 与测试它们的角速度 $\Omega = 2\pi n$（实线）的函数关系[15]。假定额定速度和测试时间是统一的，这意味着制造商可以保证的使用寿命取决于电机的额定转速。对于小功率有刷电机，额定转速 $n = 2500 \text{r/min}$ 时保证使用寿命约为 3000h，额定转速 $n = 9000 \text{r/min}$ 时保证使用寿命为 200 ~ 600h。

通过消除滑动接触，可以提高电机的可靠性。对于小型无刷电机，可以保证在转速为 12500r/min 下的使用寿命至少为 10000h[69]。一些永磁无刷电机可以运行近 200000h 而不会出现故障。

电机绝缘的可靠性在很大程度上取决于环境温度、相对湿度和电机本身的温度。实验表明，对一些直流和交流小功率电机，由于湿度过大和高温或低温导致的故障占未指定条件下运行电机导致的故障总数的 70% ~ 100%。图 14.2 为小型有刷直流电机的 MTBF t_{mean} 与测试时的环境温度 ϑ（虚线）的函数关系。假定额定环境温度与该温度对应的时间为一个单位。除了故障概率外，电机在超过规定极限的温度下运行会使其性能特性发生恶化。

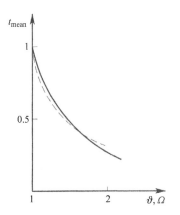

图 14.2 小型有刷直流电机的每单位 MTBF t_{mean} 作为每单位角速度 Ω（实线）和温度 ϑ（虚线）的函数

在为特定驱动系统选择电机时，必须认真考虑其热条件。小型电机通常被制造为完全封闭的电机。当安装在设备中时，机壳可以连接到金属面板或任何其他部件上，以改善传热条件。在容纳其他发热部件的封闭单元或隔间中安装小型电机时，正确计算电机预期运行的环境温度非常重要。环境温度的升高会导致电机的绝对温度升高，从而影响其可靠性和特性。即使是非常小的电机本身也是密集的热源。在热计算中，重要的是要考虑它们的运行条件，例如占空比、空载或满载运行、起动频率和反转频率。

由于振动、冲击和过低的大气压力，电机的可靠性可能会在使用过程中降低。

为了提高电机的可靠性，应采取以下措施：

1）优化电磁设计；

2）高效冷却系统；

3）强鲁棒的机械设计；

4）优质材料的应用；

5）提高耐热性，尤其是绝缘的机械和电气性能；

6）制造质量保证；

7）在制造商规定的操作条件下使用电机。

电机的可靠性与它们的机械和电气耐久性有关，这可能由电机从开始运行到折旧的使用寿命决定。机械和电气耐久性通常是评估可修复电机的标准。

14.4　小型永磁无刷电机的可靠性计算

内置减速箱的小型永磁电机无故障运行的概率可以使用下式计算：

$$P(t) = P_b(t)P_g(t)P_w(t) \tag{14.17}$$

式中，$P_b(t)$、$P_g(t)$ 和 $P_w(t)$ 分别是轴承、齿轮和绕组无故障运行的概率。这意味着小型永磁无刷电机最脆弱的部分是它们的轴承、齿轮（如果有的话）和电枢绕组。在正常运行条件下，永磁体实际上对电机的可靠性没有影响。

轴承无故障运行的概率为

$$P_b(t) = \prod_{i=1}^{l} P_{bi}(t) \tag{14.18}$$

式中，$P_{bi}(t)$ 是第 i 个轴承无故障运行的概率；l 是轴承总数。单个轴承的寿命定义为轴承在环或任何滚动元件材料出现首次疲劳迹象之前运行的转数（或在某些给定速度下的小时数）。

轴承的动态比载荷能力

$$C_b = Q_b(nt_t)^{0.3} \tag{14.19}$$

是等效载荷 Q_b（kG）、速度 n（r/min）和无故障运行时间 t（h）的函数，也称为"额定寿命"。等效载荷 Q_b 可能是轴承上的实际或允许载荷，取决于径向和轴向载荷。在正常条件下，安装在电机中的轴承应平均工作 77000h 或 MTBF = $77000/(365 \times 24) = 8.8$ 年。故障率为 $\lambda = 1/77000 = 1.3 \times 10^{-5}$ 1/h。

正常运行期间无故障运行的概率可以根据式（14.13）求得，其中 $\gamma = 0$ 以及 $\eta = T_b'$，即

$$P_{bi}(t) = \exp\left[-\left(\frac{t}{T_b'}\right)^\beta\right] \tag{14.20}$$

参数 β 和 T_b' 从实验中获得（见表 14.2）。根据参考文献［200］，比值 $5.35 \leqslant T_b'/t_t \leqslant 6.84$。

如果轴承的故障率 λ_b 与时间无关，则无故障运行的概率由式（14.7）表示，其中 $\lambda = 2\lambda_b$。

齿轮无故障运行的概率为

$$P_{g}(t) = \prod_{j=1}^{g} P_{gj}(t) \qquad (14.21)$$

式中，$P_{gj}(t)$ 是第 j 个齿轮无故障运行的概率；g 是轮数。无故障运行的近似概率 P_{gj} 可以根据式（14.7）计算，其中 $\lambda = \lambda_{gj}$ 是第 j 个齿轮的故障率。

绕组无故障运行的概率用式（14.7）表示，其中 $\lambda = \lambda_w$。求电枢绕组的故障率 λ_w，平均预期工作时间

$$t' = T'_w \exp[-\alpha_t(\vartheta - \vartheta_{\max})] \qquad (14.22)$$

原则上，这取决于绕组的预期服务时间。在式（14.22）中，T'_w 是在给定绝缘等级（见表 14.3）和相对湿度为 40% ~ 60% 的允许温度 $\vartheta_{\max}$ 下绕组的平均预期工作时间；ϑ 是运行时绕组的温度；α_t 是预期服务时间的温度系数（见表 14.3）。时间 T'_w 对应于服务工作时间，为 15 ~ 20 年或 $1.314 \times 10^5 \sim 1.752 \times 10^5$ h[200]。给定绝缘等级的使用温度越高，时间 T'_w 就越长。

绕组的故障率是 T'_w 的函数，即

$$\lambda'_w = \frac{1}{t'} = \frac{1}{T'_w} \exp[\alpha_t(\vartheta - \vartheta_{\max})] = \lambda_{wT} \exp[\alpha_t(\vartheta - \vartheta_{\max})] \qquad (14.23)$$

式中，λ_{wT} 是绕组在允许温度 $\vartheta_{\max}$ 和相对湿度 40% ~ 60% 下的故障率，$\lambda_{wT} = 1/T'_w$。

绕组线圈或端子之间的焊接连接断裂或老化也可能导致故障。包括焊接连接在内的绕组故障率为[200]

$$\lambda''_w = \lambda'_w + m_{sc}\lambda_{sc} \qquad (14.24)$$

式中，λ_{sc} 是一个焊接连接的故障率；m_{sc} 是连接数。

绕组的可靠性很大程度上取决于工作条件。工作条件系数 γ_w 考虑了湿度、过载、振动和冲击等外部因素的影响。包括工作条件在内的绕组故障率为

$$\lambda_w = \gamma_w \lambda''_w \qquad (14.25)$$

表 14.3　绝缘等级、允许使用温度 $\vartheta_{\max}$ 和预期工作时间的温度系数 α_t

绝缘等级	Y	A	E	B	F	H	C
$\vartheta_{\max}$/℃	90	105	120	130	155	180	>180
α_t/(1/℃)	0.057	0.032	—	0.073	0.078	0.085	0.055

14.5　振动与噪声

声音是由固体、液体或气体的振动体产生的。振荡的特征是其频率和振幅。根据频率，振荡分为

1）低频振荡，$f < 5\mathrm{Hz}$；

2）次声，$5\mathrm{Hz} < f < 20\mathrm{Hz}$；

3）可听声音，$20\mathrm{Hz} \leqslant f \leqslant 16000\mathrm{Hz}$ 甚至高达 $20000\mathrm{Hz}$；

4）超声波，$16000\mathrm{Hz} < f < 10^6\mathrm{Hz}$。

在工程实践中，低于 $1\mathrm{kHz}$ 的固体低频振荡称为振动。

噪声是一种可听见的声音或声音的混合，对人类有不愉快的影响，干扰人们的思考能力，并且不传达任何有用的信息[98]。

可听范围内的部分振动能量转化为声能，通常存在直接从振动源辐射的空气噪声和通过机械连接、联轴器、基板、支架等传递到周围环境的结构噪声。电机产生的振动和噪声可分为三类[290]：

1）由于较高的空间和时间谐波、相位不平衡和铁心叠片的磁致伸缩膨胀产生的与寄生效应相关的电磁振动和噪声；

2）与机械组件相关的机械振动和噪声，尤其是轴承；

3）与通过或流过电机的通风气流相关的空气动力振动和噪声。

14.5.1　声音的产生与辐射

声场的特征是振动粒子的声压 p 和速度 v。声波传播表示为

$$y(x,t) = A\cos\left[\omega\left(t - \frac{x}{c}\right)\right] \tag{14.26}$$

式中，A 是波幅；x 是波的传播方向；c 是波速或相速度（对于空气，$c = 344\mathrm{m/s}$）；$\omega = 2\pi f$，f 是频率。

波长 λ（m）表示为 c 和 f 的函数，即

$$\lambda = \frac{c}{f} = \frac{2\pi c}{\omega} \tag{14.27}$$

粒子的速度（y 方向，即与位移相对应的轴）

$$v(x,t) = \frac{\partial y}{\partial t} = -A\omega\sin\left[\omega\left(t - \frac{x}{c}\right)\right] \tag{14.28}$$

在具有线性声学特性的介质中，声压 p（$\mathrm{N/m^2}$）与粒子速度 v 成正比，即

$$p = \rho c v \tag{14.29}$$

式中，p 与矢量 v 同相；ρ 为介质的比密度（$\mathrm{kg/m^3}$）。在 20℃ 和 1000mbar（$1\mathrm{bar} = 10^5\mathrm{Pa} = 10^5\mathrm{N/m^2}$）下，空气 $\rho = 1.188\mathrm{kg/m^2}$。乘积 ρc 称为比声阻，即

$$\mathfrak{Re}[\boldsymbol{Z}_a] = \rho c = \frac{p}{v} \tag{14.30}$$

式中，$\boldsymbol{Z}_a$ 是复声阻抗（$\mathrm{N \cdot s/m^3}$）[290]。

声压的特征是由声音或振动波引起的压力变化的方均根值[290]：

$$p = \sqrt{\frac{1}{T_p}\int_0^{T_p}[p(t)]^2 dt} \tag{14.31}$$

通常，有多个不同频率的分量，因此方均根值计算如下：

$$p = \sqrt{p_1^2 + p_2^2 + p_3^2 + \cdots} \tag{14.32}$$

声强（W/m^2）是单位面积内垂直于声音传播方向的能量流动速率[290]：

$$I = \frac{1}{T_p}\int_0^{T_p} pv dt \tag{14.33}$$

式中，v 是垂直于表面的速度分量。

声功率（W）是垂直于声音传播方向的表面 S 上的声音强度[290]：

$$P = \int_0^S I dS \tag{14.34}$$

辐射声功率（W）作为声学阻力的函数：

$$P_{ar} = \mathfrak{Re}[\mathbf{Z}_a]v^2\sigma(r)S = v^2\rho c\sigma(r)S \tag{14.35}$$

式中，$\sigma(r)$ 是取决于模数 r 的辐射因子；S 是辐射表面。表面上的法线点速度 v 与频率成正比。高频比低频辐射更多的声功率。对于发射各种模数的声音辐射器

$$P = \sum_r P_{ar} \tag{14.36}$$

圆柱形辐射器（即电机机壳）的辐射系数为[290]

$$\sigma(r) = (kx)^2 \frac{N_r I_{r+1} - I_r N_{r+1}}{[rI_r - (kx)I_{r+1}]^2 + [rN_r - (kx)N_{r+1}]^2} \tag{14.37}$$

式中，N_r 和 N_{r+1} 是纽曼函数；I_r 和 I_{r+1} 是贝塞尔函数；k 是波数，$k = 2\pi/\lambda = \omega/c$，其中 λ 是根据式（14.27）计算的波长。辐射系数 $\sigma(r)$ 作为 kx 的函数，其中 x 是距离中心的距离，r 为常数，如图14.3所示。

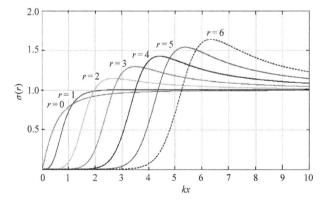

图 14.3 圆柱形辐射器的辐射系数曲线（$r=0, 1, 2, \cdots, 6$）

介质中的一个粒子在声波的作用下振荡，同时具有动能和应变（势能）。动

能密度的变化是

$$e_{kin} = \frac{1}{2}\rho v^2 = \frac{1}{2}\rho\omega^2 A^2 \sin^2\left(\omega t - \frac{\omega}{c}x\right) = E_{kin}\sin^2\left(\omega t - \frac{\omega}{c}x\right) \quad (14.38)$$

式中，平均能量密度 E_{kin}（J/m^3）为

$$E_{kin} = \frac{1}{2}\rho\omega^2 A^2 \quad (14.39)$$

声功率级（SWL）L_W（dB）为

$$L_W = 10\log_{10}\frac{P}{P_0} = 10\log_{10}\frac{IS}{I_0 S_0} = L + 10\log_{10}S \quad (14.40)$$

式中，$S_0 = 1m^2$；P_0 是参考声功率，$P_0 = I_0 S_0 = 10^{-12}W$；$L$ 是声级。1dB 表示为

$$10\log\frac{I}{I_0} = 1 \quad \text{或} \quad \frac{I}{I_0} = 10^{\frac{1}{10}} = 1.2589 \quad (14.41)$$

ndB 的声强比等于 1.2589^n。100dB 的声功率级对应 0.01W 的功率，而 60dB 对应 $10^{-6}W$ 的功率。除其他外，这导致声功率级的计算精度低。

14.5.2　机械模型

图 14.4 为电能如何在电机中转换为声能。输入电流与磁场相互作用产生高频力，作用于定子铁心内表面。这些力在相应的频率范围内激励定子铁心和机壳并产生机械振动。由于振动，定子轭和机壳的表面以对应于力的频率发生位移。周围的介质（空气）也被激发振动并产生噪声。

图 14.4　磁 – 机械 – 声学系统

仅考虑定子铁心的纯周向振动模式，定子铁心的挠度 Δd 是力阶 r 四次方的反函数，即

$$\Delta d \propto \frac{1}{r^4} \quad (14.42)$$

定子和机壳组件作为一个机械系统，其特点是分布质量 M、阻尼 D 和刚度 K。电磁力波激励机械系统产生振动，其振幅是这些力的大小和频率的函数。

机械系统可以简单地用以下矩阵形式的 N 个自由度的集总参数模型来描述：

$$[M]\{\ddot{q}\} + [D]\{\dot{q}\} + [K]\{q\} = \{F(t)\} \quad (14.43)$$

式中，q 是一个（N, 1）向量，表示 N 个自由度的位移；$\{F(t)\}$ 是应用于自由度的力向量；$[M]$ 是质量矩阵；$[D]$ 是阻尼矩阵；$[K]$ 是刚度矩阵。理论上，此方程可以用结构 FEM 软件包求解。在实践中，叠层材料 $[D]$ 矩阵的预测、

材料的物理性质、力计算的准确性以及力分量的正确选择都存在问题[298]。

14.5.3 电磁振动与噪声

电磁振动和噪声是由电磁场引起的。槽、槽中绕组分布、气隙磁导波动、转子偏心和相位不平衡会引起机械变形和振动。磁动势空间谐波、饱和谐波、槽谐波和偏心谐波产生寄生高次谐波力和转矩。尤其是在交流电机中，作用在定子和转子上的径向力波会导致磁路变形。如果径向力的频率接近或等于电机的任何固有频率，则会发生共振。其影响是变形、振动和噪声增加。

由于声强低、频率低，大多数电机中的磁致伸缩噪声可以忽略。

在逆变器供电的电机中，较高的时间谐波会产生寄生振荡转矩。这些寄生转矩通常大于空间谐波产生的振荡转矩。此外，整流器的电压纹波通过中间电路传递到逆变器，产生另一种振荡转矩。

对于带机壳的定子，在假设铁心和机壳振动相同的情况下，由式（14.26）给出的振动引起的径向位移的振幅（m）可以如下所示：

$$A_r = \frac{\pi D_{1in} L_i P_r}{K_r} \frac{1}{\sqrt{[1-(f/f_r)^2]^2 + (2\zeta_D f/f_r)^2}} \tag{14.44}$$

式中，P_r 是电磁源（5.114）径向力压力的振幅；K_r 是定子铁心（轭）的集中刚度；f 是给定模式的激励径向力密度波的频率；f_r 是特定模式的固有频率；ζ_D 是定子的内部阻尼比（从测量中获得）。根据参考文献［311］得

$$2\pi\zeta_D = 2.76 \times 10^{-5} f + 0.062 \tag{14.45}$$

单模辐射声功率作为辐射系数 $\sigma(r)$ 的函数，由式（14.37）给出，径向振动位移 A_r 由式（14.35）和式（14.36）表示，其中 $v = \omega A_r$，即

$$P = \rho c (\omega A_r)^2 \sigma(r) S \tag{14.46}$$

式中，对于尺寸为 D_f 和 L_f 的机壳，辐射柱面 $S = \pi D_f L_f$。

14.5.4 机械振动与噪声

造成机械振动和噪声的主要因素是由于轴承及其缺陷、轴颈椭圆度、滑动接触、弯曲轴、接头、转子不平衡等。精确平衡的转子能够显著降低振动。转子不平衡导致转子动态振动和偏心，进而导致定子、转子和转子支撑结构发出噪声。

永磁电机中使用套筒轴承和滚动轴承。套筒轴承的声压级低于滚动轴承。套筒轴承产生的振动和噪声取决于滑动面的粗糙度、润滑性、轴承内油膜的稳定性和涡动性、制造工艺、质量和安装。由于转子不平衡和/或偏心，在频率 $f = n$ 处产生激振力，并且由于轴向槽而产生 $f = N_g n$，其中 n 是转子的速度（r/s），N_g 是槽数[290]。

滚动轴承的噪声取决于轴承零件的精度、外圈的机械共振频率、运行速度、

润滑条件、公差、对准、负载、温度以及是否存在异物。不平衡和偏心引起的噪声频率为 $f = n$，其他原因引起的噪声频率为 $f \propto d_i n / (d_i + d_o)$，其中 d_i 是内接触面的直径，d_o 是外接触面的直径[290]。

14.5.5 空气噪声

具有空气动力学性质噪声的基本来源是风扇。任何放置在气流中的障碍物都会产生噪声。在非密封电机中，内部风扇的噪声由通风孔发出。在全封闭电机中，外部风扇的噪声占主导地位。

风扇产生的湍流噪声的声功率为[77]

$$P = k_f \rho c^3 \left(\frac{v_{bl}}{c} \right)^6 D_{bl}^2 \tag{14.47}$$

式中，k_f 是取决于风扇形状的系数；ρ 是冷却介质的比密度；c 是声速；v_{bl} 是叶轮的圆周速度；D_{bl} 是叶轮的直径。风机产生的空气动力噪声水平通过将式（14.47）除以 $P_0 = 10^{-12}\,\text{W}$ 计算得出，并将结果代入式（14.40）。例如，对于 $k_f = 1$、$\rho = 1.188\,\text{kg/m}^3$、$c = 344\,\text{m/s}$、$v_{bl} = 15\,\text{m/s}$ 和 $D_{bl} = 0.2\,\text{m}$，空气动力噪声级为 $L_w = 75.9\,\text{dB}$。

根据风扇噪声的频谱分布，有宽带噪声（100 ~ 10000Hz）和警笛噪声（音调噪声）。警报器效应是由于风扇叶片、转子槽或转子轴向通风管道和静止障碍物之间的相互作用而产生的纯音。警笛声的频率为[77, 290]

$$f_s = \nu N_{bl} n_{bl} \tag{14.48}$$

式中，ν 是与谐波数相对应的数；N_{bl} 是风扇叶片的数量；n_{bl} 是风扇的旋转速度（rev/s）。可以通过增加风扇或叶轮与静止障碍物之间的距离来消除警报声。

14.5.6 有刷直流电机

在有刷直流电机中，机械和空气动力噪声远高于电磁噪声。换向器和电刷是噪声的主要来源之一。这种噪声取决于以下因素[290]：

1）电刷架的设计及其安装刚度；

2）电刷架和电刷之间以及换向器和电刷之间的齿隙；

3）电刷压力；

4）电刷和换向器的材料，尤其是它们之间的摩擦系数；

5）尺寸、公差和换向器不平衡；

6）换向器滑动面在旋转过程中的偏转；

7）换向器和电刷的状况，尤其是滑动表面的粗糙度；

8）电流负载；

9）工作温度；

10）环境影响，如灰尘、环境温度、湿度。

14.5.7 永磁同步电机

在大型同步电机中，机械源的振动和噪声可能超过电磁源。小型同步电机产生的噪声主要是由电磁效应产生的。小型电机的机械固有频率非常高，因此它们的噪声较低。

同步和永磁无刷电机中的声功率级的主要振幅是由转子磁极和定子开槽结构相互作用产生的径向力引起的[121]。这个力的频率和顺序是

$$f_r = 2\mu_\lambda f \qquad r = 2\left|\mu_\lambda p \pm s_1\right| \tag{14.49}$$

式中，μ_λ 是整数（s_1/p）。如果该力的频率阶数接近 $r = 2$ 阶固有频率，则会产生较大的声功率级振幅。

对于由逆变器供电的感应和永磁同步电机，最显著的声级出现在逆变器的调制频率处，即主要电流谐波的频率处，在该频率的倍数处的作用较小。声音产生的重要原因是转矩脉动[301]。

14.5.8 噪声抑制

通过适当的电机设计和维护，可以降低电磁、机械和空气动力噪声。

从设计角度来看，可以通过适当选择槽和极的数量来降低电磁噪声，即抑制寄生径向力、转矩脉动、长径比、电磁负载、槽的倾斜，保持相绕组的阻抗不变，设计厚定子铁心（轭）。如果式（14.49）给出的定子径向变形的周向阶数 r 较低（$r = 1$ 和 $r = 2$），则电磁源的噪声较高。另一方面，由于转子磁极和定子槽开口的相互作用，使径向力最小化，并不能保证其他产生噪声的磁场谐波得到抑制。

适当的维护，即用平衡电压系统给电机供电，消除逆变器输出电压中的时间谐波，选择合适的逆变器调制频率，对降低电磁噪声也有显著的效果。

从设计角度来看，可以通过预测机械固有频率、选择恰当的材料、部件和轴承、恰当的装配、基础设施等，同时从维护角度来看，可以通过适当润滑轴承，监测其松动、转子偏心、换向器和电刷磨损、接头、联轴器和转子机械平衡。

从设计角度来看，可通过适当选择风机叶片、转子槽和通风管道的数量以及通风管道的尺寸来抑制警报器效应，并从维护角度来看，通过保持通风管道和风机清洁，优化进风口和出风口、风机盖等来降低空气动力噪声。

14.6 状态监测

随着机电驱动器变得更加复杂，其维护成本也随之上升。状态监测可以预测机电驱动器何时会发生故障，并大幅降低维护成本，包括维修成本。电机是电气

驱动系统中最脆弱的部件（见表14.1），因此其状态和早期故障检测至关重要。

电机的状态监测应借助外部安装的传感器（例如电流互感器、加速度计、温度传感器、搜索线圈等）在线进行，而无需更改电机结构、重新布置其部件或更改其额定参数。可以采用以下方法：

1）听觉和视觉监控；

2）操作变量的测量；

3）电流监测；

4）振动监测；

5）轴向磁通传感。

听觉和视觉监控需要高技能的工程人员，故障通常发展到后期时被发现。操作变量（如电气参数、温度、轴偏心率等）的测量简单且成本低廉，但与听觉和视觉监控一样，存在检测故障太晚的危险。

最可靠、信息丰富、简单而精密的方法是监测输入电流、振动或轴向磁通。电流互感器可用作电流传感器。对于振动监测，可以安装压电加速度计或其他传感器。对于轴向磁通感应，可以安装一个绕在电机轴上的线圈。由于在使用中的电机轴上缠绕线圈通常不方便，因此提出了印制电路分离线圈[243]。

监测技术基于时域测量和频域测量。

时域信号可以检测轴承和齿轮的机械损坏。时间信号可以在大量周期内进行平均，与电机速度同步，以实现同步平均。滤除与电机速度不同步的背景噪声和周期性事件。

一个周期性的时域波形，如果通过一个具有可控中心频率的窄带通滤波器，就会被转换成频率分量，当滤波器的通带与频率分量相匹配时，这些频率分量就会出现输出峰值。该技术用于高频频谱分析仪。另一种方法是以离散间隔对时域波形进行采样，对样本数据执行离散傅里叶变换（DFT）并确定合成频谱。可以通过使用快速傅里叶变换（FFT）来减少计算时域信号 DFT 所需的时间，该计算过程重新排列并最小化 DFT 过程的计算要求。现代监控技术通常使用 FFT。

振动或电流谱通常是特定系列电机甚至特定电机所独有的。当电机调试或处于健康状态时，监测参考光谱，随后可将其与连续时间间隔内的光谱进行比较。这使得一些结论和渐进的运动状态得以表述。

在分析输入电流的频谱时，通常将边带的振幅与线频率的振幅进行比较。根据时域输入电流测量，可检测到永磁无刷电机中的以下问题：

1）不平衡的磁拉力和气隙不规则性；

2）转子机械不平衡；

3）曲轴；

4）椭圆形定子、转子或轴承。

电机振动监测可检测到的常见故障有[244,290]:

1）转子机械不平衡或偏心，其特征是频率为每转一次的正弦振动（r/s）；

2）轴承缺陷，其导致的频率取决于缺陷、轴承几何形状和速度，通常为200 ~ 500Hz；

3）轴承中的油旋，其特征是频率为0.43 ~ 0.48r/s；

4）摩擦部件，其特征是振动频率等于或为每秒转数的倍数；

5）轴未对准，通常表现为每转两次的频率；

6）电机安装座或轴承端罩的机械松动，会导致具有大量谐波的定向振动；

7）齿轮问题的特征是每转齿数的频率，通常由速度调节；

8）共振（轴、机壳或附属结构的固有频率由速度或速度谐波激发），导致振动振幅急剧下降，速度变化很小；

9）热不平衡，当电机加热时，会导致振幅缓慢变化；

10）定子叠片松动，导致振动频率等于线路频率的两倍，频率边带约等于1000Hz；

11）线路电压不平衡，其特征是振动频率等于线路频率的两倍。

通过测量轴向磁通，可以识别许多异常运行问题[243]，例如:

1）不平衡供电，其特征是磁通谱的某些偶次谐波的增加与不平衡程度成正比；

2）定子绕组匝间短路，其特征是磁通谱的某些高次谐波和次谐波减少；

3）转子偏心率的特征是磁通频谱的频率增加，等于线路频率及其二次谐波。

有关各种参数估计器和状态监测方法以及电机诊断的统一分析，请参见专用文献，例如参考文献［297］。

14.7　保护

电机保护主要取决于电机的重要性，是电机尺寸和服务类型的函数。电机越大，机电驱动系统的成本就越高，应采取一切必要措施保护电机免受损坏。保护的主要功能是检测故障状态，并通过打开适当的接触器或断路器，将故障项目从设备上断开。电机保护中考虑的潜在危险包括:

1）相和接地故障（相间短路或相与地之间短路）。

2）热损伤来自:

① 过载（机械负载过大）；

② 转子堵转。

3）异常情况:

① 不平衡运行；

② 欠电压和过电压；

③ 反相；

④ 在电机仍在运行时接通电压；

⑤ 异常环境条件（温度、压力、湿度过高或过低）；

⑥ 不完全馈电，例如，熔断器在单相中断裂。

4）失磁（在永磁电机中，这意味着永磁体完全退磁）。

5）不同步运行（仅适用于同步电机）。

6）异相同步（仅适用于同步电机）。

大多数不良影响会导致电机部件温度过高，尤其是绕组温度过高。经验表明，绕组的工作温度每升高10℃，绝缘寿命就会损失50%。

应用于一种危险的保护装置可能对另一种危险起作用，例如，过载继电器也可以防止相位故障。保护装置可以内置在电机控制器中，也可以直接安装在电机上。额定电压高达600V的电机通常由接触器或固态设备切换，并由配备磁脱扣器的熔断器或低压断路器保护。额定电压为600~4800V的电机由电源断路器或接触器切换。额定电压为2400~13000V的电机由电源断路器切换。

最简单的一次性保护装置是熔丝。当电流过大时，可熔元件熔断，断开电路并断开电机与电源的连接。

"复制"型热继电器是一种热机电设备，它尽可能地模拟电机中不断变化的热条件，使电机运行到可能导致损坏的程度。该继电器由三个单相单元组成，每个单元包括一个加热器和相关的双金属螺旋元件。双金属螺旋元件对加热器的温度升高做出反应，而加热器的温度升高又会产生触点组件的运动。单相保护装置通常包含在三相热模拟继电器中。针对电机绕组或端子引线中的短路保护装置通常内置在热继电器中，作为单独的过电流或接地故障元件，或两者兼而有之。

失速继电器与热过载和单相继电器一起使用。它由一个控制接触器和一个安装在同一外壳中的热过载装置组成。

热继电器的替代品是电子过载继电器（见图14.5），它使用固态器件代替双金属元件[287]。

对于额定电流高达25A（或$P_{out} \leq 15kW$）的中小型功率电机，使用更简单、更便宜的热脱扣器和电磁脱扣器代替热过载继电器在技术和经济上都是合理的。在热脱扣中，直接通过双金属片或使用双金属元件工作的加热器的电机电流由连接到电机电源电路的电流互感器馈电。双金属元件操作机械跳闸，在过载条件下打开电机接触器。电磁脱扣器由环绕垂直铁磁柱塞的串联线圈和相关的时滞组成，即充油或硅酮液体的缓冲器或空气叶片。可调过载电流提升柱塞，从而打开电机接触器。电磁脱扣对小过载相对不敏感。

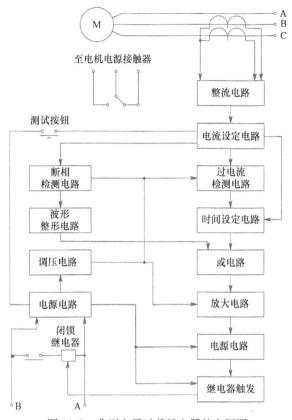

图 14.5 典型电子过载继电器的方框图

在制造过程中与搪瓷电枢导体结合的热敏电阻通常称为电机过热保护。热敏电阻连接到电子控制单元和中间继电器，分别安装在小型电机上，通常内置在额定功率超过 7.5kW 的电机的接线盒中。当热敏电阻指示绕组温度和间接指示相电流超过其允许值时，继电器被激活。

欠电压保护是必要的，以确保电机接触器或断路器在完全断电时跳闸，从而在电源恢复时，不会因所有电机同时起动而过载。通常使用直接在接触器或断路器、继电器或带有电保持线圈的接触器上运行的欠电压脱扣器线圈。最先进的电机保护技术是微处理器保护继电器。这些先进技术的多功能继电器经过编程可提供以下功能：

1）具有可调电流/时间曲线的热过载保护；

2）通过单独的输出继电器进行过载预警；

3）堵转和失速保护；

4）高整定过电流保护；

5）零序或接地故障保护；

6）负相序或相位不平衡保护；

7）欠电流保护；

8）持续的自我监控。

永磁无刷电机的集成驱动芯片（见图6.28）具有内置保护功能，例如限流电路、热关机、欠电压锁定等。图14.6为具有起动电流限制和过电流保护电路的变速永磁无刷电机的集成驱动芯片（美国专利5327064）。

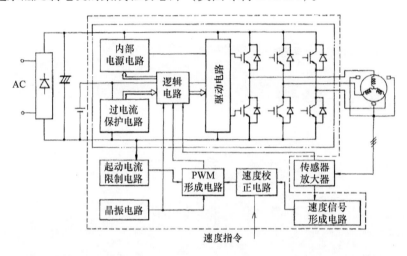

图14.6　包括用于驱动永磁无刷电机的逆变器、驱动电路、电源电路、控制速度的电路以及保护逆变器不受过电流影响的保护电路的集成电路（美国专利5327064）

14.8　电磁和射频干扰

电磁兼容性（EMC）定义为发射高频信号（频率高于基本电源频率）的所有类型设备以相互兼容的方式运行的能力。电机设计人员应了解影响其整体设计的EMC规范。所有电机都可能成为电磁干扰（EMI）和射频干扰（RFI）的来源。RFI是一种电干扰，它在接收到的信号中产生不希望的音频或视频效果，这是由电路中的电流中断引起的，例如电刷和换向器之间的火花。

将EMI降至最低的主要原因是，传导到主电源的高频噪声将被注入其他设备，这可能会影响其运行，即噪声信号被输入敏感负载，如计算机和通信设备，电场和磁场辐射到大气中会干扰各种通信设备。三相电机通常会产生频率分量为基本电源频率奇数倍（谐波）的电流。这些谐波电流会导致发热增加，并缩短电器的使用寿命。

传导噪声发射使用滤波器抑制，通常使用无源低通滤波器，设计用于衰减10kHz以上的频率。在非线性负载下，例如与调速驱动器和电子电源相关的负载，这些滤波器可能会出现显著的功耗[43]。屏蔽辐射发射可以通过金属屏蔽和最小化外壳中的开口来抑制。

减少高频发射所需的滤波设备可能相当昂贵，并且会降低机电驱动器的效率。

EMI 标准规定了几类产品的传导和辐射发射限值。商业 EMC 最重要的国际标准制定组织之一是 CISPR，即 IEC（国际电工委员会）无线电干扰国际特别委员会[284]。欧盟在很大程度上基于 CISPR 标准制定了一套通用的 EMC 要求。美国联邦通信委员会（FCC）规定了美国的辐射和传导发射限值。参考文献[235] 中引用的书籍是电气和电子工程师指南的一个例子，该指南涵盖了 EMI 滤波器设计的全部内容。

14.8.1 有刷电机

换向器（有刷）电机是主要的 EMI 和 RFI 的来源。火花越强，干扰越强烈。维护不当、换向器脏污或磨损、电刷选择不当、换向器不平衡、转子不平衡等是产生 EMI 和 RFI 的最主要原因。RFI 会导致在整个无线电波波段中听到"咔嗒"声。电视接收受到屏幕亮度和时基变化的干扰，这反过来又使屏幕上的图像行垂直移动。EMI 和 RFI 直接从其电源和连接导线以及从通过变换器为电机供电的电网中发射。它们通过无线电或电视天线接收。此外，RFI 可以通过电气装置，甚至通过水管、气管和任何金属棒传输到收音机或电视机。

高频干扰电流流经电机供电的电网，然后通过馈线与大地之间的电容 C_{e1} 以及干扰源与大地之间的电容 C_{e2}（见图 14.7a）。这种不对称高频电流，会引起特别强的干扰。接地的电机机壳会增强 RFI 的水平，因为它会关闭高频电流的电路。对称高频电流由导线之间的电容 C_p 闭合（见图 14.7b）。

为了消除 RFI，可使用由 RLC 元件组成的滤波器（见图 14.7c、d、e）。需要电阻 R 来抑制高频振荡。对于高频电流，扼流圈具有高电感 L，因为它的电抗 $X_L = 2\pi fL$ 随着频率 f 和电感 L 的增加而增加。容抗 $X_C = 1/(2\pi fC)$ 与频率和电容 C 成反比。对于高频电流，容抗较低。

电枢绕组两端串联对称电感可以比单个电感更有效地抑制振荡。在串联电机中，磁场线圈用作 RFI 滤波器电感。在图 14.7c 所示的滤波器中，高频电流电路由电容器 C 闭合。电容器 C_1 是一个防触电的保护电容器。如果电机机壳被和与地面接触的人接触，通过人体流向地面的电流将受到电容器 C_1 的限制，电容器 C_1 的容量比 C 低（约 $0.005\mu F$）（直流电机为 $1\sim2\mu F$）。

如果电容器和电刷之间的连接引线尽可能短（小于 0.3m），则 RFI 滤波器

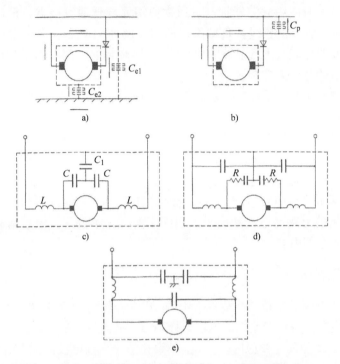

图 14.7　有刷电机的 RFI 电路和滤波器：a）高频电流不对称电路；
b）高频电流对称电路；c）~e）RFI 滤波器

是有效的，可以将电源直接发射的干扰最小化。建议将射频干扰滤波器内置到电机中。如果无法做到这一点，则必须屏蔽所有连接引线。电阻可以有效地抑制振荡并提高 RFI 滤波器的质量（见图 14.7d）。用于玩具和家用电器的三线圈永磁有刷电机的简单 RFI 采用 RL 滤波器如图 14.8 所示。

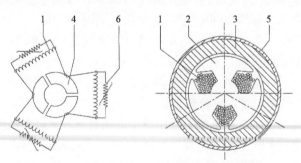

图 14.8　消除三线圈直流永磁有刷电机中的 RFI
1—三角形联结电枢绕组　2—电枢叠片　3—圆柱形永磁体
4—换向片　5—机壳　6—RFI 滤波器电阻

14.8.2 电子换向无刷电机

无刷直流电机使用基于逆变器的固态变换器运行，这些变换器的电流和电压波形为正弦波或方波。在这两种情况下，变换器都使用 PWM 产生所需的波形，通常在 $8 \sim 20$kHz 的频率下切换。当电压的幅值随时间突然变化时，导数 $\mathrm{d}v/\mathrm{d}t$ 变化会产生不需要的谐波。固态器件的非线性特性加剧了这种情况。这说明通过电源引线的大脉冲电流与电力系统中的 EMI 以及显著的电压波形失真有关。

电气噪声的降低通常采用正确接地、减少逆变器到电机之间电缆的长度、采用绞合线电缆以及增加逆变器输入滤波器来实现。

为防止辐射噪声，电机地线需要与三根线绞合或紧密捆绑在一起。电机电源线应尽量远离转子位置信号线等小电流线。建议使用屏蔽电缆将编码器或旋转变压器与逆变器运动控制部分连接起来。

在通向逆变器的电源线上安装滤波器，不仅可以抑制离开驱动器的谐波，还可以保护驱动器不受输入高频信号的影响。图 14.9 为用于 EMI/RFI 滤波的三相低通滤波器[284]。

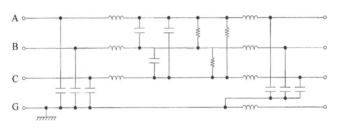

图 14.9　三相输入的典型 EMI 滤波器

这些线路滤波器体积庞大，大大增加了驱动器的成本。图 14.10 为一种低成本的替代方案：带有 EMI 抑制元件的逆变器[315]。这些措施包括：

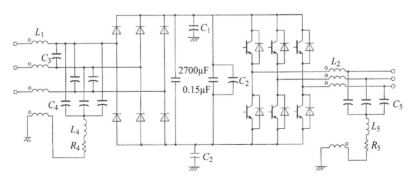

图 14.10　带有 EMI 抑制元件的三相改进型逆变器的电源电路

1）从直流两侧到靠近开关设备的散热器的接地电容 C_1，为从开关设备流向电机的射频接地电流提供物理上的短路径。

2）直流靠近开关设备的线路电容 C_2，为来自开关设备的差模射频电流（如二极管的反向恢复电流）以及来自电缆电机负载的电流提供低阻抗。

3）靠近二极管整流器的交流电源输入端子上的线路电容 C_3，它与直流线路电容结合用作另一个分流电路，用于差模噪声补偿，特别是整流器二极管引起的噪声。

4）共模线电感 L_1 插入交流的每一相。整流器的输入电源电路为电源的射频电流提供高阻抗。

5）插入逆变器交流输出电源电路各相的共模电感 L_2，降低了施加在电机上的输出模式电压的时间导数，但不影响线间电压。

14.9　润滑

14.9.1　轴承

在永磁电机中，通常使用滚动轴承和多孔金属轴承。在高速永磁电机中，使用磁性轴承、空气轴承或箔片轴承，本节将不讨论这些。

滚动轴承中的应力水平限制了材料的选择，仅限于高屈服强度和高蠕变强度的材料。钢作为滚动接触材料获得了最广泛的认可，因为它们代表了各种要求之间的最佳折中，也因为经济方面的考虑。添加了碳、硅、锰和铬的钢最受欢迎。为了提高淬透性和工作温度，添加了钨（W）、钒（V）、钼（Mo）和镍（Ni）。水平轴滚动轴承的基本安装方法如图 14.11 所示。

多孔金属轴承用于小型或大型电机。石墨锡青铜（Cu – Sn – graphite）是一种通用合金，在强度、耐磨性、一致性和易于制造之间具有良好的平衡。不存在生锈问题的场合可以使用更便宜、强度更高的铁基合金。图 14.12 为提供额外润滑的自对准多孔金属轴承组件。在大多数电机轴承中，润滑材料是油或油脂。

14.9.2　滚动轴承的润滑

油脂润滑。当滚动轴承在正常速度、负载和温度下运行时，通常使用油脂润滑。正常应用的轴承和轴承座应填充高达 30% ~ 50% 自由空间的润滑脂。油脂过多会导致过热。选择润滑脂时必须仔细考虑稠度、防锈性能和温度范围。润滑脂的再润滑周期（h）与润滑脂的使用寿命相同，可通过下式估算[226]：

$$t_{\mathrm{g}} = k_{\mathrm{b}} \left(\frac{14 \times 10^6}{n \sqrt{d_{\mathrm{b}}}} - 4 d_{\mathrm{b}} \right) \qquad (14.50)$$

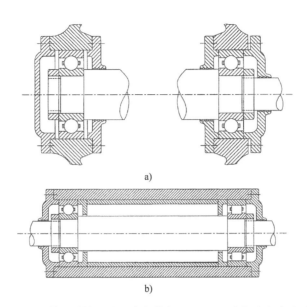

图 14.11　水平轴滚动轴承的基本安装方法：a）两个深沟径向滚珠轴承；
b）一个滚珠轴承和一个圆柱滚子轴承

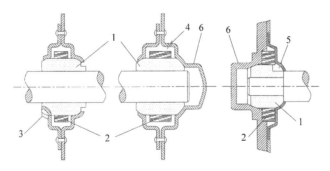

图 14.12　用于小型水平轴电机的自对准多孔金属轴承组件
1—轴承　2—油浸毡垫　3—键孔　4—油孔　5—带键槽　6—端盖（可填充润滑脂）

式中，k_b 是一个取决于轴承类型的系数；n 是转速（r/min）；d_b 是轴承孔径（mm）。对于球面滚子轴承和圆锥滚子轴承，$k_b = 1$；对于圆柱滚子轴承和滚针轴承，$k_b = 5$；对于径向滚珠轴承，$k_b = 10$。重新润滑所需的润滑脂量（g）为[226]

$$m_g = 0.005 D_b w_b \qquad (14.51)$$

式中，D_b 为轴承外径（mm）；w_b 为轴承宽度（mm）。

使用油脂润滑剂的优点是：

1）在轴承座内涂抹和保留润滑剂很方便；

2）即使轴承处于静止状态，它也能覆盖和保护高度抛光的表面；

3）它有助于在轴和外壳之间形成非常有效的封闭，从而防止异物进入；

4）它使周围区域免受润滑剂污染。

油润滑。当运行条件（如速度或温度）不允许使用润滑脂时，使用油润滑。当运行速度超过推荐的最大润滑脂速度时，以及当工作温度超过 93℃时，滚珠和滚柱轴承必须使用机油进行润滑。图 14.13 中以图表的形式给出了滚动轴承合适机油运动黏度的指南[226]。运动黏度的单位为 m^2/s 或 cSt（厘沲），有 $1cSt = 10^{-6}m^2/s$。根据轴承内径、转速和工作温度估计机油黏度。

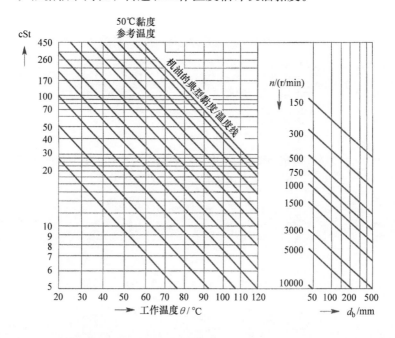

图 14.13 滚动轴承的机油运动黏度与轴承孔径 d_b 和恒速 n 下的工作温度 θ 的关系

14.9.3 多孔金属轴承的润滑

一般建议孔中的油脂应每使用 1000h 或每年补充一次，以较早者为准。在某些情况下，应使用图 14.14 中的图表来修改此一般性建议[226]。轴承孔隙率越低，补充的频率越高。油损失随着轴速度和轴承温度的增加而增加。

图 14.15 中的图表给出了根据负载和温度选择油动态黏度的一般指导[226]。动态黏度的单位是 $Pa \cdot s$（$1Pa \cdot s = 1N/m^2 s$）或 cP（厘泊），有 $1cP = 10^{-3}kg/ms = 10^{-3}Pa \cdot s$。

以下规则适用于润滑剂的选择[226]：

1）润滑剂必须具有高抗氧化性；

2）除非另有规定，否则大多数标准多孔金属轴承都浸有黏度为 SAE 20/30 的高度精炼和抗氧化油；

3）应选择能与普通矿物油混合的油；

4）润滑脂只能用于填充盲孔（见图 14.12）；

5）除非特殊说明，否则应避免固体润滑剂悬浮；

6）应联系制造商了解重新浸渍的方法。

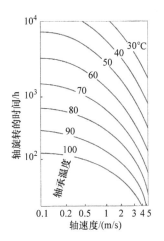

图 14.14　在轴承温度恒定且不补充机油的情况下，轴旋转的允许时间与轴速度的函数关系

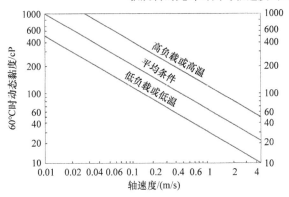

图 14.15　60℃时选择机油动态黏度图

案例

例 14.1

对于带有内置减速齿轮箱的三相 1500r/min 永磁无刷电机，求出在 $t = 5000$h 时间段内无故障运行的概率 $P(t)$。该电机具有两个径向滚珠轴承、三个齿轮、$m_{sc} = 9$ 焊接电枢绕组连接和 F 级绝缘。电枢绕组的 MTBF 为 $T'_w = 100000$h，绕组工作温度为 $\vartheta = 105℃$，绕组工作系数 $\gamma_w = 1.5$，一个焊接连接的故障强度 $\lambda_{sc} = 0.3 \times 10^{-7}$ 1/h，一个齿轮无故障运行的概率 $P_{gj}(t) = 0.9986$（$t = 5000$h），轴承许用载荷 $Q_b = 45$kG，轴承的动态比载荷能力 $C_b = 7170$kG$(h \times r/min)^{0.3}$ 以及空间因子 $\beta = 1.17$。

解：

1. 轴承

根据式（14.19）可以求出一个轴承的无故障运行时间，即

$$t_t = \frac{1}{n}\left(\frac{C_b}{Q_b}\right)^{10/3} = \frac{1}{1500} \times \left(\frac{7170}{45}\right)^{10/3} \approx 14620\text{h}$$

假设 $T'_b/t_t = 6.84$，轴承的平均使用寿命预期为 $T'_b = 6.84 \times 14620 = 100000\text{h}$。根据式（14.20），一个轴承无故障运行的概率为

$$P_{bi}(t) = \exp\left[-\left(\frac{5000}{100000}\right)^{1.17}\right] = 0.9704$$

两个相同轴承无故障运行的概率为

$$P_b(t) = P_{bi}^2(t) = 0.9704^2 = 0.9417$$

2. 减速齿轮

三个相似齿轮在减速齿轮箱中无故障运行的概率为

$$P_g(t) = P_{gi}^3(t) = 0.9986^3 = 0.9958$$

3. 电枢绕组

根据式（14.23）得到电枢绕组故障率为

$$\lambda'_w = 10^{-5}\exp[0.078 \times (105 - 155)] = 0.2024 \times 10^{-6}\ 1/h$$

式中，$\lambda_{wT} = 1/10^5 = 10^{-5}\ 1/h$ 和温度系数 $\alpha_t = 0.078\ 1/℃$ 根据表 14.3 得到。

根据式（14.24）得到包括焊接连接在内的电枢绕组的故障率为

$$\lambda''_w = 0.2024 \times 10^{-6} + 9 \times 0.03 \times 10^{-6} = 0.4724 \times 10^{-6}\ 1/h$$

根据式（14.25）得到运行条件的电枢绕组故障率为

$$\lambda_w = 1.5 \times 0.4724 \times 10^{-6} = 0.7086 \times 10^{-6}\ 1/h$$

根据式（14.7）得到绕组无故障运行的概率为（其中 $\lambda = \lambda_w$）

$$P_w(t) = \exp(-0.7086 \times 10^{-6} \times 0.5 \times 10^4) = 0.9965$$

4. 电机无故障运行的概率

根据式（14.17）计算电机在 5000h 内无故障运行的概率，即

$$P(t) = 0.9417 \times 0.9958 \times 0.9965 = 0.9344$$

如果 100 台此类电机在 $t = 5000\text{h}$ 的时间段内运行，100 台电机中的 7 台可能发生故障，即 5 台电机因轴承故障而发生故障，1 台电机因齿轮故障而发生故障，1 台电机因电枢绕组故障而发生故障。每 7 台受损电机中就有 1 台可能因轴承和绕组故障、轴承和齿轮故障或绕组和齿轮故障而失效。

例 14.2

7.5kW 永磁无刷电机的机壳直径 $D_f = 0.248\text{m}$，机壳长度 $L_f = 0.242\text{m}$。在 $f = 2792.2\text{Hz}$ 和模数 $r = 2$ 时，驻波的表面振幅为 $0.8 \times 10^{-8}\text{mm}$。计算辐射声功率。

解：

角频率 $\omega = 2\pi f = 2\pi \times 2792.2 = 17543.91\ 1/s$，波数 $k = \omega/c = 17543.91/344 = 51\ 1/m$，中心半径 $x = D_f/2 = 0.248/2 = 0.124m$，乘积 $kx = 51 \times 0.124 = 6.324$。空气中的波速为 $c = 344m/s$。

根据图 14.3，$r = 2$ 和 $kx = 6.324$ 的辐射因子是 $\sigma \approx 1.2$。圆柱机壳外表面积为

$$S = \pi D_f L_f = \pi 0.248 \times 0.242 = 0.1885 m^2$$

驻波可以分成两个反向旋转的波，幅值为振幅的一半，即 $A_r = 0.4 \times 10^{-9} mm^{[311]}$。根据式（14.46）得到辐射声功率

$$P = \rho c(\omega A_r)^2 \sigma(r) S$$
$$= 1.188 \times 344 \times (17543 \times 0.4 \times 10^{-9})^2 \times 1.2 \times 0.1885$$
$$= 4.552 \times 10^{-9} W$$

式中，20℃和1000mbar（100kPa）时的空气密度 $\rho = 1.188 kg/m^3$。

根据式（14.40）计算声级

$$L_w = 10\log_{10}\frac{4.552 \times 10^{-9}}{10^{-12}} = 36.58 dB$$

另一个振幅相同的旋转波将使声级加倍，即

$$L_w = 10\log_{10}\frac{2 \times 4.552 \times 10^{-9}}{10^{-12}} = 39.59 dB$$

例 14.3

滚珠轴承的内径为 $d_b = 70mm$，外径为 $D_b = 180mm$，宽度为 $w_b = 42mm$，工作温度 $\vartheta = 70℃$，转速 $n = 3000r/min$。估算脂润滑的再润滑周期和润滑脂用量以及油润滑的运动黏度。

解：

1. 润滑脂润滑

根据式（14.50）得到再润滑周期为

$$t_g = 10\left(\frac{14 \times 10^6}{3000\ \sqrt{70}} - 4 \times 70\right) = 2778h \approx 4\ 月$$

式中，对于径向滚珠轴承，$k_b = 10$。根据式（14.51）估算润滑脂用量，即

$$m_g = 0.005 \times 180 \times 42 = 37.8g$$

2. 油润滑

根据图 14.13，在 $d_b = 70mm$、$n = 3000r/min$ 和 $\vartheta = 70℃$ 时，机油运动黏度为 $8.5cSt = 8.5 \times 10^{-6} m^2/s$。

附　　录

附录A　交流定子绕组漏电感

A.1　定子绕组因数

基波的定子绕组因数是分布系数 k_{d1} 和节距系数 k_{p1} 的乘积：

$$k_{w1} = k_{d1}k_{p1} \tag{A.1}$$

式中

$$k_{d1} = \frac{\sin(q_1\gamma/2)}{q_1\sin(\gamma/2)} \tag{A.2}$$

$$k_{p1} = \sin\left(\frac{\pi}{2}\frac{w_c}{\tau}\right) = \sin\left(\frac{\pi}{2}\frac{w_{sl}}{Q_1}\right) \tag{A.3}$$

式中，对于60°相带，$\gamma = \pi/(m_1q_1)$，而对于120°相带，$\gamma = 2\pi/(m_1q_1)$；w_c 是线圈跨距；w_{sl} 是以槽数表示的线圈跨距。每极槽数 Q_1 和每极每相槽数 q_1 定义为

$$Q_1 = \frac{s_1}{2p} \tag{A.4}$$

$$q_1 = \frac{s_1}{2pm_1} \tag{A.5}$$

式中，s_1 是槽数；$2p$ 是极数；m_1 是相数。将 $\gamma = \pi/(m_1q_1)$ 代入式（A.2）中，60°相带的绕组分布因数为

$$k_{d1} = \frac{\sin[\pi/(2m_1)]}{q_1\sin[\pi/(2m_1q_1)]} \tag{A.6}$$

考虑定子斜槽和槽开口的影响（见图A.1），基波的绕组因数为

$$k_{w1} = k_{d1}k_{p1}k_{sk1}k_{o1} \tag{A.7}$$

斜槽因数为

$$k_{sk1} = \frac{\sin[\pi b_{sk}/(2\tau)]}{\pi b_{sk}/(2\tau)} = \frac{\sin[\pi p b_{sk}/(s_1t_1)]}{\pi p b_{sk}/(s_1t_1)} \tag{A.8}$$

槽开口因数为

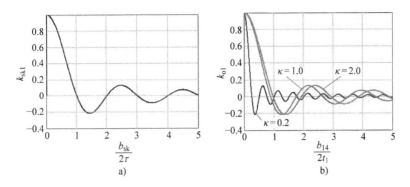

图 A.1　定子斜槽因数 k_{sk1} 和槽开口因数 k_{o1}：a）k_{sk1} 作为 $b_{sk}/(2\tau)$ 的函数；b）κ 为常数时 k_{o1} 作为 $b_{14}/(2t_1)$ 的函数 ［参数 κ 出现在式（5.107）中］

$$k_{o1} = \frac{\sin\left[\pi\rho b_{14}/(2t_1)\right]}{\pi\rho b_{14}/(2t_1)} \tag{A.9}$$

在式（A.8）和式（A.9）中，b_{sk} 是定子斜槽的倾斜距离；b_{14} 是定子槽口宽（见图 A.2）；ρ 由式（5.107）给出。定子槽开口因数很小，在实际电机中可以忽略，例如，当 $b_{14}/(2t_1)=0.1$ 和 $\rho=1$ 时，槽开口因数为 $k_{o1}=0.9995$。

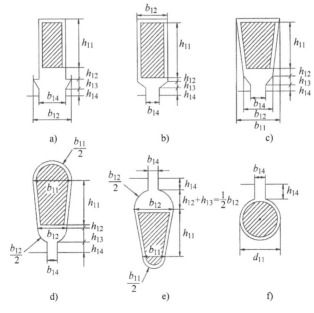

图 A.2　单层绕组电枢槽：a）矩形开口槽；b）半闭口矩形槽；c）半闭口梯形槽；
d）半闭口梨形槽；e）无刷电机内定子或直流电机转子的半闭口梨形槽；f）半闭口圆槽

A. 2　槽比漏磁导

在槽比漏磁导的解析计算中，通常忽略由漏磁通引起的磁路饱和。

矩形开槽的比漏磁导为：

1）槽中完全填充导体

$$\lambda_{1s} = \frac{h_{11}}{3b_{11}} \tag{A.10}$$

2）空槽（没有任何导体）

$$\lambda_{1s} = \frac{h_{11}}{b_{11}} \tag{A.11}$$

矩形槽的宽度为 b_{11}，其高度为 h_{11}。

图 A. 1 中各种槽的比漏磁导为：

1）矩形开口槽（见图 A. 2a）

$$\lambda_{1s} = \frac{h_{11}}{3b_{14}} + \frac{h_{12} + h_{14}}{b_{14}} + \frac{2h_{13}}{b_{12} + b_{14}} \tag{A.12}$$

2）半闭口矩形槽（见图 A. 2b）

$$\lambda_{1s} = \frac{h_{11}}{3b_{11}} + \frac{h_{12}}{b_{11}} + \frac{2h_{13}}{b_{11} + b_{14}} + \frac{h_{14}}{b_{14}} \tag{A.13}$$

3）半闭口梯形槽（见图 A. 2c）

$$\lambda_{1s} = \frac{h_{11}}{3b_{12}}k_t + \frac{h_{12}}{b_{12}} + \frac{2h_{13}}{b_{12} + b_{14}} + \frac{h_{14}}{b_{14}} \tag{A.14}$$

式中

$$k_t = 3 \times \frac{4t^2 - t^4(3 - 4\ln t) - 1}{4(t^2 - 1)^2(t - 1)}, \quad t = \frac{b_{11}}{b_{12}} \tag{A.15}$$

4）半闭口梨形槽（见图 A. 2d 或图 A. 2e）

$$\lambda_{1s} = 0.1424 + \frac{h_{11}}{3b_{12}}k_t + \frac{h_{12}}{b_{12}} + 0.5\arcsin\left[\sqrt{1 - (b_{14}/b_{12})^2}\right] + \frac{h_{14}}{b_{14}} \tag{A.16}$$

式中，k_t 根据式（A. 15）得到。

5）半闭口圆槽（见图 A. 2f）

$$\lambda_{1s} = \frac{\pi}{6} + \frac{\pi}{16\pi} + \frac{h_{24}}{b_{24}} \approx 0.623 + \frac{h_{24}}{b_{24}} \tag{A.17}$$

上述槽比漏磁导适用于单层绕组。为了得到双层绕组的槽比漏磁导，需要将式（A. 12）～式（A. 17）再乘以如下系数：

$$\frac{3w_c/\tau + 1}{4} \tag{A.18}$$

如果 $2/3 \leqslant w_c/\tau \leqslant 1.0$，则这种方法是合理的。

A.3　端部绕组比漏磁导

对于双层、低压、中小型功率电机，可在实验的基础上估算端部绕组比漏磁导

$$\lambda_{1e} \approx 0.34 q_1 \Big(1 - \frac{2}{\pi} \frac{w_c}{l_{1e}} \Big) \tag{A.19}$$

式中，l_{1e} 为单个端部连接的长度；每极每相槽数 q_1 根据式（A.5）得到。对于圆柱形中等功率交流电机

$$l_{1e} \approx (0.05p + 1.2) \frac{\pi (D_{1in} + h_{1t})}{2p} \frac{w_c}{\tau} + 0.02\mathrm{m} \tag{A.20}$$

式中，h_{1t} 为定子齿高。

令 $w_c/l_{1e} = 0.64$，式（A.19）可较好地适用于单层绕组，即

$$\lambda_{1e} \approx 0.2 q_1 \tag{A.21}$$

对于双层高压绕组

$$\lambda_{1e} \approx 0.42 q_1 \Big(1 - \frac{2}{\pi} \frac{w_c}{l_{1e}} \Big) k_{w1}^2 \tag{A.22}$$

式中，定子的基波绕组因数 k_{w1} 可根据式（A.1）得到。一般的，对大多数绕组有

$$\lambda_{1e} \approx 0.3 q_1 \tag{A.23}$$

A.4　谐波比漏磁导

谐波比漏磁导为

$$\lambda_{1d} = \frac{m_1 q_1 \tau k_{w1}^2}{\pi^2 g k_C k_{sat}} \tau_{d1} \tag{A.24}$$

式中，谐波比漏磁系数 τ_{d1} 可以根据参考文献［98，185，264］计算，即

$$\tau_{d1} = \frac{1}{k_{w1}^2} \sum_{\nu > 1} \Big(\frac{k_{w1\nu}}{\nu} \Big)^2 \tag{A.25}$$

高阶空间谐波的绕组因数为 $k_{w1\nu}$。在实际计算中，可以方便地使用下式：

$$\tau_{d1} = \frac{\pi^2 (10 q_1^2 + 2)}{27} \Big[\sin\Big(\frac{30°}{q_1} \Big) \Big]^2 - 1 \tag{A.26}$$

卡氏系数是

$$k_C = \frac{t_1}{t_1 - \gamma_1 g} \tag{A.27}$$

式中，t_1 是槽间距且

$$\gamma_1 = \frac{4}{\pi}\left[\frac{b_{14}}{2g}\arctan\left(\frac{b_{14}}{2g}\right) - \ln\sqrt{1 + \left(\frac{b_{14}}{2g}\right)^2}\right] \qquad (A.28)$$

谐波比漏磁系数 τ_{d1} 如图 A.3 所示。

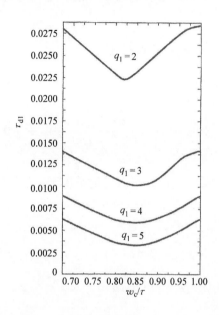

图 A.3　q_1 为常数时，谐波比漏磁系数 τ_{d1} 与 w_c/τ 比值的关系曲线

A.5　齿顶比漏磁导

齿顶比漏磁导为

$$\lambda_{1t} \approx \frac{5g/b_{14}}{5 + 4g/b_{14}} \qquad (A.29)$$

A.6　每相漏电抗

交流电机的电枢绕组漏电抗为[98,185,264]

$$X_1 = 4\pi\mu_0 f\frac{N_1^2 L_i}{pq_1}\left(\lambda_{1s} + \frac{l_{1e}}{L_i}\lambda_{1e} + \lambda_{1d} + \lambda_{1t}\right) \qquad (A.30)$$

式中，μ_0 为空气的磁导率，$\mu_0 = 4\pi \times 10^{-7}\,\text{H/m}$；$q_1$ 根据式（A.5）得到；N_1 是每相匝数；L_i 是电枢铁心的有效长度；p 是极对数。

附录 B　交流电机损耗

B.1　电枢绕组损耗

电枢绕组的相电阻为

$$R_{1\mathrm{dc}} = \frac{N_1 l_{1\mathrm{av}}}{a\sigma_1 s_\mathrm{a}} \tag{B.1}$$

式中，N_1 为绕组每相匝数；$l_{1\mathrm{av}}$ 是每匝的平均长度；a 是并联支路数；σ_1 是电枢导体在给定温度下的电导率（20℃ 时 $\sigma_1 \approx 5.7 \times 10^7 \mathrm{S/m}$ 和 75℃ 时 $\sigma_1 \approx 4.7 \times 10^7 \mathrm{S/m}$）；$s_\mathrm{a}$ 是导体的横截面积。电枢每匝的平均长度为

$$l_{1\mathrm{av}} = 2(L_\mathrm{i} + l_{1\mathrm{e}}) \tag{B.2}$$

式中，$l_{1\mathrm{e}}$ 可根据式（A.20）得到。

对于交流电机，电枢绕组的电阻应分为绕组位于槽内的电阻 $R_{1\mathrm{b}}$ 和端部的电阻 $R_{1\mathrm{e}}$，即

$$R_1 = R_{1\mathrm{b}} + R_{1\mathrm{e}} = \frac{2N_1}{a\sigma_1 s_\mathrm{a}}(L_\mathrm{i} k_{1\mathrm{R}} + l_{1\mathrm{e}}) \approx k_{1\mathrm{R}} R_{1\mathrm{dc}} \tag{B.3}$$

式中，$k_{1\mathrm{R}}$ 为电枢电阻的集肤效应系数。

对于双层绕组且 $w_\mathrm{c} = \tau^{[192]}$，有

$$k_{1\mathrm{R}} = \varphi_1(\xi_1) + \left[\frac{m_{\mathrm{sl}}^2 - 1}{3} - \left(\frac{m_{\mathrm{sl}}}{2}\sin\frac{\gamma}{2}\right)^2\right]\Psi_1(\xi_1) \tag{B.4}$$

式中

$$\varphi_1(\xi_1) = \xi_1 \frac{\sinh 2\xi_1 + \sin 2\xi_1}{\cosh 2\xi_1 - \cos 2\xi_1} \tag{B.5}$$

$$\Psi_1(\xi_1) = 2\xi_1 \frac{\sinh \xi_1 - \sin \xi_1}{\cosh \xi_1 + \cos \xi_1} \tag{B.6}$$

$$\xi_1 = h_\mathrm{c}\sqrt{\pi f \mu_0 \sigma_1 \frac{b_{1\mathrm{con}}}{b_{11}}\frac{L_\mathrm{i}}{L_{1\mathrm{b}}}} \tag{B.7}$$

m_{sl} 是两层绕组中的每槽导体数（必须是偶数）；γ 是两层电流之间的相角；σ_1 是主线的电导率；f 是输入频率；$b_{1\mathrm{con}}$ 是槽中所有导体的宽度；b_{11} 是槽宽（见图 A.2）；h_c 是槽中导线的高度；如果与 L_i 不同，则 $L_{1\mathrm{b}}$ 是导线的长度。如果在槽内相同高度处并排 n_{sl} 根导体，则合并为 n_{sl} 倍电流的一根导体。

一般来说，对于三相 $\gamma = 60°$ 相带绕组，有

$$k_{1\mathrm{R}} = \varphi_1(\xi_1) + \left(\frac{m_{\mathrm{sl}}^2 - 1}{3} - \frac{m_{\mathrm{sl}}^2}{16}\right)\Psi_1(\xi_1) \tag{B.8}$$

对于绕组 $(w_c < \tau)$ 和 $\gamma = 60°$，有

$$k_{1R} \approx \varphi_1(\xi_1) + \left[\frac{m_{sl}^2 - 1}{3} - \frac{3(1 - w_c/\tau)}{16} m_{sl}^2\right] \Psi_1(\xi_1) \tag{B.9}$$

参考文献 [192] 给出了空心导体的集肤效应系数 k_{1R}。

如果 $m_{sl} = 1$ 和 $\gamma = 0$，则集肤效应系数 $k_{1R} = \varphi_1(\xi_1)$（如笼型绕组）。

如果 $\gamma = 0$，则所有导体中的电流都相等且

$$k_{1R} \approx \varphi_1(\xi_1) + \frac{m_{sl}^2 - 1}{3} \Psi_1(\xi_1) \tag{B.10}$$

式（B.10）也可用于计算大型直流电机的绕组附加损耗。

对于由 50Hz 或 60Hz 供电的圆形电枢导体的小型电机，有

$$R_1 \approx R_{1dc} \tag{B.11}$$

电枢绕组的损耗为

$$\Delta P_a = m_1 I_a^2 R_1 \approx m_1 I_a^2 R_{1dc} k'_{1R} \tag{B.12}$$

由于集肤效应仅位于槽内的导体部分，因此电枢绕组损耗应乘以系数

$$k'_{1R} = \frac{k_{1R} + l_{1e}/L_i}{1 + l_{1e}/L_i} \tag{B.13}$$

B.2 定子铁损

定子铁心中的磁通是非正弦分布的。转子永磁励磁系统产生的磁通密度波形为梯形。定子绕组由 PWM 或方波控制的直流电源供电。因此，供电电压使定子磁链包含许多谐波。

磁滞损耗可以借助 Richter 公式来表示[250]，即

$$\begin{aligned}
\Delta P_{hFe} &= \epsilon \frac{f}{100} m_{Fe} \sum_{n=1}^{\infty} n\left[B_{mtn}^2 + B_{mrn}^2\right] \\
&= \epsilon \frac{f}{100} m_{Fe}\left[B_{mt1}^2 + B_{mr1}^2\right] \eta_{dh}^2 \tag{B.14}
\end{aligned}$$

式中，含 4% 硅的各向异性叠压片的 $\epsilon = 1.2 \sim 2.0$；含 2% 硅的各向同性叠压片的 $\epsilon = 3.8$；各向同性的无硅叠压片的 $\epsilon = 4.4 \sim 4.8$；n 是奇数次时间谐波；B_{mtn} 和 B_{mrn} 分别是在切向和径向磁通密度的谐波分量。

磁滞损耗的磁通密度失真系数为

$$\eta_{dh} = \sqrt{1 + \frac{3(B_{mt3})^2 + 3(B_{mr3})^2}{B_{mt1}^2 + B_{mr1}^2} + \frac{5(B_{mt5})^2 + 5(B_{mr5})^2}{B_{mt1}^2 + B_{mr1}^2} + \cdots} \tag{B.15}$$

对于 $\eta_{dh} = 1$，式（B.14）表示正弦磁通密度下的磁滞损耗。

涡流损耗可用以下经典公式计算：

$$\Delta P_{eFe} = \frac{\pi}{6} \frac{\sigma_{Fe}}{\rho_{Fe}} f^2 d_{Fe}^2 m_{Fe} \sum_{n=1}^{\infty} n^2 [B_{mtn}^2 + B_{mrn}^2]$$

$$= \frac{\pi^2}{6} \frac{\sigma_{Fe}}{\rho_{Fe}} f^2 d_{Fe}^2 m_{Fe} [B_{mt1}^2 + B_{mr1}^2] \eta_{de}^2 \tag{B.16}$$

式中，σ_{Fe}、d_{Fe}、ρ_{Fe} 和 m_{Fe} 分别为叠压片的电导率、厚度、比密度和质量。涡流损耗的磁通密度失真系数为

$$\eta_{de} = \sqrt{1 + \frac{(3B_{mt3})^2 + (3B_{mr3})^2}{B_{mt1}^2 + B_{mr1}^2} + \frac{(5B_{mt5})^2 + (5B_{mr5})^2}{B_{mt1}^2 + B_{mr1}^2} + \cdots} \tag{B.17}$$

注意，$\eta_{de} > \eta_{dh}$，即高次谐波对涡流损耗的影响高于对磁滞损耗的影响。

式（B.16）和式（B.14）不包括额外损耗（由于磁异常）以及冶金和制造过程造成的损耗。到目前为止公布的计算额外损耗的分析和数值方法要么是不成功的，要么是应用有限的。

测量的铁损与使用经典方法计算的铁损之间的相关性较差。根据式（B.16）和式（B.14）计算得到的损耗均低于通过测量得到的损耗。误差在 25% ~ 75% 之间[26]。附加铁损系数 $k_{ad} > 1$ 有助于使计算和测量的铁损更相近：

$$\Delta P_{Fe} = k_{ad}(\Delta P_{eFe} + \Delta P_{hFe}) \tag{B.18}$$

如果已知特定的铁损曲线，则可以根据特定的铁损曲线以及齿和轭的质量计算定子铁损 ΔP_{1Fe}，即

$$\Delta P_{Fe} = \Delta p_{1/50} \left(\frac{f}{50}\right)^{4/3} [k_{adt} B_{mt}^2 m_t + k_{ady} B_{my}^2 m_y] \tag{B.19}$$

式中，$k_{adt} > 1$ 和 $k_{ady} > 1$ 是考虑冶金和制造过程造成损耗的增加系数；$\Delta p_{1/50}$ 是在 1T 和 50Hz 时以 W/kg 为单位的特定铁损；B_{mt} 是齿内的磁通密度；B_{my} 是轭中的磁通密度；m_t 是齿的质量；m_y 是轭的质量。对于齿，$k_{adt} = 1.7 ~ 2.0$；对于轭，$k_{ady} = 2.4 ~ 4.0$[185]。

B.3 转子铁损

对于永磁同步和永磁无刷直流电机，不存在由于基波引起的转子铁损。永磁无刷电机的转子铁损是由于转子通过定子齿时气隙磁阻的快速变化所产生的脉动磁通。转子铁损在表贴式永磁电机中可以忽略不计，因为它们的有效气隙很大（包括永磁径向厚度）。但转子损耗有时在轮辐式凸极转子（见图 8.5）永磁电机中非常显著。参考文献 [104, 196, 230] 中描述的方法可以得到转子高频损耗。

B.4 铁损的 FEM 模型

假设转子转速恒定和三相电枢电流平衡，定子和转子内的铁损可以采用有限元法（FEM）模型计算。在包含畸变磁通密度波形的二维 FEM 中，铁心内的涡

流和磁滞损耗可以用式（B.14）和式（B.16）计算。

B.5　导电护套的损耗

利用以下简单公式计算转子护套中的槽谐波损耗（W）[123, 261]：

$$\Delta P_{sl} = \frac{\pi^3}{2} \sigma_{sl} k_r (B_{msl} n)^2 D_{sl}^3 l_{sl} d_{sl} \tag{B.20}$$

式中，n 为转子转速（r/s）；D_{sl} 为中间直径（m），$D_{sl} = D_{2out} - d_{sl}$；$l_{sl}$ 为有效长度（m）；d_{sl} 为厚度（m）；σ_{sl} 为电导率（s/m）。20℃下的铬镍铁 718 电导率为 $\sigma = 8.26 \times 10^5 \text{S/m}$。由于切向护套电流而增加的套管电阻系数为[123]

$$k_r \approx 1 + \frac{1}{\pi} \frac{t_1}{l_{sl}} \tag{B.21}$$

由槽开口引起的高频磁通密度的幅值可以根据 Richter 公式[250]计算：

$$B_{msl} = 2\beta B_{mean} = 2\beta \frac{1}{k_C} \frac{2}{\pi} B_{mg} \tag{B.22}$$

式中

$$\beta = \frac{B_{msl}}{2B_{mean}} = \frac{1 + u^2 - 2u}{2(1 + u^2)} \tag{B.23}$$

$$u = \frac{b_{14}}{2g} + \sqrt{1 + \left(\frac{b_{14}}{2g}\right)^2} \tag{B.24}$$

式中，B_{mean} 是定子槽口对应的气隙磁通密度平均值；B_{mg} 是气隙磁通密度峰值；b_{14} 是定子槽口宽（m）（见图 A.1）；g 是定子铁心和永磁体之间的气隙；k_C 是根据式（A.27）得到的卡氏系数。槽口的减小√或气隙的增大均能够减小槽谐波。例如，在 100℃ 时，对于电导率 $\sigma_{sl} = 5.295 \times 10^5 \text{S/m}$ 的铬镍铁合金套管，直径 $D_{sl} = 0.1\text{m}$，长度 $l_{sl} = 0.1\text{m}$，厚度 $d_{sl} = 1.6\text{mm}$，在 $n = 100000\text{r/min}$ 时护套中的槽谐波损耗为 $\Delta P_{sl} = 1411\text{W}$，在 $n = 50000\text{r/min}$ 时护套中的槽谐波损耗为 $\Delta P_{sl} = 353\text{W}$，在 $n = 10000\text{r/min}$ 时护套中的槽谐波损耗为 $\Delta P_{sl} = 14\text{W}$。电机参数为：$p = 2$，$s_1 = 36$，$b_{14} = 2\text{mm}$，$g = 3.2\text{mm}$，$B_{mg} = 0.7\text{T}$，$u = 1.36$ 和 $B_{msl} = 0.02\text{T}$。

将更高次谐波的幅值代替 B_{msl}，就可以根据式（B.20）计算其他次谐波引起的护套损耗。

B.6　无刷电机的永磁体损耗

烧结钕铁硼永磁体的电导率为 $(0.6 \sim 0.85) \times 10^6 \text{S/m}$。钐钴永磁体的电导率在 $(1.1 \sim 1.4) \times 10^6 \text{S/m}$ 之间。由于稀土永磁体的电导率仅比铜导体低 $4 \sim 9$ 倍，由定子产生的高次谐波磁场造成的永磁体损耗不可忽视，特别是在高速电机之中。

与导电护套中的损耗类似，永磁体中的主要损耗是由定子开槽导致的磁通密度谐波产生的损耗。槽谐波引起的永磁体损耗仅存在于定子开槽的电机中，而不存在于无槽电机中。

可以用式（B.20）近似地估计永磁体中的槽谐波损耗（W），其中 $\sigma_{sl} = \sigma_{PM}$，$l_{sl} = l_M$，$D_{sl} = D_{2out} - h_M$，$d_{sl} = h_M$，其中 σ_{PM} 是永磁体的电导率，l_M 是永磁体的轴向长度（通常是 $l_M = L_i$），h_M 是永磁体的径向高度，即

$$\Delta P_{sl} = \frac{\pi^3}{2}\sigma_{PM}k_r(B_{msl}n)^2(D_{2out} - h_M)^3 l_M h_M \tag{B.25}$$

由于永磁体的外表面积小于转子的外表面积，因此式（B.25）应乘以系数 $S_{PM}/(\pi D_{2out}l_M)$，其中 S_{PM} 为永磁体的表面积。对于表贴式永磁体

$$S_{PM} = \alpha_i\pi D_{2out}L_i \tag{B.26}$$

只有当转子没有导电护套时，才能根据式（B.22）估算磁通密度 B_{msl}。否则，峰值 B_{msl} 将会小得多。式（B.25）可能会使永磁体中的槽谐波损耗过高。

假设相对回复磁导率 $\mu_{rrec} \approx 1$ 时，第 ν 次空间谐波引起的永磁体涡流损耗（W）可以使用2D电磁场分布和以下方程估算：

$$\Delta P_{PM\nu} = a_{R\nu}k_{T\nu}\frac{k_\nu^3}{\beta_\nu^2}\left(\frac{B_{m\nu}}{\mu_0\mu_{rrec}}\right)^2\frac{1}{\sigma_{PM}}S_{PM} \tag{B.27}$$

式中

$$a_{R\nu} = \frac{1}{\sqrt{2}}\sqrt{\sqrt{4 + \left(\frac{\beta_\nu}{k_\nu}\right)^4} + \left(\frac{\beta_\nu}{k_\nu}\right)^2} \qquad \beta_\nu = \nu\frac{\pi}{\tau} \tag{B.28}$$

永磁体中电磁场的衰减系数为

$$k_\nu = \sqrt{\pi(1 \mp \nu)f\mu_0\mu_{rrec}\sigma_{PM}} \tag{B.29}$$

边缘效应系数为

$$k_{r\nu} = 1 + \frac{1}{\nu}\frac{2}{\pi}\frac{\tau}{L_i} \tag{B.30}$$

式中，τ 为定子槽距；σ_{PM} 是永磁体的电导率；$(1\mp\nu)f$ 是由于 ν 次空间谐波导致的转子中磁通密度变化的频率；β_ν 是磁通密度的 ν 次谐波幅值；S_{PM} 是所有永磁体的有效表面积（邻近气隙）。

如果转子被导电护套固定，式（B.25）和式（B.27）中的永磁体损耗可以忽略，因为导电护套中的涡流排斥更高的谐波磁场。

B.7　旋转损耗

旋转或机械损耗 ΔP_{rot} 包括轴承摩擦损耗 ΔP_f、风阻损耗 ΔP_{wind} 和通风设备损耗 ΔP_{vent}。有许多半经验公式给出了不同精度的旋转损耗估算方法。

小型电机轴承中的摩擦损耗可以用下式进行计算：

$$\Delta P_{\text{fr}} = k_{\text{fb}} m_{\text{r}} n \times 10^{-3} \text{W} \tag{B.31}$$

式中，$k_{\text{fb}} = 1 \sim 3 \text{W}/(\text{kg} \cdot \text{r}/\text{min})$；$m_{\text{r}}$ 为转子质量（kg）；n 为转速（r/min）。

无风扇的小型电机的风摩损耗如下：

1）当转速不超过 6000r/min 时

$$\Delta P_{\text{wind}} \approx 2 D_{\text{out}}^3 L_{\text{i}} n^3 \times 10^{-6} \text{W} \tag{B.32}$$

2）当转速大于 15000r/min 时

$$\Delta P_{\text{wind}} \approx 0.3 D_{\text{2out}}^5 \left(1 + 5 \frac{L_{\text{i}}}{D_{\text{2out}}} \right) n^3 \times 10^{-6} \text{W} \tag{B.33}$$

式中，转子外径 D_{2out} 和铁心有效长度 L_{i} 以 m 为单位；速度 n 以 r/min 为单位。

根据瑞士 ABB 公司，50Hz 凸极同步电机的旋转损耗（kW）可以用下式表示：

$$\Delta P_{\text{rot}} = \frac{1}{k_{\text{m}}} (D_{\text{1in}} + 0.15)^4 \sqrt{L_{\text{i}}} \left(\frac{n}{100} \right)^{2.5} \tag{B.34}$$

式中，定子内径 D_{1in} 和定子铁心的有效长度以 m 为单位；凸极同步电机的转速 n 以 r/s 为单位；$k_{\text{m}} = 30$。

B.8 高速电机中的风摩损耗

在高速电机中，最好分别计算风摩损耗和轴承摩擦损耗，包括冷却介质的密度及其动态黏度随温度的变化。总风摩损耗

$$\Delta P_{\text{wind}} = \Delta P_{\text{a}} + \Delta P_{\text{ad}} + \Delta P_{\text{c}} \tag{B.35}$$

有三个部分：ΔP_{a} 为气隙中抵抗阻力力矩的损耗；ΔP_{ad} 为转子表面抵抗阻力力矩产生的损耗；ΔP_{c} 为气隙中冷却介质的轴向流动的损耗。只有当冷却介质被迫通过空隙时，才存在损耗 ΔP_{c}。气隙中抵抗阻力力矩的损耗为

$$\Delta P_{\text{a}} = \pi c_{\text{f}} \rho \Omega^3 \frac{D_{\text{2out}}^4}{16} L_{\text{i}} \tag{B.36}$$

式中

1）在 1000mbar（100kPa）大气压下，空气密度作为温度（℃）的函数可近似表示为

$$\rho = -10^{-8} \vartheta^3 + 10^{-5} \vartheta^2 - 0.0045 \vartheta + 1.266 \text{kg}/\text{m}^3 \tag{B.37}$$

2）摩擦系数[27]为

$$c_{\text{f}} = 0.515 \frac{\lfloor 2(g - d_{\text{sl}})/D_{\text{2out}} \rfloor^{0.3}}{Re^{0.5}}, \qquad \text{如果} \quad Re < 10^4$$

$$c_{\text{f}} = 0.0325 \frac{\lfloor 2(g - d_{\text{sl}})/D_{\text{2out}} \rfloor^{0.3}}{Re^{0.2}}, \qquad \text{如果} \quad Re > 10^4 \tag{B.38}$$

3）在大气压力为 1000mbar（100kPa）下，空气动态黏度作为温度（℃）

的函数为

$$\mu_{dyn} = -2.1664 \times 10^{-11}\vartheta^2 + 4.7336 \times 10^{-8}\theta + 2 \times 10^{-5}\mathrm{Pa \cdot s} \quad (B.39)$$

4）转子角速度 $\Omega = 2\pi n$，其中 n 是转子转速（r/s）。

在式（B.38）中，对于带有护套的转子，机械间隙为 $g - d_{sl}$，其中 d_{sl} 为旋转套筒的厚度。

雷诺数由动态压力 ρv^2 与剪切应力 $\mu_{dyn}v/l$ 或惯性力 ρv 与黏性力 μ_{dyn}/l 的比值来定义，即

$$Re = \frac{\rho v l}{\mu_{dyn}} \quad (B.40)$$

式中，v 是线速度；l 是特征长度。对于管道或风管，特征长度由水力直径 d_h 代替，即

$$Re = \frac{\rho v d_h}{\mu_{dyn}} = \frac{\rho \Omega d_h^2}{2\mu_{dyn}} \quad (B.41)$$

水力直径定义为 $d_h = 4A/R$，其中 A 为管道的横截面积，R 为管道的润湿周长。对于圆形导管，水力直径 d_h 与几何直径 d 相同，即 $d_h = \pi d^2/(\pi d) = d$。带内圆管的圆管水力直径为

$$d_h = 4 \times \frac{0.25\pi(D_{1in}^2 - D_{2out}^2)}{\pi(D_{1in} + D_{2out})} = D_{1in} - D_{2out} \quad (B.42)$$

式中，D_{1in} 是外管的内径；D_{2out} 是内管的外径。这对应于电机的定子和转子。因此，气隙雷诺数为

$$Re = \frac{\rho \Omega(D_{1in} - D_{2out})^2}{2\mu_{dyn}} \quad (B.43)$$

在转子的每个圆表面上，阻力力矩产生的损耗计算方法与旋转圆盘的损耗计算方法相同[248,262]，即

$$\Delta P_{ad} = \frac{1}{64}c_{fd}\rho \Omega^3(D_{2out}^5 - d_{sh}^5) \quad (B.44)$$

旋转圆盘[187]的摩擦系数 c_{fd} 和雷诺数 Re_d[49]为

$$c_{fd} = \frac{3.87}{Re_d^{0.5}} \quad \text{，如果 } Re_d < 3 \times 10^5$$

$$c_{fd} = \frac{0.146}{Re_d^{0.2}} \quad \text{，如果 } Re_d > 3 \times 10^5 \quad (B.45)$$

$$Re_d = \frac{\rho \Omega D_{2out}^2}{4\mu_{dyn}} \quad (B.46)$$

轴向冷却气体[248]造成的损耗为

$$\Delta P_c = \frac{2}{3}\pi \rho v_t v_{ax}\Omega[(0.5D_{1in})^3 - (0.5D_{2out})^3] \quad (B.47)$$

式中，v_t 是由于转子旋转而引起的冷却介质（气体）的平均切向线速度，$v_t \approx 0.5v$；v 是转子的表面线速度，$v = \pi D_{2out} n$；v_{ax} 为冷却介质的轴向线速度，即风扇吹出空气的线速度。

B.9 高次时间谐波造成的损耗

逆变器产生的高次谐波会引起额外的损耗。电枢（定子）中的高次谐波频率为 nf。电枢绕组损耗、铁损和杂散损耗都与频率有关。机械损耗则与输入波形的形状无关。

逆变器给交流电机供电引起的频率相关损耗为：

1）定子绕组损耗（见第8.6.3节）

$$\Delta P_a = \sum_{n=1}^{\infty} \Delta P_{an} = m_1 \sum_{n=1}^{\infty} I_{an}^2 R_{1n} \approx m_1 R_{1dc} \sum_{n=1}^{\infty} I_{an}^2 k_{1Rn}$$

$$= m_1 R_{1dc} I_{ar}^2 \sum_{n=1}^{\infty} \left(\frac{I_{an}}{I_{ar}}\right)^2 k_{1Rn} = \Delta P_a \sum_{n=1}^{\infty} \left(\frac{I_{an}}{I_{ar}}\right)^2 k_{1Rn} \qquad (B.48)$$

2）定子铁损

$$\Delta P_{Fe} = \sum_{n=1}^{\infty} \Delta P_{Fen} = [\Delta P_{Fe}]_{n=1} \sum_{n=1}^{\infty} \left(\frac{V_{1n}}{V_{1r}}\right)^2 n^{4/3} \qquad (B.49)$$

式中，ΔP_a 为额定直流电流下的定子绕组损耗；$[\Delta P_{Fe}]_{n=1}$ 是根据式（B.18）或式（B.19）在 $n=1$ 和额定电压下的定子铁损；k_{1Rn} 是交流电枢电阻的集肤效应系数；I_{an} 是高次谐波电枢电流有效值；I_{ar} 是电枢额定电流；V_{1n} 为逆变器输出的高次谐波电压有效值；V_{1r} 是额定电压有效值（近似等于基波电压有效值）。式（B.49）中的求和指数 $n=1$，基波电压 $V_{1n} = V_{1r}$，求和符号中第一项 $(V_{1n}/V_{1r})^2 n^{4/3} = 1$。

对于基波 $f = 50\text{Hz}$ 以及任意的谐波电流 I_{an} 和谐波电压 V_{1n}（见表 B.1），计算因高次谐波 $n = 5$、7、11、13…引起的定子绕组和铁损。根据式（B.4）~式（B.7）得到系数 k_{1Rn}，其中 $m_{sl} = 6$，$\gamma = 60°$，$f = nf$，$\sigma_1 = 57 \times 10^6$ S/m，$h_c = 2\text{mm}$，$b_{1con} = 5\text{mm}$，$b_{11} = 6.5\text{mm}$，$L_{1b} = L_i$。

表 B.1 高次时间谐波引起的定子绕组损耗和铁损增加

谐波		绕组损耗 [式（B.48）]			铁损 [式（B.49）]		
n	nf/Hz	I_{an}/I_{ar}	k_{1Rn}	$(I_{an}/I_{ar})^2 k_{1Rn}$	V_{1n}/V_{1r}	$n^{4/3}$	$(V_{1n}/V_{1r})^2 n^{4/3}$
1	50	1.000	1.0039	1.0039	1.000	1.00	1.0000
5	250	0.009	1.0966	0.0001	0.009	8.55	0.0007
7	350	0.023	1.1891	0.0006	0.023	13.39	0.0071
11	550	0.014	1.4654	0.0003	0.014	24.46	0.0048
13	650	0.027	1.6485	0.0012	0.027	30.57	0.0223
		$\sum_n (I_{an}/I_{ar})^2 k_{1Rn} = 1.0061$			$\sum_n (V_{1n}/V_{1r})^2 n^{4/3} = 1.0349$		

符号和缩略语

符号

$\boldsymbol{A}$	磁位矢量
A	线电流密度
A_r	径向位移的振幅
a	交流电机电枢绕组的并联电流支路数；直流电机电枢绕组并联电流支路数
$\boldsymbol{B}$	磁通密度矢量
B	磁通密度
b	磁通密度瞬时值；槽宽
b_{br}	电刷位移
b_{fsk}	永磁体倾斜角
b_p	极靴宽
b_{sk}	定子槽倾斜角
C	换向器段数；电容；成本
C_c	铁心成本
C_0	与电机电磁无关的所有其他部件的成本
C_{PM}	永磁体成本
C_{sh}	轴成本
C_w	绕组成本
c	波速；齿宽
c_{Cu}	每千克铜导体的成本
c_E	电枢常数（电动势常数）
c_{Fe}	每千克铁心的成本
c_{PM}	每千克永磁体的成本
c_{steel}	每千克钢材的成本
c_T	转矩常数
$\boldsymbol{D}$	电位移矢量
D	直径
d_M	永磁体外径

E	电动势，有效值；杨氏模量
E_f	空载反电动势
E_i	每相内电动势
E_r	换向期间短路线圈段的自感和互感引起的无功电动势
e	瞬时电动势；偏心率
F	力；磁动势；能量函数；向量优化目标函数
F_{exc}	转子励磁系统的磁动势
F_a	电枢反应磁动势
f	频率
f_c	齿槽转矩频率
f_r	第 r 阶的自然频率
$\mathcal{F}$	磁动势的空间/时间分布
G	磁导
$GCD\ (s_1,\ 2p)$	s_1 和 $2p$ 的最大公约数
g	气隙（机械间隙）
g_{My}	直流电机中永磁体与定子轭之间的气隙
g'	等效气隙
g_i	非线性不等式约束
$\boldsymbol{H}$	磁场强度矢量
H	磁场强度
h	高度
h_i	等式约束
h_M	永磁体高度
I	面积惯量；电流；声强
I_a	直流电枢电流或电流有效值
I_{ash}	零速电枢电流（"短路"电流）
i	电流的瞬时值或步进电机电流
i_a	电枢电流的瞬时值
$\boldsymbol{J}$	电流密度矢量
J	转动惯量
J_a	电枢绕组中的电流密度
K_r	集中刚度
k	系数，一般符号
k_{1R}	电枢导体的集肤效应系数
k_C	卡氏系数

k_{ad}	d 轴反应系数；电枢铁心的附加损耗系数
k_{aq}	q 轴反应系数
k_{d1}	基波 $\nu = 1$ 的分布系数
k_E	电动势常数，$k_E = c_E \Phi_f$
k_f	励磁磁场的波形系数，$k_f = B_{mg1}/B_{mg}$
k_{fault}	容错额定系数
k_{fsku}	永磁体倾斜系数
k_i	叠压系数
k_N	取决于制造电机数量的系数
k_{o1}	基波 $\nu = 1$ 的开槽系数
k_{ocf}	过载系数，$k_{ocf} = P_{max}/P_{out}$
k_{p1}	基波的节距因数
k_{sat}	由主磁通引起的磁路饱和系数
k_{skk}	参考槽（齿）距 t_1 的定子斜槽系数
k_{sku}	参考极距 τ 的定子斜槽系数
k_T	转矩常数，$k_T = c_T \Phi_f$
k_{w1}	基波 $\nu = 1$ 的绕组因数，$k_{w1} = k_{d1} k_{p1}$
L	电感；长度
$LCM\ (s_1 \text{、} 2p)$	s_1 和 $2p$ 的最小公倍数
L_c	轴向长度
L_i	电枢有效长度
L_w	声功率级
l_{le}	单边端部连接长度
l_{Fe}	轭长度
l_M	永磁体轴向长度
$\boldsymbol{M}$	磁化矢量
M	互感
M_b	退磁系数
M_r	集总质量
m	相数；质量
m_a	调幅指数
m_f	调频指数
N	每相匝数；电机数
N_{cog}	极数与 $GCD\ (s_1,\ 2p)$ 之比
n	转速（r/min）；自变量

n_{cog}	基本齿槽转矩指数
n_e	相邻等势线之间的曲线平方数
n_0	空载速度
n_Φ	相邻磁力线之间的曲线平方数
P	有功功率；声功率；概率
P_{elm}	电磁功率
ΔP	有功功率损耗
$\Delta p_{1/50}$	1T 和 50Hz 下的单位铁心损耗（W/kg）
p	极对数；声压
p_r	单位面积的径向力（磁压强）
Q	电荷；无功功率
Q_{en}	封闭电荷
R	电阻
R_a	直流电机的电枢绕组电阻
R_1	交流电机的电枢绕组电阻
R_{br}	电刷与换向器的接触电阻
R_c	线圈部分的电阻
Re	雷诺数
R_{int}	极间绕组电阻
R_{uM}	永磁磁阻
R_{ug}	气隙磁阻
R_{ula}	外部电枢漏磁阻
r	振动模态
S	视在功率；表面积
S_M	永磁体的横截面积，$S_M = w_M L_M$ 或 $S_M = b_p L_M$
s	横截面面积；位移
s_1	定子齿或槽数
s_2	转子齿或槽数
s_e	估计的方差 σ
T	转矩
T_c	齿槽转矩
T_d	产生的转矩
T_{dsyn}	同步转矩
T_{drel}	磁阻转矩
T_0	平均转矩常数

T_p	周期
T_r	转矩周期分量
T_sh	轴转矩（输出或负载转矩）
T_m	机械时间常数
t	时间；槽距；相对转矩
t_N	标幺转矩
t_r	转矩纹波
V	电压；体积
v	电压瞬时值；线速度
v_C	换向器线速度
W	永磁体外在磁能；气隙能量变化率
W_m	存储的磁场能量
w	单位体积能量（$\mathrm{J/m^3}$）
w_M	永磁体宽度
X	电抗
X_ad	d 轴电枢反应电抗
X_aq	q 轴电枢反应电抗
X_damp	阻尼电抗
X_sd	d 轴同步电抗
X'_sd	d 轴瞬态同步电抗
X''_sd	d 轴超瞬态同步电抗
X_sq	q 轴同步电抗
X'_sq	q 轴瞬态同步电抗
X''_sq	q 轴超瞬态同步电抗
$\boldsymbol{Z}$	阻抗，$\boldsymbol{Z} = R + \mathrm{j}X$；$|\boldsymbol{Z}| = Z = \sqrt{R^2 + X^2}$
z_1	轮 1 上的齿数
z_2	轮 2 上的齿数
α	电角度；控制电压与额定电压之比
α_d	d 轴和 y 轴之间的角度
α_i	有效极弧系数，$\alpha_\mathrm{i} = b_\mathrm{p}/\tau$
β	极重叠角
χ	磁化率
γ	机械角度；齿轮比；永磁材料退磁曲线的波形系数
γ_s	旋转式步进电机的步进角

ΔV_{br}	换向电刷上的电压降
δ	功率（负载）角；偏置误差
δ_i	内转矩角
δl	学习率
$\delta\epsilon$	随机误差
ϵ	相对偏心率
η	效率
θ	无刷电机的转子角位置
ϑ	温度；I_a 和 I_{ad} 之间的角度
λ	漏磁导系数（比漏磁导）；波长
μ	转子 μ 次谐波
μ_{dyn}	动态黏度
μ_0	真空中的磁导率，$\mu_0 = 0.4\pi \times 10^{-6} \mathrm{H/m}$
μ_r	相对磁导率
μ_{rec}	回复磁导率
μ_{rrec}	相对回复磁导率，$\mu_{rrec} = \mu_{rec}/\mu_o$
ν	定子 ν 次谐波；相对速度
ξ	利用系数；电枢导体高度降低量
ρ	比质量密度
σ	电导率
σ_f	包括饱和效应的波形系数
σ_p	输出系数
σ_r	辐射系数
τ	极距
Φ	磁通
Φ_f	励磁磁通
Φ_l	漏磁通
ϕ	功率因数角
Ψ	磁链 $\Psi = N\Phi$
Ψ_E	总电通
Ψ_{sd}	d 轴总磁链
Ψ_{sq}	q 轴总磁链
ψ	I_a 和 E_f 之间的夹角
Ω	角速度，$\Omega = 2\pi n$
ω	角频率，$\omega = 2\pi f$

下标

a	电枢
av	平均数
br	电刷
c	换相
cog	齿槽
Cu	铜
d	直轴；微分
dyn	动态
e	端部连接；涡流
elm	电磁
eq	相等
exc	励磁
ext	外部
Fe	铁磁
f	场
fr	摩擦
g	气隙
h	磁滞
in	内部
l	漏
l，m，n	三角形单元标签
M	磁体
m	峰值（幅值）
n，t	法向和切向分量
out	输出，外部
q	交轴
r	额定值，剩余
r，θ，x	柱面坐标系
rel	磁阻
rhe	可变电阻器
rot	旋转
s	槽；同步；系统
sat	饱和度
sh	轴

sl	套；槽
st	起动
str	附加
syn	同步
t	齿
u	利用率
uent	通风设备
wind	风
y	轭部
x, y, z	笛卡儿坐标系
1	初级；定子；基波
2	次级；转子

上标

inc	增加的
(sq)	方波

缩略语

A/D	模/数
ASM	辅助同步电机
AC	交流电
CAD	计算机辅助设计
CD	光盘
CFRP	碳纤维增强聚合物
CLV	恒定线速度
CPU	中央处理器
CSI	电流源逆变器
CVT	无级变速器
DBO	双线示波器
DFT	离散傅里叶变换
DSP	数字信号处理器
DC	直流电
EIA	能源信息管理局（美国能源部）
EMF	电动势
EMI	电磁干扰
EV	电动汽车
EVOP	进化操作

FDB	流体动力轴承
FES	飞轮储能
FEM	有限元法
FFT	快速傅里叶变换
GA	遗传算法
GCD	最大公约数
GFRP	玻璃纤维增强聚合物
GS	发电机/起动机
GTO	门极可关断（晶闸管）
HDD	硬盘驱动器
HEV	混合动力电动汽车
HVAC	采暖、通风和空调
IC	集成电路
IGBT	绝缘栅双极型晶体管
ISG	集成起动发电机
LCM	最小公倍数
LDDCM	液体电介质有刷直流电机
LIGA	光刻、电铸和成型
LVAD	左心室辅助装置
MEA	多电飞机
MEMS	微机电系统
MG	电动机/起动机
MMF	磁动势
MRI	磁共振成像
MRSH	多次随机重启爬山
MTBF	平均故障间隔时间
MTOE	百万吨石油当量
MTTF	平均无故障时间
MVD	磁压降
OECD	经济合作与发展组织（简称经合组织）
PBIL	基于人口的增量学习
PDF	概率密度函数
PFM	脉冲频率调制
PLC	可编程序控制器
PM	永磁体

PSD	功率分配装置
PWM	脉宽调制
RESS	可充电储能系统
RFI	射频干扰
RSM	响应面方法
SA	模拟退火
SCARA	选择顺应性装配机器人手臂
SRM	开关磁阻电机
SWL	声功率级
TDF	尖端驱动风扇
TFM	横向磁通电机
TSM	测试的同步电机
UPS	不间断电源
UV	水下航行器
URV	水下机器人
VCM	音圈电机
VSI	电压源逆变器
VSD	变速驱动
VVVF	变压变频

参 考 文 献

1. Ackermann B, Janssen JHH, Sottek R. New technique for reducing cogging torque in a class of brushless d.c. motors. IEE Proc Part B 139(4):315–320, 1992.

2. Afonin A, Kramarz W, Cierzniewski P. Electromechanical Energy Converters with Electronic Commutation (in Polish). Szczecin: Wyd Ucz PS, 2000.

3. Afonin A, Cierznewski P. Electronically commutated disc-type permanent magnet motors (in Russian). Int Conf on Unconventional Electromechanical and Electr Systems UEES'99. Sankt Petersburg, Russia, 1999, pp. 271–276.

4. Afonin A, Gieras JF, Szymczak P. Permanent magnet brushless motors with innovative excitation systems (invited paper). Int Conf on Unconventional Electromechanical and Electr Systems UEES'04. Alushta, Ukraine, 2004, pp. 27–38.

5. Ahmed AB, de Cachan LE. Comparison of two multidisc configurations of PM synchronous machines using an elementary approach. Int Conf on Electr Machines ICEM'94, Vol 1, Paris, France, 1994, pp. 175–180.

6. Aihara T, Toba A, Yanase T, Mashimo A, Endo K. Sensorless torque control of salient-pole synchronous motor at zero-speed operation. IEEE Trans on PE 14(1):202–208, 1999.

7. Altenbernd G, Mayer J. Starting of fractional horse-power single-phase synchronous motors with permanent magnetic rotor. Electr Drives Symp, Capri, Italy, 1990, pp. 131–137.

8. Altenbernd G, Wähner L. Comparison of fractional horse-power single-phase and three-phase synchronous motors with permanent magnetic rotor. Symp on Power Electronics, Electr Drives, Advanced Electr Motors SPEEDAM'92, Positano, Italy, 1992, pp. 379–384.

9. Andresen EC, Blöcher B, Heil J, Pfeiffer R. Permanentmagneterregter Synchronmotor mit maschinenkommutiertem Frequenzumrichter. etzArchiv (Germany) 9(12):399–402, 1987.

10. Andresen EC, Keller R. Comparing permanent magnet synchronous machines with cylindrical and salient-pole rotor for large power output drives. Int Conf on Electr Machines ICEM'94, Vol 1, Paris, France, 1994, pp. 316–321.

11. Andresen EC, Anders M. A three axis torque motor of very high steady-state and dynamic accuracy. Int Symp on Electr Power Eng, Stockholm, Sweden, 1995, pp. 304–309.

12. Andresen EC, Anders M. On the induction and force calculation of a three axis torque motor. Int Symp on Electromagn Fields ISEF'95, Thessaloniki, Greece, 1995, pp. 251–254.

13. Andresen EC, Keller R. Squirrel cage induction motor or permanent magnet synchronous motor. Symp on Power Electronics, Electr Drives, Advanced Electr Motors SPEEDAM'96, Capri, Italy, 1996.

14. Arena A, Boulougoura M, Chowdrey HS, Dario P, Harendt C, Irion KM, Kodogiannis V, Lenaerts B, Menciassi A, Puders R, Scherjon C, Turgis D. Intracorporeal Videoprobe (IVP), Medical and Care Compunetics 2, edited by L. Bos et al, Amsterdam: IOS Press, 2005, pp. 167–174.
15. Armensky EV, Falk GB. Fractional–Horsepower Electrical Machines. Moscow: Mir Publishers, 1978.
16. Arnold DP, Zana I, Herrault F, Galle P, Park JW, Das S, Lang, JH, Allen MG. Optimization of a microscale, axial-flux, permanent-magnet generator. 5th Int. Workshop Micro Nanotechnology for Power Generation and Energy Conversion Applications Power MEMS05, Tokyo, Japan, 2005, pp. 165–168.
17. Arnold DP, Das S, Park JW, Zana I, Lang JH, Allen MG. Design optimization of an 8-watt, microscale, axial flux permanent magnet generator. J of Microelectromech Microeng, 16(9):S290–S296, 2006.
18. Arshad WM, Bäckström T, Sadarangari C. Analytical design and analysis procedure for a transverse flux machine. Int Electr Machines and Drives Conf IEMDC'01, Cambridge, MA, USA, 2001, pp. 115-121.
19. Ashby MF. Material Selection in Mechanical Engineering, 3rd ed. Oxford: Butterworth-Heinemann, 2005.
20. Balagurov VA, Galtieev FF, Larionov AN. Permanent Magnet Electrical Machines (in Russian) Moscow: Energia, 1964.
21. Baluja S. Population-based incremental learning: a method for integrating genetic search based function optimization and competitive learning. Technical Report, Carnegie Mellon University, Pittsburgh, PA, USA, 1994.
22. Baudot JH. Les Machines Éléctriques en Automatique Appliqueé (in French). Paris: Dunod, 1967.
23. Bausch H. Large power variable speed a.c. machines with permanent magnets. Electr Energy Conf, Adelaide, Australia, 1987, pp. 265–271.
24. Bausch H. Large power variable speed a.c. machines with permanent magnet excitation. J of Electr and Electron Eng (Australia) 10(2):102–109, 1990.
25. Berardinis LA. Good motors get even better. Machine Design Nov 21:71–75, 1991.
26. Bertotti GA, Boglietti A, Chiampi M, Chiarabaglio D, Fiorillo F, Lazarri M. An improved estimation of iron losses in rotating electrical machines. IEEE Trans on MAG 27(6):5007–5009, 1991.
27. Bilgen E, Boulos R. Functional dependence of torque coefficient of coaxial cylinders on gap width and Reynolds numbers. Trans of ASME, J of Fluids Eng, Series I, 95(1):122-126, 1973.
28. Binns KJ, Chaaban FB, Hameed AAK. The use of buried magnets in high speed permanent magnet machines. Electr Drives Symposium EDS'90, Capri, Italy, 1990, pp. 145–149.
29. Binns KJ. Permanent magnet drives: the state of the art. Symp on Power Electronics, Electr Drives, Advanced Electr Motors SPEEDAM'94, Taormina, Italy, 1994, pp. 109–114.

30. Blackburn JL. Protective Relaying: Principles and Applications. New York: Marcel Dekker, 1987.

31. Blissenbach R, Schäfer U, Hackmann W, Henneberger G. Development of a transverse flux traction motor in a direct drive system. Int Conf on Electr Machines ICEM'00, Vol 3, Espoo, Finland, 2000, pp. 1457–1460.

32. Boglietti A, Pastorelli M, Profumo F. High speed brushless motors for spindle drives. Int Conf on Synchronous Machines SM100, Vol 3, Zürich, Switzerland, 1991, pp. 817–822.

33. Bolton MTW, Coleman RP. Electric propulsion systems — a new approach for a new millennium. Report Ministry of Defence, Bath, UK, 1999.

34. Boules N. Design optimization of permanent magnet d.c. motors. IEEE Trans on IA 26(4): 786–792, 1990.

35. Bowers B. The early history of electric motor. Philips Tech Review 35(4):77–95, 1975.

36. Bowes SR, Clark PR. Transputer-based harmonic elimination PWM control of inverter drives. IEEE Trans on IA 28(1):72–80, 1992.

37. Box GEP, Draper NR. Empirical Model-Building and Response Surfaces. New York: J Wiley and Sons, 1987.

38. Box MJ, Davies D, Swann WH. Non-Linear Optimization Techniques, 1st ed. London: Oliver and Boyd, 1969.

39. Braga G, Farini A, Manigrasso R. Synchronous drive for motorized wheels without gearbox for light rail systems and electric cars. 3rd European Power Electronic Conf EPE'91, Vol. 4, Florence, Italy, 1991, pp. 78–81.

40. Brandisky K, Belmans R, Pahner U. Optimization of a segmental PM d.c. motor using FEA — statistical experiment design method and evolution strategy. Symp on Power Electronics, Electr Drives, Advanced Electr Motors SPEEDAM'94, Taormina, Italy, 1994, pp. 7–12.

41. Brauer JR, ed. What Every Engineer Should Know about Finite Element Analysis. New York: Marcel Dekker, 1988.

42. Breton C, Bartolomé J, Benito JA, Tassinario G, Flotats I, Lu CW, Chalmers BJ. Influence of machine symmetry on reduction of cogging torque in permanent magnet brushless motors. IEEE Trans on MAG 36(5):3819–3823, 2000.

43. Briggs SJ, Savignon DJ, Krein PT, Kim MS. The effect of nonlinear loads on EMI/RFI filters. IEEE Trans on IA 31(1):184–189, 1995.

44. Broder DW, Burney DC, Moore SI, Witte SB. Media path for a small, low-cost, color thermal inkjet printer. Hewlett-Packard J:72–78, February 1994.

45. Brunsbach BJ, Henneberger G, Klepach T. Compensation of torque ripple. Int Conf on Electr Machines ICEM'98, Istanbul, Turkey, 1998, pp. 588–593.

46. Bryzek J, Petersen K, McCulley W. Micromachines on the march. IEEE Spectrum 31(5):20–31, 1994.

47. Cai W, Fulton D, Reichert K. Design of permanent magnet motors with low torque ripples: a review. Int Conf on Electr Machines ICEM'00, Vol 3, Espoo, Finland, 2000, pp. 1384–1388.

48. Campbell P. Performance of a permanent magnet axial-field d.c. machine. IEE Proc Pt B 2(4):139–144, 1979.

49. Cardone G, Astarita T, Carlomagno GM. Infrared heat transfer measurements on a rotating disk. Optical Diagnostics in Eng 1(2):1–7, 1996.

50. Caricchi F, Crescembini F, and E. Santini E. Basic principle and design criteria of axial-flux PM machines having counterrotating rotors. IEEE Trans on IA 31(5):1062–1068, 1995.

51. Caricchi F, Crescimbini F, Honorati O. Low-cost compact permanent magnet machine for adjustable-speed pump application. IEEE Trans on IA 34(1):109–116, 1998.

52. Carlson R, Lajoie-Mazenc M, Fagundes JCS. Analysis of torque ripple due to phase commutation in brushless d.c. machines. IEEE Trans on IA 28(3):632–638, 1992.

53. Carter GW. The Electromagnetic Field in its Engineering Aspects. London: Longmans, 1962.

54. Cascio AM. Modeling, analysis and testing of orthotropic stator structures. Naval Symp on Electr Machines, Newport, RI, USA, 1997, pp. 91–99.

55. Cerruto E, Consoli A, Raciti A, Testa A. Adaptive fuzzy control of high performance motion systems. Int Conf on Ind Electronics, Control, Instr and Automation IECON'92, San Diego, CA, USA, 1992, pp. 88–94.

56. Chang L. Comparison of a.c. drives for electric vehicles — a report on experts' opinion survey. IEEE AES Systems Magazine 8:7–11, 1994.

57. Changzhi S, Likui Y, Yuejun A, Xiying D. The combination of performance simulation with CAD used in ocean robot motor. Int Aegean Conf on Electr Machines and Power Electronics ACEMP'95, Kuşadasi, Turkey, 1995, pp. 692–695.

58. Chalmers BJ, Hamed SA, Baines GD. Parameters and performance of a high-field permanent magnet synchronous motor for variable-frequency operation. Proc IEE Pt B 132(3):117–124, 1985.

59. Chari MVK, Silvester PP. Analysis of turboalternator magnetic fields by finite elements. IEEE Trans on PAS 92:454–464, 1973.

60. Chari MVK, Csendes ZJ, Minnich SH, Tandon SC, Berkery J. Load characteristics of synchronous generators by the finite-element method. IEEE Trans on PAS 100(1):1–13, 1981.

61. Chen SX, Low TS, Lin H, Liu ZJ. Design trends of spindle motors for high performance hard disk drives. IEEE Trans on MAG 32(5):3848–3850, 1996.

62. Chidambaram B. Catalog-Based Customization. PhD dissertation, University of California, Berkeley, CA, USA, 1997.

63. Chillet C, Brissonneau P, Yonnet JP. Development of a water cooled permanent magnet synchronous machine. Int Conf on Synchr Machines SM100, Vol 3, Zürich, Switzerland, 1991, pp. 1094–1097.

64. Cho CP, Lee CO, Uhlman J. Modeling and simulation of a novel integrated electric motor/propulsor for underwater propulsion. Naval Symp on Electr Machines, Newport, RI, USA, 1997, pp. 38–44.

65. Chong AH, Yong KJ, Allen MG. A planar variable reluctance magnetic micromotor with fully integrated stator and coils. J Microelectromechanical Systems 2(4): 165–173, 1993.

66. Christensen GJ. Are electric handpieces an improvement? J of Amer Dental Assoc, 133(10):1433–1434, 2002.

67. Ciurys M, Dudzikowski I. Brushless d.c. motor tests (in Polish). Zeszyty Probl Komel – Maszyny Elektr 83:183–188, 2009.

68. Cohon JL. Multiobjective Programming and Planning. New York: Academic Press, 1978.

69. Coilgun research spawns mighty motors and more. Machine Design 9(Sept 24):24–25, 1993.

70. Compumotor Digiplan: Positioning Control Systems and Drives. Parker Hannifin Corporation, Rohnert Park, CA, USA, 1991.

71. Consoli A, Abela A. Transient performance of permanent magnet a.c. motor drives. IEEE Trans on IA 22(1):32–41, 1986.

72. Consoli A, Testa A. A DSP sliding mode field oriented control of an interior permanent magnet motor drive. Int Power Electronics Conf, Tokyo, Japan, 1990, pp. 296–303.

73. Consoli A, Musumeci S, Raciti A, Testa A. Sensorless vector and speed control of brushless motor drives. IEEE Trans on IE 41(1):91–96, 1994.

74. Consterdine E, Hesmondhalgh DE, Reece ABJ, Tipping D. An assessment of the power available from a permanent magnet synchronous motor which rotates at 500,000 rpm. Int Conf on Electr Machines ICEM'92, Manchester, UK, 1992, pp. 746–750.

75. Cremer R. Current status of rare-earth permanent magnets. Int Conf on Maglev and Linear Drives, Hamburg, Germany, 1988, pp. 391–398.

76. Dąbrowski M. Magnetic Fields and Circuits of Electrical Machines (in Polish). Warsaw: WNT, 1971.

77. Dąbrowski M. Construction of Electrical Machines (in Polish). Warsaw: WNT, 1977.

78. Dąbrowski M. Joint action of permanent magnets in an electrical machine (in Polish). Zeszyty Nauk Polit Pozn Elektryka 21:7–17, 1980.

79. DeGarmo EP, Black JT, Kosher RA. Materials and Processes in Manufacturing. New York: Macmillan, 1988.

80. De La Ree J, Boules N. Torque production in permanent magnet synchronous motors. IEEE Trans on IA 25(1):107–112, 1989.

81. Demenko A. Time stepping FE analysis of electric motor drives with semiconductor converters. IEEE Trans on MAG 30(5):3264–3267, 1994.

82. Demerdash NA, Hamilton HB. A simplified approach to determination of saturated synchronous reactances of large turboalternators under load. IEEE Trans on PAS 95(2):560–569, 1976.

83. Demerdash NA, Fouad FA, Nehl TW. Determination of winding inductances in ferrite type permanent magnet electric machinery by finite elements. IEEE Trans on MAG 18(6):1052–1054, 1982.

84. Demerdash NA, Hijazi TM, Arkadan AA. Computation of winding inductances of permanent magnet brushless d.c. motors with damper windings by energy perturbation. IEEE Trans EC 3(3):705–713, 1988.

85. Deodhar RP, Staton DA, Jahns TM, Miller TJE. Prediction of cogging torque using the flux-MMF diagram technique. IEEE Trans on IAS 32(3):569–576, 1996.

86. Dreyfus L. Die Theorie des Drehstrommotors mit Kurzschlussanker. Handlikar 34, Stockholm, Ingeniors Vetenkaps Akademien, 1924.

87. Dudzikowski I, Kubzdela S. Thermal problems in permanent magnet commutator motors (in Polish). 23rd Int Symp on Electr Machines SME'97, Poznan, Poland, pp. 133–138, 1997.

88. Dunkerley S. On the whirling and vibration of shafts. Proc of the Royal Soc of London 54:365–370, 1893.

89. Digital signal processing solution for permanent magnet synchronous motor: application note. Texas Instruments, USA, 1996.

90. Dote Y, Kinoshita S. Brushless Servomotors: Fundamentals and Applications. Oxford: Clarendon Press, 1990.

91. Drozdowski P. Equivalent circuit and performance characteristics of 9-phase cage induction motor. Int Conf on Electr Machines ICEM'94 Vol 1, Paris, France, 1994, pp. 118–123.

92. Drozdowski P. Some circumstances for an application of the 9-phase induction motor to the traction drive. 2nd Int Conf on Modern Supply Systems and Drives for Electr Traction, Warsaw, Poland, 1995, pp. 53–56.

93. Ede JD, Jewell GW, Atallah K, Powel DJ, Cullen JJA, Mitcham AJ. Design of a 250-kW, fault-tolerant PM generator for the more-electric aircraft. 3rd Int Energy Conv Eng Conf, San Francisco, CA, USA, 2005, AIAA 2005-5644.

94. Edwards JD, Freeman EM. MagNet 5.1 User Guide. Using the MagNet Version 5.1 Package from Infolytica. London: Infolytica, 1995.

95. Eisen HJ, Buck CW, Gillis-Smith GR, Umland JW. Mechanical design of the Mars Pathfinder Mission. 7th European Space Mechanisms and Tribology Symp ESTEC'97, Noordwijk, Netherlands, 1997, pp. 293–301.

96. Elmore WA, ed. Protective relaying: theory and applications. New York: Marcel Dekker, 1994.

97. Engström J. Design of a slotless PM motor for a screw compressor drive. 9th Int Conf on Electr Machines and Drives (Conf. Publ. No. 468) EMD'99, Canterbury, UK, 1999, pp. 154–158.

98. Engelmann RH, Middendorf WH, ed. Handbook of Electric Motors. New York: Marcel Dekker, 1995.

99. Eriksson S. Drive systems with permanent magnet synchronous motors. Automotive Engineering 2:75–81, 1995.

100. Ermolin NP. Calculations of Small Commutator Machines (in Russian). Sankt Petersburg: Energia, 1973.

101. Ertugrul N, Acarnley P. A new algorithm for sensorless operation of permanent magnet motors. IEEE Trans on IA 30(1):126–133, 1994.

102. Favre E, Cardoletti L, Jufer M. Permanent magnet synchronous motors: a comprehensive approach to cogging torque suppression. IEEE Trans on IA 29(6):1141–1149, 1993.

103. Ferreira da Luz MV, Batistela NJ, Sadowski N, Carlson R, Bastos JPA. Calculation of losses in induction motors using the finite element method. Int Conf on Electr Machines ICEM'2000 Vol 3, Espoo, Finland, 2000, pp. 1512–1515.

104. Fiorillo F, Novikov A. An approach to power losses in magnetic laminations under nonsinusoidal induction waveform. IEEE Trans on MAG 26(5):2904–2910, 1990.

105. Fitzgerald AE, Kingsley C. Electric Machinery, 2nd ed. New York: McGraw-Hill, 1961.

106. Fletcher R. Practical Methods of Optimization, 2nd ed. New York: J Wiley and Sons, 1987.

107. Fox RL. Optimization Methods for Engineering Design. London: Addison-Wesley, 1971.

108. Fouad FA, Nehl TW, Demerdash NA. Magnetic field modeling of permanent magnet type electronically operated synchronous machines using finite elements. IEEE Trans on PAS 100(9):4125–4133, 1981.

109. Fracchia M, Sciutto G. Cycloconverter drives for ship propulsion. Symp on Power Electronics, Electr Drives, Advanced Electr Motors SPEEDAM'94, Taormina, Italy, 1994, pp. 255–260.

110. Freise W. Jordan H. Einsertige magnetische Zugkräfte in Drehstrommaschinen. ETZ: Elektrische Zeitschrift, Ausgabe A 83:299–303, 1962.

111. Fuchs EF, Erdélyi EA. Determination of waterwheel alternator steady-state reactances from flux plots. IEEE Trans on PAS 91:2510–2527, 1972.

112. Furlani EP. Computing the field in permanent magnet axial-field motors. IEEE Trans on MAG 30(5):3660–3663, 1994.

113. Gair S, Eastham JF, Profumo F. Permanent magnet brushless d.c. drives for electric vehicles. Int Aeagean Conf on Electr Machines and Power Electronics ACEMP'95, Kuşadasi, Turkey, 1995, pp. 638–643.

114. Gerald CF, Wheatley PO. Applied Numerical Analysis. London: Addison-Wesley, 1989.

115. Gieras JF. Performance calculation for small d.c. motors with segmental permanent magnets. Trans. of SA IEE 82(1):14–21, 1991.

116. Gieras JF, Moos EE, Wing M. Calculation of cross MMF of armature winding for permanent magnet d.c. motors. Proc of South African Universities Power Eng Conf SAUPEC'91, Johannesburg, South Africa, 1991, pp. 273–279.

117. Gieras JF, Wing M. The comparative analysis of small three-phase motors with cage, cylindrical steel, salient pole, and permanent magnet rotors. Symp of Power Electronics, Electr Drives, Advanced Electr Motors SPEEDAM'94, Taormina, Italy, 1994, pp. 59–64.

118. Gieras JF, Kileff I, Wing M. Investigation into an electronically-commutated d.c. motor with NdFe permanent magnets. MELECON'94, Vol 2, Antalya, Turkey, 1994, pp. 845–848.

119. Gieras JF, Wing M. Design of synchronous motors with rare-earth surface permanent magnets. Int Conf on Electr Machines ICEM'94, Vol 1, Paris, France, 1994, pp. 159–164.

120. Gieras JF, Santini E, Wing M. Calculation of synchronous reactances of small permanent magnet alternating-current motors: comparison of analytical approach and finite element method with measuremets. IEEE Trans on MAG 34(5):3712–3720, 1998.

121. Gieras JF, Wang C, Lai JC. Noise of Polyphase Electric Motors. Boca Raton: CRC Taylor & Francis, 2006.

122. Gieras JF, Wang RJ, Kamper MJ. Axial Flux Permanent Magnet Brushless Machines, 2nd ed. London: Springer, 2008.

123. Gieras JF, Koenig AC, Vanek LD. Calculation of eddy current losses in conductive sleeves of synchronous machines. Int Conf on Electr Machines ICEM'08, Vilamoura, Portugal, 1998, paper ID 1061.

124. Gieras JF. Advancements in Electric Machines. London: Springer, 2008.

125. Gilbert W. De Magnete, Magneticisque Corporibus et de Magno Magnete Tellure (On the Magnet, Magnetic Bodies and on the Great Magnet the Earth). London: 1600 (translated 1893 by Mottelay PF, Dover Books).

126. Glinka T. Electrical Micromachines with Permanent Magnet Excitation (in Polish). Gliwice (Poland): Silesian Techn University, 1995.

127. Glinka T, Grzenik R, Mołoń Z. Drive system of a wheelchair (in Polish). 2nd Int Conf on Modern Supply Systems and Drives for Electr Traction, Warsaw, Poland, 1995, pp. 101–105.

128. Gogolewski Z, Gabryś W. Direct Current Machines (in Polish). Warsaw: PWT, 1960.

129. Goldemberg C, Lobosco OS. Prototype for a large converter-fed permanent magnet motor. Symp on Power Electronics, Electr Drives, Advanced Electr Motors SPEEDAM'92, Positano, Italy, 1992, pp. 93–98.

130. Gottvald A, Preis K, Magele C, Biro O, Savini A. Global optimization methods for computational electromagnetics. IEEE Trans on MAG 28(2):1537–1540, 1992.

131. Greenwood R. Automotive and Aircraft Electricity. Toronto: Sir Isaac Pitman, 1969.

132. Grumbrecht P, Shehata MA. Comparative study on different high power variable speed drives with permanent magnet synchronous motors. Electr Drives Symp EDS'90, Capri, Italy, 1990, pp. 151–156.

133. Hague B. The principles of electromagnetism applied to electrical machines. New York: Dover Publications, 1962.

134. Hakala H. Integration of motor and hoisting machine changes the elevator business. Int Conf on Electr Machines ICEM'00 Vol 3, Espoo, Finland, 2000, pp. 1242–1245.

135. Halbach K. Design of permanent multipole magnets with oriented rare earth cobalt material. Nuclear Instruments and Methods, 169:1–10, 1980.

136. Halbach K. Physical and optical properties of rare earth cobalt magnets. Nuclear Instruments and Methods 187:109–117, 1981.

137. Halbach K. Application of permanent magnets in accelerators and electron storage rings. J Appl Physics 57:3605–3608, 1985.

138. Hanitsch R, Belmans R, Stephan R. Small axial flux motor with permanent magnet excitation and etched air gap winding. IEEE Trans on MAG 30(2):592–594, 1994.

139. Hanitsch R. Microactuators and micromotors — technologies and characteristics. Int Conf on Electr Machines ICEM'94, Vol 1, Paris, France, 1994, pp. 20–27.

140. Hanitsch R. Microactuators and micromotors. Int Aeagean Conf on Electr Machines and Power Electronics ACEMP'95, Kuşadasi, Turkey, 1995, pp. 119–128.

141. Hanselman DC. Effect of skew, pole count and slot count on brushless motor radial force, cogging torque and back EMF. IEE Proc Part B 144(5):325–330, 1997.

142. Hanselman DC. Brushless Permanent-Magnet Motor Design, 2nd ed. Cranston, RI: The Writers' Collective, 2003.

143. Hardware interfacing to the TMS320C25, Texas Instruments.

144. Heller B, Hamata V. Harmonic Field Effect in Induction Machines. Prague: Academia (Czechoslovak Academy of Sciences), 1977.

145. Henneberger G, Schustek S. Wirtz R. Inverter-fed three-phase drive for hybrid vehicle applications. Int Conf on Electr Machines ICEM'88 Vol 2, Pisa, Italy, 1988, pp. 293–298.

146. Henneberger G, Bork M. Development of a new transverse flux motor. IEE Colloquium on New Topologies of PM Machines, London, UK, 1997, pp. 1/1–1/6.

147. Henneberger G, Viorel IA, Blissenbach R. Single-sided transverse flux motors. Int Conf Power Electronics and Motion Control EPE-PEMC'00, Vol 1, Košice, Slovakia, 2000, pp. 19–26.

148. Hendershot JH, Miller TJE. Design of Brushless Permanent Magnet Motors. Oxford: Clarendon Press, 1994.

149. Hesmondhalgh DE, Tipping D. Slotless construction for small synchronous motors using samarium cobalt magnets. IEE Proc Pt B 129(5):251–261, 1982.

150. Holland JH. Adaption in Natural and Artificial Systems, 3rd ed. New York: Bradford Books, 1994.

151. Honorati O, Solero L, Caricchi F, Crescimbini F. Comparison of motor drive arrangements for single-phase PM motors. Int Conf on Electr Machines ICEM'98 Vol 2, Istanbul, Turkey, 1998, pp. 1261–1266.

152. Honsinger VB. Performance of polyphase permanent magnet machines. IEEE Trans on PAS 99(4):1510–1516, 1980.

153. Honsinger VB. Permanent magnet machines: asynchronous operation. IEEE Trans on PAS 99(4):1503–1509, 1980.

154. Horber R. Permanent-magnet steppers edge into servo territory. Machine Design, 12:99–102, 1987.

155. Hrabovcová V, Bršlica V. Equivalent circuit parameters of disc synchronous motors with PMs. Electr Drives and Power Electronics Symp EDPE'92, Košice, Slovakia, 1992, pp. 348–353.

156. Huang DR, Fan CY, Wang SJ, Pan HP, Ying TF, Chao CM, Lean EG. A new type single-phase spindle motor for HDD and DVD. IEEE Trans on MAG 35(2): 839–844, 1999.

157. Hughes A, Lawrenson PJ. Electromagnetic damping in stepping motors. Proc IEE 122(8):819–824, 1975.

158. International Energy Outlook 2008. Report No DOE/EIA-0484(2008), www.eia.doe.gov/oiaf/ieo

159. Ishikawa T, Slemon G. A method of reducing ripple torque in permanent magnet motors without skewing. IEEE Trans on MAG 29(3):2028–2033, 1993.

160. Ivanuskin VA, Sarapulov FN, Szymczak P. Structural Simulation of Electromechanical Systems and their Elements (in Russian). Szczecin (Poland): Wyd Ucz PS, 2000.

161. Jabbar MA, Tan TS, Binns KJ. Recent developments in disk drive spindle motors. Int Conf on Electr Machines ICEM'92, Vol 2, Manchester, UK, 1992, pp. 381–385.

162. Jabbar MA, Tan TS, Yuen WY. Some design aspects of spindle motors for computer disk drives. J Inst Electr Eng (Singapore) 32(1):75–83, 1992.

163. Jabbar MA. Torque requirement in a disc-drive spindle motor. Int Power Eng Conf IPEC'95, Vol 2, Singapore, 1995, pp. 596–600.

164. Jahns TM. Torque production in permanent-magnet synchronous motor drives with rectangular current excitation. IEEE Trans on IA 20(4):803–813, 1984.

165. Jahns TM, Kliman GB, Neumann TW. Interior PM synchronous motors for adjustable-speed drives. IEEE Trans on IA 22(4):738–747, 1986.

166. Jahns TM. Motion control with permanent magnet a.c. machines. Proc IEEE 82(8):1241–1252, 1994.

167. Jones BL, Brown JE. Electrical variable-speed drives. IEE Proc Pt A 131(7):516–558, 1987.

168. Kamiya M. Development of traction drive motors for the Toyota hybrid system. IEEJ Trans on IA (Japan) 126(4):473–479, 2006.

169. Kaneyuki K, Koyama M. Motor-drive control technology for electric vehicles. Mitsubishi Electric Advance (3):17–19, 1997.

170. Kasper M. Shape optimization by evolution strategy. IEEE Trans on MAG 28(2):1556–1560, 1992.

171. Kawashima K, Shimada A. Spindle motors for machine tools. Mitsubishi Electric Advance, 2003,Sept, pp. 17-19.

172. Kenjo T, Nagamori S. Permanent Magnet and Brushless d.c. Motors. Oxford: Clarendon Press, 1985.

173. Kenjo T. Power Electronics for the Microprocessor Era. Oxford: OUP, 1990.

174. Kenjo T. Stepping Motors and their Microprocessor Control. Oxford: Clarendon Press, 1990.

175. Kenjo T. Electric Motors and their Control. Oxford: OUP, 1991.

176. Kiley J, Tolikas M. Design of a 28 hp, 47,000 rpm permanent magnet motor for rooftop air conditioning. www.satcon.com

177. King RD, Haefner KB, Salasoo L, Koegl RA. Hybrid electric transit bus pollutes less, conserves fuel. IEEE Spectrum 32(7): 26–31, 1995.

178. Kleen S, Ehrfeld W, Michel F, Nienhaus M, Stölting HD. Penny-motor: A family of novel ultraflat electromagnetic micromotors. Int Conf Actuator'00, Bremen, Germany, 193–196, 2000.

179. Klein FN, Kenyon ME. Permanent magnet d.c. motors design criteria and operation advantages. IEEE Trans on IA 20(6):1525–1531, 1984.

180. Klug L. Axial field a.c. servomotor. Electr Drives and Power Electronics Symp EDPE'90, Košice, Slovakia, 1990, pp. 154–159.

181. Klug L. Synchronous servo motor with a disk rotor (in Czech). Elektrotechnický Obzor 80(1–2):13–17, 1991.

182. Klug L, Guba R. Disc rotor a.c. servo motor drive. Electr Drives and Power Electronics Symp EDPE'92, Košice, Slovakia, 1992, pp. 341–344.

183. Koh CS. Magnetic pole shape optimization of permanent magnet motor for reduction of cogging torque. IEEE Trans on MAG, 33(2):1822–1827, 1997.

184. Korane KJ. Replacing the human heart. Machine Design 9(Nov 7):100–105, 1991.

185. Kostenko M, Piotrovsky L. Electrical Machines. Vol 1: Direct Current Machines and Transformers. Vol 2: Alternating Current Machines. Moscow: Mir Publishers, 1974.

186. Kozłowski HS, Turowski E. Induction Motors: Design, Construction, Manufacturing (in Polish). Warsaw: WNT, 1961.

187. Kreith F. Convection heat transfer in rotating systems. Advances in Heat Transfer Vol. 1. New York: Academic Press, 1968, pp. 129–251.

188. Kumada M, Iwashita Y, Aoki M, Sugiyama E. The strongest permanent dipole magnets. Particle Accelerator Conf 2003, pp. 1993–1995.

189. Kumar P, Bauer P. Improved analytical model of a permanent-magnet brushless d.c. motor. IEEE Trans on MAG 44(10):2299–2309, 2008.

190. Kurihara K, Rahman, MA. High efficiency line-start permanent magnet motor. IEEE Trans on IAS, 40(3):789–796, 2004.

191. Kurtzman GM. Electric handpieces: an overview of current technology. Inside Dentistry February 2007, pp. 88–90.

192. Lammeraner J, Štafl M. Eddy Currents. London: Iliffe Books, 1964.

193. Lange A, Canders WR, Laube F, Mosebach H. Comparison of different drive systems for a 75 kW electrical vehicles drive. Int Conf on Electr Machines ICEM'00, Vol 3, Espoo, Finland, 2000, pp. 1308–1312.

194. Lange A, Canders WR, Mosebach H. Investigation of iron losses of soft magnetic powder components for electrical machines, Int Conf on Electr Machines ICEM'00, Vol 3, Espoo, Finland, 2000, pp. 1521–1525.

195. Larminie J, Lowry J. Electric Vehicle Technology, New York: J Wiley and Sons, 2003.

196. Lavers JD, Biringer PP. Prediction of core losses for high flux densities and distorted flux waveforms. IEEE Trans on MAG 12(6):1053–1055, 1976.

197. Li T, Slemon G. Reduction of cogging torque in permanent magnet motors. IEEE Trans on MAG 24(6):2901–2903, 1988.

198. Linear Interface ICs. Device Data Vol 1. Motorola, 1993.

199. Lobosco OS, Jordao RG. Armature reaction of large converter-fed permanent magnet motor. Int Conf on Electr Machines ICEM'94 Vol 1, Paris, France, 1994, pp. 154–158.

200. Lodochnikov EA, Serov AB, Vialykh VG. Some problems of reliability calculation of small electric motors with built-in gears (in Russian). Reliability and Quality of Small Electrical Machines. St Petersburg: Nauka (Academy of Sciences of USSR), 1971, pp. 29–42.

201. Low TS, Jabbar MA, Rahman MA. Permanent-magnet motors for brushless operation. IEEE Trans on IA, 26(1):124–129, 1990.

202. Lowther DA, Silvester PP. Computer-Aided Design in Magnetics. Berlin: Springer Verlag, 1986.

203. Lukaniszyn M, Wróbel R, Mendrela A, Drzewoski R. Towards optimisation of the disc-type brushless d.c. motor by changing the stator core structure. Int Conf on Electr Machines ICEM'00, Vol 3, Espoo, Finland, 2000, pp. 1357-1360.

204. Magnetfabrik Schramberg GmbH & Co, Schramberg–Sulgen, 1989.

205. Magureanu R, Kreindler L, Giuclea D, Boghiu D. Optimal DSP control of brushless d.c. servosystems. Symp on Power Electronics, Electr Drives, Advanced Electr Motors SPEEDAM'94, Taormina, Italy, 1994, pp. 121–126.

206. Mallinson JC. One-sided fluxes — A magnetic curiosity? IEEE Trans on MAG, 9(4):678–682, 1973.

207. Marinescu M, Marinescu N. Numerical computation of torques in permanent magnet motors by Maxwell stress and energy method. IEEE Trans on MAG 24(1):463–466, 1988.

208. Marshall SV, Skitek GG. Electromagnetic Concepts and Applications. Englewood Cliffs: Prentice-Hall, 1987.

209. Maxon Motors. Sachseln, Switzerland: Interelectric AG, 1991/92.

210. Matsuoka K, Kondou K. Development of wheel mounted direct drive traction motor. RTRI Report (Kokubunji-shi, Tokyo, Japan) 10(5):37–44, 1996.

211. Mayer J. A big market for micromotors. Design News 3(March 27):182, 1995.

212. McNaught C. Running smoothly — making motors more efficient. IEE Review 39(2): 89–91, 1993.

213. Mecrow BC, Jack AG, Atkinson DJ, Green S, Atkinson GJ, King A, Green B. Design and testing of a 4 phase fault tolerant permanent magnet machine for an engine fuel pump. Int Electr Machines and Drives Conf IEMDC'03, Madison, WI, USA, 2007, pp. 1301-1307.

214. Mellara B, Santini E. FEM computation and optimization of L_d and L_q in disc PM machines. 2nd Int Workshop on Electr and Magn Fields, Leuven, Belgium, 1994, Paper No. 89.

215. Merrill FW. Permanent magnet excited synchronous motors. AIEE Trans 72 Part III(June):581–585, 1953.

216. Mhango LMC. Advantages of brushless d.c. motor high-speed aerospace drives. Int Conf on Synchronous Machines SM100, Zürich, Switzerland, 1991, 829–833.

217. Miller I, Freund JE. Probability and Statistics for Engineers. 3rd ed. Englewood Cliffs: Prentice-Hall, 1977.

218. Miller TJE. Brushless Permanent-Magnet and Reluctance Motor Drives. Oxford: Clarendon Press, 1989.

219. Miniature motors. Portescap: A Danaher Motion Company, West Chester, PA, USA, www.portescap.com

220. Mitcham AJ, Bolton MTW. The transverse flux motor: a new approach to naval propulsion. Naval Symp on Electr Machines, Newport, RI, USA, 1997, pp. 1–8.

221. Megaperm 40L. Vacuumschmelze GmbH & Co. KG, Hanau, Germany, www.vacuumschmelze.com

222. Mohan N, Undeland TM, Robbins WP. Power Electronics Converters Applications and Design. New York: J Wiley and Sons, 1989.

223. Mongeau P. High torque/high power density permanent magnet motors. Naval Symp on Electr Machines, Newport, RI, USA, 1997, pp. 9–16.

224. Morimoto S, Takeda Y, Hatanaka K, Tong Y, Hirasa T. Design and control system of inverter driven permanent magnet synchronous motors for high torque operation. IEEE Trans on IA 29(6):1150–1155, 1993.

225. Nasar SA, Boldea I, Unnewehr LE. Permanent Magnet, Reluctance, and Self-Synchronous Motors. Boca Raton: CRC Press, 1993.

226. Neale MJ, ed. Bearings: A Tribology Handbook. Oxford: Butterworth-Heinemann, 1993.

227. Nehl TW, Fouad FA, Demerdash NA. Determination of saturated values of rotating machinery incremental and apparent inductances by an energy perturbation method. IEEE Trans on PAS 101(12):4441–4451, 1982.

228. Nehl TW, Pawlak AM, Boules NM. ANTIC85: A general purpose finite element package for computer aided design and analysis of electromagnetic devices. IEEE Trans MAG 24(1):358–361, 1988.

229. Neves CGC, Carslon R, Sadowski, N, Bastos JPA, Soeiro NS, Gerges SNY. Calculation of electromechanic-mechanic-acoustic behavior of a switched reluctance motor. IEEE Trans on MAG 36(4):1364–1367, 2000.

230. Newbury RA. Prediction of losses in silicon steel from distorted waveforms. IEEE Trans on MAG 14(4):263–268, 1978.

231. Norman HM. Induction motor locked saturation curves. AIEE Trans Electr Eng (April):536–541, 1934.

232. Odor F, Mohr A. Two-component magnets for d.c. motors. IEEE Trans on MAG 13(5):1161–1162, 1977.

233. Osin IL, Kolesnikov VP, Yuferov FM. Permanent Magnet Synchronous Micromotors (in Russian). Moscow: Energia, 1976.

234. Oyama J, Higuchi T, Abe T, Shigematsu K, Yang X, Matsuo E. A trial production of small size ultra-high speed drive system. Dept of Electr and Electronic Eng, Nagasaki University, Japan.

235. Ozenbaugh RL. EMI Filter Design. New York: Marcel Dekker, 1995.

236. Parker RJ. Advances in Permanent Magnetism. New York: J Wiley and Sons, 1990.

237. Patterson D, Spee R. The design and development of an axial flux permanent magnet brushless d.c. motor for wheel drive in a solar powered vehicle. IEEE Trans on Ind Appl 31(5): 1054–1061, 1995.

238. Patterson ML, Haselby RD, Kemplin RM. Speed, precision, and smoothness characterize four-color plotter pen drive system. Hewlett Packard Journal 29(1):13–19, 1977.

239. Pavlik D, Garg VK, Repp JR, Weiss J. A finite element technique for calculating the magnet sizes and inductances of permanent magnet machines. IEEE Trans EC 3(1):116–122, 1988.
240. Pawlak AM, Graber DW, Eckhard DC. Magnetic power steering assist system – Magnasteer. SAE Paper 940867, 1994.
241. Pawlak AM. Magnets in modern automative applications. Gorham Conf on Permanent Magnet Systems, Atlanta, GA, USA, 2000.
242. Pawlak AM. Sensors and Actuators in Mechatronics: Design and Applications. Boca Raton: CRC Taylor & Francis, 2006.
243. Penman J, Dey MN, Tait AJ, Bryan WE. Condition monitoring of electrical drives. IEE Proc Pt B 133(3):142–148, 1986.
244. Pichler M, Tranter J. Computer based techniques for predictive maintenance of rotating machinery. Electr Energy Conf, Adelaide, Australia, 1987, pp. 226–226.
245. Pillay P, Krishnan R. An investigation into the torque behavior of a brushless d.c. motor. IEEE IAS Annual Meeting, New York, 1988, pp. 201–208.
246. Pillay P, Krishnan R. Modelling, simulation, and analysis of permanent magnet motor drives, Part 1 and 2. IEEE Trans on IA 25(2):265–279, 1989.
247. Pillay P, Krishman R. Application characteristics of permanent magnet synchronous and brushless d.c. motors for servo drives. IEEE Trans IA, 27:986–996, 1991.
248. Polkowski JW. Turbulent flow between coaxial cylinders with the inner cylinder rotating. ASME Trans 106:128–135, 1984.
249. Power IC's databook. National Semiconductor, 1993.
250. Richter R. Elektrische Machinen, Band I. 3 Auflage. Basel: Birkhäuser Verlag, 1967.
251. Radulescu MM, Oriold A, Muresan P. Microcontroller-based sensorless driving of a small electronically-commutated permanent-magnet motor. Electromotion 2(4):188–192, 1995.
252. Rahman MA, Osheiba AM. Performance of large line-start permanent magnet synchronous motor. IEEE Trans on EC 5(1):211–217, 1990.
253. Rahman MA, Zhou P. Determination of saturated parameters of PM motors using loading magnetic fields. IEEE Trans on MAG 27(5):3947–3950, 1991.
254. Rajashekara K, Kawamura A, Matsuse K, ed. Sensorless Control of a.c. Motor Drives. New York: IEEE Press, 1996.
255. Ramsden VS, Nguyen HT. Brushless d.c. motors using neodymium iron boron permanent magnets. Electr Energy Conf, Adelaide, Australia, 1987, pp. 22–27.
256. Ramsden VS, Holliday WM, Dunlop JB. Design of a hand-held motor using a rare-earth permanent magnet rotor and glassy-metal stator. Int Conf on Electr Machines ICEM'92, Vol 2, Manchester, UK, 1992, pp. 376–380.
257. Ramsden VS, Mecrow BC, Lovatt HC. Design of an in wheel motor for a solar-powered electric vehicle. Eighth Int Conf on Electr Machines and Drives (Conf. Publ. No. 444) EMD'97, Cambridge, UK, 1997, pp. 234–238.
258. Rao J.S.: Rotor Dynamics, 3rd ed. New Delhi: New Age Int Publishers, 1983.
259. Renyuan T, Shiyou Y. Combined strategy of improved simulated annealing and genetic algorithm for inverse problem. 10th Conf on the Computation of Electromagn Fields COMPUMAG'95, Berlin, Germany, 1995, pp. 196–197.
260. RF System Lab, Nagano-shi, Japan, www.rfsystemlab.com
261. Robinson RC, Rowe I, Donelan LE. The calculations of can losses in canned motors. AIEE Trans on PAS Part III (June):312-315, 1957.

262. Saari J, Arkkio A. Losses in high speed asynchronous motors. Int Conf on Elec Machines ICEM'94, Vol 3, Paris, France, 1994, pp. 704–708.

263. Say MG, Taylor ED. Direct Current Machines. London: Pitman, 1980.

264. Say MG. Alternating Current Machines. Singapore: ELBS with Longman, 1992.

265. Seely S. Electromechanical Energy Conversion. New York: McGraw-Hill, 1962.

266. Servax drives. Landert-Motoren AG, Bülach, Switzerland, www.servax.com

267. SGS–Thomson motion control applications manual. 1991.

268. Schiferl RF, Colby RS, Novotny DW. Efficiency considerations in permanent magnet synchronous motor drives. Electr Energy Conf, Adelaide, Australia, 1987, pp. 286–291.

269. Sato E. Permanent magnet synchronous motor drives for hybrid electric vehicles. IEEJ Trans on EEE (Japan) 2(2):162–168, 2007.

270. Shin-Etsu Co Ltd. Permanent magnet motor with low cogging torque by simulated magnetic field analysis. Shin-Etsu Magnetic Materials Research Center, Takefu-shi, Fukui Prefecture, Japan, 1999.

271. Shingo K, Kubo K, Katsu T, Hata Y. Development of electric motors for the Toyota hybrid vehicle Prius. 17th Int Elec Vehicle Symp EVS–17, Montreal, Canada, 2000.

272. Sidelnikov B, Szymczak P. Areas of application and appraisal of control methods for converter-fed disk motors (in Polish). Prace Nauk. IMNiPE, Technical University of Wroclaw, 48: Studies and Research 20:182–191, 2000.

273. Silvester PP, Ferrari RL. Finite Elements for Electrical Engineers, 2nd ed. Cambridge (UK): CUP, 1990.

274. Sobczyk TJ, Węgiel T. Investigation of the steady-state performance of a brushless d.c. motor with permanent magnets. Int Conf on Elec Machines ICEM'98, Istanbul, Turkey, 1998, pp. 1196–1201.

275. Sokira TJ, Jaffe W. Brushless d.c. Motors — Electronic Commutation and Controls. Blue Ridge Summit, PA: Tab Books, 1990.

276. Soyk KH. The MEP motor with permanent magnet excitation for ship propulsion. Electr Drives Symp EDS'90, Capri, Italy, 1990, pp. 235–238.

277. Spooner E, Chalmers B, El-Missiry MM. A compact brushless d.c. machine. Electr Drives Symp EDS'90, Capri, Italy, 1990, pp. 239–243.

278. Stefani P, Zandla G. Cruise liners diesel electric propulsion. Cyclo- or synchroconverter? The shipyard opinion. Int Symp on Ship and Shipping Research Vol 2, Genoa, Italy, 1992, pp. 6.5.1–6.5.32.

279. Stemme O, Wolf P. Principles and properties of highly dynamic d.c. miniature motors, 2nd ed. Sachseln (Switzerland): Interelectric AG, 1994.

280. Stiebler M. Design criteria for large permanent magnet synchronous machines. Int Conf on Elec Machines ICEM'00, Vol 3, Espoo, Finland, 2000, pp. 1261–1264.

281. Strauss F. Synchronous machines with rotating permanent magnet fields. Part II: Magnetic and electric design considerations. AIEE Trans on PAS 71(1):887–893, 1952.

282. Szeląg A. Numerical method for determining parameters of permanent magnet synchronous motor, 12th Symp. on Electromagn Phenomena in Nonlinear Circuits, Poznań, Poland, 1991, pp. 331–335.

283. Takahashi T, Koganezawa T, Su G, Ohyama K. A super high speed PM motor drive system by a quasi-current source inverter. IEEE Trans on IA 30(3):683–690, 1994.

284. Tarter RE. Solid-State Power Conversion Handbook. New York: J Wiley and Sons, 1993.

285. Teppan W, Protas E. Simulation, finite element calculations and measurements on a single phase permanent magnet synchronous motor. Int Aegean Conf on Electr Machines and Power Electronics ACEMP'95, Kuşadasi, Turkey, 1995, pp. 609–613.

286. Teshigahara A, Watanabe M, Kawahara N, Ohtsuka Y, Hattori T. Performance of a 7-mm microfabricated car. J of Micromechanical Systems 4(2):76–80, 1995.

287. The Electricity Council. Power system protection, Chapter 14. Stevenage and New York: Peter Peregrinus, 1990.

288. The European variable-speed drive market. Frost & Sullivan Market Intelligence, 1993.

289. The smallest drive system in the world, Faulhaber, Schönaich, Germany, 2004, www.faulhaber.com

290. Timar PL, Fazekas A, Kiss J, Miklos A, Yang SJ. Noise and Vibration of Electrical Machines. Amsterdam: Elsevier, 1989.

291. Tian Y, Chen KW, Lin CY. An attempt of constructing a PM synchronous motor drive using single chip TMS32020-based controller. Int Conf on Synchronous Machines SM100 Vol 2, Zürich, Switzerland, 1991, pp. 440–444.

292. Toader S. Combined analytical and finite element approach to the field harmonics and magnetic forces in synchronous machines. Int Conf on Electr Machines ICEM'94 Vol 3, Paris, 1994, pp. 583–588.

293. Tokarev BP, Morozkin VP, Todos PI. Direct Current Motors for Underwater Technology (in Russian). Moscow: Energia, 1977.

294. Turowski J. Technical Electrodynamics (in Polish), 2nd ed. Warsaw: WNT, 1993.

295. Vacoflux 48 – Vacoflux 50 – Vacodur 50 – Vacoflux 17. Vacuumschmelze GmbH & Co. KG, Hanau, Germany, www.vacuumschmelze.com

296. Varga JS. A breakthrough in axial induction and synchronous machines. Int Conf on Elec Machines ICEM'92 Vol 3, Manchester, UK, 1992, pp. 1107–1111.

297. Vas P. Parameter Estimation, Condition Monitoring, and Diagnosis of Electrical Machines. Oxford: OUP, 1993.

298. Verdyck D, Belmans RJM. An acoustic model for a permanent magnet machine: modal shapes and magnetic forces. IEEE Trans on IA 30(6):1625–1631, 1994.

299. Voldek AI. Electrical Machines (in Russian). St Petersburg: Energia, 1974.

300. Wagner B, Kreutzer M, Benecke W. Permanent magnet micromotors on silicon substrates. J of Microelectromechanical Systems 2(1):23–29, 1993.

301. Wallace AK, Spée R, Martin LG. Current harmonics and acoustic noise in a.c. adjustable-speed drives. IEEE Trans on IA 26(2):267–273, 1990.

302. Wang R, Demerdash NA. Comparison of load performance and other parameters of extra high speed modified Lundell alternators. IEEE Trans on EC 7(2):342–352, 1992.

303. Warlimont H. Opening address. 9th Int Workshop on Rare-Earth Permanent Magnets, Bad Soden, Germany, 1987.

304. Weh H. Permanentmagneterregte Synchronmaschinen höher Krafdichte nach dem Transversalflusskonzept. etz Archiv 10(5):143–149, 1988.

305. Weh H. Linear electromagnetic drives in traffic systems and industry. 1st Int Symp on Linear Drives for Ind Appl LDIA'95, Nagasaki, Japan, 1995, pp. 1–8.

306. Weimer, JA. The role of electric machines and drives in the more electric aircraft. Int Electr Machines and Drives Conf IEMDC'03, Madison, WI, USA, 2003, pp. 11–15.

307. Wheatley CT. Drives. 5th European Power Electronics Conf EPE'93 Vol 1, Brighton, UK, 1993, pp. 33–39.

308. Wing M, Gieras JF. Calculation of the steady state performance for small commutator permanent magnet d.c. motors: classical and finite element approaches. IEEE Trans on MAG 28(5):2067–2071, 1992.

309. Wróbel T. Stepping Motors (in Polish), Warsaw: WNT, 1993.

310. Yamamoto K, Shinohara K. Comparison between space vector modulation and subharmonic methods for current harmonics of DSP-based permanent-magnet a.c. servo motor drive system. IEE Proc – Electr Power Appl 143(2):151–156, 1996.

311. Yang S.J. Low-Noise Electrical Motors. Oxford: Clarendon Press, 1981.

312. Yuh J. Learning control for underwater robotic vehicles. Control Systems 14(2):39–46, 1994.

313. Zawilak T. Minimization of higher harmonics in line-start permanent magnet synchronous motors (in Polish). Prace Naukowe IMNiPE, Technical University of Wroclaw, Poland, 62(28): 251–258, 2008.

314. Zhang Z, Profumo, Tenconi A. Axial flux interior PM synchronous motors for electric vehicle drives. Symp on Power Electronics, Electr Drives, Advanced Electr Motors SPEEDAM'94, Taormina, Italy, 1994, pp. 323–328.

315. Zhong Z, Lipo TA. Improvements in EMC performance of inverter-fed motor drives. IEEE Trans on IA 31(6):1247–1256, 1995.

316. Zhu ZQ, Howe D. Analytical prediction of the cogging torque in radial field permanent magnet brushless motors. IEEE Trans on MAG 28(2):1371–1374, 1992.

317. Zhu ZQ. Recent development of Halbach permanent magnet machines and applications. Power Conversion Conf PCC'07, Nagaoya, Japan, 2007, pp. K9–K16.

图书在版编目（CIP）数据

永磁电机设计与应用：原书第 3 版／（美）杰克·F. 吉拉斯（Jacek F. Gieras）著；周羽，杨小宝，徐伟译. —北京：机械工业出版社，2023.1（2024.3 重印）

（电机工程经典书系）

书名原文：Permanent Magnet Motor Technology：Design and Applications，Third Edition

ISBN 978-7-111-71915-1

Ⅰ. ①永… Ⅱ. ①杰… ②周… ③杨… ④徐… Ⅲ.①永磁式电机 Ⅳ. ①TM351

中国版本图书馆 CIP 数据核字（2022）第 201256 号

机械工业出版社（北京市百万庄大街 22 号　邮政编码 100037）
策划编辑：刘星宁　　　　责任编辑：刘星宁
责任校对：张晓蓉　李　婷　封面设计：马精明
责任印制：单爱军
北京虎彩文化传播有限公司印刷
2024 年 3 月第 1 版第 3 次印刷
169mm×239mm · 32.25 印张 · 2 插页 · 628 千字
标准书号：ISBN 978-7-111-71915-1
定价：198.00 元

电话服务　　　　　　　　网络服务
客服电话：010-88361066　机 工 官 网：www.cmpbook.com
　　　　　010-88379833　机 工 官 博：weibo.com/cmp1952
　　　　　010-68326294　金 书 网：www.golden-book.com
封底无防伪标均为盗版　机工教育服务网：www.cmpedu.com